中国石油炼油化工技术丛书

清洁油品技术

主　编　何盛宝

副主编　鲍晓军　刘晨光　葛少辉

石油工業出版社

内 容 提 要

本书系统总结了中国石油重组改制以来，尤其是“十二五”和“十三五”期间在清洁油品领域取得的创新成果，集中展示了自主研发的具有代表性和竞争力的清洁油品技术，从国内外技术发展现状以及自主技术的研发、工业应用及技术发展趋势等方面，分类介绍催化裂化汽油加氢技术、高辛烷值清洁汽油调和组分技术、清洁柴油及航煤技术、加氢裂化生产高附加值油品和化工原料技术、生物燃料及船用燃料油技术等相关技术。

本书可供从事炼油行业科研、设计、建设、生产和管理的科技人员及高等院校相关专业师生参考。

图书在版编目（CIP）数据

清洁油品技术／何盛宝主编．—北京：石油工业出版社，2022.3

（中国石油炼油化工技术丛书）

ISBN 978-7-5183-4972-2

Ⅰ．①清…　Ⅱ．①何…　Ⅲ．①石油产品-生产技术
Ⅳ．①TE626

中国版本图书馆 CIP 数据核字（2021）第 247200 号

出版发行：石油工业出版社
（北京安定门外安华里 2 区 1 号　100011）
网　址：www.petropub.com
编辑部：（010）64523546　图书营销中心：（010）64523633
经　销：全国新华书店
印　刷：北京中石油彩色印刷有限责任公司

2022 年 3 月第 1 版　2022 年 6 月第 2 次印刷
787×1092 毫米　开本：1/16　印张：18.75
字数：460 千字

定价：180.00 元
（如出现印装质量问题，我社图书营销中心负责调换）

《中国石油炼油化工技术丛书》

编　委　会

《清洁油品技术》
编　写　组

主　　编： 何盛宝

副 主 编： 鲍晓军　刘晨光　葛少辉

编写人员：（按姓氏笔画排序）

马晨菲　王　丹　王　玫　王红秋　王甫村　王艳飞

王路海　付凯妹　田宏宇　向永生　孙发民　刘银东

李　阳　李长明　李海岩　李雪静　张小平　张学军

张家仁　何　京　何　皓　周金波　范　明　侯　丹

侯远东　钟海军　赵　悦　姚文君　胡雪生　修　远

高　飞　郭金涛　徐伟池　柴永明　贾　盼　黄格省

雪　晶　曹　青　温广明　谢方明　韩　爽　颜子金

鞠雅娜

主审专家： 孟纯绪　兰　玲

丛书序

创新是引领发展的第一动力，抓创新就是抓发展，谋创新就是谋未来。当今世界正经历百年未有之大变局，科技创新是其中一个关键变量，新一轮科技革命和产业变革正在重构全球创新版图、重塑全球经济结构。党的十八大以来，以习近平同志为核心的党中央坚持创新在我国现代化建设全局中的核心地位，把科技自立自强作为国家发展的战略支撑，面向世界科技前沿、面向经济主战场、面向国家重大需求、面向人民生命健康，深入实施创新驱动发展战略，不断完善国家创新体系，加快建设科技强国，开辟了坚持走中国特色自主创新道路的新境界。

加快能源领域科技创新，推动实现高水平自立自强，是建设科技强国、保障国家能源安全的必然要求。作为国有重要骨干企业和跨国能源公司，中国石油深入贯彻落实习近平总书记关于科技创新的重要论述和党中央、国务院决策部署，始终坚持事业发展科技先行，紧紧围绕建设世界一流综合性国际能源公司和国际知名创新型企业目标，坚定实施创新战略，组织开展了一批国家和公司重大科技项目，着力攻克重大关键核心技术，全力以赴突破短板技术和装备，加快形成长板技术新优势，推进前瞻性、颠覆性技术发展，健全科技创新体系，取得了一系列标志性成果和突破性进展，开创了能源领域科技自立自强的新局面，以高水平科技创新支撑引领了中国石油高质量发展。“十二五”和“十三五”期间，中国石油累计研发形成 44 项重大核心配套技术和 49 个重大装备、软件及产品，获国家级科技奖励 43 项，其中国家科技进步奖一等奖 8 项、二等奖 28 项，国家技术发明奖二等奖 7 项，获授权专利突破 4 万件，为高质量发展和世界一流综合性国际能源公司建设提供了强有力支撑。

炼油化工技术是能源科技创新的重要组成部分，是推动能源转型和新能源创新发展的关键领域。中国石油十分重视炼油化工科技创新发展，坚持立足主营业务发展需要，不断加大核心技术研发攻关力度，炼油化工领域自主创新能力持续提升，整体技术水平保持国内先进。自主开发的国Ⅴ/国Ⅵ标准汽柴油生产技术，有力支撑国家油品质量升级任务圆满完成；千万吨级炼油、百万吨级乙烯、百万吨级 PTA、“45/80”大型氮肥等成套技术实现工业化；自主百万吨级乙烷制乙烯成套技术成功应用于长庆、塔里木两个国家级示范工程项目；“复兴号”高铁齿轮箱油、超高压变压器油、医用及车用等高附加值聚烯烃、ABS 树脂、丁腈及溶聚丁苯等高性能合成橡胶、PETG 共聚酯等特色优势产品开发应用取得新突破，有力支撑引领了中国石油炼油化工业务转型升级和高质量发展。为了更好地总结过往、谋划未来，我们组织编写了《中国石油炼油化工技术丛书》（以下简称《丛书》），对 1998 年重组改制以来炼油化工领域创新成果进行了系统梳理和集中呈现。

《丛书》的编纂出版，填补了中国石油炼油化工技术专著系列丛书的空白，集中展示了中国石油炼油化工领域不同时期研发的关键技术与重要产品，真实记录了中国石油炼油化工技术从模仿创新跟跑起步到自主创新并跑发展的不平凡历程，充分体现了中国石油炼油化工科技工作者勇于创新、百折不挠、顽强拼搏的精神面貌。该《丛书》为中国石油炼油化工技术有形化提供了重要载体，对于广大科技工作者了解炼油化工领域技术发展现状、进展和趋势，熟悉把握行业技术发展特点和重点发展方向等具有重要参考价值，对于加强炼油化工技术知识开放共享和成果宣传推广、推动炼油化工行业科技创新和高质量发展将发挥重要作用。

《丛书》的编纂出版，是一项极具开拓性和创新性的出版工程，集聚了多方智慧和艰苦努力。该丛书编纂历经三年时间，参加编写的单位覆盖了中国石油炼油化工领域主要研究、设计和生产单位，以及有关石油院校等。在编写过程中，参加单位和编写人员坚持战略思维和全球视野，密切配合、团结协作、群策群力，对历年形成的创新成果和管理经验进行了系统总结、凝练集成和再学习再思考，对未来技术发展方向与重点进行了深入研究分析，展现了严谨求实的科学态度、求真创新的学术精神和高度负责的扎实作风。

值此《丛书》出版之际，向所有参加《丛书》编写的院士专家、技术人员、管理人员和出版工作者致以崇高的敬意！衷心希望广大科技工作者能够从该《丛书》中汲取科技知识和宝贵经验，切实肩负起历史赋予的重任，勇作新时代科技创新的排头兵，为推动我国炼油化工行业科技进步、竞争力提升和转型升级高质量发展作出积极贡献。

站在“两个一百年”奋斗目标的历史交汇点，中国石油将全面贯彻习近平新时代中国特色社会主义思想，紧紧围绕建设基业长青的世界一流企业和实现碳达峰、碳中和目标的绿色发展路径，坚持党对科技工作的领导，坚持创新第一战略，坚持“四个面向”，坚持支撑当前、引领未来，持续推进高水平科技自立自强，加快建设国家战略科技力量和能源与化工创新高地，打造能源与化工领域原创技术策源地和现代油气产业链“链长”，为我国建成世界科技强国和能源强国贡献智慧和力量。

2022 年 3 月

丛书前言

中国石油天然气集团有限公司（以下简称中国石油）是国有重要骨干企业和全球主要的油气生产商与供应商之一，是集国内外油气勘探开发和新能源、炼化销售和新材料、支持和服务、资本和金融等业务于一体的综合性国际能源公司，在国内油气勘探开发中居主导地位，在全球 35 个国家和地区开展油气投资业务。2021 年，中国石油在《财富》杂志全球 500 强排名中位居第四。2021 年，在世界 50 家大石油公司综合排名中位居第三。

炼油化工业务作为中国石油重要主营业务之一，是增加价值、提升品牌、提高竞争力的关键环节。自 1998 年重组改制以来，炼油化工科技创新工作认真贯彻落实科教兴国战略和创新驱动发展战略，紧密围绕建设世界一流综合性国际能源公司和国际知名创新型企业目标，立足主营业务战略发展需要，建成了以“研发组织、科技攻关、条件平台、科技保障”为核心的科技创新体系，紧密围绕清洁油品质量升级、劣质重油加工、大型炼油、大型乙烯、大型氮肥、大型 PTA、炼油化工催化剂、高附加值合成树脂、高性能合成橡胶、炼油化工特色产品、安全环保与节能降耗等重要技术领域，以国家科技项目为龙头，以重大科技专项为核心，以重大技术现场试验为抓手，突出新技术推广应用，突出超前技术储备，大力加强科技攻关，关键核心技术研发应用取得重要突破，超前技术储备研究取得重大进展，形成一批具有国际竞争力的科技创新成果，推广应用成效显著。中国石油炼油化工业务领域有效专利总量突破 4500 件，其中发明专利 3100 余件；获得国家及省部级科技奖励超过 400 项，其中获得国家科技进步奖一等奖 2 项、二等奖 25 项，国家技术发明奖二等奖 1 项。中国石油炼油化工科技自主创新能力和技术实力实现跨越式发展，整体技术水平和核心竞争力得到大幅度提升，为炼油化工主营业务高质量发展提供了有力技术支撑。

为系统总结和分享宣传中国石油在炼油化工领域研究开发取得的系列科技创新成果，在中国石油具有优势和特色的技术领域打造形成可传承、传播和共享的技术专著体系，中国石油科技管理部和石油工业出版社于 2019 年 1 月启动《中国石油炼油化工技术丛书》（以下简称《丛书》）的组织编写工作。

《丛书》的编写出版是一项系统的科技创新成果出版工程。《丛书》编写历经三年时间，重点组织完成五个方面工作：一是组织召开《丛书》编写研讨会，研究确定 11 个分册框架，为《丛书》编写做好顶层设计；二是成立《丛书》编委会，研究确定各分册牵头单位及编写负责人，为《丛书》编写提供组织保障；三是研究确定各分册编写重点，形成编写大纲，为《丛书》编写奠定坚实基础；四是建立科学有效的工作流程与方法，制定《〈丛书〉编写体例实施细则》《〈丛书〉编写要点》《专家审稿指导意见》《保密审查确认单》和《定稿确认单》等，提高编写效率；五是成立专家组，采用线上线下多种方式组织召开多轮次专家审稿会，推动《丛书》编写进度，保证《丛书》编写质量。

《丛书》对中国石油炼油化工科技创新发展具有重要意义。《丛书》具有以下特点：一是开拓性，《丛书》是中国石油组织出版的首套炼油化工领域自主创新技术系列专著丛书，填补了中国石油炼油化工领域技术专著丛书的空白。二是创新性，《丛书》是对中国石油重组改制以来在炼油化工领域取得具有自主知识产权技术创新成果和宝贵经验的系统深入总结，是中国石油炼油化工科技管理水平和自主创新能力的全方位展示。三是标志性，《丛书》以中国石油具有优势和特色的重要科技创新成果为主要内容，成果具有标志性。四是实用性，《丛书》中的大部分技术属于成熟、先进、适用、可靠，已实现或具备大规模推广应用的条件，对工业应用和技术迭代具有重要参考价值。

《丛书》是展示中国石油炼油化工技术水平的重要平台。《丛书》主要包括《清洁油品技术》《劣质重油加工技术》《炼油系列催化剂技术》《大型炼油技术》《炼油特色产品技术》《大型乙烯成套技术》《大型芳烃技术》《大型氮肥技术》《合成树脂技术》《合成橡胶技术》《安全环保与节能减排技术》等 11 个分册。

《清洁油品技术》：由中国石油石油化工研究院牵头，主编何盛宝。主要包括催化裂化汽油加氢、高辛烷值清洁汽油调和组分、清洁柴油及航煤、加氢裂化生产高附加值油品和化工原料、生物航煤及船用燃料油技术等。

《劣质重油加工技术》：由中国石油石油化工研究院牵头，主编高雄厚。

主要包括劣质重油分子组成结构表征与认识、劣质重油热加工技术、劣质重油溶剂脱沥青技术、劣质重油催化裂化技术、劣质重油加氢技术、劣质重油沥青生产技术、劣质重油改质与加工方案等。

《炼油系列催化剂技术》：由中国石油石油化工研究院牵头，主编马安。主要包括炼油催化剂催化材料、催化裂化催化剂、汽油加氢催化剂、煤油及柴油加氢催化剂、蜡油加氢催化剂、渣油加氢催化剂、连续重整催化剂、硫黄回收及尾气处理催化剂以及炼油催化剂生产技术等。

《大型炼油技术》：由中石油华东设计院有限公司牵头，主编谢崇亮。主要包括常减压蒸馏、催化裂化、延迟焦化、渣油加氢、加氢裂化、柴油加氢、连续重整、汽油加氢、催化轻汽油醚化以及总流程优化和炼厂气综合利用等炼油工艺及工程化技术等。

《炼油特色产品技术》：由中国石油润滑油公司牵头，主编杨俊杰。主要包括石油沥青、道路沥青、防水沥青、橡胶油白油、电器绝缘油、车船用润滑油、工业润滑油、石蜡等炼油特色产品技术。

《大型乙烯成套技术》：由中国寰球工程有限公司牵头，主编张来勇。主要包括乙烯工艺技术、乙烯配套技术、乙烯关键装备和工程技术、乙烯配套催化剂技术、乙烯生产运行技术、技术经济型分析及乙烯技术展望等。

《大型芳烃技术》：由中国昆仑工程有限公司牵头，主编劳国瑞。介绍中国石油芳烃技术的最新进展和未来发展趋势展望等，主要包括芳烃生成、芳烃转化、芳烃分离、芳烃衍生物以及芳烃基聚合材料技术等。

《大型氮肥技术》：由中国寰球工程有限公司牵头，主编张来勇。主要包括国内外氮肥技术现状和发展趋势、以天然气为原料的合成氨工艺技术和工程技术、合成氨关键设备、合成氨催化剂、尿素生产工艺技术、尿素工艺流程模拟与应用、材料与防腐、氮肥装置生产管理、氮肥装置经济性分析等。

《合成树脂技术》：由中国石油石油化工研究院牵头，主编胡杰。主要包括合成树脂行业发展现状及趋势、聚乙烯催化剂技术、聚丙烯催化剂技术、茂金属催化剂技术、聚乙烯新产品开发、聚丙烯新产品开发、聚烯烃表征技术与标准化、ABS 树脂新产品开发及生产优化技术、合成树脂技术及新产品展望等。

《合成橡胶技术》：由中国石油石油化工研究院牵头，主编龚光碧。主要包括丁苯橡胶、丁二烯橡胶、丁腈橡胶、乙丙橡胶、丁基橡胶、异戊橡胶、苯乙烯热塑性弹性体等合成技术，还包括橡胶粉末化技术、合成橡胶加工与应用技术及合成橡胶标准等。

《安全环保与节能减排技术》：由中国石油集团安全环保技术研究院有限公司牵头，主编闫伦江。主要包括设备腐蚀监检测与工艺防腐、动设备状态监测与评估、油品储运雷电静电防护，炼化企业污水处理与回用、VOCs 排放控制及回收、固体废物处理与资源化、场地污染调查与修复，炼化能量系统优化及能源管控、能效对标、节水评价技术等。

《丛书》是中国石油炼油化工科技工作者的辛勤劳动和智慧的结晶。在三年的时间里，共组织中国石油石油化工研究院、寰球工程公司、大庆石化、吉林石化、辽阳石化、独山子石化、兰州石化等 30 余家科研院所、设计单位、生产企业以及中国石油大学（北京）、中国石油大学（华东）等高校的近千名科技骨干参加编写工作，由 20 多位资深专家组成专家组对书稿进行审查把关，先后召开研讨会、审稿会 50 余次。在此，对所有参加这项工作的院士、专家、科研设计、生产技术、科技管理及出版工作者表示衷心感谢。

掩卷沉思，感慨难已。本套《丛书》是中国石油重组改制 20 多年来炼油化工科技成果的一次系列化、有形化、集成化呈现，客观、真实地反映了中国石油炼油化工科技发展的最新成果和技术水平。真切地希望《丛书》能为我国炼油化工科技创新人才培养、科技创新能力与水平提高、科技创新实力与竞争力增强和炼油化工行业高质量发展发挥积极作用。限于时间、人力和能力等方面原因，疏漏之处在所难免，希望广大读者多提宝贵意见。

前言

清洁油品技术主要用于生产满足油品质量标准的清洁汽油、清洁柴油、航空煤油、生物燃料（包括生物航空煤油、生物柴油、燃料乙醇）以及低硫船用燃料等交通运输燃料。伴随着发动机性能提升、排放标准日趋严格、油品质量持续升级，经过几十年的发展，清洁油品技术取得了显著进步，已经成为炼油工业最核心的技术，对炼厂高质量清洁燃料的生产、保障国家能源安全具有重要作用，对助力 2030 年实现碳达峰、2060 年实现碳中和也具有重大意义。

为系统总结中国石油重组改制以来，尤其是“十二五”和“十三五”期间在清洁油品领域的创新成果，集中展示自主研发的具有代表性和竞争力的清洁油品技术，在中国石油科技管理部的组织下，由中国石油石油化工研究院牵头，中国寰球工程有限公司、中国石油大学（北京）、中国石油大学（华东）等单位的 40 余位专家及科研人员撰写完成了《清洁油品技术》。本书从国内外技术发展现状、自主技术的研发、工业应用及技术发展趋势等方面进行分类介绍，主要包括催化裂化汽油加氢技术、高辛烷值清洁汽油调和组分技术、清洁柴油及航煤技术、加氢裂化生产高附加值油品和化工原料技术、生物燃料技术及船用燃料油等其他技术，以期为从事炼油行业科研、设计、建设、生产和管理的科技人员及高等院校相关专业师生，提供借鉴和帮助。

中国石油炼油与化工分公司总工程师、石油化工研究院院长何盛宝负责全书的编写、修改、审查及终稿审定；鲍晓军、刘晨光及葛少辉协助负责本书的统稿、修改及审查；孟纯绪、兰玲负责本书的终稿审查。本书共 8 章，第一章由何盛宝、李雪静、葛少辉牵头编写；第二章由鞠雅娜、向永生牵头编写；第三章由张学军、李长明牵头编写；第四章由侯远东、温广明、葛少辉牵头编写；第五章由郭金涛、李海岩牵头编写；第六章由张家仁牵头编写；第七章由王路海、高飞、何京牵头编写；第八章由何盛宝、黄格省、李阳牵头编写；李阳、黄格省对全书的体例格式进行了认真统改。同时，在本书编写过程中得到了中国石油天然气股份有限公司副总裁、总工程师杨继钢，中国石油科技管理部副总经理杜吉洲，集团公司高级专家于建宁的悉心指导和帮助，胡友良、段伟、李胜山等多位专家的大力支持，以及石油工业出版社相关领导和编辑的大力支持和帮助，在此一并表示衷心的感谢！

本书虽经多次审查、修改，但由于涉及技术及内容较多，疏漏或不妥之处在所难免，敬请广大读者批评指正。

目录

第一章 绪 论

清洁油品主要指炼厂为满足日趋严格的环保要求，通过脱除油品中的硫、氮等杂质，降低烯烃、芳烃含量等一系列加工过程，生产出的符合油品质量标准的汽油、柴油、航空煤油(以下简称航煤)等交通运输燃料产品，是炼油行业最重要和最大宗的产品。2020 年，全球交通用油占石油需求比例约 66%；我国交通用油约占 65%，化工用油约占 17%，其他产品约占 18%[1-2]。随着能源结构的演变以及环保要求的提高，清洁油品的范围也日益拓展，本书所述清洁油品主要包括清洁汽油、清洁柴油、航煤、生物燃料(包括生物航煤、生物柴油和燃料乙醇)以及低硫船用燃料(以下简称船燃)等被用作交通运输燃料的油品。

21 世纪是炼油工业转型发展的关键时期，面临着实现碳达峰和碳中和、环保法规趋严、产品需求多变、汽车电动化冲击等多重挑战，炼油工业呈现产品结构持续调整、油品质量快速提升、产业转型步伐加快等特点，在未来一段时间内高效利用原油资源生产清洁油品仍然是炼油工业的主要任务之一。清洁油品技术将围绕满足原料多元化、油品标准更严、排放更低等要求，加快技术创新，推进炼油工业的绿色、低碳、可持续发展。

中国石油是以油气勘探和生产、石油炼制与化工等为主营业务的综合性能源公司，2020 年原油加工量 1.59×10^8t，成品油产量 1.07×10^8t，在保障我国能源安全、社会经济可持续发展和建设“美丽中国”等方面都发挥了主力军作用，始终坚持清洁油品生产技术的自主开发并积极推广应用，自主技术有力支撑了我国油品质量升级，满足了国内油品需求。本章将从国内外清洁油品质量标准及发展历程与清洁油品技术发展现状两个方面进行阐述。

第一节 清洁油品质量标准及发展历程

为保护生态环境和公众健康，世界各个国家和地区都在不断提高汽柴油质量标准。不断推出的新标准给炼油企业带来极大挑战，但严格执行新标准，能切实减少机动车污染物排放，改善大气质量，保护生态环境，推进技术进步。自 2000 年开始，美国除加利福尼亚州外实施 Tier 1 标准，2004—2006 年升级至 Tier 2 标准，2017 年实施更为严格的 Tier 3 标准。日本在 1996—2012 年，6 次升级汽油质量标准，3 次升级柴油质量标准。2010 年以来，我国用 10 年的时间达到欧、美、日等国家现行油品质量标准的水平。随着燃油标准升级节奏的不断加快和服务炼化业务转型升级的现实需要，提升环保性和经济性已成为清洁油品生产技术进步的最大推动力。

一、国外汽柴油质量标准及发展历程

车用汽油中的含硫化合物会降低尾气催化转化器效率，影响汽车的排放性能，同时也

对汽车发动机有一定腐蚀作用，因此控制车用汽油的含硫化合物含量至关重要。德国、芬兰、瑞典和英国从2002年起开始实施低硫或硫含量小于10mg/kg的车用汽油标准，到2009年车用汽油硫含量指标要求更是低于5mg/kg；美国加利福尼亚州自2012年10月开始实施第三阶段新配方汽油标准(CaRFG Phase 3)，其中硫含量平均限值为15mg/kg，2017年又实施了联邦Tier 3标准，规定汽油的硫含量不超过10mg/kg。

车用汽油中的烯烃具有较高的辛烷值，其含量是影响汽油辛烷值的关键因素，但烯烃化学性质活泼，在储存及燃烧过程中容易形成胶质，降低发动机的燃烧效率，同时也容易在汽车发动机的进气系统内形成沉淀物，影响发动机正常工作。各国车用汽油标准对烯烃的含量多有限制。车用汽油中的烯烃大部分来自催化裂化(FCC)汽油馏分，美国、欧洲、日本汽油标准中烯烃含量指标的确定都与其国内炼厂汽油调和组分的实际组成密切相关。各国在制定车用汽油质量标准时，充分考虑各国炼厂装置结构、油品组成和排放标准，在满足发动机排放要求的同时尽量减少本国汽油质量升级成本。

车用汽油的芳烃含量随着油品质量升级在逐步降低，这是因为大分子芳烃在燃烧过程中容易引起燃烧室沉积物增加，加剧排放气体中致癌物质排放，并导致颗粒物(PM)排放增加。欧盟车用汽油的重整汽油组分含量较高，因此其标准规定的芳烃含量上限相对较高。同样，欧盟车用汽油标准规定苯含量不超过1%，也是考虑了欧盟汽油调和组分中重整汽油组分(苯含量较高)比例高的因素。

在车用柴油产品质量指标中，由于硫含量的高低直接影响到汽车尾气排放的颗粒物的组成，是车用柴油质量标准关注的重点。从1993年起，美国要求车用柴油硫含量控制在500mg/kg以下，2006年起规定硫含量控制在15mg/kg以下；美国加利福尼亚州更是早在2002年7月就要求将车用柴油的硫含量控制在15mg/kg以下。相对于美国，欧盟对车用柴油中硫含量的限制更加严苛，从2000年起就要求车用柴油硫含量控制在350mg/kg以下，2005年要求硫含量控制在50mg/kg以下，到2009年要求硫含量控制在10mg/kg以下，其中瑞典等国家要求将硫含量控制在5mg/kg以下。作为最先将车用柴油硫含量降低的亚洲国家，日本于2008年规定车用柴油硫含量控制在10mg/kg以下。

不同国家和地区对于车用柴油总芳烃、多环芳烃的含量要求不尽相同。美国(除加利福尼亚州外)要求车用柴油总芳烃含量不高于35%(体积分数)；加利福尼亚州对不同规模炼厂有不同的规定，对大炼厂要求总芳烃含量不得超过10%(体积分数)，小炼厂总芳烃含量不得超过20%(体积分数)，小炼厂生产的油品可与大炼厂生产的油品调和后出售；欧盟的车用柴油标准对总芳烃含量没有规定，但规定多环芳烃含量不高于8%(质量分数)。日本对车用柴油的芳烃和多环芳烃含量两项指标均没有规定。

不同国家和地区对车用柴油的十六烷值规定也不一样。美国和日本规定车用柴油的十六烷值分别不低于40和45；而欧盟则针对不同地域和不同使用环境对车用柴油的十六烷值做出规定，在北极圈内或极寒条件下，车用柴油的十六烷值限值为47~49，其余情况下不低于51。

二、我国汽柴油质量标准及发展历程

1. 我国车用汽油标准发展历程

我国车用汽油标准的发展历程可简单分为三大阶段：

第一阶段（1956—1985 年），参照苏联建立和发展车用汽油标准体系，车用汽油牌号从 20 世纪 50—60 年代的 56 号、66 号发展到 70—80 年代的 70 号、80 号。

第二阶段（1986—1998 年），1986 年颁布的 GB 484—1986《车用汽油》标准首次引入抗爆指数技术指标，1991 年颁布了我国第一个《车用无铅汽油》标准（SH 0041—1991）。

第三阶段（1999 年至今），1999 年是我国车用汽油质量标准发展的重要年份。国家标准 GB 17930—1999《车用无铅汽油》（国Ⅰ）颁布，并于 2000 年 1 月 1 日全国停止生产含铅汽油，2000 年 7 月 1 日全国停止销售和使用含铅汽油。GB 17930—1999《车用无铅汽油》中硫含量指标由不高于 0.15%降为不高于 0.08%；并首次对铁、锰金属含量提出要求，同时增加了苯含量、芳烃含量、烯烃含量和氧含量的限值。

从 GB 17930—1999《车用无铅汽油》标准开始至 2016 年颁布 GB 17930—2016《车用无铅汽油标准》，我国基本沿用了欧盟的油品标准和排放体系，其间对车用汽油标准进行了 4 次修订，主要是降低汽油的硫、苯、烯烃含量以及缩小蒸气压限值范围，规定了不得人为加入影响发动机性能和排放的物质[7-10]。我国车用汽油各阶段质量标准的主要指标见表 1-1。

表 1-1　我国车用汽油质量标准的主要指标[3]

标准号		GB 17930—1999	GB 17930—2006	GB 17930—2011		GB 17930—2013	GB 17930—2016	DB 11/238—2021
阶段		国Ⅰ	国Ⅱ	国Ⅲ	国Ⅳ	国Ⅴ	国ⅥA/ⅥB	京ⅥB
实际执行起始时间		2000 年/2003 年①	2006 年	2010 年	2014 年	2017 年	2019 年/2023 年	2021 年
研究法辛烷值（RON）		≥90/≥93/≥95	≥90/≥93/≥97	≥90/≥93/≥97	≥90/≥93/≥97	≥89/≥92/≥95	≥89/≥92/≥95	≥89/≥92/≥95
硫含量①，mg/kg		≤1000/≤800	≤500	≤150	≤50	≤10	≤10	≤10
烯烃含量，%（体积分数）		≤35	≤35	≤30	≤28	≤24	≤18/≤15	≤12
芳烃含量，%（体积分数）		≤40	≤40	≤40	≤40	≤40	≤35	≤32
苯含量，%（体积分数）		≤2.5	≤2.5	≤1.0	≤1.0	≤1.0	≤0.8	≤0.8
氧含量，%（质量分数）		≤2.7	≤2.7	≤2.7	≤2.7	≤2.7	≤2.7	≤2.7
甲醇含量，%（质量分数）		—	≤0.3	≤0.3	≤0.3	≤0.3	≤0.3	≤0.3
锰含量，g/L		≤0.018	≤0.018	≤0.016	≤0.008	≤0.002	≤0.002	≤0.002
蒸气压 kPa	冬季	≤88	≤88	≤88	42~85	45~85	45~85	47~80
	夏季	≤74	≤74	≤72	40~68	40~65	40~65	62~72
	春秋	—	—	—	—	—	—	45~70
馏程 ℃	50%	≤120	≤120	≤120	≤120	≤120	≤110	≤105
	90%	≤190	≤190	≤190	≤190	≤190	≤190	≤175
	终馏点	≤205	≤205	≤205	≤205	≤205	≤205	≤200

① 2010 年 1 月 1 日起全国范围内硫含量不大于 1000mg/kg，2013 年 1 月 1 日起全国范围内硫含量不大于 800mg/kg。

车用汽油标准从国Ⅰ阶段到国Ⅴ阶段，降幅最大的是硫含量，从最初国Ⅰ阶段的1000mg/kg降至10mg/kg以下，在这个阶段炼油企业新建了FCC汽油加氢脱硫装置，部分企业对FCC装置进行了优化。从国Ⅴ阶段标准开始，车用汽油降幅最大的指标是烯烃和芳烃含量，清洁汽油生产进入了汽油池组分的整体优化阶段，大部分炼油企业配置了碳四烷基化装置，部分企业配置了碳五/碳六异构化装置、催化轻汽油醚化装置，并持续对FCC装置进行降烯烃含量的优化改造。为迎接2022年北京冬奥会，北京市提出了更加严格的DB 11/238—2021《车用汽油环保技术要求》(简称京ⅥB)，烯烃含量的控制由15%(体积分数)以下降至12%(体积分数)以下；芳烃含量的控制由35%(体积分数)以下降至32%(体积分数)以下；蒸气压按照四季进一步细分，增至4个限值范围；馏程50%蒸发温度上限由110℃降到105℃，90%蒸发温度上限由190℃降至175℃(与《世界燃油规范》5类/6类汽油基本一致)；终馏点上限由205℃降至200℃，汽油质量标准向着清洁化、轻质化、低烯低芳趋势发展。

2. 我国车用柴油标准发展历程

我国柴油标准的发展可分为轻柴油阶段和车用柴油/轻柴油双标准并存的两大阶段。

第一阶段(2003年前)，我国使用轻柴油标准(GB 252)，轻柴油的硫含量在2000年前高达10000mg/kg，2002年起不高于2000mg/kg。

第二阶段(2003年至今)，我国发布实施了推荐性国家标准GB/T 19147—2003《车用柴油》，该标准参照欧盟EN 590—1998制定，满足欧Ⅱ柴油标准的要求，要求硫含量不高于500mg/kg。2009年该标准第一次修订，并改为强制性标准，要求到2011年7月1日车用柴油的硫含量不高于350mg/kg，随后又在2013年和2016年进行了多次修订，将硫含量限值从350mg/kg加严到10mg/kg，该指标与欧Ⅵ水平相当。各标准具体指标变化和实施时间见表1-2。

GB 252《轻柴油》标准在2011年更名为《普通柴油》，与GB 19147《车用柴油》标准并行使用，并在2015年修订，于2019年1月1日废止。

表1-2 我国车用柴油标准的主要指标[4-5]

标准号	GB 252—2000	GB/T 19147—2003	GB 19147—2009	GB 19147—2013	GB 19147—2013	GB 19147—2016	DB 11/239—2021
阶段		国Ⅱ	国Ⅲ	国Ⅳ	国Ⅴ	国Ⅵ	京ⅦB
实际执行起始时间	2002年	2003年	2011年	2015年	2017年	2019年	2021年
硫含量，mg/kg	≤2000	≤500	≤350	≤50	≤10	≤10	≤10
多环芳烃含量，%(质量分数)		≤11	≤11	≤11	≤11	≤7	≤5
0号、-10号柴油十六烷值	≥45	≥49	≥49	≥49	≥51	≥51	≥51

3. 我国生物燃料标准

2000年以后，我国陆续颁布了车用乙醇汽油(E10)和生物柴油标准(表1-3)。其中，GB 18351《车用乙醇汽油(E10)》(表1-4)和GB 25199《B5柴油》(表1-5)与车用汽油、车用柴油标准一样都属于成品油标准，油品性能要求基本一致，大部分指标限值相同，采用的分析表征手段也基本一致。

表 1-3 车用乙醇汽油和生物柴油质量标准[6-8]

标准号	标准名称	历年版本	类　型
GB 18351	《车用乙醇汽油(E10)》	2001/2004/2010/2013/2015/2017	成品油
GB/T 22030	《车用乙醇汽油调合组分油》	2008/2013/2015/2017	调和组分
GB 18350	《变性燃料乙醇》	2001/2013/2016	调和组分
GB 25199	《B5 柴油》	2010/2014/2015/2017	成品油
GB/T 20828	《柴油机燃料调合用生物柴油(BD100)》	2007/2014/2015，已废止，与 GB 25199 合并	调和组分

车用乙醇汽油由车用乙醇汽油调和组分油和变性燃料乙醇调和而成。生物柴油调和燃料(B5 柴油)[9]分为 B5 普通柴油和 B5 车用柴油，定义为含有体积分数 1%~5%的生物柴油(BD100)[10]和体积分数 95%~99%的普通柴油或车用柴油(除润滑性外，均满足 GB 252 或 GB 19147 标准)的调和燃料。相比普通柴油或车用柴油，B5 柴油的主要差异是：(1)酸度和水含量要求更为严格，检测方法也相应做出调整；(2)取消十六烷值指标；(3)取消标号-20 号、-35 号和-50 号，只保留 5 号、0 号和-10 号，相应凝点、冷滤点和闪点指标也有所调整(表 1-5)。

表 1-4 我国乙醇汽油 E10 标准的主要指标[6]

标准号		GB 18351—2001	GB 18351—2004	GB 18351—2010	GB 18351—2013	GB 18351—2015	GB 18351—2017	GB 18351—2021(报批稿)
阶段			国Ⅰ	国Ⅲ	国Ⅳ	国Ⅴ	国Ⅵ A/B	国Ⅵ A/B (E10/E5)
实际执行起始时间		2001 年	2004 年	2011 年	2014 年	2015 年	2017 年	
RON		≥90/≥93/≥95	≥90/≥93/≥95/≥97	≥90/≥93/≥97	≥90/≥93/≥97	≥89/≥92/≥95/≥98	≥89/≥92/≥95/≥98	≥89/≥92/≥95/≥98
硫含量，mg/kg		≤1000	≤800	≤150	≤50	≤10	≤10	≤10
蒸气压 kPa	冬季	≤88	≤88	≤88	42~85	45~85	45~85	42~72
	夏季	≤74	≤74	≤72	40~68	40~65	40~65	40~65
	春秋	—	—	—	—	—	—	45~80
馏程 ℃	10%	≤70	≤70	≤70	≤70	≤70	≤70	≤70
	50%	≤120	≤120	≤120	≤120	≤120	≤110	≤110
	90%	≤190	≤190	≤190	≤190	≤190	≤190	≤190
烯烃含量,%(体积分数)		≤35	≤35	≤30	≤28	≤24	≤18	≤18
芳烃含量,%(体积分数)		≤40	≤40	≤40	≤40	≤40	≤35	≤35
苯含量,%(体积分数)		≤2.5	≤2.5	≤1.0	≤1.0	≤1.0	≤0.8	≤0.8

续表

标准号	GB 18351—2001	GB 18351—2004	GB 18351—2010	GB 18351—2013	GB 18351—2015	GB 18351—2017	GB 18351—2021(报批稿)
乙醇含量%(体积分数)	≤9.0~10.5	≤10.0±2.0	≤10.0±2.0	≤10.0±2.0	≤10.0±2.0	≤10.0±2.0	≤10.0±2.0/≤5.0±1.5
其他有机含氧化合物含量,%	未检出	≤0.1①	≤0.5②	≤0.5②	≤0.5②	≤0.5②	取消"不得人为加入其他有机含氧化合物"的规定，甲醇含量限值不大于0.3%

① 不得人为加入甲醇，单位为%(体积分数)。

② 不得人为加入其他有机含氧化合物。

表 1-5　我国 B5 柴油标准的主要指标[9]

标准号	GB/T 25199—2010	GB/T 25199—2014	GB 25199—2015	GB 25199—2017
实际执行起始时间	2011 年	2014 年	2015 年	2017 年
标号	10/5/0/-10	10/5/0/-10	5/0/-10	5/0/-10
硫含量①，mg/kg	≤1500	≤350	≤350/≤50/≤10①	≤10
十六烷值	≥45	≥45	≥45	≥49
凝点,℃	≤10/≤5/≤0/≤-10	≤10/≤5/≤0/≤-10	≤5/≤0/≤-10	≤5/≤0/≤-10
冷滤点,℃	≤12/≤8/≤4/≤-5	≤12/≤8/≤4/≤-5	≤8/≤4/≤-5	≤8/≤4/≤-5
闪点,℃	≤55	≤55	≤55	≤60
酸值(以 KOH 计)，mg/g	≤0.09	≤0.09	≤0.09	≤0.09
水含量,%(体积分数)	≤0.035	≤0.035	≤0.030	≤0.030
脂肪酸甲酯含量,%(体积分数)	2~5	1~5	1~5	1~5

① 2017 年 6 月 30 日前硫含量不大于 350mg/kg，2017 年 7 月 1 日至 2018 年 1 月 1 日硫含量不大于 50mg/kg，2018 年 1 月 1 日起硫含量不大于 10mg/kg。

第二节　清洁油品技术发展现状

多年来，国内外石油公司开发了很多成熟的清洁油品技术，本节将简要介绍国内外 FCC 汽油加氢技术、高辛烷值清洁汽油调和组分技术、柴油加氢处理技术、加氢裂化技术、生物燃料技术以及低硫船燃、液化石油气(LPG)深度脱硫等主要清洁油品技术的发展现状。

一、FCC 汽油加氢技术[11-13]

FCC 汽油是汽油调和池的主要组分，其硫含量对成品汽油硫含量的贡献率高达 80%~

98%，成品汽油中的烯烃几乎全部来自FCC汽油，因而FCC汽油加氢处理技术成为清洁汽油生产的最关键技术。FCC汽油加氢处理技术根据反应机理特点主要分为FCC汽油选择性加氢脱硫技术、FCC汽油加氢改质技术和临氢吸附脱硫技术。

1. 选择性加氢脱硫技术

选择性加氢脱硫技术具有脱硫率高、运行周期长、辛烷值损失小和液体收率高等特点，技术成熟度最高。根据FCC轻汽油烯烃含量高、硫含量低，FCC重汽油硫含量高、烯烃含量低的特点，选择性加氢脱硫技术普遍采用"全馏分FCC汽油分馏—重汽油加氢脱硫"的工艺路线来减小辛烷值损失。国外代表性技术为Axens公司的Prime-G⁺技术和CDTECH公司的CD Hydro/CD HDS技术；国内代表性技术主要有中国石油的PHG技术、中国石化的OCT-M技术及RSDS技术。

PHG技术由中国石油石油化工研究院（以下简称中国石油石化院）开发，于2008年首次应用。最新一代的PHG技术采用FCC汽油原料预加氢—分馏—重汽油加氢脱硫—后处理—轻重汽油调和的工艺路线，并配套高选择性催化剂PHG-131/PHG-111/GHC-31，实现了国Ⅳ标准汽油的生产，通过调整工艺条件即可实现国Ⅳ、国Ⅴ标准汽油质量升级需要。PHG技术作为中国石油国Ⅳ、国Ⅴ及国Ⅵ标准汽油质量升级主体技术之一，已在9套汽油加氢装置工业应用。

2. 汽油加氢改质技术

汽油加氢改质技术具有大幅降低烯烃含量、深度脱硫并保持辛烷值的特点，尤其适用于需要着重降低汽油烯烃含量的炼厂。典型技术主要包括ExxonMobil公司的OCTGAIN技术、UOP公司的ISAL技术、RIPP公司的RIDOS技术、中国石油的M-PHG技术以及中国石油大学（北京）和中国石油联合开发的GARDES系列技术。

M-PHG技术是中国石油石化院研发的FCC汽油加氢改质技术，可大幅降低FCC汽油烯烃含量、硫含量，并保持辛烷值。该技术采用FCC汽油原料预加氢—分馏—重汽油加氢改质—加氢脱硫—轻重汽油调和的工艺路线，并配套高选择性催化剂PHG-131/FRG-M6/PHG-111，2011年首次应用。截至2021年10月统计，M-PHG技术已在中国石油5套装置工业应用，总加工能力283×10^4t/a，可满足炼厂国Ⅴ、国Ⅵ阶段的清洁汽油生产需求。

GARDES系列技术由中国石油石化院与中国石油大学（北京）联合开发，采用FCC汽油原料预加氢—分馏—重汽油加氢脱硫—辛烷值恢复—轻重汽油调和的工艺路线，采用具有异构/芳构功能的辛烷值恢复催化剂，实现大幅降低烯烃含量并保持辛烷值的效果。截至2021年10月统计，GARDES系列技术已在国内20余套装置应用，总规模达到1500×10^4t/a，通过调整装置工艺条件即可满足炼厂国Ⅴ、国Ⅵ阶段的清洁汽油生产需求。

3. 临氢吸附脱硫技术

临氢吸附脱硫的代表性技术是中国石化的S-Zorb技术。S-Zorb技术最初由康菲公司开发并于2001年首次应用，2007年中国石化整体买断该技术，并进行了消化吸收再创新，重点解决影响装置长周期稳定运行的问题，并自主开发了吸附脱硫剂，推出了第二代S-Zorb技术。该技术已在中国石化系统内全面推广，中国石油华北石化120×10^4t/a汽油加氢装置采用了该技术。

二、高辛烷值清洁汽油调和组分生产技术[14-17]

除FCC汽油以外，汽油池还包括重整汽油、烷基化油、异构化油和少量的醚、醇类等高辛烷值组分。高辛烷值汽油组分生产技术主要包括FCC轻汽油醚化技术、碳四烷基化技术、碳四芳构化技术等。FCC轻汽油醚化技术既能降低烯烃含量，又能将甲醇变汽油实现高值化，也是近年来颇受重视的高辛烷值组分生产技术。烷基化汽油几乎无硫、无烯烃、无芳烃，是非常理想的高辛烷值汽油调和组分，近年来相关领域技术进步幅度较大。

1. FCC轻汽油醚化技术

FCC轻汽油中的叔碳烯烃与甲醇进行醚化反应，可以降低FCC汽油烯烃含量，提高辛烷值，并将甲醇转化为汽油组分，增加汽油收率。FCC轻汽油醚化技术主要包括CDTECH公司的CDEthers技术、Neste公司的NExTAME技术、中国石油的LNE技术等。

中国石油自2001年开始进行FCC轻汽油醚化技术研究，所开发的FCC轻汽油醚化(LNE)技术于2012年11月在兰州石化实现首次工业应用，装置规模50×10^4t/a。目前，已形成LNE-1、LNE-2、LNE-3系列工艺技术，其工艺流程中两个预醚化反应器可切换顺序操作和不停车更换催化剂，实现装置长周期稳定运行，同时可根据炼厂生产乙醇汽油调和组分和非乙醇汽油调和组分的要求，灵活配置工艺。采用LNE系列工艺技术已建成投产13套装置，总规模460×10^4t/a。

2. 碳四烷基化技术

碳四烷基化是异丁烷和丁烯反应生成带支链的长链烷烃的工艺过程，主流工艺为硫酸法和氢氟酸法烷基化，在新型烷基化技术中，固体酸烷基化、离子液体烷基化、超重力烷基化技术实现了工业应用。具有代表性的技术主要包括DuPont公司的Stratco硫酸烷基化技术，CB&I公司的CDAlky技术，Albemarle公司、CB&I公司和Neste石油公司共同开发的AlkyClean固体酸烷基化工艺以及中国石油大学(北京)开发的离子液烷基化技术。

中国石油的LZHQC-ALKY技术采用卧式烷基化反应器、反应流出物制冷工艺。利用反应流出物中的液相丙烷和丁烷在反应器管束中减压闪蒸，吸收烷基化反应放出的热量，气相重新经压缩机压缩、冷凝，再循环回反应器。循环异丁烷与烯烃混合进入反应器，酸烃经叶轮机械搅拌形成乳化液，烃在酸中分布均匀，减小温度梯度，抑制副反应发生。该技术已获授权使用或技术转让超过20套装置。

中国石油超重力烷基化技术首创兼具瞬时微观混合与独特撤热结构的超重力烷基化反应器，可使烃物料在低温高黏度的浓硫酸催化剂中瞬间达到高度分散(小于1s)。通过超重力设备与后续汽化/反应/分离器的结合，解决了常规超重力设备停留时间过短的问题，并通过超重力设备内的撤热结构及物料汽化，解决了反应取热问题，实现了强传质条件下反应温度、时间可控的烷基化工艺条件。在辽阳石化建设了一套1000t/a超重力烷基化工业侧线试验装置，并于2021年8月完成工业试验。

3. 碳四芳构化技术

芳构化是指烯烃在酸中心的作用下经过裂解、聚合、环化等过程生成芳烃。碳四烯烃通过芳构化反应，一方面可以生产芳烃，如苯、甲苯和二甲苯(BTX)；另一方面也可制得高辛烷值汽油组分。国内外具有代表性的技术包括BP与UOP联合开发的Cyclar技术、中国石化的碳四芳构化技术以及中国石油的 LAG 碳四芳构化技术等。

中国石油开发的 LAG 碳四芳构化技术采用与大连理工大学联合开发的纳米分子筛 SHY-DL 作为催化剂，以醚后碳四为原料，产品为 LPG 与高辛烷值汽油调和组分。醚后碳四原料经芳构化反应和后续产物分离系统分离，得到的干气部分循环作为临氢气体，部分作为装置燃料利用，同时得到 LPG、高辛烷值汽油调和组分、柴油组分，该技术于 2012 年 5 月在河南濮阳恒润石化公司 20×10^4t/a 碳四芳构化装置进行应用。

4. 甲基叔丁基醚(MTBE)生产技术

MTBE 是在催化剂的作用下由混合碳四中的异丁烯与甲醇反应得到。MTBE 能与汽油较好地互溶，作为汽油调和组分时既可降低汽油的烯烃含量，又提高了汽油辛烷值，是生产无铅、高辛烷值汽油的理想调和组分。

目前市场上应用较多的是 CDTECH 公司的催化蒸馏技术。我国 MTBE 生产技术最早由中国石化齐鲁石化开发，始于 20 世纪 70 年代末，先后开发了混相反应技术和 CATAFRACT 催化蒸馏技术。

5. 碳四烯烃选择性叠合—加氢技术

碳四烯烃选择性叠合技术是将混合碳四中的异丁烯叠合生成异辛烯的过程，是应对乙醇汽油全面推广最受关注的技术之一。异辛烯加氢后的产品异辛烷(即三甲基戊烷)是高辛烷值汽油组分，异丁烯生产的异辛烷与传统的硫酸(或氢氟酸)烷基化油相比，辛烷值更高，反应条件温和，对设备没有腐蚀，环保性好。国外具有代表性的间接烷基化生产异辛烷技术有 UOP 公司开发的 InAlk 技术、Snamprogetti 公司和 CDTECH 公司开发的 CDIsoether 技术、Fortum 公司和 KBR 公司开发的 NexOctane 技术、法国石油研究院的 Seletopol 技术等。中国石化石科院开发的碳四烯烃选择性叠合技术，于 2018 年 7 月在中国石化石家庄炼化实现工业应用。

中国石油与凯瑞环保科技股份有限公司合作开发的 PIA 技术提出了碳四烯烃选择性叠合两段绝热固定床串联+中间取热工艺，提高了异丁烯转化率和碳八烯烃选择性，降低了正丁烯损失。根据二聚产物的性质，提出萃取—精馏分离流程，形成碳四烯烃选择性二聚生产异辛烯工艺技术。该技术已针对兰州石化 6×10^4t/a MTBE 装置完成《兰州石化 4×10^4t/a 碳四烯烃选择性叠合装置工艺技术设计基础数据包》的编制，兰州石化据此已完成基础设计。

6. 烯烃骨架异构化技术

轻质烯烃骨架异构化的关键在于催化剂的选择性，国外对此已有了较为深入的研究。轻质烯烃骨架异构化催化剂主要分为卤化物催化剂、非卤化物催化剂和分子筛型催化剂 3 类。UOP 公司开发了基于 SAPO-11 分子筛的轻质烯烃骨架异构化催化剂，Lyondell、BP、Mobil、Shell、Texaco 等多家公司开发的技术均采用镁碱类沸石作为催化剂的主要成分。

中国石油石化院、乌鲁木齐石化自 2013 年起开展轻质烯烃骨架异构化催化剂的研究工作，2015 年底完成了轻质烯烃骨架异构化催化剂中试放大，2019 年 7 月研发的轻质烯烃骨架异构化催化剂 POI-111 在乌鲁木齐石化工业装置开车一次成功。在压力为 0.2MPa、空速为 5.0~6.0h^{-1}、反应温度为 262~370℃的条件下，正戊烯转化率为 67.8%~79.5%，异戊烯选择性为 87.2%~96.0%，催化剂显示出良好的催化活性和选择性。

三、柴油加氢处理技术[18-19]

以生产清洁柴油为目标的柴油加氢技术主要分为加氢精制技术和加氢改质技术两大类。柴油加氢精制技术是在氢气存在的条件下，通过催化加氢工艺过程实现对柴油中的硫化物、氮化物、多环芳烃等杂质的深度脱除，以达到改善柴油产品性质的目的。柴油加氢改质技术是通过将多环芳烃加氢饱和—选择性开环生产低芳烃、低密度和高十六烷值柴油的技术。

1. 柴油加氢精制技术

柴油加氢精制技术是在临氢条件下进行加氢脱硫(HDS)、加氢脱氮(HDN)、加氢脱芳(HDA)生产清洁柴油产品的过程。国内外具有代表性的高活性柴油加氢精制技术包括 Albemarle 公司的 STARS 技术和 NEBULA 技术、Topsøe 公司的 Brim™技术、中国石化的柴油加氢技术以及中国石油的 PHF/PHD 技术和 FDS 技术等。

中国石油石化院在柴油质量升级过程中开发了 PHF、PHD 系列柴油加氢精制技术，并与中国石油大学(华东) 合作开发了 FDS 系列柴油加氢精制技术。自 2008 年成功开发出 PHF-101 催化剂以来，PHF-101 催化剂在大庆石化等 10 余套装置实现工业应用，该催化剂可以满足直馏柴油、FCC 柴油、焦化柴油或汽柴油混合油加氢生产国Ⅳ、国Ⅴ和国Ⅵ标准清洁柴油的生产需要。针对劣质二次加工柴油，特别是氮含量高、芳烃含量高的 FCC 柴油，开发了 PHD 系列化柴油加氢精制催化剂。PHD-112 催化剂通过络合制备平台技术，显著提高了催化剂的脱氮、脱芳活性，适用于处理二次加工柴油(FCC 柴油、焦化柴油)比例高的柴油加氢精制装置，在抚顺石化 120×10^4t/a 柴油加氢裂化装置实现首次工业应用，同步满足多产高芳潜重石脑油和生产国Ⅵ清洁柴油的技术需求。通过晶种诱导和靶向刻蚀技术开发的高活性非负载型 PHD-201 催化剂，具有优异的加氢脱氮及加氢脱芳性能。针对中低压柴油加氢装置开发的非负载型和负载型催化剂的组合级配应用技术，可解决中低压加氢装置加工劣质 FCC 柴油的技术难题，实现催化剂活性和稳定性的提升，保证装置的长周期稳定运行，为炼化企业提质增效提供技术支持。中国石油石化院与中国石油大学(华东)中国石油催化重点实验室针对中低或高硫含量柴油(直馏柴油、二次加工柴油及其混合柴油)，开发了 FDS 系列精细脱硫催化剂，于 2009 年 4 月在大港石化 50×10^4t/a 柴油加氢装置上首次实现工业应用，表现出良好的活性稳定性，完全满足柴油生产的技术需求。

2. 柴油加氢改质技术

国内外柴油加氢改质技术主要有 Topsøe 公司的 HDS/HDA 两段法加氢工艺技术，Axens 公司开发的 Prime-D 两段柴油加氢工艺技术，中国石化的 MCI、MHUG、RICH 技术以及中国石油石化院的 PHU 柴油改质技术等。

中国石油石化院通过对 FCC 柴油加氢改质反应机理的深入研究，开发了 PHU 改质催化剂技术，通过开发二次孔体积大、晶粒小、非骨架铝含量低的超稳 Y(USY)分子筛，解决了多环芳烃大分子难与酸性中心接触、侧链容易断裂等技术难题，在兼顾脱除硫、氮等杂质的同时大幅提高柴油的十六烷值，形成了具有自主知识产权的柴油加氢改质技术。该技术通过调整反应温度，可使 FCC 柴油十六烷值提高 13~18，密度降低 40~60kg/m^3，多环芳烃含量小于 2%(质量分数)，硫含量小于 10mg/kg，可作为国Ⅴ、国Ⅵ清洁柴油调和组分。该技术于 2016 年 8 月在乌鲁木齐石化 180×10^4t/a 柴油加氢改质装置进行了首次工业应用试验。标定结果表明，PHU-201 催化剂具有较好的生产灵活性，可通过调整反应温度，灵活调整石脑油、柴油的产率，在多产石脑油方案中，石脑油产率为 24.70%，柴油产率为 74.57%。

四、加氢裂化技术[20-21]

加氢裂化是重质原料在催化剂和氢气存在下生产各种轻质燃料的工艺过程，既可以将重质油品通过裂化反应转化为汽油、煤油和柴油等轻质油品，防止反应生成大量焦炭，还可以进一步脱除原料中的硫、氮、氧化物杂质，具有轻质油收率高、产品质量好等优点。高性能加氢裂化催化剂及先进工艺的开发是加氢裂化技术进步的关键，国外具有代表性的加氢裂化技术有 UOP 公司的 HyCycle 技术、Chevron 公司的 SSRS 技术，国内主要有中国石化大连院的 FC 系列催化剂、中国石化石科院的 RHC 系列催化剂，以及中国石油石化院的 PHC 系列催化剂等。

中国石油石化院历经十余年技术攻关，开发了适于蜡油馏分适度裂化、深度定向转化的加氢裂化生产高附加值油品和化工原料技术，具有原料适应性强、加工方案灵活、液体产品收率高、产品质量好等特点，包括处理减压瓦斯油的 PHT-01/PHT-03 中间馏分油型加氢裂化催化剂、PHT-01/PHC-05 化工原料型加氢裂化催化剂以及处理柴油的 PHU-211 加氢裂化催化剂。PHT-01/PHT-03 中间馏分油型加氢裂化催化剂于 2012 年 5 月在中国石油大庆石化实现首次工业应用，PHC-05 于 2018 年 9 月在大庆石化成功开展工业应用试验，PHU-211 柴油加氢裂化催化剂于 2019 年 6 月在抚顺石化开展工业应用试验。

五、生物燃料技术[22-27]

2020 年底，中国政府做出了“二氧化碳排放力争于 2030 年前达到峰值，努力争取 2060 年前实现碳中和”的承诺，进一步加快了碳减排的步伐。在碳中和目标下，生物燃料因其全生命周期形成了碳闭环，可有效减少温室气体排放，具有环境友好和生物相容的天然属性，已成为应对全球碳减排、减少环境污染的发展方向之一。生物柴油、生物航煤、燃料乙醇等生物燃料生产技术进入快速发展期。

1. 生物柴油技术

生物柴油是以可再生原料[如动植物油脂、回收烹饪油(地沟油)]等为原料，经过酯交换反应或加氢反应而得到的一种脂肪酸甲酯混合物或链烷烃混合物，具有十六烷值高、不含硫和芳烃、较好的发动机低温启动性能以及燃烧性能等优点。其中，通过加氢反应制得的烃类混合物与石化柴油结构组成更为接近，也被称为绿色柴油，是目前生物柴油技术的发展趋势。

中国石油在生物柴油生产技术方面开展了相关研究，设计了生物柴油反应分离耦合工艺技术，研制了廉价高效的脱水剂，显著缩短了工艺流程，提高了对油脂原料酸值的适应性，简化了油脂原料精炼过程。此外，还开展了绿色柴油催化剂研发，开发出水热稳定性能良好的加氢脱氧催化剂和高活性、高异构选择性的加氢异构催化剂。

2. 生物航煤技术

生物航煤是以动植物油脂或农林废弃物等生物质为原料制得，具有原料来源广泛、环境友好及可再生、化学结构和物化性质与化石燃料接近的特点，无须开发新的燃料运输系统。目前已通过 ASTM 标准认证的生物航煤生产路线共有 8 种，其中最具代表性的为 UOP 公司的 Ecofining 技术和芬兰 Neste 公司的 NExBTL 技术，由于产品可在生物航煤和绿色柴油之间灵活切换，经济性更好，已实现商业化。

中国石油是国内最先开展生物航煤研究并完成首次试飞的单位。2007 年启动云南、四川第一批林业生物质能源林基地建设；2009 年起与 UOP 公司合作开发基于小桐籽原料的生物航煤技术。与 UOP、中国航油及波音公司合作，于 2011 年 10 月 28 日完成国内首次试飞。同年启动生物航煤重大科技专项，先后攻克了催化剂、工艺等一系列技术难题，并编制万吨级工艺包，形成具有自主知识产权的生物航煤生产成套工艺技术。

3. 燃料乙醇技术

燃料乙醇作为化石燃料替代品始于 20 世纪 60 年代，为应对能源安全、环境危机、资源危机，世界各国将目光投向了以生物燃料乙醇为代表的可再生生物燃料，用乙醇部分或全部替代汽油作为车用燃料的模式得到各国政府的支持和鼓励。目前，燃料乙醇以玉米、甘蔗、薯类等为主要原料通过发酵工艺生产，以纤维素为原料的燃料乙醇技术也受到世界各国的广泛重视。

中国石油与国投生物吉林有限公司和中粮集团三方共同出资组建了吉林燃料乙醇有限公司，成为国内第一个专业化大型燃料乙醇生产基地。2020 年，燃料乙醇产能达 70×10^4t/a，产量为 60×10^4t/a，规模和技术居国内领先水平。“十三五”期间，吉林燃料乙醇有限公司开发了提高玉米燃料乙醇发酵成熟醪浓度的新技术并产业化；开展纤维素乙醇生产技术研发，包括纤维素预处理、纤维素酶工程菌株、发酵产酶工艺、木质素利用等，初步形成了万吨级纤维素乙醇生产技术工艺包，目前部分技术已完成中试。

六、其他清洁油品技术[28-29]

1. 环保型超重力 LPG 深度脱硫技术

在石油炼制过程中，焦化、常减压蒸馏、FCC 等装置产生的 LPG 中除硫化氢外，还有各种形态的有机硫。硫化物会造成后续烷基化等炼油化工加工过程中催化剂的中毒和失活，而硫化氢对管路及反应器腐蚀大。此外，LPG 在作为原料生产烷基化油这一汽油调和组分时，存在的微量硫也会导致产品硫含量超标，进而造成汽油产品不达标。因此，深度脱除 LPG 中的硫化物，具有重要的经济意义和环保意义。国内外主流的 LPG 深度脱硫技术主要有 UOP 公司开发的 Merox 碱洗脱硫醇技术、Merichem 公司开发的纤维膜脱硫技术以及中国石油与北京化工大学联合开发的环保型超重力 LPG 深度脱硫技术（LDS）。LDS 技术将 LPG 脱硫醇的循环碱液再生和产物分离过程有机结合，集成设计了旋转填充床反应器，将反应—分离与超重力技术结合，强化了反应分离效果，通过碱液高效再生，实现 LPG 脱硫醇碱渣零排放。自 2014 年 9 月首次工业应用以来，已推广 5 套，总计 LPG 处理规模近 350×10^4t/a。

2. 低硫船用燃料油技术

在国际海事组织 IMO 2020 标准实施后，低硫船燃需求上升，低硫船燃生产及研究得到普遍重视。主要有三种方法生产低硫船燃：一是采用低硫原油经过常减压蒸馏工艺生产；

二是将低硫燃油和高硫重质燃油进行混兑、调和生产；三是将高硫燃油直接脱硫生产。由于低硫原油资源有限，通过低硫原油直接生产低硫船燃无法满足市场需求，低硫船燃生产技术以调和及通过渣油加氢生产低硫船燃调和组分为主。

国内外多数企业围绕调和技术开展研究，并采用调和技术生产低硫船燃。也有部分企业（如中国石化的金陵石化、镇海炼化等）采用渣油加氢技术生产低硫船燃调和组分。固定床渣油加氢脱硫技术成熟，应用广泛，加氢渣油的硫含量可以控制在0.5%以内，但存在装置投资大、操作成本高等缺点。随着船燃标准的日益严格、技术的持续升级、成本持续下降，渣油加氢脱硫直接生产低硫船燃或调和组分或成为未来低硫船燃的主流技术路径。

中国石油石化院围绕降低成本、提高品质开展了低硫船燃生产技术研究，解决了高黏重油改质降黏与产品稳定性的技术难题，开发形成了MIB化学改质耦合原位调和生产清洁船燃新工艺。MIB工艺中试结果表明：通过原料优选和切割点调控，可实现渣油降黏率达到95%以上，倾点等关键指标可直接达到RMG380号船燃产品要求。此外，中国石油石化院围绕渣油加氢脱硫生产低硫调和组分也开展了探索性研究。

参考文献

[1] IEA. World energy outlook[R/OL]. https://www.iea.org/topics/world-energy-outlook.

[2] IEA. Oil 2021 Analysis and forecast to 2026[R/OL]. https://www.iea.org/reports/oil-2021.

[3] 中国国家标准化管理委员会．车用汽油：GB 17930—2016[S]．北京：中国标准出版社，2016：1-10.

[4] 中国国家标准化管理委员会．车用柴油：GB 19147—2016[S]．北京：中国标准出版社，2016：1-10.

[5] 中国国家标准化管理委员会．车用柴油：GB 252—2015[S]．北京：中国标准出版社，2015：1-7.

[6] 中国国家标准化管理委员会．车用乙醇汽油（E10）：GB 18351—2017[S]．北京：中国标准出版社，2017：1-10.

[7] 中国国家标准化管理委员会．车用乙醇汽油调合组分油：GB 22030—2017[S]．北京：中国标准出版社，2017：1-9.

[8] 中国国家标准化管理委员会．变性燃料乙醇：GB 18350—2013[S]．北京：中国标准出版社，2013：1-25.

[9] 中国国家标准化管理委员会．B5柴油：GB 25199—2017[S]．北京：中国标准出版社，2017：1-14.

[10] 中国国家标准化管理委员会．柴油机燃料调合用生物柴油（BD100）：GB/T 20828—2015[S]．北京：中国标准出版社，2015：1-5.

[11] 张宇豪，王永涛，陈丰，等．清洁油品生产中溶剂萃取分离技术的研究进展[J]．中国科学（化学），2018，48（4）：319-328.

[12] 边思颖，张福琴．我国炼油行业及技术发展展望[J]．石油科技论坛，2018，37（2）：4-8.

[13] 鞠雅娜，梅建国，兰玲，等．催化裂化汽油选择性加氢脱硫改质组合技术的工业应用[J]．石化技术与应用，2019，37（2）：112-115.

[14] 张士元，王艳永，田振兴，等．催化轻汽油醚化技术[J]．石化技术与应用，2020，38（3）：186-189.

[15] 孟祥雷．LNE-3技术在轻汽油醚化装置的应用[J]．炼油与化工，2020，31（1）：13-15.

[16] 曹东学，杨秀娜，曹国庆，等．碳四烷基化技术发展趋势[J]．当代石油石化，2020，28（8）：29-37.

[17] 王小强，程亮亮，马应海，等．混合碳四临氢芳构化技术工业应用[J]．当代化工，2019，48（10）：

2366-2369.
[18] 刘朋，赵锐铭，梁刚，等．国内柴油加氢脱硫技术的影响因素分析[J]．齐鲁石油化工，2020，48(3)：265-270.
[19] 段爱军，万国赋，赵震．柴油加氢脱芳烃催化剂的研究进展[J]．化工技术与开发，2020，49(10)：39-44.
[20] 郝文月，刘昶，曹均丰，等．加氢裂化催化剂研发新进展[J]．当代石油石化，2018，26(7)：29-34.
[21] 舒黎斌．石油炼制中的加氢技术原理与应用研究[J]．化工管理，2021(6)：61-62.
[22] 曾凡娇．生物柴油的研究与应用现状及发展建议[J]．绿色科技，2021，23(4)：182-184.
[23] 田宜水，单明，孔庚，等．我国生物质经济发展战略研究[J]．中国工程科学，2021，23(1)：133-140.
[24] 王慧琴．航空煤油生产技术发展现状[J]．合成材料老化与应用，2021，50(1)：128-132.
[25] 雪晶，侯丹，王旻烜，等．世界生物质能产业与技术发展现状及趋势研究[J]．石油科技论坛，2020，39(3)：25-35.
[26] 张毅．纤维素燃料乙醇预处理技术研究进展[J]．可再生能源，2021，39(2)：148-155.
[27] 张元晶，高彦静，张杰，等．燃料乙醇全球研究态势可视化分析[J]．化工新型材料，2020，48(10)：253-257，262.
[28] 龚伟．液化气脱硫技术的发展现状研究[J]．山东化工，2018，47(24)：52-53.
[29] 方向晨，郭蓉，全玉军，等. 典型炼化一体化企业生产低硫船用燃料油的重油加工方案比较[J]. 化工进展，2012(7)：3703-3710.

第二章 催化裂化汽油加氢技术

为控制汽车尾气污染物的排放，我国加快了油品质量升级步伐。2017 年，我国全面实施国Ⅴ标准，要求汽油硫含量不大于 10mg/kg，烯烃(汽油辛烷值的主要贡献者)含量不大于 24%(体积分数)。2019 年，全面实施硫含量不大于 10mg/kg、烯烃含量不大于 18%(体积分数)的国ⅥA 标准，攻克汽油质量升级技术成为国家重大需求。欧美国家车用汽油池中，硫含量和烯烃含量高的 FCC 汽油约占 30%，其他低(无)硫、低烯烃含量的高辛烷值汽油调和组分约占 70%，汽油质量升级的主要任务是降低 FCC 汽油硫含量，采用的主要技术措施是加氢脱硫技术。我国车用汽油池中，硫含量高(100～1000mg/kg)、烯烃含量高[28%～50%(体积分数)]的 FCC 汽油约占 60%，其他高辛烷值汽油调和组分仅占 40%，汽油质量升级需要同时解决大幅降低 FCC 汽油硫含量、烯烃含量、保持辛烷值的三重难题，面临科学和技术上的巨大挑战，难以全面借鉴欧美发达国家技术路线，必须开发具有自主知识产权的成套技术。

中国石化由于加工原油硫含量较高，FCC 装置多采用 MIP 工艺，其 FCC 汽油呈现出硫含量高、烯烃含量低的特点，主要采用 MIP-CGP 和 S-Zorb 组合工艺技术来解决降低烯烃含量和脱硫的问题。中国石油 FCC 汽油具有烯烃含量高、硫含量分布宽的特点，技术选择上，在脱硫的同时需兼顾降低烯烃含量和保持辛烷值。基于此，中国石油石化院经过十几年的艰苦攻关，创新提出分段调控烯烃分子转化和硫化物分段脱除的理念，开发出具有中国石油特色的 FCC 汽油加氢脱硫—改质组合技术(PHG、M-PHG、GARDES)，形成了适合于不同硫含量、不同烯烃含量的“全馏分 FCC 汽油预加氢—轻重汽油切割—轻汽油醚化—重汽油选择性加氢脱硫—接力脱硫/辛烷值恢复”组合工艺，解决了深度脱硫、降低烯烃含量和保持辛烷值这一制约 FCC 汽油清洁化的重大技术难题，总体上与同类国外先进技术水平相当，且能耗、辛烷值损失等部分指标处于国际领先水平，已在 20 余套装置工业应用，总加工能力超 1500×10^4t/a，内部市场占有率达 54.4%，荣获国家科技进步二等奖 2 项，获得省部级科技奖励 10 余项，4 次入选中国石油十大科技进展。

本章将重点从清洁汽油生产技术国内外技术发展现状，以及中国石油现有清洁汽油生产技术的工艺流程、技术特点、配套催化剂及工业应用等方面进行介绍。

第一节 国内外技术发展现状

当今世界汽油清洁化的主题由以往单纯的 FCC 汽油脱硫，逐渐过渡到汽油池调和组分优化，主要实现途径包括 FCC 汽油脱硫和降低烯烃含量，削减 FCC 汽油比例，增加无硫、无烯、无芳高辛烷值汽油调和组分(烷基化油、异构化油)。FCC 汽油加氢处理技术主要分为三大类：第一类是 FCC 汽油选择性加氢脱硫技术，占据主体技术地位，工业应用最多，通过对工艺及催化剂的改进，抑制催化剂烯烃饱和活性，加氢脱硫同时避免烯烃被过多饱和，减少加氢脱硫过程的辛烷值损失，第二类是 FCC 汽油加氢改质技术，在深度脱硫的同时，通过烯烃异构化、芳构化等反应提高汽油辛烷值，弥补加氢脱硫过程中的辛烷值损失，可大幅降低烯烃含量；第三类是临氢吸附脱硫技术，具有辛烷值损失小、氢耗低等特点，特别适用于需要高脱硫率、低烯烃饱和率的原料。

一、选择性加氢脱硫技术

选择性加氢脱硫技术具有脱硫率高、运行周期长、辛烷值和液体收率损失较小等特点，技术成熟度最高。根据 FCC 轻汽油烯烃含量高、硫含量低，重汽油烯烃含量低、硫含量高的特点，选择性加氢脱硫技术均采用了全馏分 FCC 汽油切割分馏—重汽油加氢脱硫的基础工艺路线来减小辛烷值损失。国外代表性技术为 Axens 公司的 Prime-G$^+$技术和 CDTECH 公司的 CD Hydro/CD HDS 技术；国内代表性技术主要有中国石化的 RSDS 技术和中国石油的 PHG 技术。

1. Prime-G$^+$技术[1-3]

Axens 公司开发的 Prime-G$^+$技术工艺流程如图 2-1 所示，工艺装置由选择性加氢部分、汽油分馏部分、加氢脱硫部分、分离部分、循环氢脱硫部分及稳定部分组成。预加氢单元主要进行轻质硫化物重质化以及二烯烃选择性加氢，确保轻汽油的脱硫效果，同时避免重汽油中二烯烃在加氢反应器中缩聚；重汽油加氢脱硫单元采用两种催化剂，前端催化剂主要进行难脱除硫化物的脱除，末端催化剂主要起补充脱硫作用，避免硫化氢与烯烃重新结合生成硫醇。2008 年，中国石油大港石化率先在国内采用 Prime-G$^+$工艺技术建成了 1 套 75×10^4t/a 的

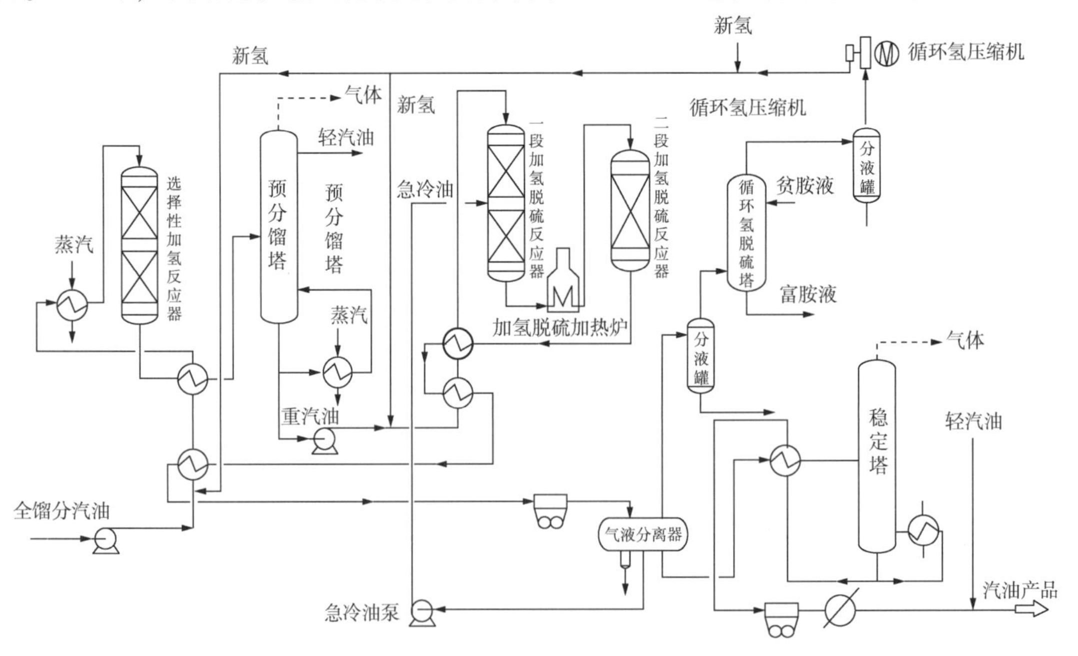

图 2-1　Prime-G$^+$技术工艺流程示意图

FCC 汽油加氢脱硫装置。截至 2021 年，Prime-G^+技术已在中国石油 7 家企业应用。

2. CD Hydro/CD HDS 技术[4-5]

美国 CDTECH 公司开发的 CD Hydro/CD HDS 技术首套装置于 2000 年应用，工艺流程如图 2-2 所示。装置由 CD Hydro 和 CD HDS(及其改进版 CD HDS+)两部分组成，全馏分 FCC 汽油首先进入 CD Hydro 塔进行蒸馏切割，同时完成轻质硫化物重质化反应及二烯烃饱和反应；塔底中汽油/重汽油从中部进入 CD HDS 塔进行较高苛刻度的反应，烯烃含量高的中汽油在塔顶缓和条件下加氢脱硫，烯烃含量低、硫含量高的重汽油在塔底部较苛刻条件下加氢脱硫，以达到高脱硫率、辛烷值损失最小的目的。针对高硫原料，采用两段脱硫工艺，CD HDS+将 CD HDS 产物脱除硫化氢和干气后送至固定床反应器，进一步脱硫至 10mg/kg 以下，辛烷值损失更小。该技术已在中国石油广西石化汽油加氢装置应用。

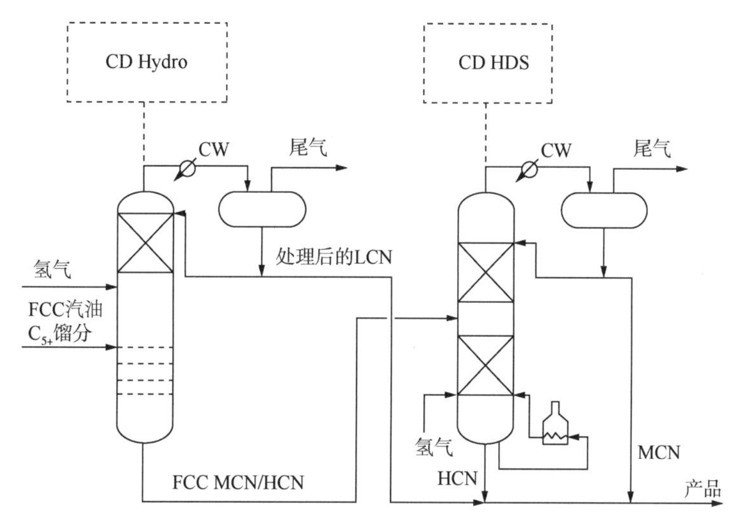

图 2-2 CD Hydro/CD HDS 技术工艺流程示意图

CW—水冷器；LCN—轻汽油组分；HCN—重汽油组分；MCN—中汽油组分

3. RSDS 技术[6-7]

RSDS 技术由中国石化石科院开发，从 2003 年首次应用至今经历了从 RSDS-Ⅰ到 RSDS-Ⅱ、RSDS-Ⅲ的发展历程，最新一代 RSDS-Ⅲ技术将全馏分 FCC 汽油分馏切割为轻、重汽油，轻汽油进行碱抽提脱硫醇，重汽油加氢脱硫，通过催化剂选择性调控技术(RSAT)和新型催化剂(以碱性化合物为助剂)提升重汽油脱硫选择性。RSDS-Ⅲ技术工艺流程如图 2-3 所示。

4. PHG 技术[8-9]

FCC 汽油选择性加氢脱硫技术(PHG)由中国石油石化院开发，2008 年首次应用，主要适用于对深度脱硫、减少辛烷值损失有需求的炼厂。该技术采用“全馏分 FCC 汽油预加氢—轻重汽油切割—重汽油选择性加氢脱硫—后处理梯级脱硫”分段加氢脱硫新工艺(具体工艺介绍请参见本章第二节)，并配套高选择性催化剂 PHG-131/PHG-111/PHG-151，2008 年率先在玉门炼化 32×10^4t/a FCC 汽油加氢装置进行工业试验，2013 年在庆阳石化等 5 家炼厂汽油加氢装置规模推广应用，满足各炼厂国Ⅳ汽油质量升级需要。2017 年 8 月，PHG 技术在云南石化新建 140×10^4t/a 汽油加氢装置成功应用，汽油产品的烯烃、芳烃及苯

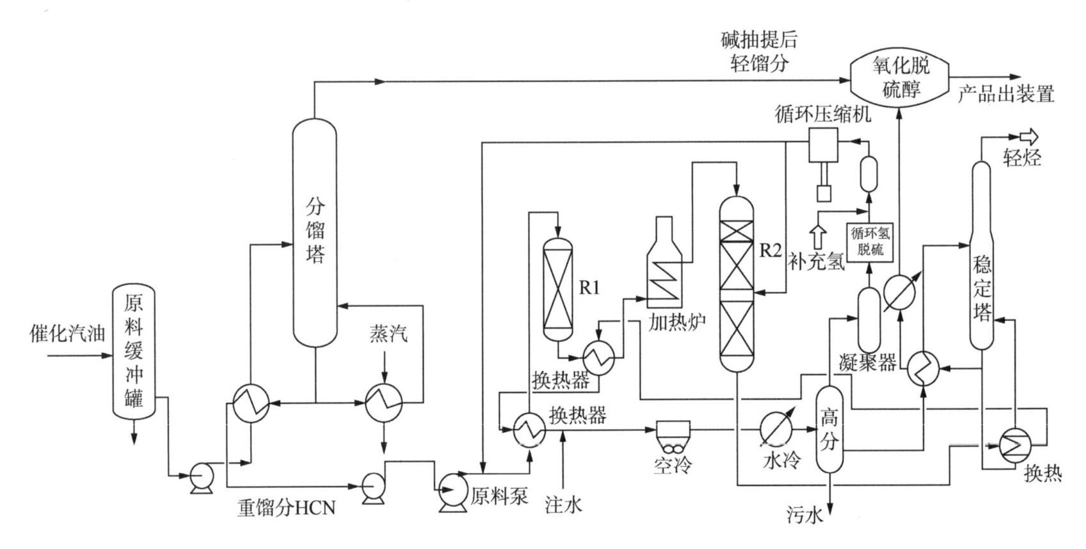

图 2-3 RSDS-Ⅲ技术工艺流程示意图

R1—第一反应器；R2—第二反应器

含量等主要指标达到国ⅥB 标准，在不换催化剂、不改造装置的情况下，“零成本”助力企业提前 5 年踏入国ⅥB 时代。2018 年，PHG 技术在国内规模最大炼化一体化项目——浙江石化 200×10^4t/a 汽油加氢装置全球招标中，一举战胜国内外众多知名专利商中标，显示出强大的市场竞争力。

二、汽油加氢改质技术

汽油加氢改质技术主要有 ExxonMobil 公司的 OCTGAIN 技术、UOP 公司的 ISAL 技术、中国石化的 RIDOS 技术、中国石油的 M-PHG 技术以及中国石油大学(北京)和中国石油石化院联合开发的 GARDES 系列技术，上述技术能大幅降低烯烃含量、深度脱硫并保持辛烷值，尤其适用于需要降低汽油烯烃含量的炼厂。

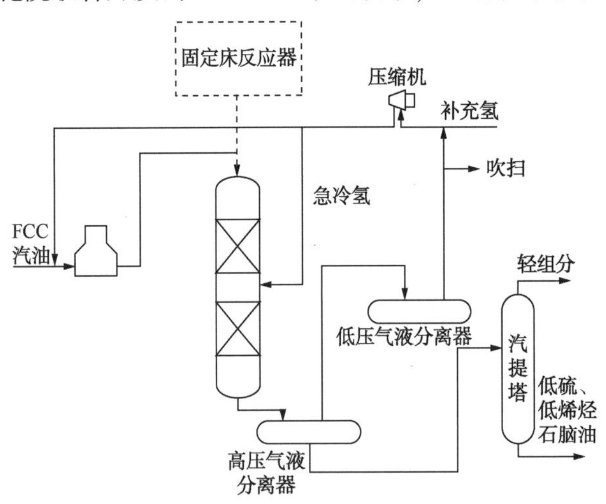

图 2-4 OCTGAIN 技术工艺流程示意图

1. OCTGAIN 技术[10]

ExxonMobil 公司开发的 OCTGAIN 技术于 1991 年首次实现工业应用，至今已经历了 3 代技术，适用于降低烯烃含量且 LPG 市场需求好的炼厂。OCTGAIN 技术先加氢脱硫再进行辛烷值恢复，辛烷值恢复主要依托改质催化剂的部分裂化功能实现。OCTGAIN 技术工艺流程如图 2-4 所示。

2. ISAL 技术[11]

ISAL 工艺由 UOP 公司和 Intevep 公司开发，2000 年首次工业应用。在加氢脱硫过程中同步饱和烯烃，辛烷值恢复单元使用负载非贵金属的分子筛催化剂，通过异构化、择形裂化等反应恢复损失的部分辛烷值。ISAL 技术工艺流程如图 2-5 所示。

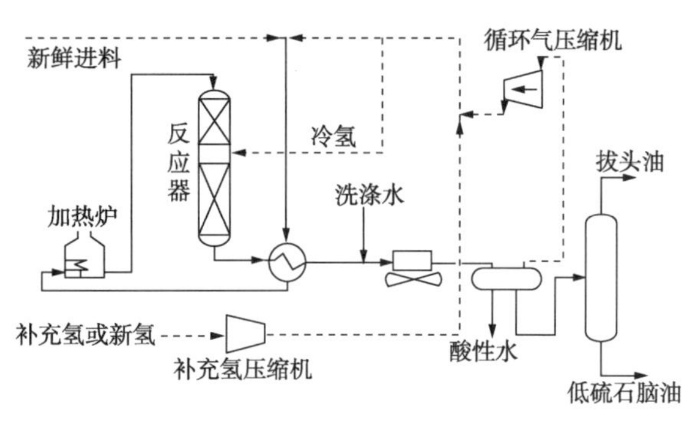

图 2-5 ISAL 技术工艺流程示意图

3. RIDOS 技术[12]

RIDOS 技术是中国石化石科院开发的 FCC 汽油加氢改质技术，2002 年在中国石化燕山石化实现工业化。RIDOS 技术采用将轻汽油与重汽油分开处理的方法，对轻汽油进行碱抽提脱硫醇，对重汽油进行加氢精制实现深度脱硫和烯烃饱和，再通过异构化及裂化反应提高辛烷值。工艺流程如图 2-6 所示。

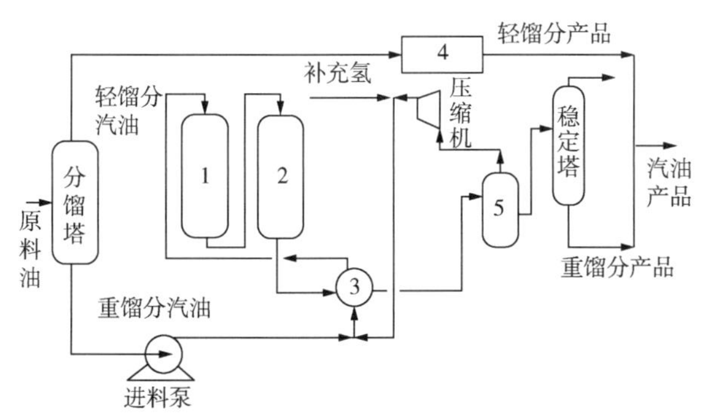

图 2-6 RIDOS 技术工艺流程示意图

1—加氢精制反应器；2—辛烷值恢复反应器；
3—换热器；4—碱洗单元；5—高压分离器

4. M-PHG 技术[13-15]

M-PHG 技术是中国石油石化院与抚顺石化联合研发的 FCC 汽油加氢改质技术，采用全馏分 FCC 汽油预加氢—轻重汽油切割—重汽油辛烷值恢复—加氢脱硫组合工艺(具体工艺介绍请参见本章第三节)，可大幅降低 FCC 汽油烯烃含量、硫含量，并保持辛烷值，适用于深度脱硫、大幅降烯烃、保持辛烷值需求的炼厂，是中国石油国Ⅵ标准汽油质量升级主体技术之一。2009 年，采用全馏分 FCC 汽油预加氢—辛烷值恢复—选择性加氢脱硫工艺路线(TMD)，在大连石化 20×10^4t/a 汽油加氢装置首次工业试验；2011 年，在乌鲁木齐石化 60×10^4t/a 汽油加氢装置上实现全馏分 FCC 汽油预加氢—轻重汽油切割—重汽油辛烷值恢复—选择性加氢脱硫(M-PHG)工艺流程的首次工业试验；2015 年，在乌鲁木齐石化汽油加氢装置进行国Ⅴ汽油生产工业试验；2018 年，率先在庆阳石化 75×10^4t/a 汽油加氢装置进行国Ⅵ汽油生产工业试验。

5. GARDES 系列技术[16-17]

GARDES 技术是由中国石油石化院与中国石油大学(北京)联合开发的 FCC 汽油加氢改质技术，采用 FCC 汽油原料预加氢—分馏—重汽油加氢脱硫—辛烷值恢复—轻重汽油调和的工艺路线(具体工艺介绍请参见本章第四节)，配套具有异构/芳构功能的辛烷值恢复催化剂，实现了深度加氢脱硫并保持辛烷值的目的。该技术 2009 年首次在大连石化 20×10^4t/a 装置实现工业应用后，相继在浙江美福石油化工有限公司，湖北金澳科技有限公司，珠海宝塔石化有限公司，以及中国石油大庆石化、抚顺石化、辽河石化、呼和浩特石化、宁夏石化、独山子石化、四川石化、格尔木炼油厂等 20 余家炼厂工业应用，装置总规模超过

1500×10⁴t/a。

后续针对汽油标准中进一步降低烯烃含量的要求，在原有 GARDES 技术基础上，通过对催化剂性能的调整，实现了烯烃分段转化，开发了具有大幅降烯烃并保持辛烷值的 GARDES-Ⅱ技术，并先后在 20 余套装置工业应用，装置总规模超过 1500×10⁴t/a，有效解决了加氢脱硫过程中辛烷值损失过大和深度降烯烃的问题，有力支撑了我国汽油质量升级的需求。

三、临氢吸附脱硫技术

临氢吸附脱硫技术分为流化床和固定床两种形式，脱硫率高是其最大优势。

1. S-Zorb 技术[18]

流化床临氢吸附脱硫技术以康菲公司开发的 S-Zorb 技术为代表，2001 年首次应用。该技术在临氢条件下使用低加氢活性的吸附剂 ZnO/NiO，采用流化床工艺设计将反应—再生单元高度耦合，克服了吸附脱硫剂硫容量不足的缺陷。2007 年，中国石化整体买断 S-Zorb 技术，并进行了消化吸收再创新，推出了第二代 S-Zorb 技术，已在中国石油华北石化汽油加氢装置应用。S-Zorb 技术工艺流程如图 2-7 所示。

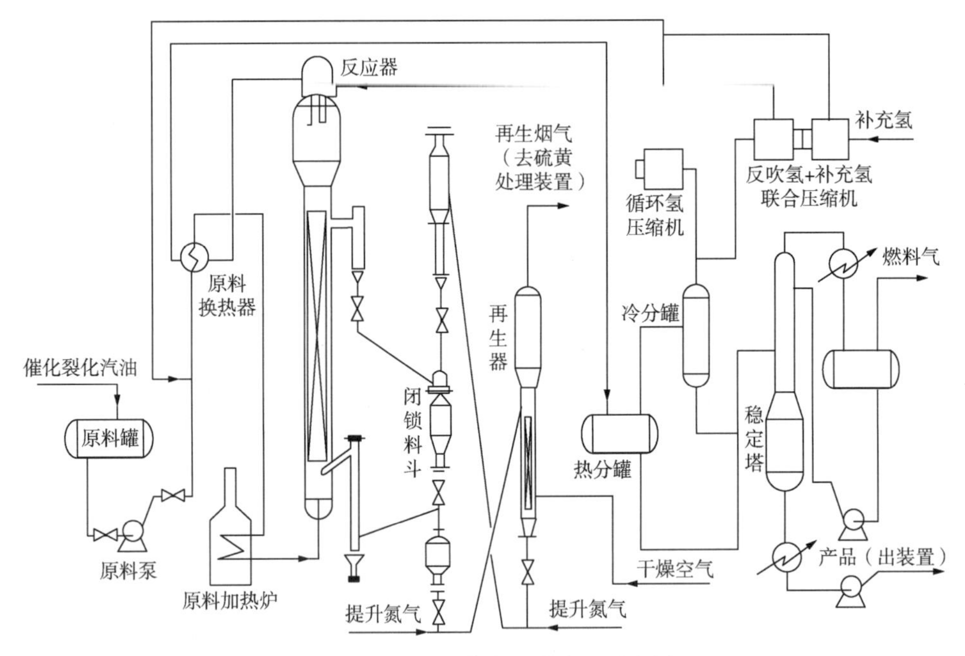

图 2-7　S-Zorb 技术工艺流程示意图

2. YD-CADS 技术[19]

中国科学院大连化学物理研究所（以下简称中科院大连化物所）、陕西延长石油（集团）有限责任公司开发了 FCC 汽油 YD-CADS 固定床临氢吸附脱硫技术，该技术采用脱二烯烃反应器和催化吸附脱硫反应器串联的固定床工艺，具有流程短、投资低、操作简单等优点，适用于低硫 FCC 汽油的超深度脱硫。2015 年，该技术在山东恒源石油化工股份有限公司 40×10⁴t/a 重汽油深度加氢脱硫装置工业应用。YD-CADS 技术工艺流程如

图 2-8所示。

综上所述，国内外主流汽油加氢脱硫催化剂，主要研发方向为提高催化剂脱硫活性及选择性，在实现深度脱硫的同时减少辛烷值损失；汽油加氢改质催化剂主要通过提高烯烃异构/芳构化活性，达到降低烯烃含量保持辛烷值的目的；汽油加氢工艺主要通过将 FCC 轻汽油中小分子硫化物重质化转移，提高轻、重汽油切割比例，达到降低重汽油烯烃含量、减少加氢过程烯烃饱和的目的，并增加后处理工艺梯级脱硫及烯烃分段转化，实现深度脱硫、降低烯烃含量及减少辛烷值损失的目标。

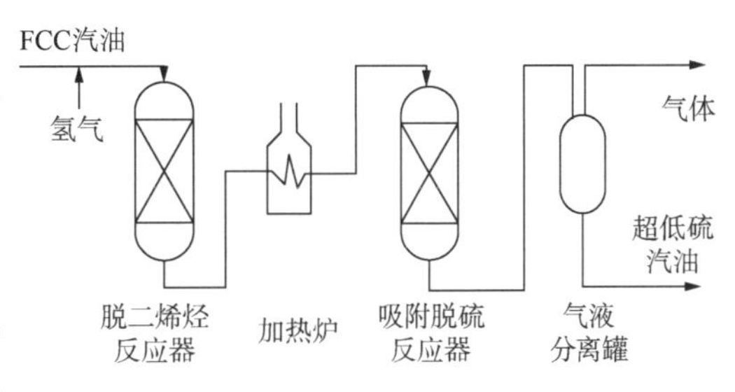

图 2-8 YD-CADS 技术工艺流程示意图

第二节 FCC 汽油选择性加氢脱硫技术

FCC 汽油含有的大量烯烃在加氢过程中极易被饱和造成辛烷值损失。因此，FCC 汽油选择性加氢脱硫技术研发的难点是如何在深度脱硫的同时减小辛烷值损失，并保证装置的长周期平稳运行。依据 FCC 汽油中含硫化合物和烯烃的分布特点及其催化转化特性，设计高选择性加氢脱硫系列催化剂，对不同含硫化合物在不同的反应条件下分段脱除，是实现 FCC 汽油深度脱硫、减少烯烃加氢饱和的有效途径。

中国石油石化院自 2005 年起，深入研究 FCC 汽油中含硫化合物和烯烃的分布规律及催化转化行为，创制了用于轻汽油中小分子硫醇重质化的预加氢催化剂 PHG-131/PHG-132、重汽油中大分子硫醚及噻吩类含硫化合物脱除的加氢脱硫催化剂 PHG-111/PHG-112 和残余含硫化合物梯级脱除的后处理催化剂 PHG-151/PHG-152，构建了用于不同含硫化合物脱除的高选择性脱硫催化剂体系，形成了全馏分 FCC 汽油预加氢—轻重汽油切割—重汽油选择性加氢脱硫—后处理梯级脱硫分段加氢脱硫新工艺，开发的 PHG 技术具有优异的加氢脱硫和辛烷值保持功能。截至 2021 年，PHG 技术已在 9 套汽油加氢装置成功推广应用，有力支撑了中国石油系统内外各企业国Ⅳ、国Ⅴ、国Ⅵ汽油质量升级。

一、工艺技术特点

PHG 技术工艺流程如图 2-9 所示，FCC 汽油首先进入吸附脱砷反应器进行脱砷反应，防止后续反应器中的催化剂砷中毒、失活。脱砷后的原料过滤掉大固体颗粒（大于 10μm）后与新氢混合，换热到一定温度后进入预加氢反应器，在一定的温度、压力和催化剂作用下进行轻质硫化物重质化和二烯烃选择性加氢饱和为单烯烃的反应，防止二烯烃在后续换热器和反应器中聚合结焦，同时伴有少量烯烃异构化反应，降低汽油产品的辛烷值损失。经预加氢处理后的 FCC 汽油进入分馏塔，切割为低硫高烯烃的轻汽油和高硫低烯烃的重汽油，轻汽油可以配合醚化单元，进一步降低烯烃含量和提高辛烷值；重汽油与氢气混合后依次进入加氢脱硫反应器和后处理反应器，分别装填 FCC 汽油选择性加氢脱硫催化剂和加氢后处理催化剂，实现高选择性脱除重汽油中含硫化合物的目的。重汽油加氢脱硫产物经高分气液分离、稳定塔汽提后，与轻汽油混合，得到合格的清洁汽油调和组分。通过接力脱硫组合工艺及系列加氢脱硫催化剂的开发，在实现了深度加氢脱硫的同时尽可能降低烯烃饱和、减少辛烷值损失的目标。

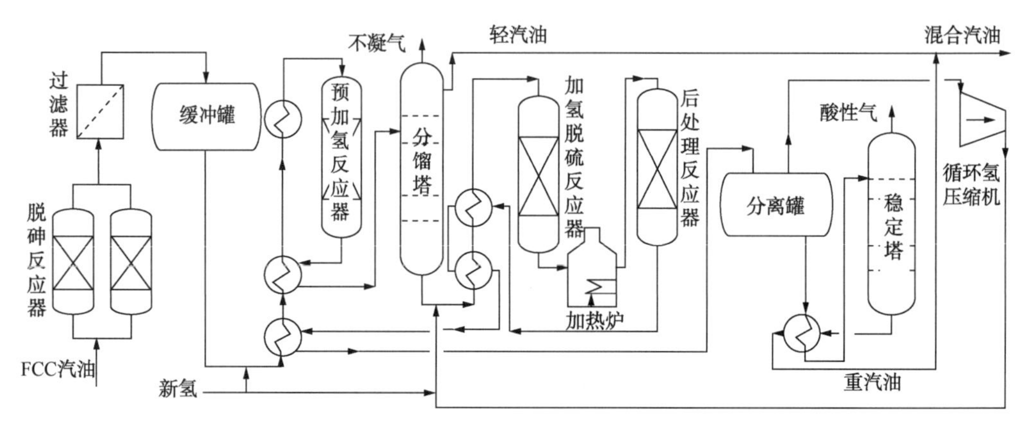

图 2-9　PHG 技术工艺流程示意图

该技术工艺路线设计的核心理念是以装置长周期平稳运行为前提，以最小的烯烃饱和为代价，实现 FCC 汽油中含硫化合物的超深度脱除。通过研制高选择性 FCC 汽油加氢脱硫系列催化剂，构建全馏分 FCC 汽油预加氢—轻重汽油切割—重汽油选择性加氢脱硫—后处理梯级脱硫分段脱硫新工艺体系，实现不同含硫化合物的高选择性脱除。该技术具有原料适应性较强、反应条件缓和、脱硫率高、脱硫选择性好、辛烷值损失小、液体收率高、氢耗低、能耗低、运转周期长等特点，主要适用于有深度脱硫、保持辛烷值需求的炼厂，实现国Ⅵ标准清洁汽油生产。

二、催化剂

PHG 技术配套催化剂主要包括预加氢催化剂(PHG-131/PHG-132)、加氢脱硫催化剂(PHG-111/PHG-112)和加氢后处理催化剂(PHG-151/PHG-152)。

1. 预加氢催化剂(PHG-131/PHG-132)

1）催化剂设计理念

FCC 汽油含有硫醇、二烯烃等杂质，在一定的温度、压力和氢气存在条件下，在预加氢催化剂的作用下，主要发生二烯烃加氢转化为单烯烃、轻质硫醇和部分轻硫化物转化为重硫化物、烯烃异构化等反应。对 FCC 汽油进行加氢预处理，既能大幅度降低硫醇含量，又可以大幅度降低二烯烃含量，延长下游装置的运行周期。

FCC 汽油在预加氢过程中存在以下几种反应：(1)二烯烃与硫醇的加成反应；(2)二烯烃选择性加氢；(3)单烯烃异构化；(4)单烯烃加氢。前 3 个反应是希望发生的，而单烯烃加氢会大幅度降低汽油的辛烷值，必须尽量避免。

2）催化剂研发

基于汽油中各分子在催化剂活性中心上吸附、脱附、转化行为的系统认识，在催化剂孔结构、酸中心、活性相晶粒尺寸堆叠层数调控技术上取得了一系列重要的发明成果，开发了一种高活性、高选择性、高稳定性，兼具二烯烃选择性加氢、二烯烃硫醇硫醚化、烯烃异构化三功能的PHG-131/PHG-132预加氢催化剂，解决了在脱除FCC汽油硫醇和二烯烃的同时不损失辛烷值、不产生环境不友好的汽油碱渣的复杂技术难题。主要技术创新如下：(1)开发了一种具有多级孔结构的氧化铝材料，以满足复杂反应产物分子吸附、脱附、扩散的技术要求；(2)开发了一种催化剂载体酸中心分布调控技术，以满足二烯烃与硫醇硫醚化、单烯烃异构化反应对催化剂载体酸中心分布的需求。

PHG-131/PHG-132预加氢催化剂具有较高的加氢活性、选择性和稳定性，硫醇脱除率90%以上，二烯烃饱和率不小于50%，二烯烃加氢选择性不小于95%，加氢产品的辛烷值不损失。催化剂单程寿命不小于4年，总寿命不小于8年。该产品执行企业标准Q/SY SHY 0048—2019，催化剂质量指标见表2-1。从表2-2所列工业试验结果可知，采用PHG-131预加氢催化剂处理哈尔滨石化FCC汽油，产品硫醇硫含量从36.6mg/kg降到了3.6mg/kg，二烯值从0.55g I/100g降到了0.25g I/100g，RON增加0.1~0.3，实现了在缓和临氢条件下小分子硫醇与二烯烃反应生成大分子硫醚转移到重汽油中，残余的二烯烃被高选择性脱除且高辛烷值单烯烃基本不被饱和的目的。

表2-1 PHG-131/PHG-132预加氢催化剂质量指标

理化指标	预加氢催化剂	理化指标	预加氢催化剂
外形	球形	比表面积，m^2/g	120~200
尺寸，mm	ϕ 2.0~4.0	孔体积，mL/g	>0.3
堆密度，g/mL	0.75~0.85	活性金属含量，%	14.0~20.0
径向压碎强度，N/颗	>50		

表2-2 预加氢催化剂工业应用结果

指　标		PHG-131催化剂	参 比 剂
入口压力，MPa		1.9	2.5
入口温度，℃		104.7	125.2
出口温度，℃		110.7	136.2
平均反应温度，℃		107.7	130.7
温升，℃		6.0	11.0
体积空速，h^{-1}		4.0	3.0
氢油体积比		6.93	5.70
硫醇硫含量，mg/kg	原料	36.6	56.0
	产品	3.6	2.0

续表

指　　标		PHG-131 催化剂	参　比　剂
二烯值，g I/100g	原料	0.55	0.68
	产品	0.25	0.31
原料/产品烯烃含量,%(体积分数)		28.3/28.2	33.4/31.9
硫醇脱除率,%		90.2	96.4
二烯烃饱和率,%		54.6	54.4
单烯烃饱和率,%		0.4	4.5
RON 变化		+0.1～+0.3	0

3)工艺条件的影响

(1) 氢油体积比对二烯烃选择性加氢反应的影响。

在温度为 80℃、压力为 1MPa、空速为 $6h^{-1}$条件下，氢油体积比对二烯烃加氢转化率和选择性的影响如图 2-10 和图 2-11 所示。由图 2-10 和图 2-11 可见，随着氢油体积比的增大，二烯烃加氢的转化率降低；氢油体积比大于 30 以后，二烯烃加氢选择性下降。

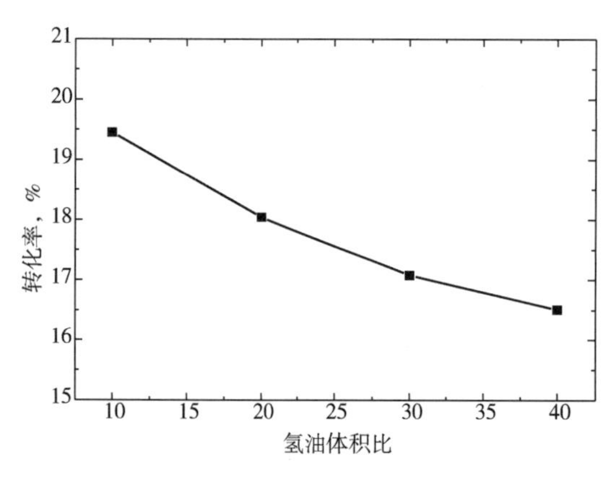

图 2-10　氢油体积比对二烯烃加氢转化率的影响

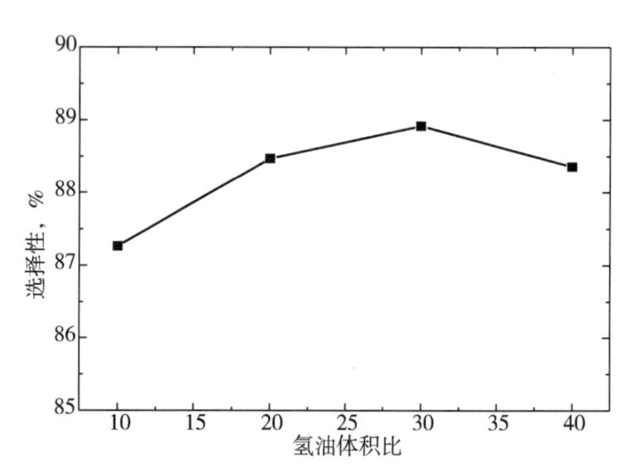

图 2-11　氢油体积比对二烯烃加氢选择性的影响

(2) 压力对二烯烃选择性加氢反应的影响。

在温度为 80℃、空速为 $6h^{-1}$、氢油体积比分别为 10 和 30 的条件下，反应压力对二烯烃加氢转化率和选择性的影响如图 2-12 和图 2-13 所示。由图 2-12 和图 2-13 可见，随着压力的增加，二烯烃加氢转化率增大，二烯烃加氢选择性降低。

(3) 温度对二烯烃选择性加氢反应的影响。

在压力为 1MPa、空速为 $6h^{-1}$、氢油体积比分别为 10 和 30 的条件下，温度对二烯烃加氢转化率和选择性的影响如图 2-14 和图 2-15 所示。由图 2-14 和图 2-15 可见，二烯烃加氢转化率随着温度的升高而增大；二烯烃加氢选择性随温度呈非单调变化。

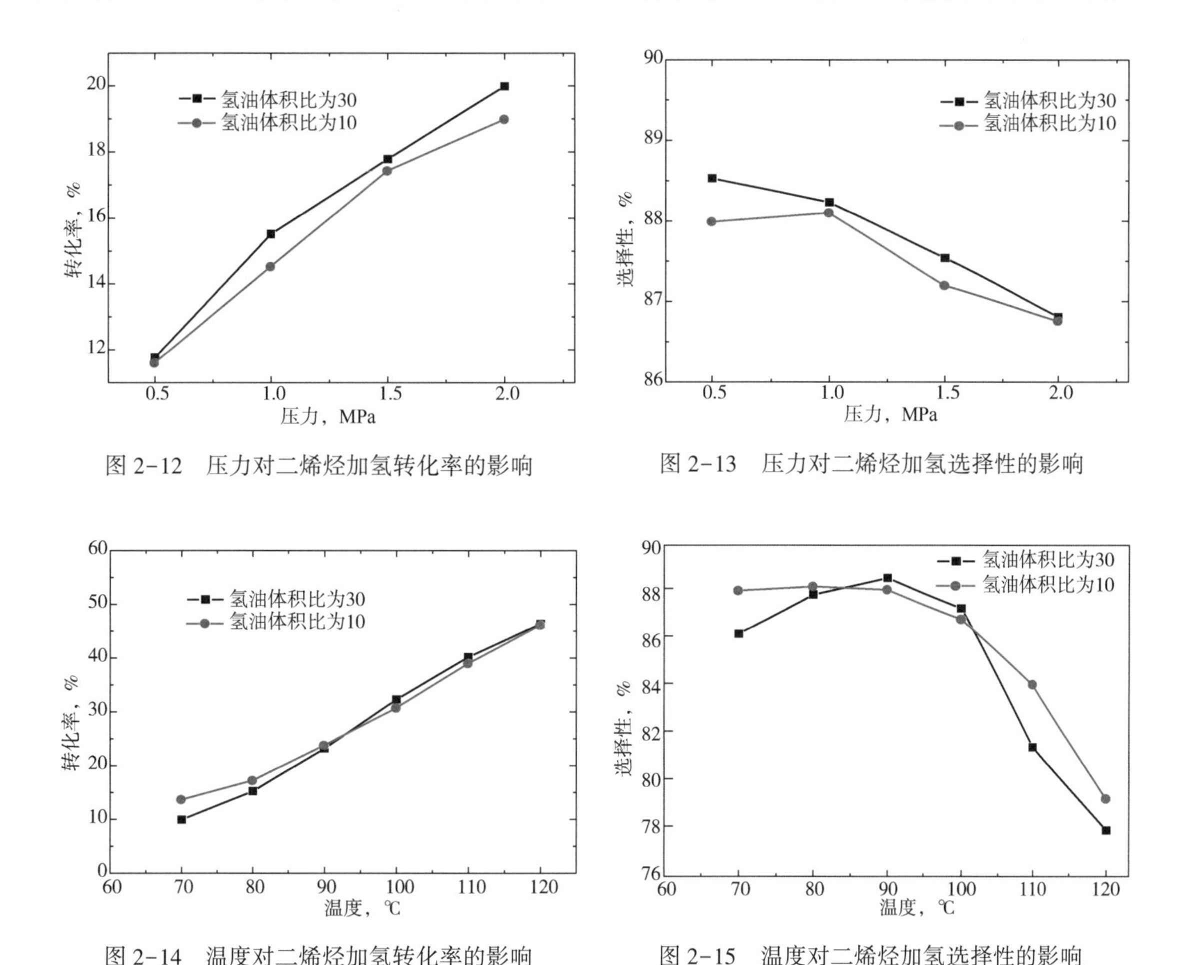

图 2-12　压力对二烯烃加氢转化率的影响

图 2-13　压力对二烯烃加氢选择性的影响

图 2-14　温度对二烯烃加氢转化率的影响

图 2-15　温度对二烯烃加氢选择性的影响

2. 加氢脱硫催化剂(PHG-111/PHG-112)

1) 催化剂设计理念

FCC 汽油作为我国车用汽油的最主要来源，表现出硫含量高、烯烃含量高、辛烷值高的特点，为达到硫含量小于 10mg/kg 的清洁汽油标准，需要采用加氢脱硫的方法脱除汽油中的硫化物，在此过程中同时会发生烯烃加氢饱和生成烷烃的副反应，烯烃是汽油的高辛烷值组分，被加氢饱和生成烷烃后会造成汽油辛烷值下降。因此，要求 FCC 汽油加氢脱硫催化剂必须具备较高的脱硫选择性，在降低汽油硫含量的同时，尽可能减少烯烃加氢饱和。这类催化剂通常以 Co-Mo 作为活性组元，具有较高的脱硫活性、低的加氢饱和活性，催化剂结构上具有活性相片晶尺寸大、Co-Mo-S 活性相比例高、金属与载体相互作用力较弱等特点。

通过构建纵向多层堆垛、横向高度分散的金属硫化物活性相，实现汽油中噻吩类含硫化合物的高选择性深度脱除。通过研究不同载体上 Co-Mo 活性相形貌结构与脱硫选择性的构效关系，进一步明确了金属活性相对加氢脱硫活性及选择性的影响。如图 2-16 所示，$CoMoO_4$ 和 MoO_3 物种是形成低 HDS 活性和低 HDS/HYD 选择性的活性相前驱物种，Co-Mo-S 相是高 HDS 活性和高 HDS/HYD 选择性的活性相；Co-Mo-S 相片晶的角活性位有利于

HYD 反应，棱边活性位有利于 HDS 反应，相同反应温度下，加氢脱硫选择性与活性相片晶的棱角比成正比。

2）催化剂研发[20-22]

配套 PHG、M-PHG 技术开发了选择性加氢脱硫催化剂 PHG-111/PHG-112，主要技术创新如下：(1)在配制活性金属组分浸渍溶液时引入有机络合剂，减弱活性金属与载体间的相互作用，实现活性金属的多层堆垛，同时借助络合剂对活性相粒子的间隔作用，提高活性金属分散度；(2)使用碱土金属与非金属助剂对氧化铝载体改性(图 2-17)，改善氧化铝表面羟基赋存状态，增加有利于提高脱硫选择性的金属活性相的生成，抑制烯烃加氢饱和反应，实现含硫化合物高选择性深度脱除。从表 2-3 所列评价数据可见，采用 PHG-112 催化剂处理硫含量为 284.3mg/kg、烯烃含量为 20.0%(体积分数)的重汽油馏分，在反应温度为 250℃、反应压力为 2.0MPa、体积空速为 2.5h^{-1}、氢油体积比为 350 条件下，重汽油产品硫含量为 8.0mg/kg、烯烃含量为 14.0%(体积分数)，实现了高加氢脱硫活性水平下对烯烃加氢饱和活性的有效控制。

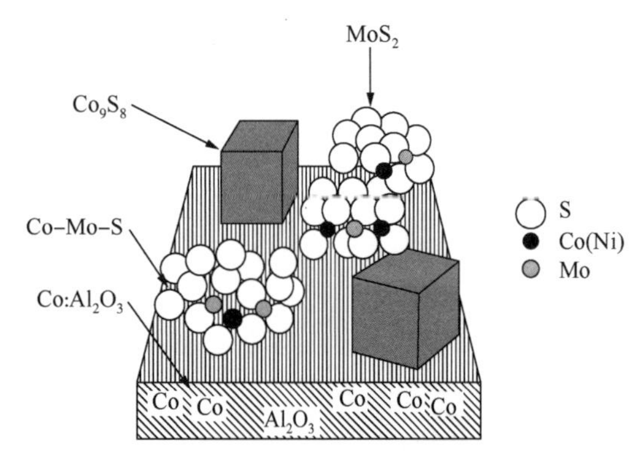

图 2-16　Co-Mo/Al_2O_3加氢脱硫催化剂金属硫化物—载体相互作用示意图

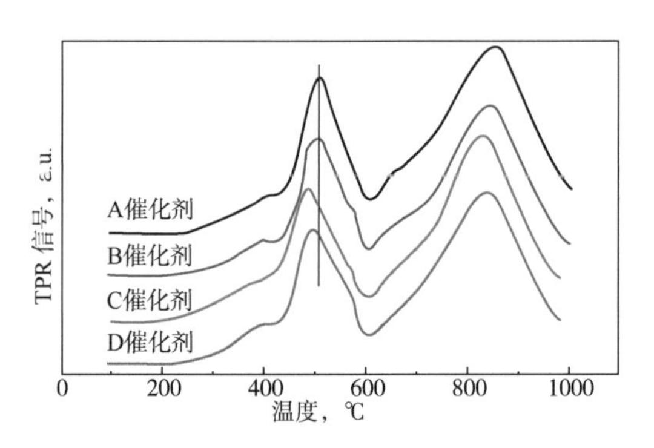

图 2-17　不同助剂负载量氧化态催化剂的程序升温还原(TPR)谱图

表 2-3　PHG-112 加氢脱硫催化剂中试评价结果

样　　品	硫含量，mg/kg	烯烃含量,%(体积分数)	脱硫率,%	烯烃饱和率,%
重汽油原料	284.3	20.0	—	—
脱硫产品	8.0	14.0	97.2	30.0

注：反应温度为 250℃，反应压力为 2.0MPa，体积空速为 2.5h^{-1}，氢油体积比为 350。

采用加氢脱硫催化剂 PHG-111/PHG-112 处理 FCC 重汽油，原料及产品硫类型分布详细分析结果见表 2-4。由表 2-4 可见，重汽油中噻吩类硫化物占比 79.13%，经加氢脱硫反应后，反应活性较高的四氢噻吩、苯并噻吩和甲基苯并噻吩全部脱除，剩余硫化物主要是较难脱除的 2-甲基噻吩、3-甲基噻吩、C_3噻吩等大分子烷基噻吩。同时，脱硫产物中 C_7—C_8硫醇含量显著增加，说明脱硫过程中也存在烯烃和硫化氢再生成大分子硫醇的反应。

表 2-4 国Ⅳ方案 FCC 重汽油加氢脱硫前后的硫类型及含量分布 单位：mg/kg

项 目	FCC 重汽油原料	重汽油加氢脱硫产品
C_5硫醇	0.47	0
C_6硫醇	11.39	0.66
C_7硫醇	1.52	5.08
C_8硫醇	0.69	2.49
C_5硫醚	0.58	0.35
C_6硫醚	3.17	0.58
C_7硫醚	5.02	1.86
C_8硫醚	13.34	0.43
甲乙基二硫醚	0	0.38
二乙基二硫醚	0	3.67
四氢噻吩	5.36	0.58
噻吩	6.35	0.99
2-甲基噻吩	24.95	4.27
3-甲基噻吩	31.37	2.58
2-基四氢噻吩	4.27	0
2-乙基噻吩	3.56	1.92
2,5-二甲基噻吩	1.84	0.59
2,4-二甲基噻吩	3.53	1.03
3,4-二甲基噻吩	4.54	0.58
2,3-二甲基噻吩	15.41	1.74
2,5-二甲基四氢噻吩	1.58	0
C_3噻吩	19.73	7.51
C_4噻吩	17.57	1.48
苯并噻吩	14.29	0
甲基苯并噻吩	1.94	0
其他	5.04	0.59
总硫	197.51	39.36

由表 2-5 可见，PHG 技术在处理硫含量为 204~284mg/kg、烯烃含量为 18.2%~25.6%(体积分数)的 4 种 FCC 重汽油时，在较缓和反应条件下(反应压力为 2.0MPa，体积空速为

2.5h^{-1}，氢油体积比为350，反应温度为245~250℃）即可将硫含量降至8~10.4mg/kg，脱硫率大于95%，烯烃饱和率不高于30%，RON损失2.0~2.6，说明催化剂原料适应性较强。PHG-111/PHG-112加氢脱硫催化剂质量指标见表2-6。

表2-5 采用不同重汽油原料的加氢脱硫催化剂性能评价结果

FCC重汽油		A	B	C	D
反应压力，MPa		2.0	2.0	2.0	2.0
氢油体积比		350	350	350	350
体积空速，h^{-1}		2.5	2.5	2.5	2.5
反应温度，℃		250	245	245	245
原料	硫含量，mg/kg	284	241	230	204
	烯烃含量，%（体积分数）	20.0	23.3	18.2	25.6
产品	硫含量，mg/kg	8.0	10.4	8.8	8.9
	烯烃含量，%（体积分数）	14.0	16.8	12.9	18.5
脱硫率，%		97.2	95.7	96.2	95.6
烯烃饱和率，%		30.0	27.9	29.1	27.7
RON损失		2.0	2.4	2.3	2.6

表2-6 PHG-111/PHG-112加氢脱硫催化剂理化指标

理化指标	加氢脱硫催化剂	理化指标	加氢脱硫催化剂
外形	三叶草形	比表面积，m^2/g	160~220
堆密度，g/mL	0.60~0.80	孔体积，mL/g	>0.4
径向压碎强度，N/cm	>150	活性金属含量，%	11.0~16.0

3）工艺条件的影响

FCC汽油选择性加氢脱硫与常规馏分油或其他二次加工馏分油的加氢精制相比有其自身的特点。在常规加氢精制过程中，反应压力、反应温度对反应的影响通常表现为正作用，即提高反应压力和反应温度可提高硫、氮脱除率，并进一步提高产品质量。而在FCC汽油选择性加氢脱硫过程中，由于发生烯烃加氢饱和反应降低加氢产品辛烷值，加氢工艺条件的选择对产品质量影响较大。

以某炼厂FCC汽油重馏分为原料，考察了反应温度、反应压力、氢油体积比和体积空速对催化剂加氢脱硫性能的影响。

（1）反应温度的影响。

反应温度对加氢脱硫率、烯烃饱和率均有较大影响。在反应压力为2.0MPa、体积空速为2.5h^{-1}和氢油体积比为300的条件下，反应温度对加氢脱硫率、烯烃饱和率的影响如图2-18所示。由图2-18可见，随着反应温度的升高，加氢脱硫率和烯烃饱和率均呈现增大趋势。当反应温度低于255℃时，加氢脱硫率随着反应温度提高明显上升，但当反应温度超过255℃后，加氢脱硫率随反应温度提高上升趋势变缓，烯烃加氢反应速率增快，脱硫选择性下降。

(2) 反应压力的影响。

在反应温度为250℃、体积空速为2.5h^{-1}和氢油体积比为300的条件下，反应压力对加氢脱硫率、烯烃饱和率的影响如图2-19所示。在1.8~2.5MPa的压力范围内，加氢脱硫率变化很小，烯烃饱和率对反应压力的变化相对敏感。为保持较高的加氢脱硫选择性，减少汽油产品辛烷值损失，加氢脱硫过程在满足脱硫深度时采用相对较低的反应压力。

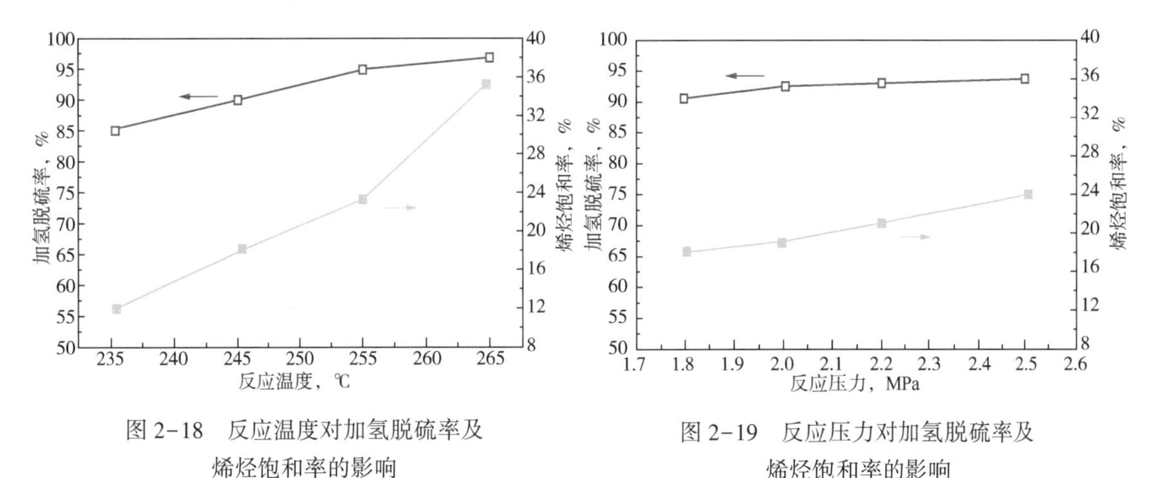

图2-18　反应温度对加氢脱硫率及烯烃饱和率的影响

图2-19　反应压力对加氢脱硫率及烯烃饱和率的影响

(3) 体积空速的影响。

体积空速的大小意味着催化剂承受负荷的大小，反映了装置的处理能力，是加氢脱硫反应的敏感因素。随着体积空速增大，反应接触时间缩短，加氢脱硫率和烯烃饱和率呈现不同的变化趋势。在反应压力为2.0MPa、温度为250℃和氢油体积比为300的条件下，体积空速对加氢脱硫率、烯烃饱和率的影响如图2-20所示。随着体积空速的增大，加氢脱硫率逐步降低，当体积空速为2.0~3.0h^{-1}时，加氢脱硫率的变化相对较小；烯烃饱和率呈先降低后增加趋势。综合考虑加氢脱硫率和烯烃饱和率，较理想的体积空速区间为2.5~3.0h^{-1}。

(4) 氢油体积比的影响。

当反应压力、体积空速一定时，氢油体积比影响反应物与生成物的气化率、氢分压以及反应物与催化剂的实际接触时间。循环氢还起热载体作用，大量的循环氢可以提高反应体系的热容量，减小加氢反应放热的热效应。在反应压力为2.0MPa、反应温度为250℃和体积空速为2.5h^{-1}的条件下，氢油体积比对加氢脱硫率、烯烃饱和率的影响如图2-21所示。提高氢油体积比有利于提高深度脱硫活性，抑制烯烃饱和，但氢油体积比越大，循环氢压缩机投资越大，能耗越高，综合考虑较理想的氢油体积比区间为300~500。

3. 加氢后处理催化剂(PHG-151/PHG-152)

1) 催化剂设计理念

加氢脱硫后的FCC重汽油馏分在较高的温度和一定的压力、体积空速以及氢气存在条件下，经加氢后处理催化剂PHG-151/PHG-152处理，进一步提高深度脱硫活性，实现接力脱硫的目的。凸显出的优势有：(1)进一步脱除加氢脱硫过程中没有脱除的硫化物；(2)进一步脱除加氢脱硫过程中再生成的硫化物；(3)保证加氢脱硫过程操作条件缓和，保证烯

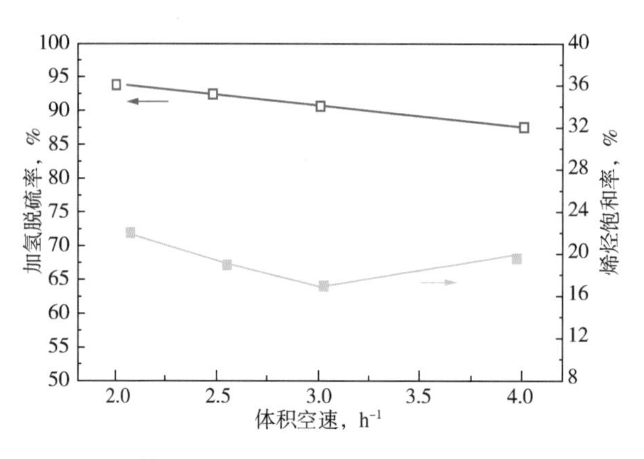

图 2-20　体积空速对加氢脱硫率和烯烃饱和率的影响

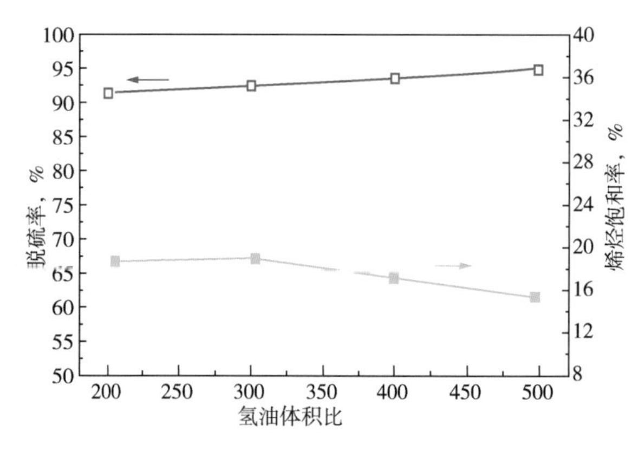

图 2-21　氢油体积比对加氢脱硫率和烯烃饱和率的影响

烃饱和率更低，减少辛烷值损失。

采用加氢脱硫催化剂 PHG-111 处理 FCC 重汽油，原料及产品硫类型分布详细分析结果见表 2-7 和表 2-8。与表 2-4 数据相比，当进一步深度脱硫生产国Ⅴ标准清洁汽油时，产品中的硫化物以硫醇硫为主，主要是 C_7—C_8 硫醇，含量较原料有所增加，总硫醇比例达到 56.05%，而烷基噻吩类硫化物含量及比例大幅度降低[23]。超深度脱硫时存在大分子硫醇脱除及再生成的可逆反应，需通过不断提温实现国Ⅴ标准汽油的生产，导致辛烷值损失大，经济性差。

表 2-7　国Ⅴ方案 FCC 重汽油加氢脱硫前后的硫类型及含量分布　单位：mg/kg

项　目	FCC 重汽油原料	国Ⅴ标准重汽油产品
C_5硫醇	0.47	0
C_6硫醇	11.39	0.56
C_7硫醇	1.52	3.62
C_8硫醇	0.69	1.89
C_5硫醚	0.58	0
C_6硫醚	3.17	0.30
C_7硫醚	5.02	0.28

续表

项　目	FCC 重汽油原料	国Ⅴ标准重汽油产品
C_8硫醚	13.34	0
甲乙基二硫醚	0	0.33
二乙基二硫醚	0	0.55
四氢噻吩	5.36	0
噻吩	6.35	0
2-甲基噻吩	24.95	0.58
3-甲基噻吩	31.37	0.43
2-甲基四氢噻吩	4.27	0
2-乙基噻吩	3.56	0.82
2,5-二甲基噻吩	1.84	0
2,4-二甲基噻吩	3.53	0
3,4-二甲基噻吩	4.54	0
2,3-二甲基噻吩	15.41	0.52
2,5-二甲基四氢噻吩	1.58	0
C_3噻吩	19.73	0.72
C_4噻吩	17.57	0.23
苯并噻吩	14.29	0
甲基苯并噻吩	1.94	0
其他	5.04	0
总硫	197.51	10.83

表 2-8　FCC 重汽油加氢脱硫前后的硫类型分布比例　　单位:%

项　目	FCC 重汽油原料	国Ⅴ标准重汽油产品
总硫醇比例	7.12	56.05
总硫醚比例	11.19	13.48
总噻吩比例	79.13	30.47
其他比例	2.56	0.00

基于加氢脱硫剂深度脱硫时存在的大分子硫醇硫重复脱除的问题，结合多相催化反应的扩散、吸附、反应、脱附及再扩散反应过程，PHG-151/PHG-152 加氢后处理催化剂的设计理念在于：在有力脱除大分子硫醇硫的同时，尽可能降低烯烃饱和率，减少辛烷值损失；操作条件缓和，实现低氢耗、低能耗；与加氢脱硫工艺的合理匹配。

2）催化剂研发

载体孔分布是影响催化反应性能的主要因素，需提供适应反应物和产物分子进出的孔道；加氢脱硫活性中心与烯烃饱和中心存在竞争吸附关系，常规加氢脱硫催化剂多采用钴钼系及镍钼系催化剂，注重加氢脱硫活性的强化，不可避免地发生烯烃饱和反应和烯烃与硫化氢再生成大分子硫醇反应。基于此，PHG-151/PHG-152 加氢后处理催化剂的主要创新点如下：(1)通过开发一种添加有机扩孔剂与热处理相结合的精细调变孔结构方法，制备出具有介孔—大孔梯级孔结构的氧化铝载体，利用大孔提高催化剂传质效率，使重汽油加氢脱硫产物中大分子、高支链硫醇在催化剂表面更好地吸附和反应；(2)通过选择合适的单金属组元，改善溶液配制方法、处理条件及添加助剂，抑制镍铝尖晶石的生成，减少镍微晶团聚，有助于活性组分高度分散，提高了活性比表面和金属利用率，增强了大分子硫醇以及噻吩类硫化物脱除活性。该催化剂可有效抑制烯烃在催化剂活性中心上的吸附，仅少量烯烃加氢饱和，实现了重汽油中残余含硫化合物的脱除，同时辛烷值损失小。催化剂理化指标见表 2-9。

表 2-9 PHG-151/PHG-152 加氢后处理催化剂理化指标

理化指标	加氢后处理催化剂	理化指标	加氢后处理催化剂
外形	三叶草形	比表面积，m^2/g	150~200
尺寸，mm	ϕ3.0~8.0	孔体积，mL/g	>0.4
堆密度，g/mL	0.70~0.80	活性金属含量，%	10.0~16.0
径向压碎强度，N/cm	>150		

图 2-22 为不同助剂修饰的加氢后处理催化剂的 H_2-TPD 程序升温脱附图。结果表明：不同助剂类型对催化剂氢脱附峰位置及面积具有一定影响，脱附峰对应于活性金属表面吸附氢气的脱附，其峰面积大小反映了催化剂活性比表面积的高低[24]。加入助剂 A 后，低温和高温氢脱附峰面积均明显增加，高温氢脱附峰前移，催化剂上吸附氢中心的数量增多，即活性比表面积增大，说明助剂的引入有效提高了催化剂金属的还原程度，削弱了金属组分与载体间的相互作用力，有利于金属—硫活性相的形成；加入助剂 B 后，低温氢脱附峰显著削弱，高温氢脱附峰后移，说明助剂 B 的引入降低了金属脱附能力，增强了金属组分与载体间的相互作用力。

金属含量对加氢后处理催化剂性能影响如图 2-23 所示。活性金属含量为基准~基准+6.1%时，脱硫率和硫醇脱除率随活性金属含量提高逐渐提高；继续提高活性金属含量，脱硫率和硫醇脱除率保持不变，产品烯烃含量几乎无变化。综合催化剂脱硫率、硫醇脱除率及选择性，活性金属含量需要高于基准+6%。

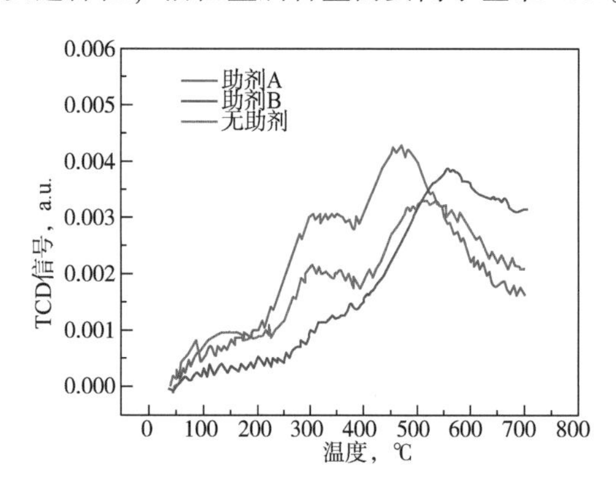

图 2-22 不同助剂制备催化剂 H_2-TPD 图

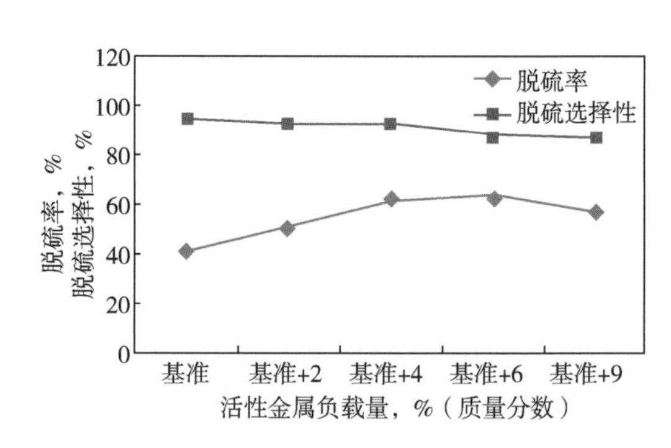

图 2-23 不同金属含量对催化剂性能的影响

以 FCC 重汽油加氢脱硫产品油为原料，考察加氢后处理催化剂性能，评价结果见表2-10。可以看出，经加氢后处理催化剂处理后，产品硫含量由 29.5mg/kg 降到 11.9mg/kg，烯烃基本无损失，RON 无损失，硫醇硫含量下降 7.9mg/kg，选择性为 98.5%。对比原料和产品硫含量及硫醇硫含量下降幅度，说明加氢后处理催化剂在有效脱除硫醇硫的同时，还能脱除其他形态硫。图 2-24 中的硫形态分析结果进一步证明，加氢后处理催化剂具备上述特性。

表 2-10　催化剂加氢活性评价结果

项　目		重汽油加氢脱硫产品	深度加氢脱硫剂
硫含量，mg/kg		29.5	11.9
硫醇硫含量，mg/kg		13.9	6.0
脱硫率,%		—	59.7
族组成(PONA)%(体积分数)	烷烃	34.46	34.71
	环烷烃	16.14	16.15
	烯烃	23.45	23.23
	芳烃	25.95	25.91
RON		86.6	86.6
脱硫选择性,%		—	98.5

注：反应温度为 300~340℃，反应压力为 2.0MPa，体积空速为 3.0~5.0h^{-1}，氢油体积比为 300。

为了进一步考察后处理催化剂的接力脱硫作用，以 FCC 重汽油为原料，在生产国Ⅵ标准汽油的情况下，考察单独加氢脱硫(二反方案)与加氢脱硫串联加氢后处理催化剂(三反方案)对产品性质的影响。

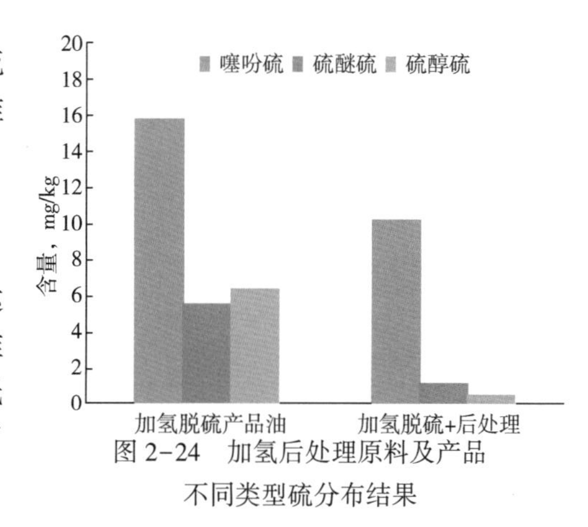

图 2-24　加氢后处理原料及产品不同类型硫分布结果

催化剂评价条件见表 2-11。可以看出，达到相同脱硫率时，采用三反方案生产国Ⅵ标准清洁汽油，加氢脱硫反应温度比二反方案低 20℃，说明串联加氢后处理催化剂显著降低了加氢脱硫反应苛刻度。

表 2-11　催化剂评价条件(轻汽油：重汽油=32%：68%)

项　目	二反方案	三反方案	
	加氢脱硫催化剂	加氢脱硫催化剂	后处理催化剂
反应温度,℃	270	250	320
反应压力，MPa	2.0	2.0	2.0
体积空速，h^{-1}	3.0	3.0	5.0
氢油体积比	300	300	300

表 2-12 数据表明，采用二反方案处理重汽油，在反应温度为 270℃、体积空速为 3.0h^{-1}、氢油体积比为 300、反应压力为 2.0MPa 的条件下，单独加氢脱硫催化剂可使原料硫含量由 164.3mg/kg 降至 13.2mg/kg，硫醇硫含量为 12.2mg/kg，产品烯烃含量下降了 5.7%(体积分数)，RON 损失 3.6。采用三反方案处理重汽油，在加氢脱硫催化剂、加氢后处理催化剂反应温度分别为 250℃、320℃，体积空速分别为 3.0h^{-1}、5.0h^{-1}，氢油体积比为 300、反应压力为 2.0MPa 的条件下，重汽油加氢脱硫产品硫含量由 164.3mg/kg 降至 13.4mg/kg，硫醇硫含量为 4.9mg/kg，产品烯烃含量下降了 3.5%(体积分数)，

RON 损失 2.2。对比二反、三反方案的评价条件及评价结果，可以得出如下结论：

（1）达到相同脱硫率时，三反方案加氢脱硫反应温度比二反方案低 20℃，增加加氢后处理催化剂后显著降低了加氢脱硫反应苛刻度，有利于加氢脱硫催化剂长周期稳定运行，同时降低了装置氢耗。

（2）达到相同脱硫率时，与二反方案相比，三反方案产品硫醇硫含量更低，烯烃饱和率及辛烷值损失更小。

（3）加氢后处理催化剂具有一定的脱硫、脱硫醇性能，实现了接力脱硫的目的。

3）组合工艺条件的影响

表 2-12　二反、三反方案产品性质对比

项　目	重汽油原料	二反方案的重汽油产品	三反方案的重汽油产品
硫含量，mg/kg	164.3	13.2	13.4
硫醇硫含量，mg/kg	4.1	12.2	4.9
烯烃含量降幅，%(体积分数)	—	5.7	3.5
RON 损失	—	3.6	2.2

以 FCC 重汽油经工业加氢脱硫催化剂处理后得到的重汽油产品油为原料，考察加氢后处理催化剂反应温度、反应压力、体积空速和氢油体积比对产品性质的影响。

（1）反应温度对产品的影响。

在反应压力为 2.0MPa、体积空速为 4.0h^{-1}、氢油体积比为 300 的条件下，反应温度对产品性质的影响如图 2-25 所示。由图 2-25 可见：反应温度对催化剂加氢脱硫活性及选择性影响显著，随着反应温度逐渐增加到 340℃，加氢脱硫主反应速率加快，产品总硫和硫醇硫含量均下降，并且下降幅度较大，而烯烃饱和等副反应速率较小，烯烃含量变化不大；但再继续提高反应温度至 350℃时，主反应速率增加缓慢，产品总硫、硫醇硫含量变化不大，而副反应速率加快，烯烃含量有所降低。催化剂反应温度不宜过高，最佳温度范围宜选择 300~340℃。

（2）反应压力对产品的影响。

在反应温度为 320℃、体积空速为 4.0h^{-1}、氢油体积比为 300 的情况下，反应压力对产品性质的影响如图 2-26 所示。可以看出：改变压力后，产品性质基本相同，说明反应压力在一定范围内变化对催化剂性能影响很小，这与压力对传统加氢脱硫催化剂的影响明显不同[25]，可能由于加氢后处理催化剂脱硫选择性较高，这种加氢特性减弱了脱硫活性及选择性对压力的敏感度。

（3）体积空速对产品的影响。

在反应温度为 320℃、反应压力为 2.0MPa、氢油体积比为 300 的条件下，体积空速对产品性质的影响如图 2-27 所示。可以看出，随着体积空速的增加，反应物与催化剂反应接触时间缩短，脱硫深度降低，产品总硫、烯烃含量逐渐增大，而硫醇硫含量基本没变化，说明提高体积空速不利于产品脱硫，但并不影响产品硫醇硫含量。综合产品脱硫率及烯烃饱和率，存在适宜的体积空速。

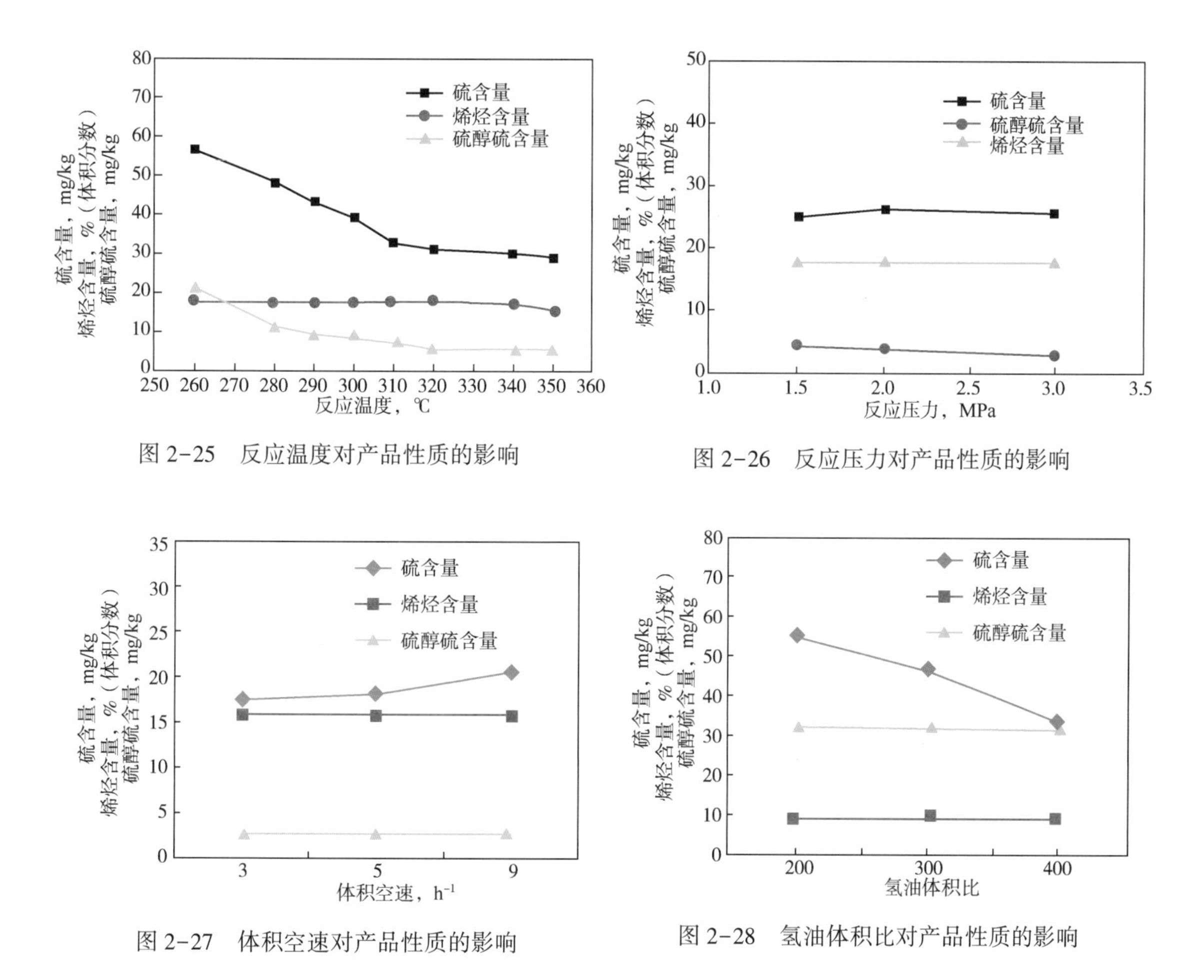

图 2-25　反应温度对产品性质的影响

图 2-26　反应压力对产品性质的影响

图 2-27　体积空速对产品性质的影响

图 2-28　氢油体积比对产品性质的影响

（4）氢油体积比对产品的影响。

氢油体积比影响反应物与生成物的气化率、氢分压以及反应物与催化剂的实际接触时间。在反应温度为 320℃、反应压力为 2.0MPa、体积空速 4.0h^{-1}的条件下，氢油体积比对产品性质的影响如图 2-28 所示。可以看出，随着氢油体积比的不断增加，产品总硫含量明显下降，而硫醇硫和烯烃含量基本没变化。提高氢油体积比有助于脱硫，但对硫醇硫和烯烃含量基本没影响。

三、工业应用

PHG 技术[26-28]在实现 FCC 汽油深度脱硫的同时减少烯烃饱和率，有效保持辛烷值，主要适用于 FCC 汽油脱硫、保持辛烷值为主要需求的炼厂。自 2008 年首次在玉门炼化工业试验至今，已成功在庆阳石化、云南石化、哈尔滨石化、辽阳石化等 9 套 FCC 汽油加氢装置应用，总加工能力达 922×10^4t/a，成功生产国Ⅳ、国Ⅴ、国Ⅵ标准清洁车用汽油调和组分，有力支撑了中国石油汽油质量升级。应用结果表明：在处理硫含量低于 400mg/kg、烯烃含量低于 40%（体积分数）的 FCC 汽油时，生产国Ⅵ 标准汽油调和组分，RON 损失小于 1.5，液体收率大于 99.5%，能耗小于 18.5kg 标准油/t。主要操作参数见表2-13。

表 2-13 PHG 技术主要操作参数

反应器	总压，MPa	体积空速，h^{-1}	床层入口温度,℃		氢油体积比
			初期	末期	
预加氢	2.2~2.4	2.0~4.0	90~120	180~200	6~12
加氢脱硫	1.9~2.1	2.0~4.0	220~240	280~305	250~500
后处理	1.8~2.0	4.0~8.0	270~300	330~360	250~500

中国石油某公司 140×10^4t/a FCC 汽油加氢脱硫装置采用 PHG 技术，标定工艺条件和标定结果见表 2-14 和表 2-15。处理硫含量为 104mg/kg、烯烃含量为 41.2%(体积分数)的 FCC 汽油，轻、重汽油混合产品硫含量降至 13.1mg/kg，烯烃含量降低至 37.2%(体积分数)，RON 损失 1.2，液体收率达 99.2%，能耗为 17.72kg 标准油/t。

表 2-14 140×10^4t/a FCC 汽油加氢脱硫装置标定工艺条件

工艺条件	数据	工艺条件	数据
预加氢反应器入口压力，MPa	2.19	加氢脱硫反应器温升,℃	9
预加氢反应器入口温度,℃	118.0	加氢后处理反应器入口压力，MPa	1.88
加氢脱硫反应器入口压力，MPa	2.34	加氢后处理反应器入口温度,℃	284.8
加氢脱硫反应器入口温度,℃	221.0	加氢后处理反应器温升,℃	1

表 2-15 140×10^4t/a FCC 汽油加氢脱硫装置标定结果

分析项目	原 料	产 品
硫含量，mg/kg	104.0	13.1
烯烃含量,%(体积分数)	41.2	37.2
硫醇硫含量，mg/kg	17	<3
烯烃含量降幅,%(体积分数)	4.0	
RON 损失	1.2	
产品液体收率,%	99.2	
能耗，kg 标准油/t	17.72	

中国石油某公司 90×10^4t/a FCC 汽油加氢脱硫装置采用 PHG 技术，标定工艺条件和标定结果见表 2-16 和表 2-17，处理硫含量为 272.9mg/kg、烯烃含量为 30.4%(体积分数)的 FCC 汽油，轻、重汽油混合产品硫含量降至 13.7mg/kg，烯烃含量降低至 25.4%(体积分数)，RON 损失 1.7，液体收率达 99.1%，能耗为 18.45kg 标准油/t。

表 2-16 90×10⁴t/a FCC 汽油加氢脱硫装置标定工艺条件

工艺条件	数 据	工艺条件	数 据
R-101 预加氢反应器入口温度,℃	102	R-201 加氢脱硫反应器温升,℃	21
R-101 预加氢反应器温升,℃	3	R-203 加氢后处理反应器入口温度,℃	282
R-201 加氢脱硫反应器入口温度,℃	240	R-203 加氢后处理反应器温升,℃	0

表 2-17 90×10⁴t/a FCC 汽油加氢脱硫装置标定结果

分析项目	原 料	产 品
硫含量, mg/kg	272.9	13.7
烯烃含量,%(体积分数)	30.4	25.4
硫醇硫含量, mg/kg	55.8	8.7
终馏点,℃	196.8	195.9
烯烃含量降幅,%(体积分数)	5.0	
RON 损失	1.7	
产品液体收率,%	99.1	
能耗, kg 标准油/t	18.45	

工业应用结果表明，PHG 技术辛烷值损失小、液体收率高、能耗低。由表 2-18 可见，采用 PHG 技术成果自主设计和建设的工业装置与具有代表性的 FCC 汽油加氢技术建成的装置相比，PHG 技术具有原料适应性强、操作费用低、脱硫率高、辛烷值损失小、液体收率高、能耗低、运转周期长等技术特点，应用前景广阔。

表 2-18 PHG 技术与同类技术主要指标的对比

技术名称	规模 10^4t/a	汽油原料		汽油产品		RON 损失	烯烃含量降幅 %(体积分数)	能耗 kg 标准油/t
		硫含量 mg/kg	烯烃含量 %(体积分数)	硫含量 mg/kg	烯烃含量 %(体积分数)			
PHG 技术	70	111	43.2	14.6	38.2	1.1	5.0	15.9
	140	104	41.2	13.1	37.2	1.2	4.0	17.7
对比技术	75	234	31.0	14.9	25.5	1.4	5.5	22.8
	150	170	34.7	4.5	26.3	1.6	8.4	22.4

第三节 FCC 汽油加氢改质—选择性加氢脱硫组合技术

针对国Ⅴ、国Ⅵ汽油标准升级亟待解决的深度脱硫、大幅度降烯烃含量同时保持辛烷值的重大技术问题，中国石油石化院在 FCC 汽油选择性加氢脱硫技术(PHG)基础上，深入研究了 FCC 汽油中烯烃定向转化为高辛烷值组分的反应行为及催化剂物性与烯烃转化性能之间的构效关系，集成抚顺石化开发的辛烷值恢复加氢改质技术(M)[29]，构建了全馏分 FCC 汽油预加氢—轻重汽油切割—重汽油辛烷值恢复—选择性加氢脱硫新工艺，形成了具有中国石油自主知识产权的 FCC 汽油加氢脱硫改质成套技术（M-PHG）。解决了单独选择性加氢脱硫技术处理高硫 FCC 汽油或进行超深度脱硫生产超低硫清洁汽油时辛烷值损失大及降烯烃能力差的技术难题，是目前 FCC 汽油加氢技术家族中降烯烃效果较好的技术，也是符合中国石油装置结构及原料特点的清洁汽油生产技术。经过多年的技术研发和推广应用，M-PHG 技术已在中国石油大连石化、乌鲁木齐石化、玉门炼化总厂、庆阳石化、长庆石化、塔西南石化厂共 6 套汽油加氢改质装置工业应用，有力支撑了中国石油国Ⅴ、国Ⅵ汽油质量升级。

一、工艺技术特点

FCC 汽油加氢改质—选择性加氢脱硫组合工艺技术(M-PHG)是一种通过将烯烃异构化/芳构化和选择性加氢脱硫组合，用于处理 FCC 汽油生产高辛烷值汽油调和组分的加氢改质工艺技术，流程如图 2-29 所示，全馏分 FCC 汽油进入预加氢反应器，进行二烯烃饱和、轻汽油中硫醇重质化反应；预加氢产品进入分馏塔，切割为 FCC 轻汽油和 FCC 重汽油，轻汽油可以直接与重汽油加氢产品调和，也可以进入醚化装置反应后与重汽油加氢产品调和；重汽油与氢气混合后进入加氢改质反应器进行烯烃芳构化反应，得到的产物进入加氢脱硫反应器进行深度脱硫，实现在深度脱硫、降低烯烃含量的同时辛烷值不损失或有小幅提高的目的。

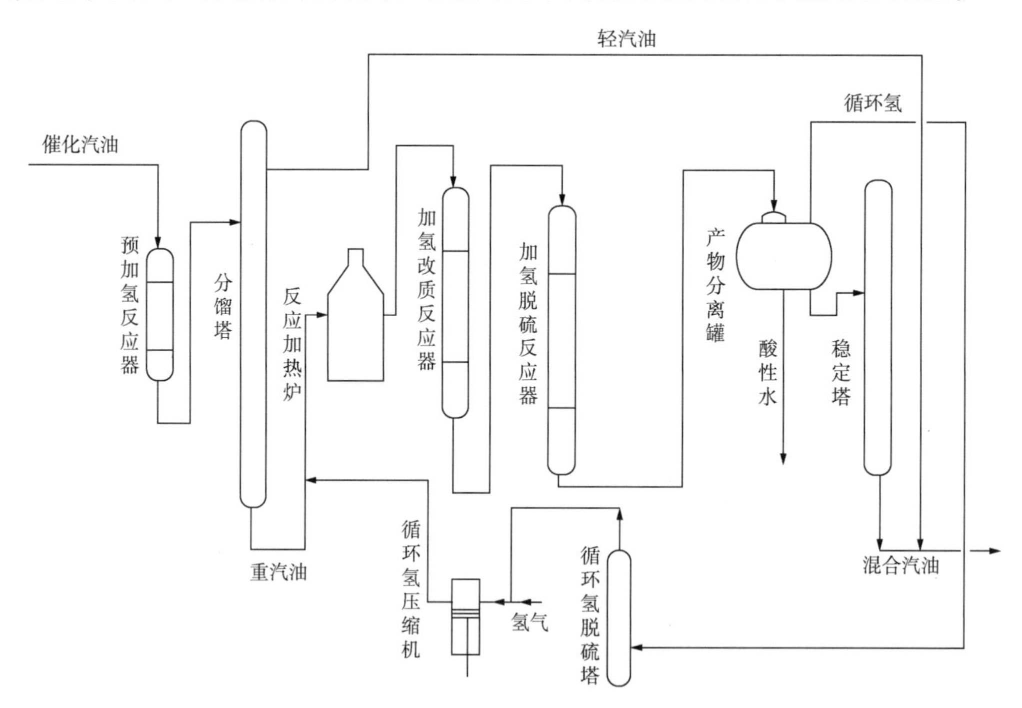

图 2-29　M-PHG 技术工艺流程示意图

工艺路线设计的核心理念是以装置长周期平稳运行为前提，以最小的辛烷值损失为代价，实现大幅降烯烃、深度脱硫、保持辛烷值的目的[30]。重汽油与氢气混合后进入加氢改质反应器进行烯烃异构化/芳构化反应，得到的产物进入加氢脱硫反应器进行深度脱硫(也可先脱硫后改质，见图2-30），降低烯烃含量、硫含量，达到降低烯烃含量的同时辛烷值不损失或有小幅提高的目的；重汽油加氢脱硫产物经高分气液分离器、稳定塔汽提后，与轻汽油调和，得到合格清洁汽油调和组分。

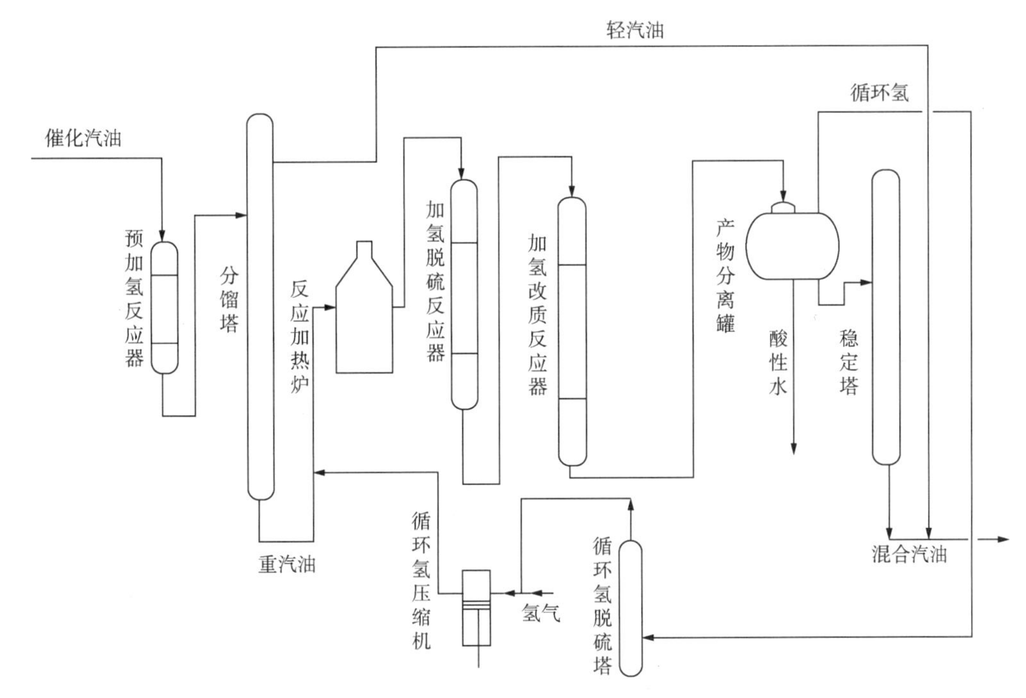

图2-30　PHG-M技术典型工艺流程示意图

M-PHG工艺技术具有以下特点：

（1）全馏分FCC汽油预加氢—轻重汽油切割—重汽油辛烷值恢复—选择性加氢脱硫组合工艺技术，具有工艺流程简单、原料适应性强、操作灵活等优点，可以根据原料性质和产品要求，灵活采用先加氢改质后加氢脱硫（M-PHG）和先加氢脱硫后加氢改质（PHG-M）两种组合工艺路线，M-PHG技术适用于烯烃含量降幅需求较大[10%~15%（体积分数）]的炼厂，PHG-M技术适用于烯烃含量降幅需求适度[6%~8%（体积分数）]的炼厂。

（2）通过采用切割分馏工艺，在满足轻汽油产品合格的情况下，合理调整切割点为改质单元提供有利于烯烃择向转化的重汽油原料，有利于提高降低烯烃含量幅度和减少辛烷值损失。

（3）组合技术具有脱硫率高、辛烷值损失小、液体收率高、能耗低等技术特点，通过有机结合选择性加氢脱硫与烯烃择向转化技术，解决了脱硫、降低烯烃含量与辛烷值损失间的矛盾，在实现深度脱硫、降低烯烃含量、恢复辛烷值的同时，减少汽油液体收率损失，延长装置运行周期。

二、催化剂

M-PHG技术配套催化剂主要包括预加氢催化剂（PHG-131/PHG-132）、辛烷值恢复催化剂（FO-35M/FRG-M6）和加氢脱硫催化剂（PHG-111/PHG-112）。其中，预加氢催化剂

（PHG-131/PHG-132）和加氢脱硫催化剂（PHG-111/PHG-112）已在本章第二节进行介绍，本节不再赘述。

1. 烯烃异构化/芳构化反应行为

中国石油典型炼厂重汽油烯烃分布见表2-19。由表2-19可见，重汽油中烯烃以C_6—C_8烯烃为主，约占总烯烃80%，尤其以C_6烯烃含量最高。降低重汽油中的C_6—C_8烯烃是烯烃择向转化技术的研究重点。

表2-19 中国石油典型炼厂重汽油烯烃分布

项目		炼厂A	炼厂B	炼厂C
烯烃组成%（体积分数）	C_5烯烃	0.151	1.305	0.003
	C_6烯烃	8.529	7.616	8.150
	C_7烯烃	5.975	4.919	7.824
	C_8烯烃	2.107	1.224	4.86
	C_9烯烃	1.941	1.095	2.737
	C_{10}烯烃	0.517	0.211	1.118
	C_{11}烯烃	0.834	0.730	1.022
	C_6—C_8烯烃	16.611	13.759	20.834
	烯烃总量	20.054	17.10	25.714
C_6—C_8烯烃占总烯烃比例，%		82.83	80.46	81.02
C_6烯烃占总烯烃比例，%		42.53	44.54	31.69

烯烃异构化/芳构化反应行为如图2-31所示。由图2-31可见：反应温度为320~360℃时以异构化为主，芳烃含量基本无变化；反应温度为380~400℃时芳构化伴有异构化，芳烃含量增加，大分子烯烃裂化明显，小分子烷烃及烯烃含量明显增加。具体情况如下：

（1）正构烷烃变化：随着反应温度增加，产品中小分子C_4—C_6正构烷烃含量明显增加，C_{8+}正构烷烃含量变化不大，主要发生加氢裂化和加氢饱和反应。由于正构烷烃RON较低，其对产品RON影响较小。

（2）异构烷烃变化：随着反应温度增加，产品中C_4—C_6异构烷烃含量明显增加，C_{7+}异构烷烃含量变化不大，主要发生加氢异构、加氢饱和和裂化反应。高辛烷值组分小分子异构烷烃含量增加，有利于产品RON提高。

（3）烯烃变化：随着反应温度增加，产品中C_6—C_8烯烃含量大幅降低，尤其C_6烯烃含量显著下降，C_{9+}烯烃含量变化不大，而C_3—C_5烯烃含量适度增加，主要发生烃裂解反应。C_6—C_8烯烃含量降低导致辛烷值降低，但生成的更高辛烷值的小分子烯烃一定程度上有利于产品RON提高。

（4）芳烃变化：随着反应温度增加，产品中C_8—C_9芳烃含量逐渐增加，C_{12}芳烃含量略有增加，主要发生芳构化、聚合等反应。高辛烷值组分芳烃含量的增加有利于提高产品RON。

综上所述，对比各碳数烃组成变化，主要是 C_6—C_8烯烃发生裂化，然后经环化、脱氢、聚合、异构化等连串反应，将烯烃转化为芳烃、异构烷烃等高辛烷值组分。

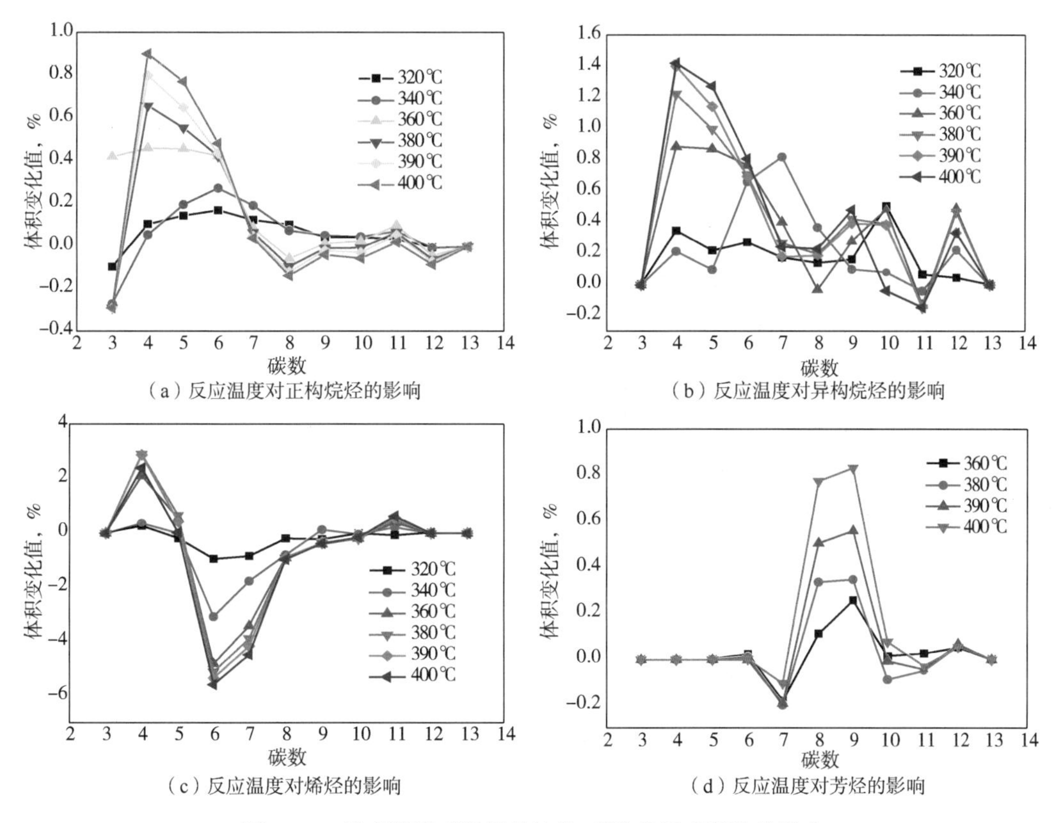

图 2-31　反应温度对烯烃异构化/芳构化反应行为的影响

2. 辛烷值恢复催化剂(FO-35M/FRG-M6)开发

辛烷值恢复催化剂(FO-35M/FRG-M6)是基于上述烯烃异构化/芳构化反应行为研究开发的一种烯烃异构化/芳构化催化剂，其反应过程遵从正碳离子反应机理，是涉及多个反应的复杂过程。重汽油中含量较高的 C_6—C_8烯烃(60%~70%为异构烯烃)吸附在催化剂 B 酸中心上形成正碳离子[29]，经裂解生成小分子低碳烯烃，再经环化、脱氢、聚合、异构化等连串反应转化为异构烷烃、芳烃等高辛烷值组分，弥补选择性加氢脱硫带来的辛烷值损失，实现了在降低烯烃含量的同时保持辛烷值的目的。反应过程中主副反应共存，氢转移或脱氢过程是反应速控步骤，催化剂的选择性和反应条件的控制是烯烃择向转化的关键。

中国石油抚顺石化自 2001 年自主开展 FCC 汽油加氢改质催化剂小试研究，针对国Ⅳ、国Ⅴ和国Ⅵ标准汽油降低烯烃含量改质需求，相继开发了 FO-3558、FO-35M(M3)和 FRG-M6 系列催化剂。该催化剂开发过程中采用晶种导向法合成了低成本纳米小晶粒 ZSM-5 分子筛(图 2-32)，通过引入助剂对分子筛进行改性(图 2-33)，调节分子筛的表面酸性，实现表面酸性的精细调控，降低强酸酸量，提高有利于烯烃芳构化和异构化活性位发挥的中强 L 酸及 L 酸/B 酸值。并利用纳米分子筛外表面积大、表面能高、外表面酸中心数量多、吸附能力强和扩散限制小等特点，有利于大分子烯烃吸附及产物分子向外扩散，提高催化剂抗积炭和抗硫中毒及异构化/芳构化性能，解决了加氢改质催化剂的运行寿命问题。FO-35M/FRG-M6催化剂具有较好的活性、选择性、稳定性及高抗积炭和高抗硫中毒性能，通过烯烃发生异构化/芳构化反应，在降低烯烃含量的同时恢复辛烷值，弥补选择性加氢脱硫带来的辛烷值损失。该产品与加氢脱硫催化剂组合，可同时达到脱硫、降低烯烃含量、保辛烷值的目的，生产符合国Ⅴ、国Ⅵ标准的清洁汽油调和组分。

图2-32　纳米小晶粒ZSM-5分子筛扫描电镜(SEM)图

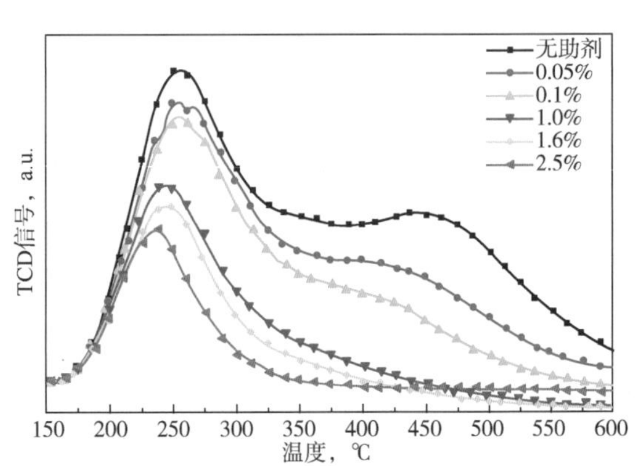

图2-33　助剂改性ZSM-5分子筛NH_3-TPD图

辛烷值恢复催化剂(FO-35M/FRG-M6)性能评价结果见表2-20。结果表明：采用FO-35M/FRG-M6催化剂处理某炼厂的FCC重汽油，烯烃含量(体积分数)由29.5%降至14.2%~16.0%，重汽油芳烃含量(体积分数)从24.0%增加到31.6%~32.1%，与图2-28的烯烃、芳烃变化规律一致，RON提高1.1~1.2，说明辛烷值恢复催化剂(FO-35M/FRG-M6)具有较好的烯烃芳构化和辛烷值恢复功能。

表2-20　FO-35M/FRG-M6辛烷值恢复催化剂性能评价结果

分析项目		FCC重汽油	产品油	
			FO-35M	FRG-M6
FIA荧光指示剂吸附色谱法,%(体积分数)	烯烃	29.5	16.0	14.2
	芳烃	24.0	31.6	32.1
	饱和烃	46.5	52.4	53.7
RON		87.4	88.5	88.6

辛烷值恢复催化剂(FO-35M/FRG-M6)主要应用于炼油企业汽油加氢装置处理FCC汽油，适用于M-PHG和PHG-M技术工艺流程，与选择性加氢脱硫催化剂组合处理重汽油，在脱硫、降低烯烃含量的同时减少辛烷值损失，改善汽油质量，生产符合国Ⅴ、国Ⅵ标准的清洁汽油调和组分，满足炼厂经济性要求。催化剂质检依据中国石油天然气股份有限公司企业标准进行(表2-21)。

表 2-21 FCC 汽油加氢改质催化剂(FO-35M/FRG-M6)的质量控制指标和检测方法

项 目	质量指标		试验方法
	FO-35M	FRG-M6	
比表面积，m^2/g	≥240	≥260	GB/T 5816—1996
孔体积，mL/g	≥0.2	≥0.24	GB/T 5816—1996
堆密度，g/mL	0.57~0.67	0.60~0.70	Q/SY FHCH 1002—2018《催化剂机械振实堆积密度的测定方法》
灼烧减量,%	≤2.0	≤2.0	马福炉焙烧
径向压碎强度，N/cm	≥100	≥120	Q/SY FHCH 1007—2018《催化剂耐压强度的测定方法》
磨耗率,%	≤1.0	≤1.0	Q/SY FHCH 1009—2018《催化剂磨耗率的测定方法》

辛烷值恢复催化剂(FO-35M/FRG-M6)已在6套汽油加氢改质装置上成功应用，取得了企业一致认可。乌鲁木齐石化汽油加氢装置应用标定结果表明，FCC重汽油产品烯烃含量降低了15.2%(体积分数)，芳烃含量增加2.3%(体积分数)，RON增加1.1，表现出良好的降低烯烃含量及辛烷值恢复能力。该催化剂具有较好的芳构化性能，经过近3年的运行后，活性较为稳定，满足炼厂长周期运行要求，有力保障了乌鲁木齐石化国Ⅴ、国Ⅵ标准清洁汽油的生产。

三、工业应用

FCC汽油加氢改质—选择性加氢脱硫组合工艺技术(M-PHG)通过有机耦合FCC汽油分段加氢脱硫、烯烃定向转化等核心技术，成功破解了深度脱硫、降低烯烃含量和保持辛烷值这一制约汽油清洁化的世界级难题。2009年，率先在大连石化20×10^4t/a汽油加氢改质装置进行工业试验，至今已相继在乌鲁木齐石化60×10^4t/a、玉门炼化40×10^4t/a、庆阳石化100×10^4t/a、长庆石化75×10^4t/a、塔西南石化厂8×10^4t/a共6套汽油加氢改质装置上成功获得工业应用，取得了较好的工业应用效果。该技术的自主开发及大规模推广应用，打破了依赖引进技术实现汽油质量升级的局面，降低了汽油质量升级成本，有力支撑了中国石油国Ⅴ、国Ⅵ标准汽油质量升级，促进了炼油结构调整，为保护环境做出了突出贡献，具有良好的工业应用前景和较强的市场竞争能力。

主要技术指标：处理硫含量小于500mg/kg、烯烃含量小于45%(体积分数)的FCC汽油，RON损失小于1.5，烯烃含量降幅10%~15%(体积分数)，液体收率大于98.5%，能耗低于25kg标准油/t，催化剂总寿命8年。

典型应用结果：玉门炼化40×10^4t/a FCC汽油加氢装置国Ⅴ方案标定工况见表2-22，标定结果见表2-23。标定结果表明：玉门炼化高烯烃含量的FCC汽油原料经M-PHG技术处理，硫含量由295.4mg/kg降至11.9mg/kg，烯烃含量(体积分数)由37.8%降至22.6%，芳烃含量(体积分数)由18.3%增加到21.1%，RON损失1.2，汽油收率达99.1%，能耗19.58kg标准油/t，产品满足国Ⅴ标准清洁汽油生产需要，表明该技术具有深度脱硫、大幅降低烯烃含量、保持辛烷值三重功能。

表 2-22　玉门炼化 M-PHG 技术标定的主要工况

项　目	预加氢反应器	加氢脱硫反应器	加氢改质反应器
入口压力，MPa	2.39	2.06	2.08
入口温度，℃	110	255	379
出口温度，℃	113	308	372
最大温升，℃	6	44	-9
氢油体积比	9	345	345

表 2-23　玉门炼化 M-PHG 技术标定结果

分析项目	原　料	产　品
硫含量，mg/kg	295.4	11.9
烯烃含量，%(体积分数)	37.8	22.6
芳烃含量，%(体积分数)	18.3	21.1
烯烃含量降幅，%(体积分数)	15.2	
芳烃含量增幅，%(体积分数)	2.8	
RON 损失	1.2	
产品液体收率，%	99.1	
能耗，kg 标准油/t	19.58	

第四节　FCC 汽油选择性加氢脱硫—加氢改质组合技术

2000 年以后，我国汽油质量标准正式发布，确定从 2014 年 1 月 1 日起实施国Ⅳ汽油质量标准。而国内大部分改善汽油品质的技术相对不够完善，针对国Ⅲ标准升级到国Ⅳ标准的汽油质量升级存在一定的困难。2006 年，中国石油石化院和中国石油大学(北京)联合立项开展 FCC 汽油选择性加氢脱硫—加氢改质组合技术(Gasoline Aromatization and Hydrodesulfuzation，GARDES)工艺的开发。该技术已在 20 余套装置工业应用，顺利将各应用厂家的汽油质量从国Ⅲ标准升级到国Ⅳ标准。

一、GARDES 工艺技术

1. 工艺技术特点

GARDES 工艺技术依据我国主要 FCC 汽油中烯烃和硫化物的分布特点，提出梯级脱硫的工艺路线，将油品中的硫化物分种类逐步脱除，在脱硫的同时将油品中的烯烃转化为高辛烷值组分(异构烃或芳烃)，减少加氢脱硫过程中由于烯烃加氢饱和而带来的辛烷值损失，实现脱硫保辛烷值的目标。如图 2-34 所示，GARDES 工艺技术包括如下 4 个操作单元：

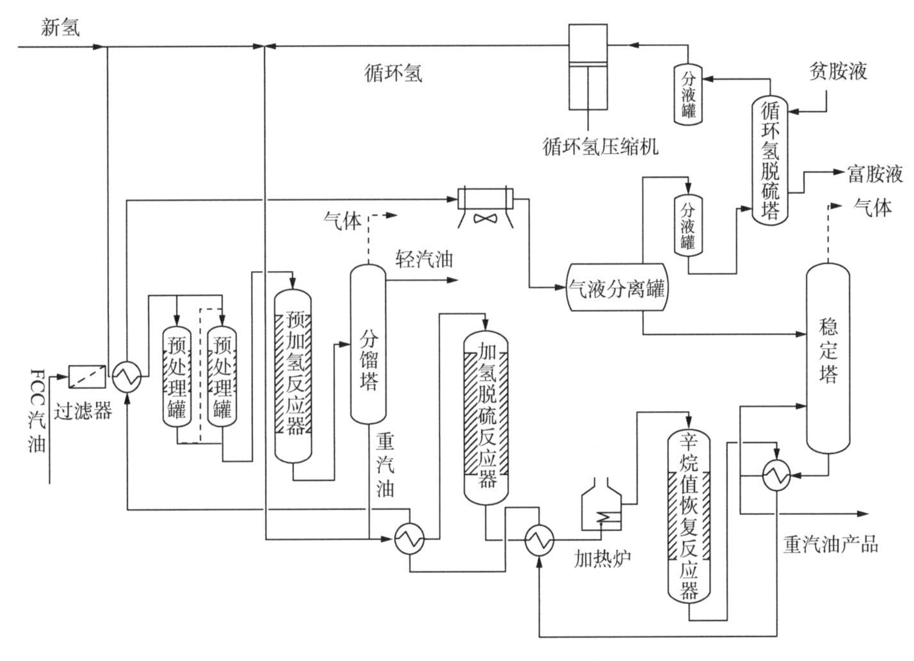

图 2-34　GARDES 工艺流程简图

（1）预处理单元，除去 FCC 汽油中的大部分胶质和机械杂质。

（2）加氢单元，使全馏分 FCC 汽油中的硫醇硫与二烯烃反应生成硫醚转移到重馏分中，同时脱除二烯烃。

（3）分馏单元，对全馏分 FCC 汽油进行轻、重馏分切割，得到轻汽油（LCN）与重汽油（HCN）。

（4）选择性加氢脱硫和辛烷值恢复单元，切割所得到的重汽油经过选择性加氢脱硫和辛烷值恢复两段处理后，得到总硫和硫醇硫含量符合调和要求的改质重汽油，最后与轻汽油调和得到满足标准的汽油调和组分。

GARDES 工艺技术具有如下特点：

（1）采用灵活高效的全馏分 FCC 汽油预加氢处理—轻重馏分切割—重汽油选择性加氢脱硫和辛烷值恢复组合工艺技术，可以根据原料性质和产品要求，对催化剂和工艺进行优化匹配，具有灵活的原料和产品适应性。

（2）在预处理反应器前设置预处理罐，可减缓因预加氢反应器结焦造成床层“撇头”引起的非正常停车，延长装置生产周期。

（3）具有辛烷值恢复功能，可将汽油中的烯烃转化为异构烃和芳烃，在大幅降低硫含量的同时减少辛烷值损失。

（4）通过反应工艺的优化配置和催化剂的合理级配，可实现不同类型含硫化合物的递进脱除：采用预加氢催化剂对全馏分 FCC 汽油进行预处理，同步实现轻汽油中硫醇的硫醚化和二烯烃选择性脱除，为选择性脱硫催化剂和辛烷值恢复催化剂的长周期运行提供保证；在加氢脱硫反应器中采用高选择性的加氢脱硫催化剂，用于脱除烷基噻吩、硫醚等较大分子的含硫化合物，而在辛烷值恢复反应器中则采用分子筛催化剂用于小分子含硫化合物的脱除，并抑制脱硫产物硫化氢与烯烃重新反应生成硫醇，同时促进烯烃的异构化和芳构化，加氢后的轻、重馏分均无须脱硫醇，可以直接用于产品调和。

该技术通过分段脱硫的工艺模式，每个单元的反应苛刻度相对较低，催化剂单程寿命在4年以上，总寿命达到6~10年。

该工艺原料适应性强，针对不同原料性质的FCC汽油，在不改变工艺流程的前提下，通过优化工艺条件生产不同指标要求的加氢产品。

2. 催化剂

GARDES技术配套催化剂主要包括预加氢催化剂（GDS-20）、选择性加氢脱硫催化剂（GDS-30）和辛烷值恢复催化剂（GDS-40）。

表2-24为国内某炼厂的全馏分FCC汽油的碳数分布和族组成，可以看出，FCC汽油中烃类主要分布在C_4—C_{10}之间，烯烃含量达到42.24%（体积分数），主要集中在C_4—C_9之间，以C_5—C_6分布最多；芳烃含量为11.99%（体积分数），主要集中在C_7—C_{10}之间；烷烃中异构烷烃含量较高，占30.64%（体积分数），主要集中在C_5—C_{11}之间；正构烷烃含量为6.71%（体积分数），主要集中在C_4—C_{10}之间；环烷烃含量为8.43%（体积分数），主要集中在C_7—C_9之间。

当分子量相近时，各族烃类的辛烷值大小顺序大致如下：芳烃>异构烷烃和异构烯烃>正构烯烃和环烷烃>正构烷烃。

表2-24 国内某炼厂全馏分FCC汽油的碳数分布和族组成

碳数	含量，%（体积分数）				
	正构烷烃	异构烷烃	烯烃	环烷烃	芳烃
4	0.50	0.30	1.21	0.00	0.00
5	0.98	5.34	11.38	0.13	0.00
6	1.11	6.62	9.54	0.25	0.00
7	1.13	4.66	7.22	4.28	1.02
8	1.48	4.38	5.25	1.51	3.65
9	0.55	3.52	5.01	1.48	4.01
10	0.61	2.33	2.35	0.53	2.64
11	0.29	2.96	0.28	0.25	0.67
12	0.06	0.53	0.00	0.00	0.00
总量	6.71	30.64	42.24	8.43	11.99

FCC汽油中的烯烃分布表明：较轻的C_5—C_6馏分烯烃含量高、辛烷值高而硫含量较低，且含硫化合物主要是小分子硫醇；C_7以上的较重馏分烯烃含量较低、辛烷值低而硫含量高，且硫主要是噻吩类的含硫化合物，需要通过分馏工艺将C_5—C_6轻汽油与C_7以上重汽油分开处理，以减少加氢脱硫过程中烯烃饱和带来的辛烷值损失。基于此思路设计的预加氢催化剂是将轻汽油中的小分子硫醇转化为大分子硫醚，在分馏时能够进入重汽油馏分，达到降低轻汽油硫含量的目的；设计的选择性加氢脱硫催化剂主要是脱除重汽油中的含硫化合物，尽量避免烯烃饱和，达到在降低重汽油硫含量的同时减少辛烷值损失的目的；设计的辛烷

值恢复催化剂主要是在脱除重汽油中剩余含硫化合物的同时实现烯烃定向转化，降低选择性加氢脱硫苛刻度，在实现深度降低烯烃含量的同时保持辛烷值。

1）预加氢催化剂(GDS-20)

（1）催化剂设计理念。

预加氢催化剂的主要功能是将硫醇转化为硫醚，研究发现在 Ni-Mo 双金属催化剂上，硫醇分子的吸附解离主要发生在 Mo 中心上，而烯烃的活化主要发生在 Ni 中心上，为此需设计一种如图 2-35 所示的 Ni-Mo 双金属催化剂。

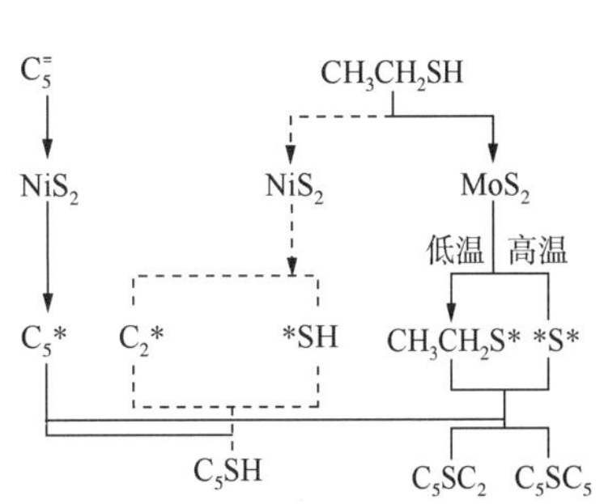

图 2-35　乙硫醇和异戊烯的反应路径

（2）催化剂研发。

为了开发出满足要求的预加氢催化剂，发明了一种 γ-Al_2O_3 的晶面调控方法，可以同时暴露出强酸性的{111}晶面和强碱性的{110}晶面，通过 Ni、Mo 活性组分在 γ-Al_2O_3 同一晶粒但不同晶面上的选择性负载，制备得到兼具酸性和碱性的预加氢催化剂，使硫醇在呈碱性的活性位上被吸附活化；烯烃在呈酸性的活性位上被吸附、活化，生成硫醚。制备的 GDS-20 预加氢催化剂硫醇转化率达 90%以上时，二烯烃饱和率不小于 50%，预加氢产品烯烃含量降低 1%～2%(体积分数)，RON 增加 0.2，显示出了较高的硫醇转化活性和选择性。催化剂单程寿命不小于 4 年，总寿命不小于 8 年。该产品执行企业标准 Q/SY SHY 0050—2019，具体质量指标见表 2-25。

表 2-25　GDS-20 预加氢催化剂质量指标

理化指标	预加氢催化剂	理化指标	预加氢催化剂
外形	三叶草形	径向压碎强度，N/cm	>100
尺寸，mm	ϕ 1.5～1.8	比表面积，m^2/g	>210
堆密度，g/mL	0.70～0.80	活性金属含量,%	>17.5

（3）工艺条件。

在加氢反应中，加氢活性与压力、氢油体积比和温度均呈正相关关系，但是在处理汽油的硫醇转化反应时，由于加氢脱硫与烯烃饱和反应均是加氢反应，需要选择合适的工艺条件达到最大脱硫醇率和最小烯烃饱和率的平衡。

以某炼厂 FCC 汽油重馏分为原料，考察了反应温度、反应压力、液时空速和氢油体积比等因素对催化剂性能的影响。

① 反应温度的影响。

在反应压力为 2.5MPa、氢油体积比为 6、液时空速为 3.5h^{-1}的条件下，反应温度对全馏分 FCC 汽油中硫醇醚化反应的影响如图 2-36 所示。由图 2-36 可见，随着反应温度的升高，硫醇转化率逐渐增加，当反应温度低于 90℃时，硫醇转化率随温度升高变化较大，而当反应温度超过 130℃时，硫醇转化率基本达到 100%；烯烃加氢饱和幅度随温度升高逐渐增加，但变化幅度较小，在 130℃时烯烃仅加氢饱和 3.5%(体积分数)。该反应的适宜温度区间为 130～140℃。

② 反应压力的影响。

对多相加氢反应而言，反应压力是一个重要参数，不仅影响加氢过程中的氢浓度，而且会影响反应物的相态，对反应结果具有重要影响。在反应温度为135℃、氢油体积比为6、液时空速为3.5h^{-1}的条件下，反应压力对全馏分FCC汽油中硫醇醚化反应的影响如图2-37所示。由图2-37可见，反应压力对硫醇转化率的影响较小，在所考察的压力范围内，硫醇转化率都在90%以上，当反应压力高于2MPa时硫醇转化率为100%。但压力对烯烃的转化率影响较大，随着压力增大，反应物中氢气浓度增加，烯烃加氢饱和率相应增加。该反应适宜的压力区间为2~2.5MPa。

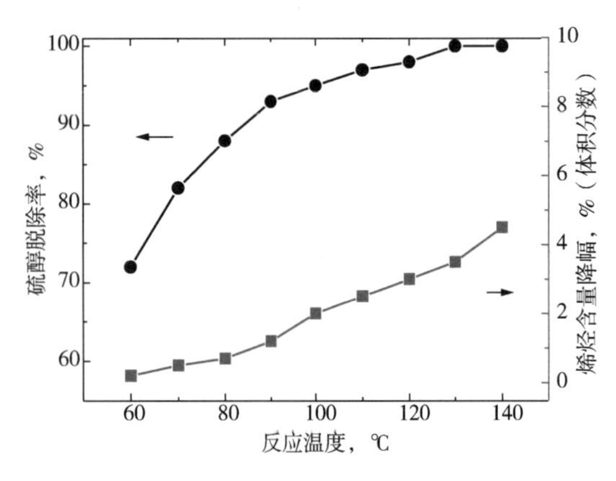

图2-36　反应温度对硫醇醚化反应的影响

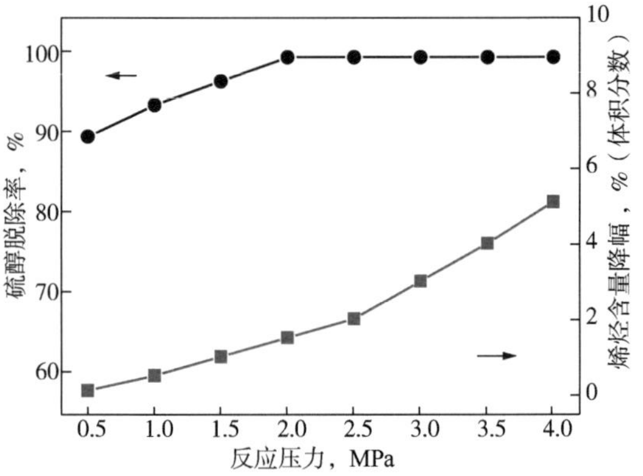

图2-37　反应压力对硫醇醚化反应的影响

③ 液时空速的影响。

液时空速是单位时间内催化剂处理反应物的量，即催化剂所承受负荷的大小，它反映了催化剂的处理能力，是影响加氢反应的一个重要因素。硫醇的醚化反应在低空速下易引起烯烃加氢饱和，导致汽油辛烷值损失，选择适宜的空速具有重要意义。在反应温度为135℃、反应压力为2.5MPa、氢油体积比为6的条件下，液时空速对硫醇醚化反应的影响如图2-38所示。由图2-38可见，当液时空速低于3.5h^{-1}时，硫醇转化率为100%；当液时空速高于3.5h^{-1}时，硫醇转化率随液时空速增加而逐渐降低，烯烃饱和率也随之降低。该反应适宜的液时空速应为3~4h^{-1}。

④ 氢油体积比的影响。

硫醇醚化反应虽然不消耗氢气，但需要在氢气气氛下操作以维持催化剂的活化状态，同时二烯烃选择性加氢为单烯烃也需要消耗一定量的氢气。根据全馏分FCC汽油的二烯烃含量范围，二烯烃全部选择加氢为单烯烃需要氢油体积比为3~4，当通入过量的氢气时，部分烯烃将发生加氢饱和反应，并且在轻、重馏分切割时引起氢气损失，导致操作成本增加。在反应温度为135℃、反应压力为2.5MPa、液时空速为3.5h^{-1}的条件下，氢油体积比对硫醇醚化反应的影响如图2-39所示。由图可见，氢油体积比对硫醇转化率的影响较小，当氢油体积比为6时，二烯烃几乎全部被加氢为单烯烃，而当氢油体积比大于6时，烯烃加氢饱和严重。该反应适宜的氢油体积比为6。

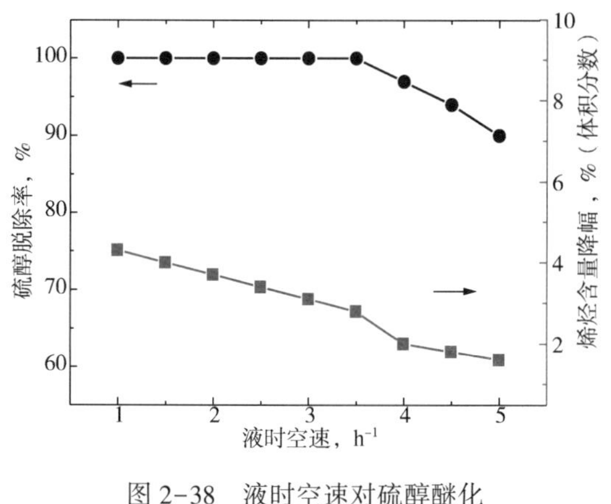

图 2-38 液时空速对硫醇醚化反应的影响

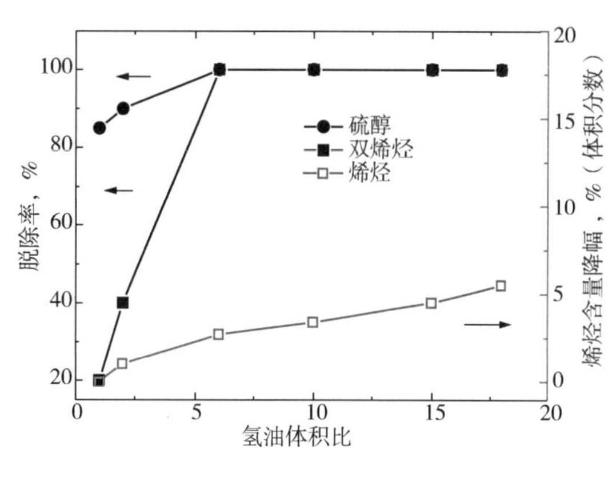

图 2-39 氢油体积比对硫醇醚化反应的影响

综上所述，增加反应温度、反应压力、氢油体积比或降低液时空速，均可提高催化剂的硫醇转移活性，同时提高催化剂的烯烃加氢饱和活性，导致产品辛烷值损失，应根据原料 FCC 汽油的二烯烃和硫醇含量选择合适的反应条件。

2）加氢脱硫催化剂(GDS-30)

(1) 催化剂设计理念。

根据过渡金属硫化物催化剂的边角理论，在金属硫化物片晶的角活性位(rim 位)上能够同时发生加氢脱硫和烯烃饱和反应，而在边活性位(edge 位)仅能发生加氢脱硫反应[30]。因此，为提高催化剂的加氢脱硫选择性，在形成较多的边活性位以提高加氢脱硫活性的同时，应尽可能形成较少的角活性位以抑制烯烃饱和反应的发生。

同时研究还发现，催化剂载体的孔结构会影响反应物料在催化剂内部的传质传热效果，影响加氢脱硫反应的活性和选择性。随着载体孔径的增加，催化剂的脱硫活性逐渐下降，而选择性逐渐增加，需要开发一种合适孔径分布的载体。

(2) 催化剂开发。

开发了一种含双孔结构的氧化铝载体(图 2-40)，该氧化铝载体的介孔分布在 7~8nm 间，大孔分布在 110~120nm 间，具有明显的双孔分布特征。并以钾/磷元素对氧化铝载体进行改性，制备得到了拥有平衡的分散度和堆密度的 Co-Mo 基 GDS-30 加氢脱硫催化剂。对该催化剂和参比催化剂的对比结果表明(表 2-26)，以双孔氧化铝为载体制备的催化剂比参比催化剂具有更高的脱硫率和更好的脱硫选择性，加氢汽油产品 RON 损失低于 2.3。

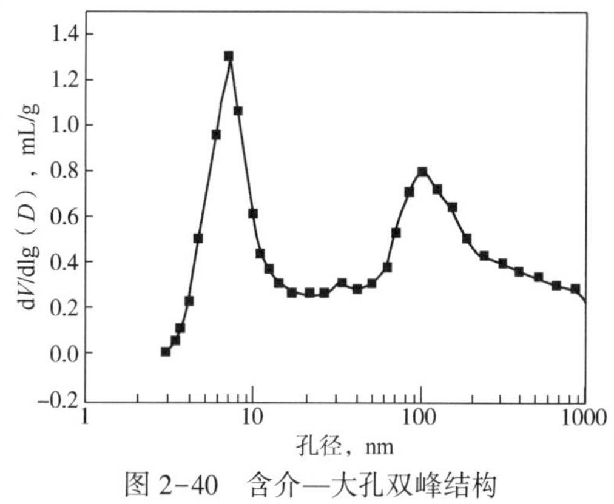

图 2-40 含介—大孔双峰结构氧化铝载体的孔径分布

表 2-26　GDS-30 催化剂与参比催化剂的性能对比

项　目	硫含量，mg/kg	烯烃含量，%(体积分数)	SF	RON
原料	1018	42	—	88.5
GDS-30 产品	550	38.8	2.96	87.2
参比催化剂产品	614	34.4	5.29	85.9

注：SF 为选择性因子。$SF=\frac{\ln(S_f-S_p)}{\ln(O_f-O_p)}$，其中 S_f为原料硫含量，S_p 为产物硫含量，O_f为原料烯烃含量，O_p为产物烯烃含量。

GDS-30 加氢脱硫催化剂均具有较高的加氢活性、选择性和稳定性，脱硫率达到 80%以上，烯烃饱和率低，加氢产品的辛烷值损失小。催化剂的单程寿命不小于 4 年，总寿命不小于 8 年。该产品执行企业标准 Q/SY SHY 0029—2019《FCC 汽油选择性加氢脱硫催化剂 GDS-30、GDS-32、GDS-32(S)》，具体质量指标见表 2-27。

表 2-27　GDS-30 加氢脱硫催化剂质量指标

理化指标	加氢脱硫催化剂	理化指标	加氢脱硫催化剂
外形	三叶草形	径向压碎强度，N/cm	>100
尺寸，mm	ϕ1.1~2.0	比表面积，m^2/g	>160
堆密度，g/mL	>0.55	活性金属含量，%	>11

（3）工艺条件。

在 FCC 汽油选择性加氢脱硫过程中，脱硫的同时会发生烯烃加氢饱和反应而降低汽油辛烷值，加氢工艺条件的选择对产品质量的影响较大。优化反应工艺条件，确定最优的反应压力、反应温度、氢油体积比和体积空速，对改善催化剂选择性加氢脱硫活性同样至关重要。

以工业生产的选择性加氢脱硫催化剂为研究对象，考察了某石化公司 FCC 汽油加氢脱硫过程中脱硫率和烯烃饱和率随反应条件的变化规律，重点研究了反应温度、反应压力、体积空速和氢油体积比等条件对催化剂选择性加氢脱硫率和烯烃饱和率的影响规律。

① 反应温度的影响。

以 65℃切割所得到的重馏分 FCC 汽油为原料，在反应压力为 1.6MPa、体积空速为 $3.0h^{-1}$、氢油体积比为 300 的条件下，不同反应温度对选择性加氢脱硫催化剂反应性能的影响如图 2-41 所示。由图 2-41 可见，提高反应温度有利于脱硫反应和烯烃饱和反应。当反应温度为 250℃时，脱硫率可达 88%，烯烃饱和率较小(12.4%)；当反应温度大于 250℃时，提高了脱硫率和烯烃饱和率，对保持汽油产品辛烷值不利。综合考虑脱硫率、烯烃饱和率和国Ⅳ标准清洁汽油对硫含量的要求，反应温度为 250℃时该催化剂的选择性加氢脱硫性能比较适宜。

② 体积空速的影响。

在反应压力为 1.6MPa、反应温度为 250℃、氢油体积比为 300 的条件下，体积空速对选择性加氢脱硫催化剂反应性能的影响如图 2-42 所示。由图 2-42 可知，体积空速的增加降低了烯烃饱和度，但脱硫率下降。当体积空速小于 3.0h^{-1}时，脱硫率和烯烃饱和率均较高，不利于降低产品辛烷值损失；当体积空速为 3.0h^{-1}时，脱硫率可达 88%，烯烃饱和度较小(12.4%)；当体积空速大于 3.0h^{-1}时，脱硫率降至 80%以下，难以实现国Ⅳ标准清洁汽油的生产。综合考虑脱硫率、烯烃饱和率和国Ⅳ标准清洁汽油对硫含量的要求，体积空速为 3.0h^{-1}时该催化剂的选择性加氢脱硫性能最优。

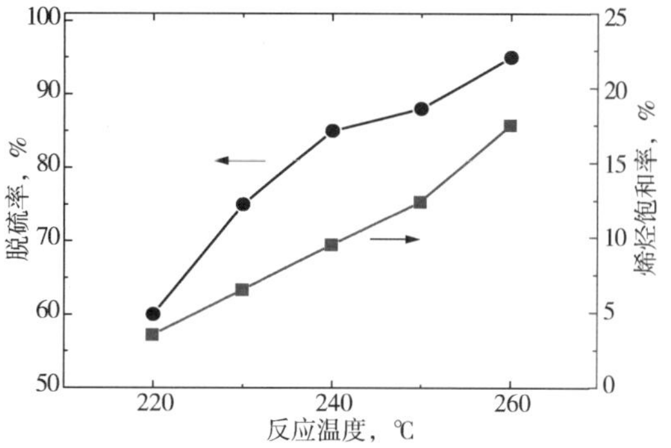

图 2-41　反应温度对选择性加氢脱硫催化剂反应性能的影响

③ 氢油体积比的影响。

在反应压力为 1.6MPa、反应温度为 250℃、体积空速为 3.0h^{-1}的条件下，不同氢油体积比对选择性加氢脱硫催化剂反应性能的影响如图 2-43 所示。由图 2-43 可见，随着氢油体积比的提高，脱硫率和烯烃饱和率均呈现先增加后降低的趋势。当氢油体积比为 200 时，脱硫率为 80%，难以满足深度脱硫的要求；当氢油体积比为 300 时，脱硫率可达 88%，烯烃饱和率较小(12.4%)；当氢油体积比大于 300 时，随着氢油体积比的提高，烯烃饱和率和脱硫率均快速下降，难以满足深度脱硫的要求。综合考虑脱硫率、烯烃饱和率和国Ⅳ标准清洁汽油对硫含量的要求，氢油体积比为 300 时该催化剂的选择性加氢脱硫性能比较适宜。

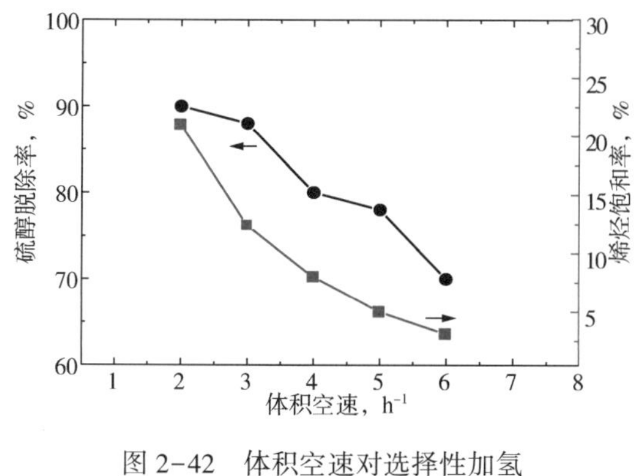

图 2-42　体积空速对选择性加氢脱硫催化剂反应性能的影响

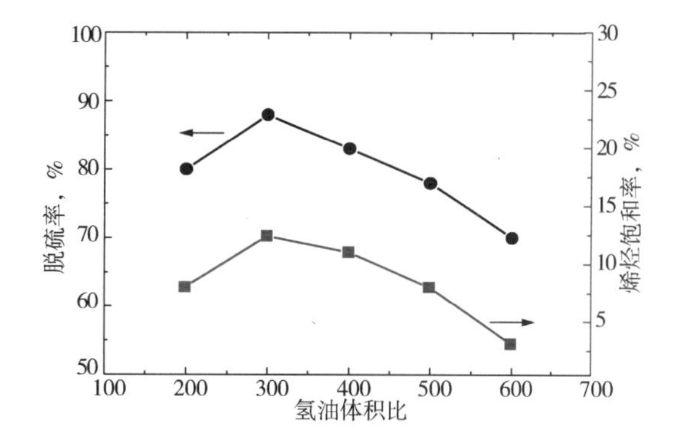

图 2-43　氢油体积比对选择性加氢脱硫催化剂反应性能的影响

④ 反应压力的影响。

在氢油体积比为 300、反应温度为 250℃、体积空速为 3.0h^{-1}的条件下，反应压力对选择性加氢脱硫催化剂反应性能的影响如图 2-44 所示。由图 2-44 可见，随着反应压力的升高，脱硫率和烯烃饱和率均快速增加。当反应压力为 1.0MPa 时，脱硫率小于 80%，难以满足深度脱硫的要求；当反应压力为 1.6MPa 时，脱硫率可达 88%，烯烃饱和率较小(12.4%)；当反应压力大于 1.6MPa 时，随着压力的升高，脱硫率及烯烃饱和率大幅增加，导致产品辛烷值损失加大。综合考虑脱硫率、烯烃饱和率和国Ⅴ标准清洁汽油对硫含量的要求，反应压力为 1.6MPa 时该催化剂的选择性加氢脱硫性能比较适宜。

3）辛烷值恢复催化剂（GDS-40）

（1）催化剂设计理念。

辛烷值恢复催化剂的主要功能是使烯烃定向转化为芳烃和异构烃，前期研究发现，磷酸硅铝分子筛 SAPO-11 具有较好的烯烃异构化性能，但其芳构化性能弱，ZSM-5 分子筛具有较好的烯烃芳构化性能，但是酸性、裂化活性较强，需要开发一种酸性适中，同时具有异构和芳构性能的新型分子筛材料。

（2）催化剂开发。

合成出了以 ZSM-5 为核、以 SAPO-11 为壳的包覆式复合沸石样品（图 2-45、图 2-46），以其为载体制备了多功能辛烷值恢复催化剂。

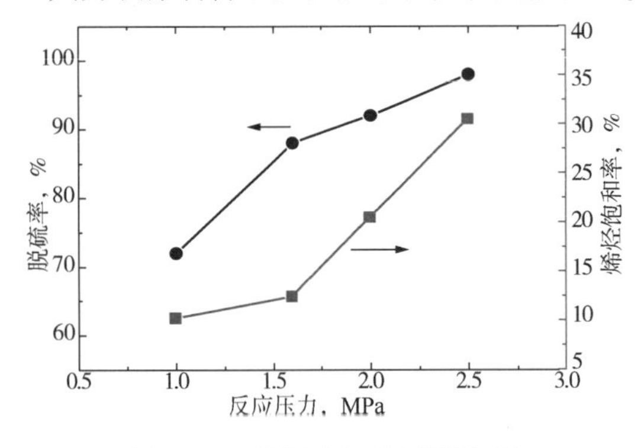

图 2-44　反应压力对选择性加氢脱硫催化剂反应性能的影响

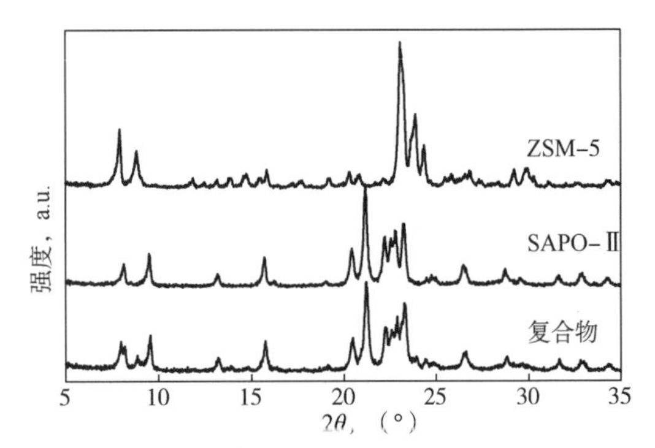

图 2-45　包覆式复合沸石样品的 X 射线衍射（XRD）谱图

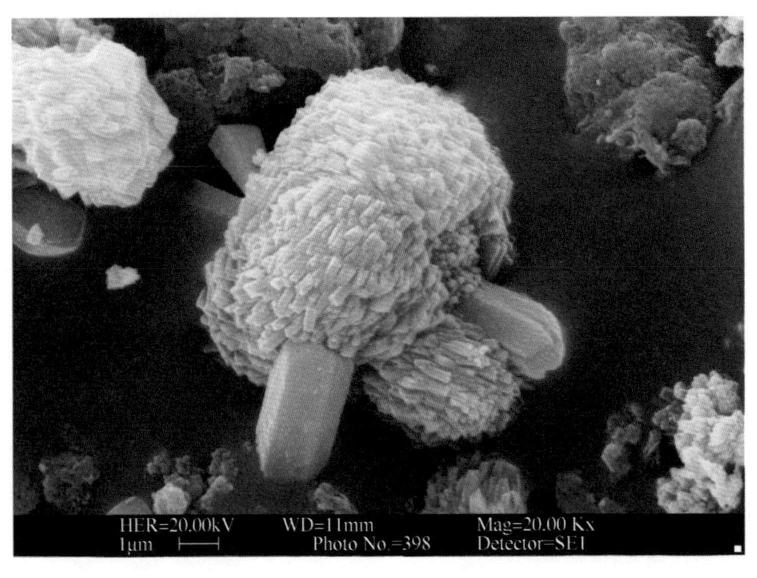

图 2-46　包覆式复合沸石样品的 SEM 图

以 FCC 汽油为原料，将 SAPO-11 基催化剂、复合基催化剂及混合基催化剂在相同条件下反应 60h，所得结果见表 2-28。可以看出，SAPO-11 沸石基催化剂具有优异的加氢异构化活性，但芳构化活性较低，产品辛烷值较低（与原料油相比 RON 损失 3.8）。与 SAPO-11

基催化剂相比，混合基催化剂的加氢异构化性能下降，但其芳构化性能有所改善，产品辛烷值增加1.3，但产品RON与原料油相比仍损失2.5，且该催化剂的绝对积炭量较大，预示其稳定性较差。与前两者相比，复合基催化剂具有明显的优势，具有较高的加氢异构化活性和较优的芳构化活性，且产品辛烷值与原料油相当，催化剂积炭量较少，这归功于复合沸石较多的介孔及L酸与B酸的协同作用。

表2-28　不同催化剂上FCC汽油改质结果

项　目		原　料	SAPO-11基催化剂	混合基催化剂	复合基催化剂
液体产品族组成%(体积分数)	正构烷烃	6.25	12.33	11.54	9.23
	异构烷烃	28.25	48.71	40.21	44.26
	烯烃	41.10	11.13	13.87	10.37
	环烷烃	6.98	8.69	12.02	7.53
	芳烃	17.42	19.14	22.36	27.61
苯含量,%(体积分数)		0.68	0.51	0.53	0.47
RON		91.7	87.9	89.2	91.8
液体收率,%(质量分数)		—	100	99	99
焦炭，mg/g(催化剂)		—	3.1	16.3	5.1

GDS-40辛烷值恢复催化剂均具有较高的加氢活性、烯烃定向转化活性和稳定性，脱硫率可以达到80%以上，烯烃转化能力强，加氢产品的辛烷值损失小。催化剂的单程寿命不小于4年，总寿命不小于8年。该产品执行企业标准Q/SY SHY 0028—2019，具体质量指标见表2-29。

表2-29　GDS-40加氢脱硫催化剂质量指标

理化指标	辛烷值恢复催化剂	理化指标	辛烷值恢复催化剂
外形	三叶草形	径向压碎强度，N/cm	>120
尺寸，mm	ϕ1.1~2.1	比表面积，m^2/g	>230
堆密度，g/mL	>0.65	活性金属含量,%	>4.3

(3) 工艺条件。

为了更好地认识FCC汽油辛烷值恢复过程的反应规律，以工业生产的辛烷值恢复催化剂为研究对象，考察了某炼厂FCC汽油辛烷值恢复过程中芳构化活性和烯烃转化活性随反应条件的变化规律，重点研究了反应温度、反应压力、体积空速和氢油体积比等条件对催化剂芳构化性能的影响规律。

① 反应温度的影响。

以上述优化反应条件下选择性加氢脱硫催化剂的反应产物为原料，在反应压力为1.5MPa、体积空速为2.0h^{-1}、氢油体积比为300的条件下，反应温度对辛烷值恢复催化剂反应性能的影响如图2-47所示。由图2-47可知，随着反应温度的升高，烯烃含量降幅增加，这应归于烯烃加氢饱和及转化为芳烃所致；异构烷烃含量增幅降低，表明烯烃的加氢异构反应受到抑制；芳烃含量的增幅提高，表明烯烃的芳构化反应得到加强。芳构化反应为氢转移反应，温度越高，越有利于反应的进行。综合考虑烯烃含量降幅、异构烷烃和芳烃含量增幅以及尽可能保持产品辛烷值的要求，反应温度为350℃时该催化剂的辛烷值恢复性能比较适宜。

② 反应压力的影响。

在氢油体积比为300、反应温度为350℃、体积空速为2.0h^{-1}的条件下，不同反应压力对辛烷值恢复催化剂反应性能的影响如图2-48所示。由图2-48可知，随着反应压力的升高，烯烃含量降幅快速增加，这应归于烯烃加氢饱和所致；异构烷烃含量的增幅快速提高，表明烯烃的加氢异构反应得到加强；芳烃含量的增幅降低，表明烯烃的芳构化反应受到抑制。

较低的反应压力虽然有利于芳烃的生成和减少烯烃含量降幅，但易使催化剂表面结焦失活；较高的反应压力虽然促进了异构烷烃含量的增加，但抑制了更高辛烷值的芳烃的生成，对产品的辛烷值恢复不利。综合考虑烯烃含量降幅、异构烷烃和芳烃含量增幅以及尽可能保持产品辛烷值的要求，反应压力为1.5MPa时该催化剂的辛烷值恢复性能比较适宜。

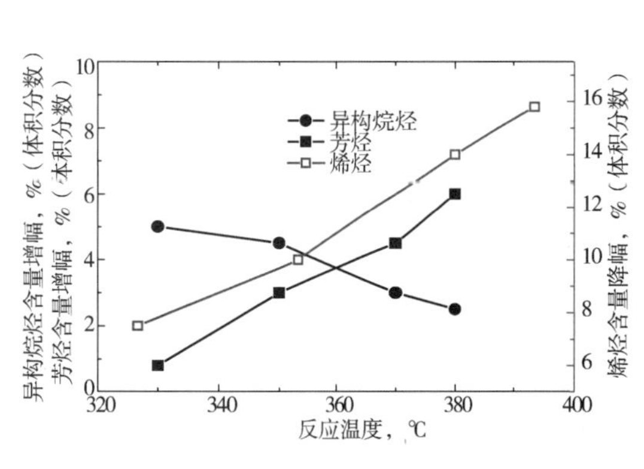

图2-47 不同反应温度下烃类组成变化

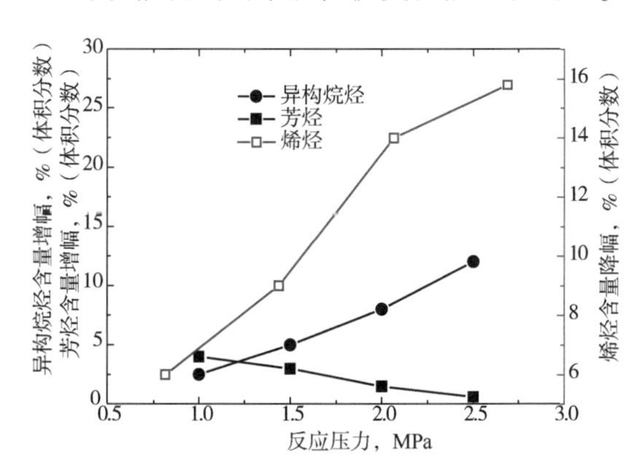

图2-48 不同反应压力下烃类组成变化

③ 体积空速的影响。

在氢油体积比为300、反应温度为350℃、反应压力为1.5MPa的条件下，体积空速对辛烷值恢复催化剂反应性能的影响如图2-49所示。

由图2-49可知，随着体积空速的提高，烯烃含量降幅快速下降，这归于汽油分子在辛烷值恢复催化剂上停留时间的减少所致；异构烷烃含量的增幅降低，表明烯烃的加氢异构反应受到抑制；芳烃含量的增幅降低，表明烯烃的芳构化反应也受到抑制。

相对于烯烃芳构化过程中其他中间产物的反应步骤，最后一步生成芳烃（环化和脱氢）的反应最慢，表现为速率控制步骤；当体积空速较低时，反应过程的中间产物有足够的反应时间进行芳构化反应，因此体积空速越低，越有利于烯烃芳构化率的提高。但较低的体积空速也会导致催化剂表面结焦失活。

综合考虑烯烃含量降幅、异构烷烃和芳烃含量增幅以及催化剂的寿命，体积空速为2.0h^{-1}时该催化剂的辛烷值恢复性能比较适宜。

④ 氢油体积比的影响。

在反应温度为350℃、反应压力为1.5MPa、体积空速为2.0h^{-1}的条件下，不同氢油体积比对辛烷值恢复催化剂反应性能的影响如图 2-50 所示。由图 2-50 可知，随着氢油体积比的提高，烯烃含量降幅略有下降，主要由于高氢油体积比下氢分压较高，烯烃的加氢反应增加；异构烷烃含量的增幅略有降低，表明烯烃的加氢异构反应受到了轻微抑制；芳烃含量的增幅略有降低，表明烯烃的芳构化反应也受到轻微抑制。

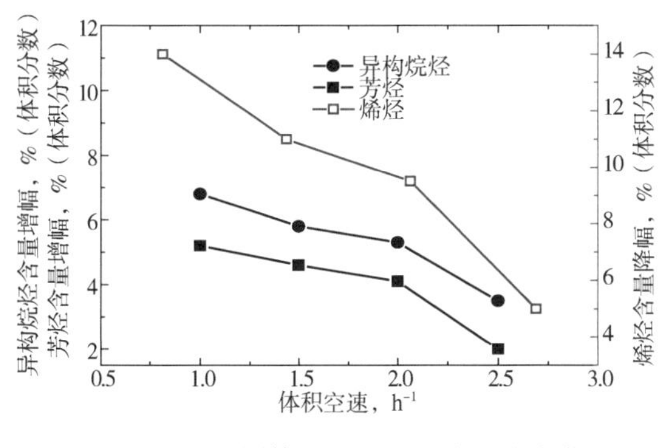

图 2-49　不同体积空速下烃类组成变化

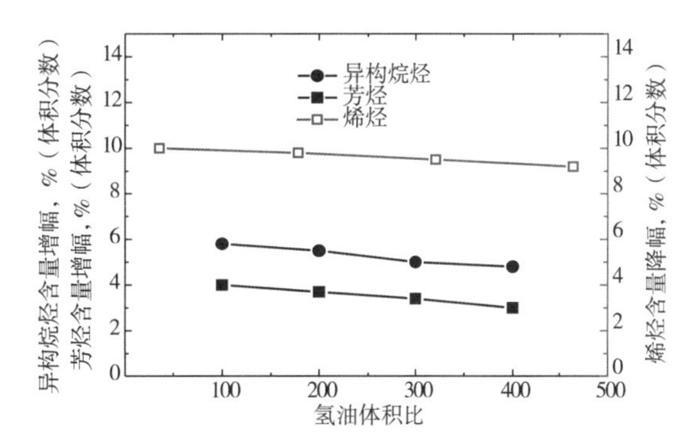

图 2-50　不同氢油体积比下烃类组成变化

氢油体积比较低时易导致催化剂表面结焦失活，氢油体积比较高时增加了操作费用，综合考虑烯烃含量降幅、异构烷烃和芳烃含量增幅以及操作费用，氢油体积比为 300 时该催化剂的辛烷值恢复性能比较适宜。

3. 工业应用

GARDES 技术通过对我国 FCC 汽油的组成分析，将加氢脱硫与烯烃定向转化有机结合，在降低汽油硫含量的同时，有效减少了辛烷值损失。该技术在解决汽油标准升级的同时，有效提高了经济效益，于 2009 年首次在大连石化 20×10^4t/a 装置实现工业应用，已在浙江美福石油化工有限公司、湖北金澳科技有限公司、珠海宝塔石化有限公司、中国石油大庆石化等 14 家炼厂工业应用，总应用规模超过 900×10^4t/a。

该技术的工业应用，一方面打破了国外技术的垄断，解决了利用加氢技术解决我国汽油质量升级的问题；另一方面，该技术也在国外加氢工艺的基础上，创新提出了在加氢脱硫的同时使烯烃定向转化的思路，有效解决了加氢脱硫过程中辛烷值损失过大的问题，有力支撑了我国汽油质量升级的需求。

典型应用结果：宁夏石化 120×10^4t/a FCC 汽油加氢装置国Ⅳ方案标定工况见表 2-30，标定结果见表 2-31。标定结果表明：宁夏石化的 FCC 汽油原料经 GARDES 技术处理，硫含量由 78mg/kg 降至 40mg/kg，烯烃含量(体积分数)由 41.7%降至 38.5%，芳烃含量增加 0.2%(体积分数)，RON 损失 0.4，汽油收率 99.5%，能耗 14.38kg 标准油/t，产品满足国Ⅳ标准清洁汽油生产需要，表明该技术具有脱硫保持辛烷值功能。

表 2-30　宁夏石化 GARDES 技术标定的主要工况

项　目	预加氢反应器	加氢脱硫反应器	加氢改质反应器
入口压力，MPa	2.4	1.9	1.7
入口温度,℃	90	220	350

续表

项　目	预加氢反应器	加氢脱硫反应器	加氢改质反应器
出口温度,℃	92	250	348
温升,℃	2	30	-2
氢油体积比	5	300	300

表 2-31　宁夏石化 GARDES 技术标定结果

分析项目	原　料	产　品
硫含量，mg/kg	78.5	40
烯烃含量,%(体积分数)	41.7	38.5
芳烃含量,%(体积分数)	15.2	15.4
烯烃含量降幅,%(体积分数)	3.2	
芳烃含量增幅,%(体积分数)	0.2	
RON 损失	0.4	
产品液体收率,%	99.5	
能耗，kg 标准油/t	14.38	

二、GARDES-Ⅱ工艺技术

在开发用于生产国Ⅳ标准清洁汽油调和组分的 GARDES 工艺基础上，根据国Ⅴ/国Ⅵ汽油质量标准对烯烃和芳烃的进一步限制，基于对 FCC 汽油中烯烃和含硫化合物结构及其反应活性随反应进程动态变化规律的揭示，提出分段调控烯烃分子转化理念，即将烯烃分段转化为高辛烷值且其含量不受汽油标准限制的双支链异构烷烃，开发出了降低烯烃含量、提高脱硫选择性、保持辛烷值的 GARDES-Ⅱ成套技术。

1. 工艺技术特点

虽然 GARDES-Ⅱ技术的工艺流程与 GARDES 技术没有大的改变，但其总体研究思路却有了较大改变，主要是通过催化剂功能的升级实现加氢脱硫，同时深度降低烯烃含量、保持辛烷值(图 2-51)。

(1) 烯烃双键异构和硫醇/噻吩向重汽油的转移：使 FCC 汽油中易于被加氢饱和的端烯烃(双键位于分子链末端)发生双键异构，转化为较难被加氢饱和的内烯烃(双键位于分子链中部)，并使绝大部分小分子硫醇和部分噻吩重质化。

(2) 轻汽油和重汽油的分离：通过蒸馏将上述烯烃双键异构和硫醇/噻吩转移反应产物分离，使难以转化为双支链异构烷烃的小分子烯烃($C_{6-}^{=}$)进入轻汽油得到保护，使能被转化为双支链异构烷烃的大分子烯烃($C_{7+}^{=}$)进入重汽油。

(3) 直链内烯烃的单支链异构和大分子含硫化合物的选择性加氢脱硫：使重汽油中的直链内烯烃转化为有一个烷基侧链的单支链异构烯烃，借助其空间位阻，并通过提高催化剂的本征脱硫活性和选择性，使重汽油高选择性加氢脱硫。

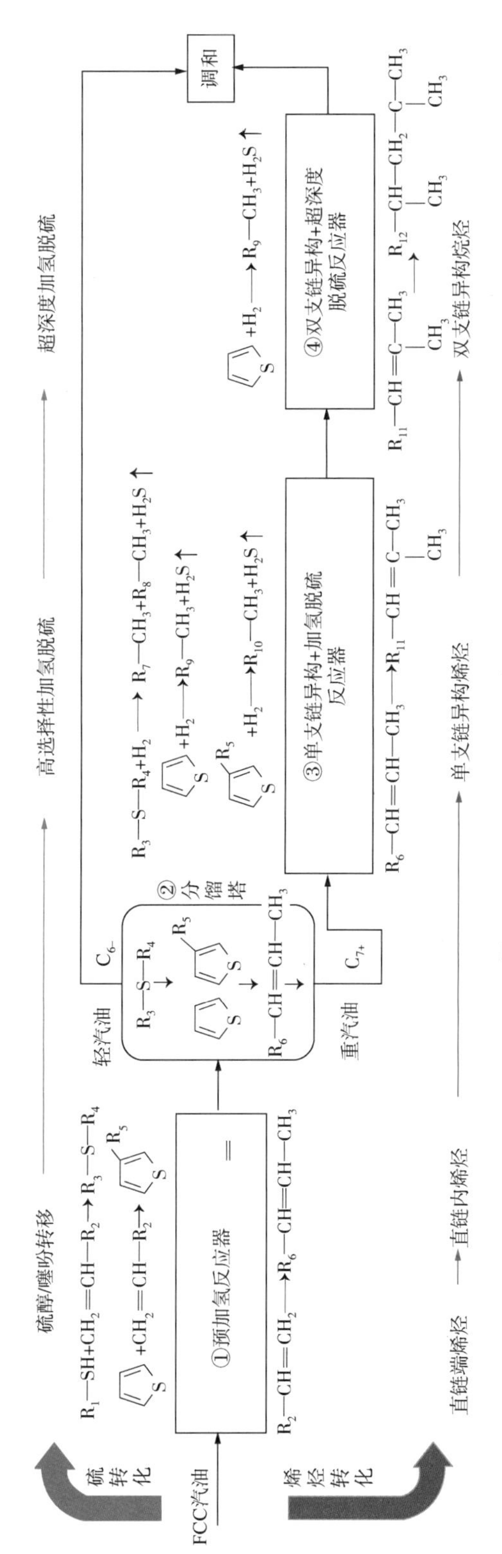

图 2-51　GARDES-Ⅱ工艺原理图

(4) 单支链异构烯烃转化为双支链烷烃和超深度脱硫：使重汽油中的单支链异构烯烃最终转化为高辛烷值双支链异构烷烃，并高效脱除重汽油中残余的噻吩，同步实现烯烃含量降低和超深度脱硫。

GARDES-Ⅱ工艺根据我国 FCC 汽油的性质，将分步脱硫与烯烃转化有效耦合，可在实现超深度脱硫的同时，大幅降低烯烃含量，并保持辛烷值，满足了我国汽油清洁化对超深度脱硫、大幅降低烯烃含量和保辛烷值的三重要求。

2. 催化剂

任何一个催化工艺的成功开发都需要有相关催化材料的配套，在 GARDES-Ⅱ工艺的开发过程中，根据各个反应单元的要求不同，分别开发了新一代预加氢催化剂 GDS-22、选择性加氢脱硫催化剂 GDS-32 和辛烷值恢复催化剂 GDS-42。

1) 兼具硫醇醚化和噻吩烷基化功能的预加氢催化剂(GDS-22)

研究表明，在 FCC 汽油中，约 25%的烯烃为端烯烃，相对于内烯烃，端烯烃的 RON 较低且易于被加氢饱和。因此，先使 FCC 汽油中的端烯烃转化为内烯烃，从而避免重汽油中的 $C_{7+}^{=}$ 在后续的选择性加氢脱硫单元中被饱和，为使其在辛烷值恢复单元中转化为高辛烷值组分创造条件。

进一步研究发现，由于噻吩与 C_6、C_7 烃类形成低沸点共沸物，现有加氢脱硫工艺的分馏塔只有在远低于噻吩沸点的切割温度下分离预加氢产物，才能得到硫含量低于 10mg/kg 的轻汽油。预加氢过程除具有硫醇转移功能以外，还须同时具备噻吩转移和烯烃双键异构功能。

以在 GDS-20 催化剂中使用的晶面调控的 $\gamma-Al_2O_3$ 和含 B 酸位的介—微孔 ZSM-5 分子筛的复合物为载体，通过 Ni、Mo 活性组分在 $\gamma-Al_2O_3$ 同一晶粒但不同晶面上的选择性负载，实现了其催化作用的协同，并借助 ZSM-5 分子筛 B 酸位的烯烃双键异构功能，开发出烯烃双键异构、硫醇醚化、噻吩烷基化三功能预加氢催化剂 GDS-22。

采用该催化剂对某炼厂硫含量为 280.6mg/kg、烯烃含量(体积分数)为 42.79%、硫醇含量为 24.7mg/kg 的全馏分 FCC 汽油进行处理，硫醇转化率为 90.6%，噻吩转化率为 23.2%，产物内/端烯烃(质量比)从原料的 2.85 增至 11.64，RON 增加 0.4，产物在 70℃分离后得到硫含量为 7.8mg/kg 的轻汽油，可直接作为国Ⅴ/国Ⅵ汽油调和组分。

2) 耦合烯烃异构的选择性加氢脱硫催化剂(GDS-32)

直链烃向双支链异构烷烃的转化为多步反应，单支链异构烯烃是生成双支链异构烯烃并最终加氢饱和为双支链异构烷烃必不可少的中间物种。为此提出，在选择性加氢脱硫催化剂中耦合烯烃单支链异构功能，将重汽油中的直链内烯烃进一步转化为单支链异构烯烃，借助其空间位阻减少加氢饱和，并进一步提高催化剂的本征脱硫活性和选择性，实现高选择性加氢脱硫。

为使选择性加氢脱硫催化剂具备烯烃单支链异构功能，发明了一种含无定形硅铝的拟薄水铝石，其既具有无定形硅铝的适宜酸性和高比表面积，又具有拟薄水铝石易于成型和高稳定性的特点。为构建助剂原子 Ni 充分修饰的本征高脱硫活性、高选择性的Ⅱ型 Ni-Mo-S 活性相，发明了一种新的活性金属前驱体——有机—无机杂化金属纳米晶。以四乙基溴化铵(TEAB)为杂化剂、Na_2MoO_4 为 Mo 源、盐酸溶液为溶剂，借助 TEA^+ 的界面识别能力，促进溶液中聚合态 Mo 物种向 $Mo_6O_{19}^{2-}$转化，$Mo_6O_{19}^{2-}$再与杂化剂在溶液中的离子态（TEA^+）通过静电作用结合，形成以 $Mo_6O_{19}^{2-}$为核、TEA^+为壳的核壳式 Mo 基有机-无机杂化纳米晶。

以含无定形硅铝的拟薄水铝石为载体，首先将 Mo 基杂化纳米晶沉积至载体得到单金属催化剂，再引入助剂元素 Ni 得到 Ni-Mo 双金属催化剂。杂化纳米晶前驱体的使用，避免了活性金属与载体发生强相互作用形成 Keggin 型杂多钼酸铝，硫化后形成的金属硫化物片晶兼具高分散度和堆积度，其作为助剂元素 Ni 优良的"第二载体"，促进了 Ni 原子充分修饰的Ⅱ型 Ni-Mo-S 活性相的形成；含无定形硅铝的拟薄水铝石载体则为内烯烃的单支链异构提供酸性中心，赋予催化剂烯烃单支链异构功能。

制备得到 GDS-32 催化剂，采用该催化剂对预加氢产物分离所得重汽油进行处理，使重汽油的硫含量从 391.7mg/kg 降至 70.0mg/kg，单支链/正构烯烃（质量比）从 1.1 增至 1.4，得益于单支链异构烯烃的空间位阻作用和催化剂的高本征脱硫活性与选择性，烯烃含量仅降低 2.95%（体积分数），RON 仅损失 1.0。

3）辛烷值恢复催化剂（GDS-42）

前期研究发现，磷酸硅铝分子筛 SAPO-11 具有较好的烯烃异构化性能，但其微孔孔道（0.64nm×0.39nm）内部仅能容纳单支链烯烃，仅当单支链烯烃的甲基被限定在一个孔口处且可接触到相邻孔口处的强酸性活性位时，才不受孔道空间限制进一步生成双支链异构体。因此，创制具有充分暴露孔口的强酸性等级孔 SAPO-11 分子筛成为最终实现烯烃双支链异构的关键。

为此发明了水-醇-表面活性剂合成体系和后引入硅的两步合成法，制备强酸性等级孔 SAPO-11 分子筛。该合成法的第一步为 $AlPO_4$-11 的合成，其特征是在 $AlPO_4$-11 晶化过程后期向合成体系中加入表面活性剂，使其在 $AlPO_4$-11 表面吸附以控制 $AlPO_4$-11 晶粒的继续生长和团聚，为合成具有丰富暴露孔口的 SAPO-11 创造条件；第二步为 SAPO-11 的合成，通过向合成体系引入有机硅源，并加入与硅源水解生成醇相同的醇，以减缓硅源的水解速率，从而使 SAPO-11 拥有更多呈中强 B 酸性的 Si(nAl)($0<n<4$)物种，且第一步引入的表面活性剂还导向晶间介孔的形成，使最终合成的 SAPO-11 具有等级孔结构。以强酸性等级孔 SAPO-11 为载体，以优化的 Ni-Mo 组合为活性组分，创制出 Ni-Mo@SAPO-11 耐硫型非贵金属烯烃双支链异构催化剂 GDS-42。

以加氢脱硫重汽油为原料对 GDS-42 催化剂进行评价，结果表明，在使选择性加氢脱硫重汽油的烯烃含量降至 12.08%（体积分数）时，双/单异构烷烃（质量比）增加 7 倍，RON 仅损失 0.4，同步实现了重汽油烯烃含量的大幅降低和 RON 的保持，突破了 FCC 汽油清洁化的技术瓶颈；且因该催化剂具有酸性，还能脱除选择性加氢脱硫重汽油中残留的噻吩，使硫含量进一步降至 8.7mg/kg。

3. 工业应用

GARDES-Ⅱ技术主要是在 GARDES 技术基础上，对原有工艺路线不做大的改造，只通过催化剂的升级来达到满足更高标准的汽油质量的要求。GARDES-Ⅱ技术先后在宁夏石化、大庆石化、呼和浩特石化、辽河石化、大庆炼化、独山子石化等装置得到工业应用，装置总应用规模超过 1500×10^4t/a。

典型应用结果：宁夏石化 $120×10^4$t/a FCC 汽油加氢装置国Ⅴ方案标定工况见表 2-32，标定结果见表 2-33。标定结果表明：宁夏石化的 FCC 汽油经 GARDES-Ⅱ技术处理，硫含量由 80mg/kg 降至 8mg/kg，烯烃含量(体积分数)由 42.2%降至 31.9%，芳烃含量增加 0.7%(体积分数)，RON 损失 1.3，汽油收率达 99.1%，能耗为 17.38kg 标准油/t，产品满足国Ⅴ标准清洁汽油生产需要，表明该技术具有深度脱硫、降低烯烃含量和保持辛烷值功能。

表 2-32　宁夏石化 GARDES-Ⅱ技术标定的主要工况

项　目	预加氢反应器	加氢脱硫反应器	加氢改质反应器
入口压力，MPa	2.4	1.9	1.7
入口温度,℃	110	250	363
出口温度,℃	120	280	360
温升,℃	10	30	-3
氢油体积比	5	300	300

表 2-33　宁夏石化 GARDES-Ⅱ技术标定结果

分析项目	原　料	产　品
硫含量，mg/kg	80	8
烯烃含量,%(体积分数)	42.2	31.9
芳烃含量,%(体积分数)	14.4	15.1
烯烃含量降幅,%(体积分数)	10.3	
芳烃含量增幅,%(体积分数)	0.7	
RON 损失	1.3	
产品液体收率,%	99.1	
能耗，kg 标准油/t	17.38	

第五节　富芳烃汽油加氢脱硫技术

中国石油石化院基于分子管理理念开发了 PHAG 富芳烃汽油加氢脱硫技术，通过萃取分离、蒸馏切割及加氢脱硫组合工艺，在实现 FCC 汽油深度脱硫的同时降低了产品的辛烷值损失。中国石油乌鲁木齐石化在国Ⅴ标准汽油质量升级过程中，创新性地将富芳烃抽提单元和加氢脱硫单元(PHG)组合[31-33]，即首先将全馏分汽油经蒸馏切割成轻、重汽油，然后对重汽油进行溶剂抽提，大部分含硫化合物进入塔底的富芳烃汽油中，这部分富芳烃汽油具有硫含量高、芳烃含量高的特点，采用传统的选择性加氢脱硫催化剂难以满足深度脱硫和装置长周期稳定运转的要求，为此中国石油石化院针对富芳烃汽油的特点开发了 PHD-111 加氢脱硫催化剂，在较缓和的操作条件下实现了超深度脱硫的目的，实现了清洁汽油调和组分的生产[34-35]。

一、工艺技术特点

FCC 汽油选择性加氢脱硫工艺在加氢脱硫过程中伴随烯烃饱和反应，导致辛烷值损失。随着脱硫深度加大，需要更高的反应温度脱除较难脱除的硫化物，烯烃饱和程度加剧，汽油辛烷值损失进一步增加。PHAG 富芳烃汽油加氢脱硫技术通过抽提装置将汽油的芳烃和非芳烃组分分离，富芳烃组分硫含量高、烯烃含量低，非芳烃组分硫含量低、烯烃含量高。该技术重点对富芳烃汽油组分进行加氢脱硫，加氢脱硫过程辛烷值损失小，得到高辛烷值的汽油调和组分。PHAG 富芳烃汽油加氢脱硫技术工艺流程如图 2-52 所示。

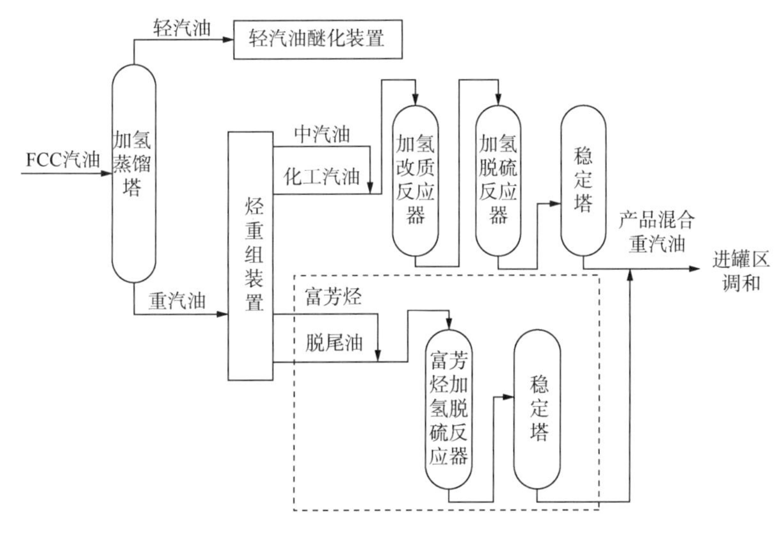

图 2-52　PHAG 富芳烃汽油加氢脱硫技术工艺流程图

全馏分 FCC 汽油首先进催化蒸馏塔进行切割，重汽油进烃重组装置，进行进一步切割分离和抽提。中汽油和抽提出的非芳烃汽油混合至原 60×10^4t/a 汽油加氢装置进行加氢脱硫；富芳烃汽油至新建的 20×10^4t/a 富芳烃加氢装置。加氢脱硫汽油产品、富芳烃汽油加氢产品与 MTBE 产品在汽油产品罐区进行调和。该技术具有原料适应性较强、反应条件缓和、脱硫率高、辛烷值损失小等特点，主要适用于高硫 FCC 汽油深度脱硫、保持辛烷值需求的炼厂。

二、催化剂

1. 催化剂设计理念

富芳烃汽油具有硫含量高、芳烃含量高的特点，中国石油石化院基于活性金属络合浸渍技术，在改性氧化铝载体上实现了 Ni-Mo 金属活性相的高效负载，通过调变活性组分的堆垛结构以改变表面缺陷位，提高活化氢能力进而促进脱硫，同时控制芳烃组分的饱和，开发了 PHD-111 加氢脱硫催化剂，其物化性质见表 2-34[36]。

表 2-34 PHD-111 催化剂的物化性质

项　目	指　　标	项　目	指　　标
外形	ϕ1.4mm×(3~8mm)三叶草形	径向压碎强度，N/cm	≥150
NiO 含量,%	≥3.0	比表面积，m^2/g	≥200
MoO_3含量,%	≥17.0	孔体积，mL/g	≥0.40
堆密度，g/mL	0.7~0.8		

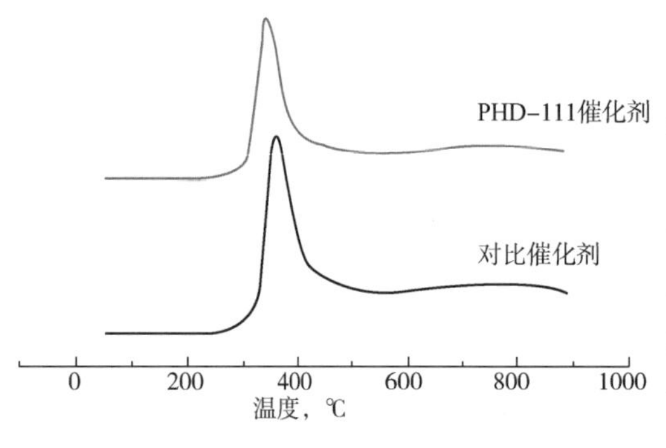

图 2-53　催化剂的 H_2-TPR 分析谱图

2. 催化剂研发

对 PHD-111 催化剂进行 H_2-TPR 分析，结果如图 2-53 所示。PHD-111 催化剂的还原曲线分别在低温区和高温区出现两个还原峰，低温区的还原峰归属于 Mo^{6+}物种，高温区的还原峰归属于 Mo^{4+}物种，尤其在低温区 350℃附近出现的显著的 H_2还原峰归属于钼和镍相互作用物种 Mo-Ni-O 的还原峰[37]，在硫化过程中可以转化为具有合适堆叠层数和长度的 Mo-Ni-S 活性相。PHD-111 催化剂还原峰温度降低，有效提高了催化剂金属的还原程度，削弱了金属组分与载体间的相互作用力[38-39]，有利于更多 Mo-Ni-S 活性相的形成。

以乌鲁木齐石化富芳烃汽油为原料油，对 PHD-111 催化剂的脱硫性能进行评价。乌鲁木齐石化富芳烃汽油原料性质见表 2-35，原料硫含量为 583mg/kg，硫醇硫含量为 12mg/kg，烯烃含量为 11%(体积分数)，芳烃含量为 79%(体积分数)，RON 为 101.7，馏程为 140~173℃。

表 2-35　乌鲁木齐石化富芳烃汽油性质

分析项目		富芳烃汽油性质
密度(20℃)，g/cm^3		0.8460
馏程,℃	初馏点	140
	10%	145
	30%	148
	50%	151
	70%	156
	90%	165
	95%	168
	终馏点	173
族组成,%(体积分数)	烷烃	10
	烯烃	11
	芳烃	79

续表

分析项目	富芳烃汽油性质
硫含量，mg/kg	583
硫醇硫含量，mg/kg	12
RON	101.7

表2-36是富芳烃汽油的硫类型数据分析，可以看出，富芳烃汽油中噻吩硫占93%以上，硫醇、硫醚占6%左右，脱硫难度较大。

表2-36 富芳烃汽油硫类型分析

组分名称	含量，mg/kg	组分名称	含量，mg/kg
2-甲基噻吩	2.6	碳三噻吩	170.8
3-甲基噻吩	5.9	甲基丙基二硫醚	8.4
四氢噻吩	3.8	碳六硫醚	7.3
2-甲基四氢噻吩	23.6	碳六硫醇	15.5
2,4-二甲基噻吩	100.0	碳七硫醇	1.7
2,3-二甲基噻吩	84.9	碳四噻吩	64.3
3,4-二甲基噻吩	53.1	苯并噻吩	12.5
2,4-二甲基四氢噻吩	8.0	甲基苯并噻吩	6.3

催化剂性能评价结果见表2-37，PHD-111催化剂在体积空速为1.5h^{-1}、反应温度为240℃、反应压力为2.0MPa、氢油体积比为300的条件下，原料硫含量从583mg/kg降至4.0mg/kg，脱硫率大于99.0%，烯烃含量(体积分数)从11.0%降至3.4%，原料和产品的芳烃含量基本一致，RON损失0.9，表明对于处理高硫、富芳烃汽油原料，PHD-111催化剂具有优异的加氢脱硫性能。

表2-37 富芳烃汽油加氢前后的油品性质

项 目		原 料	加氢脱硫产品
工艺条件	反应压力，MPa	2	
	反应温度,℃	240	
	氢油体积比	300	
	体积空速，h^{-1}	1.5	
族组成(荧光指示剂吸附法),%(体积分数)	烷烃	10	18.2
	烯烃	11	3.4
	芳烃	79	78.4
密度(20℃)，g/cm^3		0.8460	0.8440
硫含量，mg/kg		583	4
RON		101.7	100.8
ΔRON		—	0.9

3. 工艺条件

在反应压力为2.0MPa、体积空速为1.5h^{-1}、氢油体积比为300的条件下，考察反应温度对产品性质的影响，如图2-54所示。

从图2-54可以看出，当反应温度为240~250℃时，加氢产品的芳烃含量基本一致，说明提高温度对产品芳烃含量影响不明显；随着反应温度的提高，产品总硫和烯烃含量均逐渐下降，尤其总硫含量下降明显，说明提高反应温度有利于加氢脱硫，但升温导致烯烃含量下降增多，因此在满足产品脱硫要求的前提下，应尽量选择较低的反应温度有利于产品辛烷值的保持。

在反应压力为2.0MPa、反应温度为245℃、氢油体积比为300的条件下，考察体积空速对产品性质的影响。图2-55列出了不同体积空速下富芳烃汽油产品的性质。

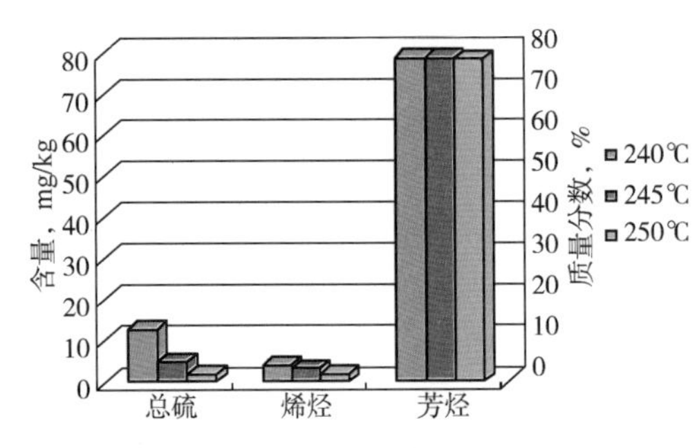

图2-54　反应温度对产品性质的影响

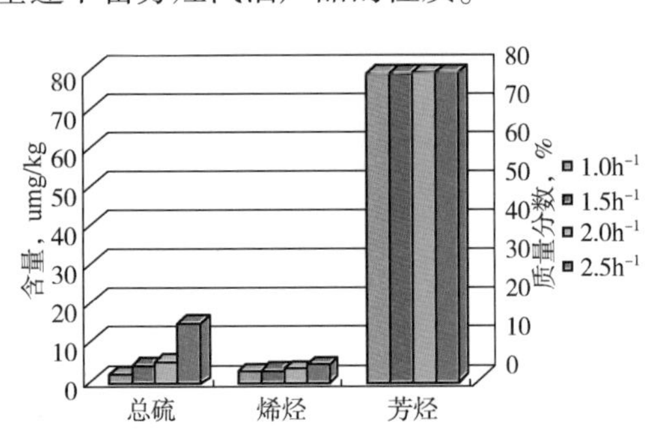

图2-55　体积空速对产品性质的影响

从图2-55可以看出，随着加氢体积空速的逐渐增加，产品总硫、烯烃含量逐渐增大，而芳烃含量基本没变化，体积空速为1.0~2.0h^{-1}时产品性质变化不大，依然能保持较高的脱硫率。体积空速提高意味着装置处理量提高，装置操作弹性大。

三、工业应用

PHAG富芳烃汽油加氢脱硫技术在中国石油乌鲁木齐石化实现工业应用，通过新建20×10^{4}t/a富芳烃加氢装置，采用富芳烃抽提单元和加氢组合工艺技术加工FCC汽油，使用中国石油石化院开发的PHD-111催化剂，生产硫含量满足国Ⅴ标准要求的汽油调和组分。

如图2-56所示，FCC汽油先经过醚化装置的预处理塔切割后得到催化轻、重汽油，轻汽油经硫醇醚化催化蒸馏，除去部分二烯烃、硫醇后硫含量控制在10~15mg/kg，进入轻汽油醚化装置处理，催化重汽油经烃重组装置处理后分成烃重组后中汽油、富烯烃及富芳烃油。中汽油、富烯烃油进入汽油改质装置，进行加氢改质脱硫。富芳烃抽提单元的富芳烃油和部分脱尾油进入深度脱硫反应器，进一步深度加氢脱硫。通过对重汽油进行富芳烃抽提，“组分”重新分配，实现了对富芳烃汽油的深度加氢脱硫，而烯烃不被加氢饱和，即可维持辛烷值，达到汽油加氢脱硫同时减少辛烷值损失的目标。

表2-38和表2-39为富芳烃加氢装置反应器操作条件和典型产品性质，加氢脱硫产品硫含量从206mg/kg降至5mg/kg，烯烃含量(体积分数)从12.8%降至4.3%，RON损失1.1，产品辛烷值损失主要是由烯烃饱和造成的。PHAG富芳烃汽油加氢脱硫技术工业应用为乌鲁木齐石化汽油质量升级走出了一条新的技术路线。

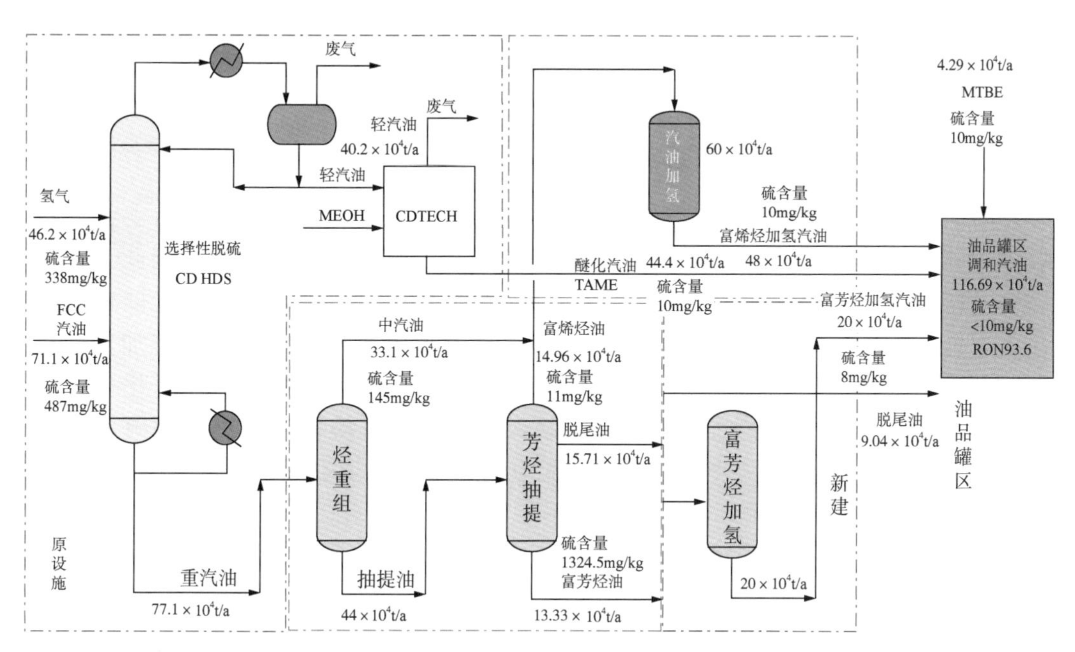

图 2-56　乌鲁木齐石化国Ⅴ清洁汽油生产技术路线

表 2-38　富芳烃加氢反应器操作条件

项　目	工艺条件	
体积空速，h^{-1}	1.0~2.0	
反应器入口压力，MPa	1.7~2.0	
反应器入口氢油体积比	250~300	
反应器入口温度,℃	240(初期)	280(末期)
反应器出口温度,℃	280(初期)	320(末期)

表 2-39　富芳烃加氢反应器产品性质

分析项目		富芳烃汽油原料	加氢脱硫产品
馏程,℃	初馏点	133	62
	10%	149	106
	50%	163	148
	90%	186	183
	终馏点	197	196
FIA 法族组成 %(体积分数)	烷烃	21.4	30.9
	烯烃	12.8	4.3
	芳烃	65.8	64.8
硫含量，mg/kg		206	5
RON		98.1	97
ΔRON		—	1.1

第六节　免活化硫化态加氢催化剂制备技术

清洁油品加氢催化剂的活性组分前体一般以钨和(或)钼的氧化物为主，以钴和(或)镍的氧化物为辅。钴、钼、镍、钨的硫化物具有优异的加氢活性，因此，高性能加氢催化剂使用前均需进行预硫化。根据硫化反应进行的场所不同，加氢催化剂的硫化技术可分为器内硫化技术和器外硫化技术[40]。器内硫化是指先将氧化态加氢催化剂装入加氢反应器内，然后在升温过程中向反应器中通入氢气、硫化油和硫化剂进行硫化。器外硫化技术是指将氧化态催化剂在装入加氢装置反应器之前进行预硫化处理的工艺方法，在英美等西方国家得到广泛工业应用。中国石油石化院 2017 年成功开发免活化硫化态催化剂制备技术，并于 2018 年在呼和浩特石化及庆阳石化 FCC 汽油加氢装置成功实现工业应用，节省开工时间 120h，全程无酸性废水和废气排放，体现了硫化态催化剂制备技术高效、安全、无污染的优势。

一、加氢催化剂的硫化制备技术

1. 加氢催化剂的器内硫化技术

加氢催化剂的器内硫化有气相硫化与液相硫化两种方法。

(1) 气相硫化(干法硫化)：在循环氢气存在下，注入硫化剂进行硫化。

(2) 液相硫化(湿法硫化)：在循环氢气存在下，以低含氮煤油、低烯烃直馏汽油或轻柴油为硫化油，携带硫化剂注入反应系统进行硫化。

一般以氧化铝或无定形硅铝为载体的加氢催化剂多采用液相硫化方法，而对于含沸石的加氢裂化催化剂多采用气相预硫化方法，避免硫化过程硫化油发生裂解反应致使催化剂床层超温，并生成积炭而使催化剂活性下降。随着硫化技术的进步，近年来也可以采用液相硫化方法对含沸石的加氢裂化催化剂进行硫化，缩短开工时间、降低飞温风险[41-43]。

器内硫化在工业上得到广泛应用，但是该方法存在如下缺点：

(1) 开始阶段，硫化氢不能在短时间内穿透整个反应器床层。

(2) 硫化效果会受到硫化剂的分解速率、催化床层中硫化合物浓度以及物流在催化剂的内外扩散速率等因素的影响。

(3) 建设投资较高，环境污染影响较大。

(4) 必须严格控制升温速率。

(5) 开工时间较长，开工操作烦琐，容易产生误操作而影响催化剂的硫化效果。

(6) 催化剂的硫化程度低，降低了催化剂的初活性和使用寿命，加大了装置的能耗。

针对催化剂器内硫化存在的诸多缺点，科研工作者们采取了多种办法加以改善。比如，为了避免催化剂被热氢还原，采用在反应器的中部增加硫化氢侧线来补充反应器底部硫化氢量的办法；还有选用毒性较小的二甲基二硫化物(DMDS)作为硫化剂。上述这些改进方法仍然存在催化剂开工时间长和硫化不充分的缺点，这是器内预硫化方法所固有的缺陷[41-42,44-45]。

2. 加氢催化剂的器外硫化技术

由于器内硫化技术存在诸多缺点，从 20 世纪 80 年代开始，器外硫化技术逐渐兴起。EURECAT 公司的 EasyActive 技术、CRITERION 公司的 actiCAT 技术、TRICAT 公司的 Xpress 技术等均在该技术领域有一定程度的突破，开发的一些器外硫化催化剂在国外一些大型加氢装置上均有所应用。

器外硫化技术根据硫化方式可以分为如下 4 种：

（1）载硫型器外预硫化，即在惰性气氛和低温条件下，采用升华、熔融或浸渍的方法先将硫化剂引入氧化态加氢催化剂的孔道内，然后在惰性气氛下经升温处理使催化剂部分硫化，冷却后将部分硫化的催化剂装入加氢反应器内，在升温、有氢气存在的条件下完成催化剂的完全硫化，该种方式存在活化过程硫化氢大量释放、床层飞温风险等缺点。

（2）通过加入多种络合剂配制活性金属的可溶性硫代酸盐浸渍液，并负载到加氢催化剂载体空隙中，干燥、焙烧得到硫化态催化剂，开工直接进原料升温即可，开工时间缩短至 20h 以内，体现较好的便捷性和实效性，但受限于以活性金属硫代酸盐进行硫化的方法，存在再生后的催化剂无法同种模式二次硫化的缺点。

（3）在硫化装置上采用硫化氢或易分解的有机硫化物，在一定温度、压力、空速范围内完成催化剂的充分硫化，活性金属以硫化物形式存在，已经具备加氢活性，装填到加氢反应器后，无须使用硫化剂或氢气再对硫化态催化剂进行补充硫化或活化，可以直接加工原料油，唯一的不便是催化剂需要隔绝氧气密封保存和无氧装填。

（4）在硫化装置上采用易分解的无机硫化物在一定温度下完成催化剂的硫化，活性金属以硫化物形式存在，但不具备加氢活性，无须钝化、无氧保存和无氧装填，装填到加氢反应器后，只需进原料油和氢气，升温活化，可以直接加工原料油。

器外预硫化技术具有如下优势：

（1）不使用有毒有害的硫化物，有利于人身和环保安全，保证了炼油装置开工过程的生产安全。

（2）催化剂活性金属已预硫化形成过渡态金属氧硫化物，开工过程中活性金属不会被高温氢气还原。

（3）器外预硫化过程属于原位反应，消除了催化剂扩散阻力的影响，催化剂硫化更加充分，提高了催化剂活性金属的利用率。

（4）不需要设置开工专用的泵、罐、管线等硫化设施，减少了污染点，节省了设备投资。

（5）直接快速升温，可显著提高工业装置的有效生产运行时间，提高企业的经济效益。

（6）装置开工操作简便，即使在操作压力偏低、器内物流分布不均等不利情况下，仍能达到较好的硫化效果。

（7）快速升温活化，对设备的损害较小。

（8）用于装置催化剂“撇头”和部分换剂时，更能体现其开工过程简便快捷的特点[46-47]。

3 种硫化方式开工过程的各自耗时流程见表 2-40。从表 2-40 可以看出，采用器内硫化方式，汽油加氢装置需要进行催化剂干燥、注硫化剂、升温硫化等系列操作，耗时约需要 160h；载硫型器外预硫化催化剂开工过程需要通入氢气和硫化油，对催化剂二次活化的过程耗时约 96h；免活化硫化态催化剂无须干燥和活化，开工时间仅 36h 即可产出合格产品，在缩短开工时间上具有明显的优势。从安全环保上来看，器内硫化过程需要在现场注入硫化剂，产生硫化氢和酸性污水，少量泄漏就会对安全环保产生较大影响。载硫型器外预硫化催化剂在器内开工过程中虽然无须再注入硫化剂，但在器内活化过程中，负载在催化剂孔道中的硫化剂仍然会分解产生硫化氢，活化过程产生大量的酸性污水。而免活化硫化态催化剂在开工过程中不产生任何污染物和毒物，具有安全环保的特点。

表 2-40　器内硫化、载硫型器外预硫化剂和免活化硫化态催化剂开工耗时流程 单位：d

项　目	器内硫化	载硫型器外预硫化	免活化硫化态
干燥时间	2~3	—	0
硫化(活化)时间	3~4	2~3	0
初活性稳定期	3	3	2
开工总耗时	7~10	5~6	1.5~2
节省时间	—	2~4	5~8

为了缓解城市型炼厂当前所面临的日益严峻的安全环保压力，同时为解决加氢催化剂器内硫化存在的开工时间长、硫化效果不稳定、污染物排放多的缺点，中国石油石化院 2017 年 5 月成功开发免活化硫化态催化剂制备技术，将催化剂硫化过程与钝化工艺有机耦合，覆盖加氢活性超高的配位不饱和硫原子及催化剂上的强酸性活性位，既保证了催化剂加氢活性不损失，又大幅节省了开工时间，开工过程无酸性废水、废气排放，凸显出较器内硫化更加显著的优势。

二、加氢催化剂硫化的化学反应过程

以 Co、Mo、Ni、W 为活性组元的加氢催化剂，活性金属以相应金属氧化物形式负载在催化剂上，经过硫化处理后转变为相应的金属硫化物，相应的化学反应方程式为：

$$3NiO+2H_2S+H_2 \longrightarrow Ni_3S_2+3H_2O$$

$$9CoO+8H_2S+H_2 \longrightarrow Co_9S_8+9H_2O$$

$$MoO_3+2H_2S+H_2 \longrightarrow MoS_2+3H_2O$$

$$WO_3+2H_2S+H_2 \longrightarrow WS_2+3H_2O$$

加氢催化剂硫化的化学反应主要发生金属氧化物与硫化氢和氢气的氧硫交换及还原反应，以三氧化钼(MoO_3)硫化为二硫化钼(MoS_2)的硫化过程为例，三氧化钼首先与硫化氢发生氧硫交换生成三硫化钼和水，再发生还原反应生成二硫化钼。该过程为强放热过程，特别是氧硫交换过程，热效应较大，生成大量的反应热，同时产生酸性水。在加氢反应过程中，金属硫化物是加氢反应的活性中心，硫化过程的好坏直接决定免活化硫化态催化剂的活性。

三、免活化硫化态加氢催化剂的生产及钝化

硫化态催化剂是高比表面积的多孔材料，硫化产生的配位不饱和硫原子易与氧气发生

剧烈的放热反应，产生二氧化硫甚至自燃，导致催化剂的储存、运输及装填面临安全风险。同时，未钝化的硫化态催化剂反应初期活性较高，释放出大量热，使开工初期加氢过程难以控制[48]。因此，需要对硫化后催化剂进行钝化处理。

如图 2-57 所示，硫化反应过程中，在硫化态催化剂表面进行原位适度可控积炭，选择性地将反应活性最强的、开工过程易剧烈反应导致飞温的活性点覆盖，保证硫化态催化剂的运输、装填及开工安全。同时，开工过程随着温度升高，表面钝化镀膜炭与氢气发生逐步消炭反应，将加氢活性位释放出来，最终达成使用安全、不损失活性的目的。

相同工艺条件下，评价器内硫化与免活化硫化态催化剂，结果如图 2-58 所示，钝化后的免活化硫化态催化剂活性未损失，仍显现出较器内硫化催化剂略高的加氢脱硫活性。

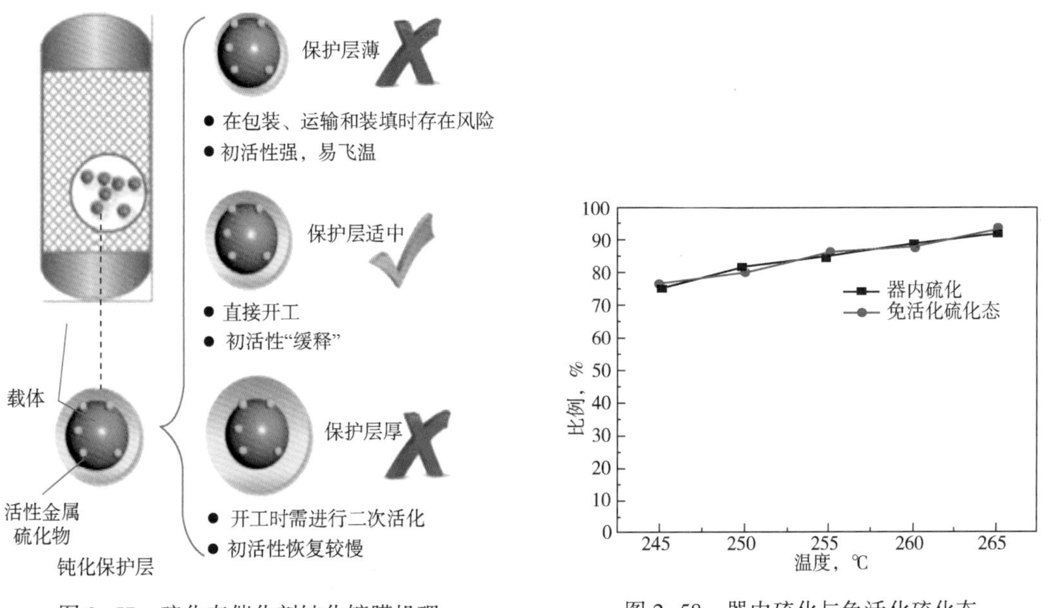

图 2-57　硫化态催化剂钝化镀膜机理

图 2-58　器内硫化与免活化硫化态催化剂加氢脱硫性能对比

四、工业应用

免活化硫化态加氢催化剂在出厂前已经过干燥和密封包装，在器内开工过程中无须再次干燥，密封反应器后先使用氮气气密，再进行氢气气密，然后通入性能较为稳定的溶剂来冲洗反应器内部及催化剂表面的机械杂质，以及催化剂装填过程中引入的粉尘，最后引原料油开工。开工过程无硫化氢释放，无臭味，不放热，无酸性水排放，升温过程无氢气消耗，不产生废气。

免活化硫化态加氢催化剂在炼厂的开工使用流程如图 2-59 所示。

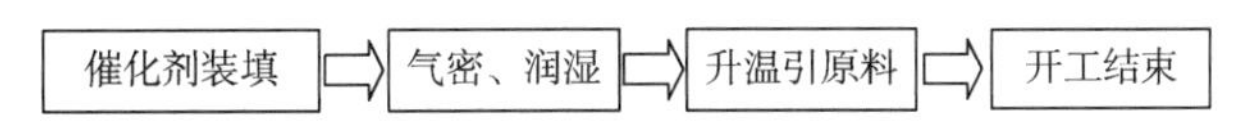

图 2-59　免活化硫化态加氢催化剂在炼厂的开工流程

中国石油自主研发的免活化硫化态 GARDES-Ⅱ及 M-PHG 催化剂制备技术，在呼和浩特石化 120×10^4t/a 及庆阳石化 100×10^4t/a FCC 汽油加氢装置成功应用，混合汽油产品硫含量小于 10mg/kg，烯烃含量降低 10%(体积分数)，辛烷值损失小于 1.5，同步实现深度脱硫、大幅降低烯烃含量和保持辛烷值三大目标，圆满完成国Ⅵ汽油质量升级，缩短开工时间 120h 以上，节约开工费用 500 多万元，无酸性废水、废气的排放。该技术创造性地将催化剂硫化过程与钝化工艺有机耦合，利用硫化反应产物的副反应，在催化剂表面适度积炭，选择性覆盖加氢活性超高的配位不饱和硫原子及强酸性活性位，取得催化剂加氢活性不降低、大幅缩短开工和钝化时间、催化剂运输装填无安全风险的“三元一体”成果。

免活化硫化态加氢催化剂制备技术是一项使催化剂具备高加氢活性、无须活化，切实解决了开工过程污染大、安全风险高、耗时长等困扰的新颖高效环保技术。该技术可应用至加氢裂化、加氢精制、渣油加氢等全系列加氢催化剂硫化生产领域，尤其适用于催化剂“撇头”等快速换剂场合，具有广阔的应用前景与市场潜力，将助力中国石油高质量完成油品质量升级任务，更可为各炼厂提质增效、保安全、促发展做出贡献。

第七节　技术发展趋势

随着燃油标准升级节奏的不断加快以及“减油增化”的现实需要，提升环保性、经济性、低碳性已成为清洁燃料生产技术进步的最大推力，清洁汽油的发展趋势是低硫、低苯、低芳烃、低烯烃及馏程更轻。汽油清洁化由单一的 FCC 汽油脱硫逐渐过渡到汽油池调和组分优化，实现途径为 FCC 汽油脱硫、降低烯烃含量以及削减 FCC 汽油比例，增加高辛烷值汽油调和组分(烷基化、异构化油)。中国石油采用 PHG/M-PHG/GARDES 技术能够满足国Ⅵ A 汽油生产需要(硫含量不大于 10mg/kg)，但对于未来更高标准的多指标要求，需进一步提高技术整体性能，增加烯烃含量降幅，提高烯烃择向转化选择性，减少稠环芳烃和裂解生成低碳烃等副反应发生。简便、无污染、高活性、廉价的硫化型加氢催化剂制备技术以及开工应用技术应是研发趋势。

(1) 持续进行高性能 FCC 汽油加氢脱硫技术升级，满足未来环保性、经济性清洁汽油生产需要。

进一步探索加氢活性物种的化学本质和结构，明确加氢脱硫作用机理和催化剂关键制备因素，开发具有更高脱硫活性和选择性的加氢脱硫催化剂；创新催化剂制备方法，实现低成本、环保型 FCC 汽油加氢脱硫催化剂的生产，满足激烈的市场竞争需要；深入研究影响 FCC 汽油加氢装置长周期稳定运行因素，优化工艺流程和催化剂性能；随着渣油加氢技术、多产异构烷烃的 FCC 工艺技术(MIP)及催化裂解技术的推广应用，未来 FCC 汽油原料硫含量、烯烃含量呈下降趋势，降低装置能耗、减少碳排放的全馏分汽油选择性加氢脱硫技术，有望在“碳达峰、碳中和”背景下有较大市场空间。

(2) 持续进行高性能 FCC 汽油选择性加氢脱硫—改质技术升级，满足更高标准清洁汽油生产需要。

进行分子筛催化新材料的创新，进一步增加催化剂降烯烃活性，满足汽油标准大幅度降低烯烃含量的需要；开发高性能 FCC 汽油烯烃多支链异构化/适度芳构化催化剂技术，控制烯烃转化途径，进一步满足适当降低芳烃含量及控制馏程的需求；轻汽油催化裂解及中汽油作重整料等与加氢脱硫技术组合也可能成为未来大幅降低烯烃含量的可选技术；同时，升级加氢催化剂预硫化及钝化技术，有望进一步满足企业对各种加氢催化剂硫化技术的需求。

(3) 汽油高值化利用生产化工原料及产品技术，满足未来市场"减油增化"及减碳的双重需要。

从分子层次研究汽油组分分布规律，研究芳烃定向膜分离技术、正异构烷烃分离技术，实现汽油分子组分的合理利用；重汽油适度裂解多产乙烯及丙烯等技术，将汽油组分转化为化工原料及产品，实现多产乙烯裂解原料及化工品、减产汽油的目的，解决未来汽油消费量减少带来的汽油过剩问题，同时满足未来碳达峰、碳中和发展需要。

综上所述，汽油质量升级是优化汽油池的系统工程，需统筹全局规划，依靠某个技术、某套装置已难以完成任务，尤其是在"减油增化"背景下，支撑企业成功完成更高标准汽油质量升级的前提下，积极拓展汽油组分高效转化利用技术，助力企业高质量转型发展。

参考文献

[1] 董海明，曲云，孙丽琳．Prime-G$^+$技术在催化裂化汽油加氢脱硫装置上的应用[J]．石油炼制与化工，2012，43(11)：27-30.

[2] 侯永兴，赵有兴．Prime-G$^+$ FCC 汽油加氢脱硫技术的应用[J]．炼油技术与工程，2009，39(7)：13-15.

[3] 刘成军，赵龙，邓建勇，等．75kt/a FCC 汽油加氢脱硫装置的改造与运行[J]．炼油技术与工程，2016，46(1)：1-6.

[4] 吴章柱，于兆臣，胡林，等．汽油加氢脱硫催化剂硫化工艺探讨[J]．炼油与化工，2015，26(5)：29-31.

[5] 孙守华，孟祥东，宋寿康，等．催化蒸馏技术在催化裂化重汽油加氢脱硫装置中的应用[J]．石油炼制与化工，2015，46(5)：48-52.

[6] 陈勇，习远兵，周立新，等．第二代催化裂化汽油选择性加氢脱硫(RSDS-Ⅱ)技术的中试研究及工业应用[J]．石油炼制与化工，2015，42(10)：5-8.

[7] 高晓冬，张登前，李明丰，等．满足国Ⅴ汽油标准的 RSDS-Ⅲ技术的开发及应用[J]．石油学报(石油加工)，2015，31(2)：39-41.

[8] 兰玲，鞠雅娜．催化裂化汽油加氢脱硫(DSO)技术开发及工业试验[J]．石油炼制与化工，2010，41(11)：53-55.

[9] 刘晓步，夏少青，刘瑞萍，等．采用 PHG 技术 FCC 汽油加氢装置的首次工业应用[J]．炼油技术与工程，2014，44(7)：28-31.

[10] Chitnis G K，Richter J S，Hilbert T L，et al. Commercial octgain unit provides "Zero" sulfur gasoline with higher octane from a heavy cracked naphtha feed[C]. San Antonio：NPRA Annual Meeting，2003.

[11] Martinez N P，Salazar J A，Tejada，et al. Meet gasoline pool sulfur and octane targets with the ISAL process [C]. Texas：NPRA Annual Meeting，2000.

[12] 习远兵，胡云剑，李明丰，等．满足欧Ⅲ排放标准的汽油生产技术 RIDOS 的开发和工业应用[C]//中国石油学会第五届石油炼制学术年会论文集．北京：中国石化出版社，2005.

[13] 张宏力，杨雪婷．全馏分催化汽油加氢改质工艺的标定[J]．价值工程，2016，35(24)：180-181.

[14] 王永前．FCC汽油加氢改质工艺(M-PHG)集总动力学模型的研究[D]．上海：华东理工大学，2016.
[15] 石冈，范煜，鲍晓军，等．催化裂化汽油加氢改质GARDES技术的开发及工业试验[J]．石油炼制与化工，2013，44(9)：66-71.
[16] 徐仁飞．GARDES工艺技术在生产满足国Ⅴ排放标准汽油组分中的应用[J]．石油炼制与化工，2016，47(7)：9-13.
[17] 李鹏，田健辉．汽油吸附脱硫S-Zorb技术进展综述[J]．炼油技术与工程，2014，44(1)：1-6.
[18] 王军峰，陈兵，罗万明，等．YD-CADS汽油超深度催化吸附脱硫技术中试研究[J]．工业催化，2014，22(10)：801-803.
[19] 兰玲，钟海军，鞠雅娜，等．催化裂化汽油选择性加氢脱硫催化剂及工艺技术开发[J]．石油科技论坛，2013(1)：53-56.
[20] 兰玲，钟海军，鞠雅娜，等．FCC汽油选择性加氢脱硫(DSO)系列催化剂[J]．石油科技论坛，2015(增刊)：206-208.
[21] 兰玲，鞠雅娜，钟海军，等．满足国Ⅳ标准的中国石油清洁汽油生产技术[J]．哈尔滨理工大学学报，2010，15(6)：102-106.
[22] 鞠雅娜，兰玲，刘坤红，等．催化裂化汽油深度加氢脱硫催化剂的研制及性能评价[J]．化工进展，2017，36(7)：2511-2515.
[23] 高晓庆，王永钊，李海涛，等．Mn助剂对Ni/γ-Al_2O_3催化剂CO_2甲烷化性能的影响[J]．分子催化，2011，25(1)：49-54.
[24] 柯明，王雪颖，张振全，等. FCC汽油选择加氢脱硫催化剂的研制及其性能评价[J]．石油化工，2011，40(2)：133-139.
[25] 王付玉，李航，卞瑞庆，等．FCC汽油含H_2S对DSO汽油加氢工艺的影响分析[J]．化学工程师，2017(12)：65-67.
[26] 王丽朋，任凯，何志英，等．催化裂化汽油选择性加氢脱硫技术在庆阳石化公司的应用[J]．陇东学院学报，2016，27(5)：95-98.
[27] 刘晓步，夏少青，刘瑞萍，等．采用DSO技术FCC汽油加氢装置的首次工业应用[J]．炼油技术与工程，2014，44(7)：28-31.
[28] 王晓，霍东亮，冯振学，等．FCC汽油加氢改质TMD技术工业应用试验[J]．当代化工，2008，37(5)：490-493.
[29] Isaguliantsa G V, Gitis K M, Kondratjev K M, et al. On the formation of hydrocarbon chains in the aromatization of aliphatic olefins and dienes over high-silica zeolites[J]. Studies in Surface Science and Catalysis, 1984, 18: 225-232.
[30] Daage M, Chianelli R R. Structure-function relations in molybdenum sulfide catalysts: the "Rim-Edge" model[J]. Journal of Catalysis, 1994, 149(2): 414-427.
[31] Kaufmann T G, Kaldor A, Stuntz G F, et al. Catalysis science and technology for cleaner transportation fuels[J]. Catalysis Today, 2000, 62(1): 77-90.
[32] 朱渝，王一冠，陈巨星，等．FCC汽油选择性加氢脱硫技术(RSDS)工业应用试验[J]．石油炼制与化工，2005，36(12)：6-10.
[33] 段为宇，庞宏，赵乐平，等. OCT-M催化裂化汽油选择性加氢脱硫技术的工业应用[J]．炼油技术与工程，2006，36(5)：9-10.
[34] 王军峰，陈兵，罗万明，等. YD-CADS汽油超深度催化吸附脱硫技术中试研究[J]．工业催化，2014，22(10)：801-803.
[35] 张清珍，代成娜，韩敬莉，等. 萃取蒸馏脱除油品中硫的过程模拟与优化[J]．化工进展，2016，35

(8)：2553-2560.

[36] 侯远东，赵秦峰，葛少辉，等．富芳烃汽油深度加氢脱硫催化剂的开发与应用研究[J]．石油炼制与化工，2017，48(9)：14-19.

[37] Qu L L，Zhang W P，J Kooyman P，et al. MASNMR，TPR and TEM studies of the interaction of NiMo with alumina and silica-alumina supports[J]．Journal of Catalysis，2003，215：7-13.

[38] 聂红，李会峰，龙湘云，等．络合制备技术在加氢催化剂中的应用[J]．石油学报(石油加工)，2015，31(2)：250-258.

[39] Liu H，Yin C L，Li X H，et al. Effect of NiMo phases on the hydrodesulfurization activities of dibenzothiophene[J]．Catalysis Today，2017，282：222-229.

[40] 胡永康. 加氢技术[M]. 北京：中国石化出版社，2000.

[41] 赵建宏，宋成盈，王留成. 催化剂的结构与分子设计[M]. 北京：中国工人出版社，1998.

[42] Topsøe H. The role of Co-Mo-S type structures in hydrotreating catalysts[J]．Applied Catalysis A：General，2007，322：3-8.

[43] 王仲义，曹正凯，范思强，等．分子筛型加氢裂化催化剂湿法硫化技术的开发及应用[J]．炼油技术与工程，2019，49(8)：57-60.

[44] 陈尊仲．加氢裂化催化剂湿法硫化的工业应用[J]．炼油技术与工程，2012，42(1)：52-55.

[45] 李涛，王天生，苏保权，等．KF848 和 FC-14 在高压加氢裂化装置的湿法硫化过程[J]．当代化工，2011，40(10)：1039-1041.

[46] Harman H. Experience reveals best presulfiding techniques for HDS and HDN catalysts[J]．Oil and Gas Journal，1982，80(51)：69-74.

[47] 高晓冬，石玉林，孙明永，等．加氢精制催化剂预硫化工艺的研究[J]．石油炼制与化工，1995，26(2)：40-45.

[48] 马成功，董晓猛．器外真硫化态加氢催化剂在柴油液相加氢装置上的首次工业应用[J]．石油炼制与化工，2019，50(6)：46-50.

第三章　高辛烷值清洁汽油调和组分技术

汽油机的热功效率和压缩比有直接关系，压缩比越大，发动机热功效率越高。高压缩比的发动机需要使用高标号的汽油。欧洲和北美各国都颁布了降低碳排放、提高燃油经济性的法规。降低碳排放、提高燃油经济性通常有3种方法：一是通过发动机的改进提高能量转化效率；二是通过车辆轻量化减少行驶过程中的能量消耗；三是提高车用汽油辛烷值，以满足高压缩比发动机运转的要求。

为提高车用汽油的辛烷值，中国石油组织技术人员开展了轻汽油醚化、碳四烷基化、碳四芳构化、混合碳四烯烃叠合以及轻质烯烃骨架异构化等技术的研发工作。中国石油开发的催化轻汽油醚化(LNE)技术有LNE-1、LNE-2和LNE-3三种工艺流程，可满足非乙醇汽油封闭区与乙醇汽油封闭区炼厂生产汽油调和组分的要求。采用该系列技术共建成13套催化轻汽油醚化装置，总规模达到460×10^4t/a。中国石油开发的LZHQC-ALKY碳四烷基化技术已建成工业化装置28套，工业应用实践表明LZHQC-ALKY硫酸法碳四烷基化技术成熟可靠。中国石油开发的碳四芳构化技术、戊烯异构化技术分别在河南濮阳恒润石化公司、乌鲁木齐石化公司实现了工业应用。上述高辛烷值清洁汽油调和组分生产技术的开发与应用有力支撑了中国石油炼化企业国Ⅳ、国Ⅴ、国Ⅵ清洁汽油产品质量升级，为降低汽车污染物排放、保护环境做出了贡献。

本章将重点从高辛烷值清洁汽油调和组分生产技术国内外发展现状，以及中国石油轻汽油醚化、碳四烷基化、碳四芳构化、碳四烯烃叠合、戊烯异构化等技术的工艺特点、催化剂及工业应用等方面进行介绍。

第一节　国内外技术发展现状

提高汽油辛烷值是提高燃油经济性的重要手段之一，从清洁汽油标准来看，对汽油辛烷值的要求也有逐年提高的趋势。此外，加氢脱硫是现阶段汽油清洁化的主要技术措施，在加氢过程中不可避免地会带来汽油辛烷值的损失。因此，开发高辛烷值清洁汽油调和组分技术受到了业内广泛关注，得到了迅猛发展。

一、轻汽油醚化技术

催化轻汽油醚化技术是一项有效解决汽油降低烯烃含量并兼顾辛烷值保持的改质技术，已在世界各地炼厂普遍应用[1]。国外CDTECH、UOP、Axens、Neste、BP等公司均开发出催化轻汽油醚化技术，其中CDTECH、UOP、Axens等公司是国际上催化轻汽油醚化技术的主要供应商[2-3]。20世纪90年代后期，中国石化齐鲁石化、中国石油抚顺石化、中国石油石化院等相继开发出轻汽油醚化技术[4]。

1. CDTECH 公司 CDEthers 工艺

采用含镍和钯选择性加氢催化剂脱除二烯烃，采用阳离子交换树脂为醚化催化剂。先将 FCC 汽油进行选择性加氢脱除二烯烃，同时将 FCC 汽油分馏成轻汽油和重汽油，即二烯烃选择性加氢与蒸馏分离轻汽油在同一设备中进行，从催化蒸馏塔顶采出轻汽油。轻汽油经固定床进行醚化后，再经催化反应蒸馏塔进行深度醚化，把反应和精馏两个单元操作合并在一个塔器内进行，利用反应放热直接作为醚化物分馏塔的热源，以降低醚化物分馏能耗。同时为了增加碳五活性烯烃的含量，将催化精馏塔顶馏出的碳五组分进入骨架异构化反应器中，使非活性戊烯异构为活性戊烯，增加了可醚化叔碳烯烃总量。

2. UOP 公司的 Ethermax 工艺

以催化轻汽油的碳五至碳七馏分为原料，采用非贵金属选择性加氢催化剂，醚化催化剂采用强酸性阳离子交换树脂。该工艺的关键技术是采用一种名为 Katamax 的含催化剂的塔式结构型规整填料，该填料在两层波纹网板之间夹一层树脂催化剂，既可传质又可作为催化反应段，这种双功能的传质催化反应体系，通过气体、液体及催化剂固体之间的高效传质传热，可使气、液相物料有规则的流动，强化了混合和上升气体与下降液体间的分配，克服了固定床反应器的化学反应平衡限制，提高了叔碳烯烃的转化率。

3. Axens 公司开发的 TAME 生产工艺

采用强酸性阳离子交换树脂，主要以催化轻汽油中的碳五为原料，包括碳五馏分原料净化、醚化反应和甲醇回收三部分。原料经过水洗、选择性加氢后和甲醇混合直接进入膨胀床反应器进行反应，反应混合物再进入催化精馏塔，使未反应的叔戊烯和甲醇继续进行反应。剩余碳五和甲醇从塔顶流出进入甲醇回收系统，分离后的甲醇再循环使用。

4. 中国石化齐鲁石化研究院开发的催化轻汽油醚化技术

以催化轻汽油中沸点低于 75℃ 的馏分为原料，采用 Pd/Al_2O_3 加氢催化剂脱除轻汽油中的二烯烃，醚化催化剂采用 QRE202 大孔阳离子交换树脂催化剂。将轻汽油中的叔碳烯烃与甲醇进行醚化反应生成相应的醚化物。醚化反应由固定床预醚化和催化蒸馏深度醚化两部分组成，催化轻汽油与甲醇先进入预醚化反应器进行反应生成相应的醚化物，将已接近化学平衡的预醚化产物再送入催化蒸馏塔中进行深度醚化和分离，并将所生成的醚类化合物不断从反应系统中分离出来，克服化学反应平衡，使醚化反应持续进行。

5. 中国石油石化院开发的轻汽油两速化(LNE)系列工艺

以终馏点不大于 70℃ 的催化轻汽油为原料，采用强酸性阳离子交换树脂催化剂。催化轻汽油、甲醇经净化后混合进入膨胀床反应器进行预醚化，然后再进入醚化产物分离塔分离醚化产物(LNE-2 工艺)，未反应的叔戊烯和甲醇从塔顶采出后进入第三醚化反应器进行深度醚化，或进入催化蒸馏塔进行醚化产物分离，同时进行深度醚化(LNE-3 工艺)。工艺流程中两个预醚化反应器可切换顺序操作和不停车更换催化剂，实现装置长周期稳定运行，同时可根据炼厂生产乙醇汽油调和组分和非乙醇汽油调和组分的要求，灵活配置工艺。在甲醇回收部分设有萃取水净化器，以降低物料中酸性物质对管线与设备的腐蚀。

二、碳四烷基化技术

碳四烷基化是异丁烷和正丁烯反应生成带支链的长链烷烃的工艺过程。根据异丁烷丁烯烷基化反应催化剂的不同，烷基化工艺技术主要有氢氟酸烷基化、硫酸烷基化、离子液体烷基化、固体酸烷基化等。目前，在全球烷基化技术市场中占据主导地位的是氢氟酸烷基化技术和硫酸烷基化技术。一些新型烷基化技术也取得了突破性进展。山东德阳化工有限公司采用中国石油大学(北京)开发的 CILA 技术建设了 10×10^4t/a 离子液体烷基化装置，山东汇丰石化集团采用 CBI 公司的 AlkyClean 技术建设了 20×10^4t/a 固体酸烷基化装置。相关工艺装置的建设与运行引起了业界的广泛关注。

1. UOP 公司的 AlkyPlus 技术

AlkyPlus 技术将醚后碳四组分与氢氟酸混合进行烷基化反应，反应产物进入酸沉降器进行分离，沉降器底部的酸循环使用，沉降器顶部的烃组分进入分馏塔分离出丙烷、正丁烷等气体，塔底的产品精制后得到高辛烷值的烷基化油。AlkyPlus 技术具有常温下反应、装置内酸再生、无须制冷系统、投资少、能耗低等优点，但是催化剂氢氟酸具有强挥发性、强腐蚀性及毒性，对安全操作的要求较高[5-6]。

2. DuPont 公司的 Stratco 技术

Stratco 技术采用多台反应器，其目的是依照烷基化反应的机理，分级利用不同浓度的酸，在相同进料的条件下得到辛烷值最高的烷基化油；反应器在实现酸、烃内部循环的同时使其充分混合接触，反应器全液相操作且温度均匀，为烷基化操作提供最优化条件。Stratco 技术具有很强的原料适应性，可广泛适用于碳三至碳五烯烃在各种比例下的进料。同一套装置当原料发生变化时，仅需适当调整操作条件即可[7-9]。

3. CBI 公司的 CDAlky 技术

CDAlky 技术采用单台大反应器设计，酸、烃分别使用泵进行外部循环。反应器中装有专用填料，酸及烃类化合物在填料上充分接触，改善了反应物料的传质效果，提高了反应产品的转化率。CDAlky 技术的另一个特点是酸烃分离效率高，产品不需要进行任何的后处理[10-13]。

4. UOP 公司的 ISOALKY 技术

ISOALKY 技术采用雪佛龙公司专利离子液催化剂，利用离子液的强酸功能进行烷基化反应，工艺设计类似于现有的烷基化技术——低催化剂存量和低催化剂消耗。与此同时，ISOALKY 技术具备烯烃进料的灵活性，可加工碳三至碳五不同组成的烯烃组分。ISOALKY 技术无重组分副产物，具有等效或更好的烷基化产率和辛烷值，与其他烷基化技术相比，公用工程效用消耗等效或更低，占地面积更少[14]。

5. CBI 公司的 AlkyClean 技术

AlkyClean 技术采用固定床反应器，负载贵金属的沸石催化剂(AlkyStar)。在缓和的条件下再生以部分恢复催化剂的活性，定期在高温(250℃)且在氢气环境下对催化剂进行再生，目的是完全恢复催化剂的活性。装置由于采用了非腐蚀性催化剂系统，因此不需要特别设置卤族元素或酸处理设施，无须对反应物进行碱洗和水洗。AlkyClean 技术不产生任何对环境有危害的废物，避免了液体酸烷基化工艺的腐蚀问题，装置也无须使用昂贵的合金材质[15]。

6. 中国石油大学(北京)的 CILA 技术

中国石油大学(北京)采用复合离子液体催化剂、新型的静态混合反应器和旋液分离器，建成了包括原料处理、烷基化反应、离子液体再生、产品精制等系统的工业装置。2013 年，山东德阳化工有限公司采用 CILA 技术的第一套离子液体烷基化工业试验装置一次开车成功，生产出性质优良的烷基化油产品[16]。在第一代离子液体烷基化技术开发成功后，中国石油大学(北京)又开发了第二代离子液体烷基化技术，新技术已在九江石化、哈尔滨石化等多家炼厂工业应用。

7. 中国石化的 SINOALKY 技术

SINOALKY 技术采用多组特殊结构的静态混合器与自汽化分离器集成，使酸烃相混合充分，反应温度易于控制。采用多点进料降低了反应器内烯烃浓度，提高了内部烷烯比，抑制副反应发生。烷基化反应器没有动密封，放大比较容易，单台规模可达 35×10^4 t/a。2018 年 6 月，第一套采用 SINOALKY 技术的石家庄炼化 20×10^4 t/a 硫酸烷基化装置投料试车成功，并生产出合格产品[17]。

8. 中国石油的 LZHQC-ALKY 技术

LZHQC-ALKY 技术采用卧式烷基化反应器、反应流出物制冷工艺。利用反应流出物中的液相丙烷和丁烷在反应器管束中减压闪蒸，吸收烷基化反应放出的热量。气相重新经压缩机压缩、冷凝，再循环回反应器。流出物制冷工艺可使得反应器内保持高的异丁烷浓度。循环异丁烷与烯烃混合进入反应器，酸烃经叶轮机械搅拌形成乳化液，烃在酸中分布均匀，减小了温度梯度，抑制副反应发生。LZHQC-ALKY 技术已授权使用或技术转让 28 套装置。

尽管硫酸烷基化工艺存在废酸处理、设备腐蚀等问题，但新型异丁烷与丁烯烷基化工艺(如固体酸烷基化工艺)仍处于工业示范阶段，现阶段新建的碳四烷基化装置还是以硫酸烷基化工艺为主。DuPont 公司拥有硫酸烷基化和废酸再生成套技术，并且在持续改进中，各项技术指标有了很大程度的提高。CBI 公司开发的低温硫酸烷基化工艺在产品质量、酸耗等方面显示出一定的技术优势。中国石油、中国石化都推出了具有自主知识产权的硫酸烷基化技术并已工业应用，这使得炼油商在建设碳四烷基化装置时有了更多的技术选择。

三、碳四芳构化技术

芳构化是指烯烃在酸性中心的作用下经过裂解、聚合、环化等生成芳烃的工艺过程。碳四烯烃通过芳构化反应，一方面可以生产芳烃，如苯、甲苯和二甲苯(BTX)，公司另一方面也可制得高辛烷值汽油组分。国外的碳四芳构化技术主要有 BP 公司与 UOP 公司联合开发的 Cyclar 工艺、Mobil 公司开发的 M2-forming 工艺、日本三菱石油和千代田公司开发的 Z-Forming™工艺、IFP 公司和 Salutec 公司共同开发的 Aroforming 工艺等。国内对于低碳烃芳构化工艺的研究开发始于 20 世纪 80 年代初。华东理工大学吴指南等人进行了金属改性的 ZSM-5 沸石用于轻烃芳构化的研究[18]。大连理工大学利用自主开发的工业化纳米 ZSM-5 沸石分子筛催化新材料，研制出具有超强抗积炭失活能力的低碳烃芳构化制 BTX 的催化剂 DLP-1 及 Nano-forming 工艺[19-20]。国内工业上应用的主流技术有中国石化洛阳工程公司的芳构化技术、中国石化石科院的芳构化技术、大连理工大学齐旺达化工科技有限公司的芳构化技术等。

1. BP 公司与 UOP 公司联合开发的 Cyclar 工艺

Cyclar 工艺是采用一步法将 LPG 选择性转化为高附加值芳烃(BTX)并联产大量氢气的

技术[21-23]。Cyclar 工艺以碳三至碳四烃或 LPG 为原料，采用镓(Ga)改性 ZSM-5 催化剂和移动床连续反应再生工艺技术。Cyclar 工艺装置主要由 4 台垂直叠置排列的径向反应器、催化剂再生(CCR)单元和产物分离装置三大系统组成，Cyclar 工艺的反应温度为 482~537℃。

2. Mobil 公司开发的 M2-forming 工艺[24]

该工艺采用 HZSM-5 沸石分子筛催化剂，原料范围较宽，可以是裂解汽油、催化裂化装置的不饱和气体、FCC 汽油、烷烃类石脑油或 LPG 等，产物为芳香族化合物。该工艺过程采用一种循环式操作，反应温度随原料不同而改变：如以烯烃为原料，则反应可在较低温度下进行(370℃)；如以丙烷为原料，则反应需在较高温度下进行(530℃)。催化剂积炭失活较快，反应寿命仅有 42h。

3. 日本 Sanyo 与旭化成合作开发的 Alptha 工艺[25]

该工艺以富含烯烃的轻烃为原料，轻烃的烯烃含量为 30%~80%(质量分数)，催化剂为锌改性的 ZSM-5 分子筛，操作温度在 480℃以上，采用固定床反应工艺。当催化剂失活时，两个反应器之间可以切换。Alptha 工艺的原料为乙烯装置排出的烯烃含量高[烯烃含量为 30%~60%(质量分数)]的裂解碳四抽余物和裂解碳五抽余物。

4. 日本三菱石油和千代田公司联合开发的 Z-Forming™ 工艺[26]

该工艺采用Ⅷ族、ⅡB 族和ⅢB 族元素的金属硝酸盐改性的沸石催化剂，具有良好的活性、选择性和长运转周期。该技术采用固定床反应器串联排列，反应器之间有加热炉，反应器入口温度高达 500~600℃。以液化石油气为原料时可直接进料，以石脑油为原料时需对石脑油进行加氢预处理。

5. IFP 公司和 Salutec 公司共同开发的 Aroforming 工艺[27]

该工艺的反应原料采用 LPG 和轻石脑油，催化剂是金属氧化物改性的择形分子筛，采用多个等温固定床管式反应器，通过切换反应器实现催化剂再生。

6. 中国石化洛阳石化工程公司的 GAP 工艺

该工艺是将油田凝析油、直馏石脑油、焦化汽油和重整抽余油等轻烃中的烷烃或烯烃转化为芳烃，用于生产轻质芳烃或高辛烷值汽油调和组分。为了满足不同炼油企业的需求，相继开发了连续生产的 GAP-Ⅰ工艺和 GAP-Ⅱ工艺及周期生产的 GAP-Ⅲ工艺[28]。后续改进了直馏汽油芳构化的催化剂和工艺，开发了 GTA 工艺[29]，该工艺采用改性 HZSM-5 分子筛催化剂，采用类似移动床连续重整的方案，催化剂被连续送入再生系统，再生后连续送至反应系统，反应温度为 480~500℃。

7. 大连理工大学齐旺达化工科技有限公司开发的 Nano-forming 低碳烃芳构化工艺

该工艺是一种以纳米分子筛新型催化剂为技术核心的芳构化工艺。原料为富含烯烃 LPG，采用两组反应器，每组为单台绝热式固定床反应器，反应与再生切换操作。该工艺在非临氢条件下，操作温度为 500~600℃，反应生成物中有干气、低烯烃含量 LPG、BTX、重芳烃。

8. 中国石化石科院开发的碳四芳构化技术

该技术以改性 ZSM-5 分子筛成型为球形催化剂，采用移动床连续芳构化工艺，反应温度为 500~550℃。该技术主要针对混合碳四中的烯烃，可将碳四烯烃转化为干气和混合芳烃，芳烃产率受碳四原料烯烃含量的限制。

9. 中国石油石化院开发的混合碳四芳构化生产高辛烷值汽油组分技术(LAG)

该技术采用与大连理工大学联合开发的纳米分子筛 SHY-DL 催化剂，以炼厂混合碳四为原料，产品为干气、LPG 与高辛烷值汽油调和组分。混合碳四原料经芳构化反应和后续产物分离系统分离，干气部分循环作为临氢气体，部分作为装置燃料利用，同时得到 LPG、高辛烷值汽油调和组分。

四、碳四烯烃选择性叠合—加氢技术

碳四烯烃选择性叠合—加氢技术是碳四中的异丁烯二聚为异辛烯，然后再加氢生产异辛烷的过程。碳四烯烃选择性叠合—加氢生产异辛烷技术具有代表性的有 UOP 公司开发的 InAlk 工艺、Snamprogetti 公司和 CDTECH 公司开发的 CDIsoether 工艺、Fortum 公司和 KBR 公司开发的 NexOctane 工艺、IFP 公司的 Seletopol 工艺等[30-31]。加拿大 AEF 公司采用 NexOctane 技术，将其位于埃德蒙顿的 MTBE 装置改造为异辛烷装置，2002 年 10 月建成投产，是世界上首套成功进行 MTBE 改产异辛烷的装置[32]。2018 年 7 月，中国石化石科院开发的碳四烯烃选择性叠合技术在中国石化石家庄炼化建成工业试验装置，成功生产出合格产品。

1. UOP 公司 InAlk 工艺

该工艺采用树脂催化剂或固体磷酸催化剂，采用树脂作催化剂时在较低反应温度和压力下操作(50～100℃，0.5～1.0MPa)，主要反应是异丁烯二聚；采用固体磷酸催化剂时，需要在较高的反应温度和压力下操作(180～220℃，4～5MPa)，可同时使异丁烯和正丁烯转化。该工艺过程需要加入低碳醇以提高异丁烯的选择性及延长催化剂的使用寿命，加氢过程采用贵金属或非贵金属催化剂均可，异辛烷产品的 RON 约为 97。

2. CDTECH 公司的 CDIsoether 工艺

该工艺采用耐高温树脂催化剂，用水冷管状反应器、泡点反应器或催化蒸馏塔反应器进行叠合反应。3 种反应器均容易取出反应热，器内温度分布均匀，有利于减少二甲基己烯和多聚体副产物的生成，异丁烯二聚时的选择性大于 90%。在采用催化蒸馏塔反应器进行叠合反应时，异丁烯的转化率非常高，可达 99%以上。异辛烯的加氢过程是采用常规滴流床技术，异辛烷产品的 RON 为 97～103。

3. Fortum 公司和 KBR 公司开发的 NexOctane 工艺

该工艺的叠合过程采用绝热固定床反应器、专用耐高温阳离子交换树脂催化剂，并加入水生成叔丁醇(TBA)作为反应调节剂，以提高二聚体选择性。分离过程采用蒸馏塔分离叠合产物与未反应的碳四，加氢过程是采用高效的滴流床加氢技术，加氢效率高，氢气不需要循环。该工艺生产的异辛烷产品 RON 约为 99。

4. 中国石油石化院的 PIA(Petrochina Indirect Alkylation)工艺

中国石油石化院与凯瑞环保科技股份有限公司合作开发碳四烯烃选择性叠合两段绝热固定床串联+中间取热工艺，提高了异丁烯转化率和碳八烯烃选择性，降低了正丁烯损失。异辛烯加氢过程采用非贵金属催化剂，异辛烷产品的 RON 约为 97。

五、烯烃骨架异构化技术

轻质烯烃骨架异构化的关键在于催化剂的选择性，国外在这一方面已有了较为深入的研究。目前报道的轻质烯烃骨架异构化催化剂主要可分为卤化物催化剂、非卤化物催化剂和分子筛型催化剂[33]。

卤化物催化剂通常以氧化铝为载体，负载一种卤素或卤化物，主要应用于正丁烯的异构化反应，具有很高的活性和选择性，但卤素容易流失，需要在原料中连续或间歇加入具有腐蚀性的卤素，会对环境造成危害。

非卤化物催化剂主要包括负载金属或酸的氧化物催化剂，此类催化剂反应初期活性和选择性很高。但随着反应温度的升高，选择性下降得较快，容易生成大量的副产物。

分子筛型催化剂则可以通过其特有的酸性和孔道结构，克服以上两种催化剂的缺点，有着不可比拟的优势。因此，传统的卤化物催化剂和非卤化物催化剂正逐渐被分子筛型催化剂所取代。

分子筛型催化剂是一类具有高度择形性能的晶型催化剂。Tomas 等对轻质烯烃骨架异构化反应在沸石孔道内进行时的情况进行了计算，认为十元环孔道最适合该反应的进行，既允许带侧链的异构烯烃生成，又可抑制烯烃聚合。据报道，最典型的烯烃异构催化剂有 SAPO-11、FER、ZSM-35、ZSM-22、ZSM-23 和 MCM-22，其中具有 AEL 拓扑结构的SAPO-11 分子筛及其他杂原子取代的磷铝分子筛，以及具有十元环和八元环交错的二维孔道体系的 FER(包括具有镁碱沸石结构的 ZSM-35)是目前稳定性最好、对异构烯烃选择性最高、最具应用潜力的异构化催化剂[34-35]。

UOP 公司开发了基于 SAPO-11 分子筛的轻质烯烃骨架异构化催化剂。但是 Lyondell、BP、Mobil、Shell、Texaco 等多家公司开发的技术均采用镁碱类沸石作为催化剂的主要成分。该类分子筛的特点是初期选择性较低，但反应约 10h 后选择性有较大提高，且活性可保持相当长的时间。镁碱沸石与 SAPO-11 相比，在工艺上也有一定优势。采用 SAPO-11 作为催化剂主组分时，催化剂抗结焦能力较差，原料需脱除丁二烯，而以镁碱沸石为催化剂主组分时催化剂抗结焦能力较强，对脱除丁二烯的要求不甚严格。

中国石油石化院合成了一种高结晶度、小晶粒 ZSM-35 分子筛，分子筛粒径小于 500nm，结晶度是普通分子筛的 1.3~1.5 倍。采用高结晶度、小晶粒 ZSM-35 分子筛制备了一种轻质烯烃骨架异构化催化剂，在乌鲁木齐石化进行了工业应用试验。在反应压力为 0.2MPa、体积空速为 5.0~6.0h^{-1}、反应温度为 262~370℃ 条件下，正戊烯转化率为 67.8%~79.5%，异戊烯选择性为 87.2%~96.0%，催化剂显示出良好的催化活性和选择性。

第二节　轻汽油醚化技术

汽油质量升级主要是降低汽油的硫含量和烯烃含量，此过程在增加氢耗的同时，都会造成辛烷值或多或少的损失，即是一个增加生产成本的过程。而催化轻汽油醚化过程是将轻汽油中的叔戊烯、叔己烯与甲醇进行醚化反应转化为甲基叔戊基醚(TAME)和甲基叔己基醚(THxME)的过程，在降低汽油烯烃含量的同时提高汽油的辛烷值，并且将廉价的甲醇转化为高价值的汽油，因此是汽油质量升级技术中可提高企业经济效益的技术，也是石油炼制与煤化工结合的为数不多的工艺过程之一。中国石油石化院于 2001 年开始催化轻汽油醚化技术的研究，2012 年实现工业应用，并形成催化轻汽油醚化(LNE)系列技术。

一、工艺技术特点

催化轻汽油醚化反应是在酸性阳离子交换树脂催化剂的作用下，双键位于叔碳原子上的碳五和碳六烯烃与甲醇在液相状态下发生反应，生成甲基叔戊基醚和甲基叔己基醚等产物(表 3-1)。醚化过程包含的主要反应如下。

表 3-1 叔戊烯、叔己烯及相应的醚化产物

叔碳烯烃	沸点,℃	醚化产物
2-甲基-1-丁烯	31.16	甲基叔戊基醚
2-甲基-2-丁烯	38.56	
2-甲基-1-戊烯	62.10	甲基叔己基醚
2-甲基-2-戊烯	67.30	
顺-3-甲基-2-戊烯	67.70	
反-3-甲基-2-戊烯	70.44	

碳五叔碳烯烃的醚化反应：

2-甲基-1-丁烯

$$\left.\begin{array}{l} CH_3=\overset{\overset{CH_3}{|}}{C}-CH_2-CH_3 \\ \\ CH_3-\overset{\overset{CH_3}{|}}{C}=CH-CH_3 \end{array}\right\} + CH_3OH \xrightleftharpoons{催化剂} CH_3-\underset{\underset{\underset{CH_3}{|}}{\underset{O}{|}}}{\overset{\overset{CH_3}{|}}{C}}-CH_2-CH_3 + \left\{\begin{array}{l} 43.28kJ/mol \\ \\ 31.85kJ/mol \end{array}\right.$$

2-甲基-2-丁烯　　甲醇　　甲基叔戊基醚

碳六叔碳烯烃的醚化反应：

2-甲基-2-戊烯

$$\left.\begin{array}{l} CH_3-CH_2-CH=\overset{\overset{CH_3}{|}}{C}-CH_3 \\ \\ CH_3-CH_2-CH_2-\underset{\underset{CH_3}{|}}{C}=CH_2 \end{array}\right\} + CH_3OH \xrightarrow{催化剂} CH_3-CH_2-CH_2-\underset{\underset{\underset{CH_3}{|}}{\underset{O}{|}}}{\overset{\overset{CH_3}{|}}{C}}-CH_3 + \left\{\begin{array}{l} 26.39kJ/mol \\ \\ 34.90kJ/mol \end{array}\right.$$

2-甲基-1-戊烯　　甲醇　　甲基叔己基醚

$$CH_3-CH=\overset{\overset{CH_3}{|}}{C}-CH_2-CH_3 + CH_3OH \xrightarrow{催化剂} CH_3-CH_2-\underset{\underset{\underset{CH_3}{|}}{\underset{O}{|}}}{\overset{\overset{CH_3}{|}}{C}}-CH_2-CH_3$$

顺-3-甲基-2-戊烯　　甲醇　　甲基叔己基醚

(反-3-甲基-2-戊烯)

醚化反应为可逆放热反应，其平衡转化率受温度的影响较为显著。以合成 TAME 为例，其反应过程如下：

$$iC_5^= + CH_3OH \underset{k_2}{\overset{k_1}{\rightleftharpoons}} TAME + Q$$

根据动力学研究结果，其反应速率方程式为：

$$r = k_1 C_A - k_2 C_T$$

式中 k_1——正反应速率常数；

k_2——逆反应速率常数；

C_A——叔戊烯浓度；

C_T——TAME 浓度。

当反应温度上升时，反应速率常数 k 上升，转化率增加，反应受动力学控制；当反应温度达到一定值时，反应受化学平衡的限制，即受热力学控制，提高反应温度，转化率下降。

叔戊烯、叔己烯及相应醚化产物的 RON 见表 3-2。由于醚化物的 RON 比对应叔碳烯烃的 RON 高约 10，因此轻汽油经醚化后烯烃质量分数可降低 19~25 个百分点，RON 提高 2.0~2.5，蒸气压降低 15~20kPa，同时可将相当于轻汽油质量 8%~11%的甲醇转化为高价值汽油组分，是一个增加汽油产量的生产过程。醚化轻汽油与重汽油调和后，可将 FCC 汽油的烯烃质量分数降低 6~10 个百分点，RON 提高 0.7~1.0，汽油产量增加3%~4%。

表 3-2　叔戊烯、叔己烯及相应醚化产物的 RON

叔碳烯烃	叔碳烯烃 RON	转化率,%	醚化物	醚化物 RON
2-甲基-1 丁烯	102.5	≥90	甲基叔戊基醚	112
2-甲基-2 丁烯	97.3			
叔己烯	约为 90	40~50	甲基叔己基醚	100

我国汽油市场分为乙醇汽油封闭区和非乙醇汽油封闭区。黑龙江、吉林、辽宁、河南、安徽、广西全省以及河北、山东、江苏和湖北的部分地区为乙醇汽油封闭区，其他地区为非乙醇汽油封闭区。GB 18351—2017《车用乙醇汽油(E10)》中规定，乙醇汽油中除乙醇外的其他有机含氧化合物含量(质量分数)不高于 0.5%。为此，中国石油石化院根据生产乙醇汽油和非乙醇汽油炼厂的不同技术需求，开发了 LNE-1、LNE-2、LNE-3 三种工艺路线，均已实现工业应用。

LNE-1 工艺采用“一段一塔”流程，由一段膨胀床醚化反应、醚化产物分离及甲醇回收部分组成，不设二段醚化反应器，叔戊烯适度转化(70%~75%)，产品为醚化产品油和剩余碳五。轻汽油经预处理后进入第一醚化反应器进行醚化反应，反应产物降温后进入第二醚化反应器提高转化率，然后进入醚化产物分离塔进行醚化产物分离。剩余碳五用于调和乙醇汽油，醚化产品油用于调和非乙醇汽油。该工艺适用于生产部分乙醇汽油的炼厂，工艺流程如图 3-1 所示。

LNE-2 工艺采用“两段一塔”流程，由一段膨胀床醚化反应、醚化产物分离、二段膨胀床醚化反应及甲醇回收部分组成。轻汽油经预处理后进入第一醚化反应器进行醚化反应，反应产物降温后再进入第二醚化反应器提高转化率，然后进入醚化产物分离塔进行醚化产

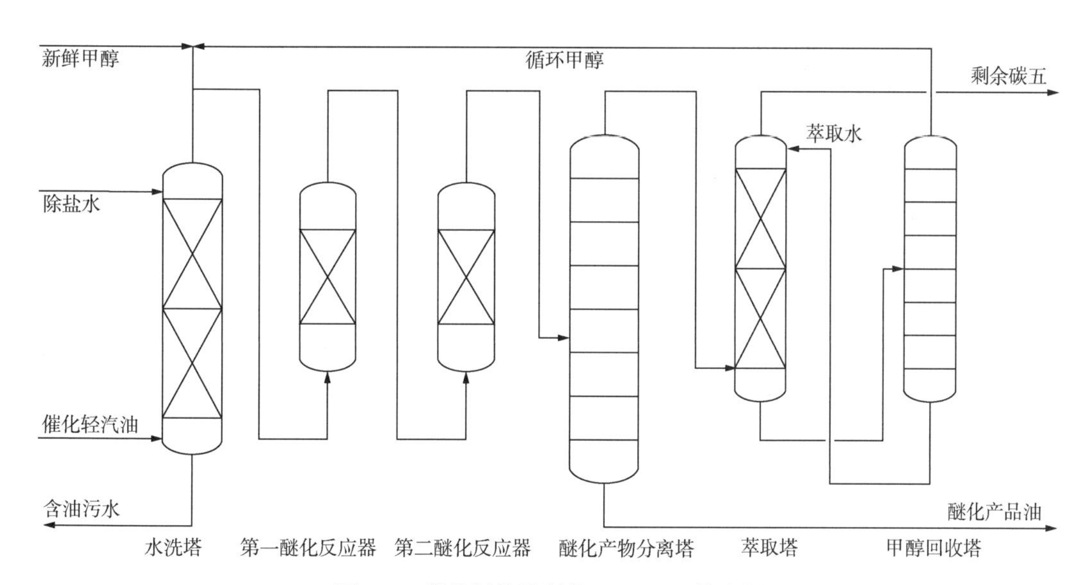

图 3-1 催化轻汽油醚化 LNE-1 工艺流程

物分离，分离出醚化产物打破反应平衡。塔顶馏出含有未反应叔戊烯的物料进入第三醚化反应器进一步提高转化率。叔戊烯转化率可达 90%~93%，产品为醚化轻汽油，醚化轻汽油用于调和非乙醇汽油。该工艺适用于生产非乙醇汽油的炼厂，工艺流程如图 3-2 所示。

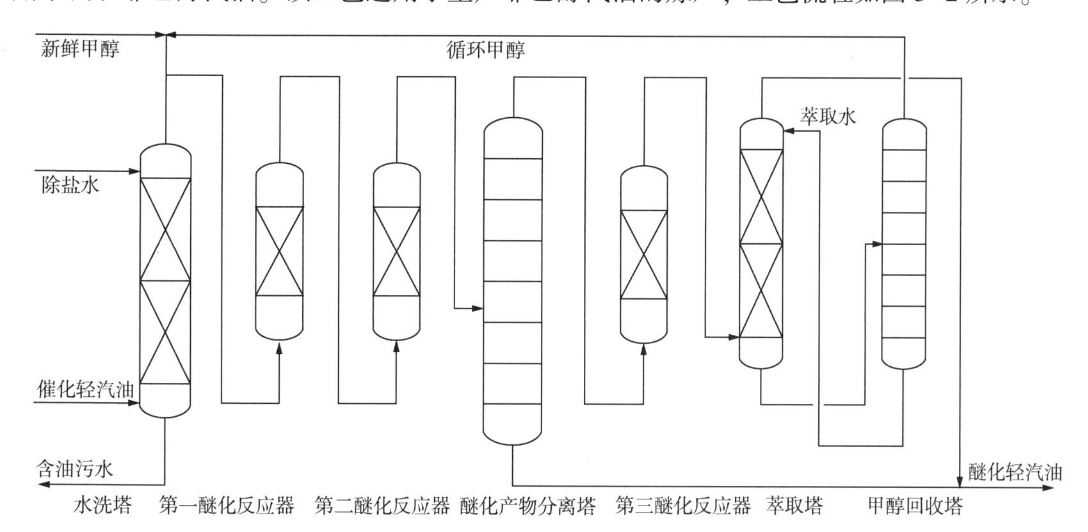

图 3-2 催化轻汽油醚化 LNE-2 工艺流程

LNE-3 工艺采用“膨胀床反应器+催化蒸馏深度醚化”组合工艺，由膨胀床醚化反应与催化蒸馏深度醚化部分、甲醇回收部分组成。LNE-3 工艺可分为两种路线：一种是催化蒸馏塔后不设第三醚化反应器，即轻汽油经预处理后进入第一醚化反应器进行醚化反应，反应产物降温后再进入第二醚化反应器提高转化率，然后进入催化蒸馏塔进行醚化反应和产物分离，在反应的同时分离出醚化产物打破反应平衡。叔戊烯转化率可达 90%~93%，产品为醚化产品油和剩余碳五，剩余碳五用于调和乙醇汽油。醚化产品油用于调和非乙醇汽油。

该工艺路线适用于生产部分乙醇汽油的炼厂，工艺流程如图 3-3(a)所示。另一种是在催化蒸馏塔后设第三醚化反应器，即催化蒸馏塔塔顶馏出的含有未反应叔戊烯的物料进入第三醚化反应器进一步提高转化率。叔戊烯转化率可达 93%~96%，产品为醚化轻汽油，醚化轻汽油用于调和非乙醇汽油。该工艺路线适用于生产非乙醇汽油的炼厂，工艺流程如图 3-3(b)所示。

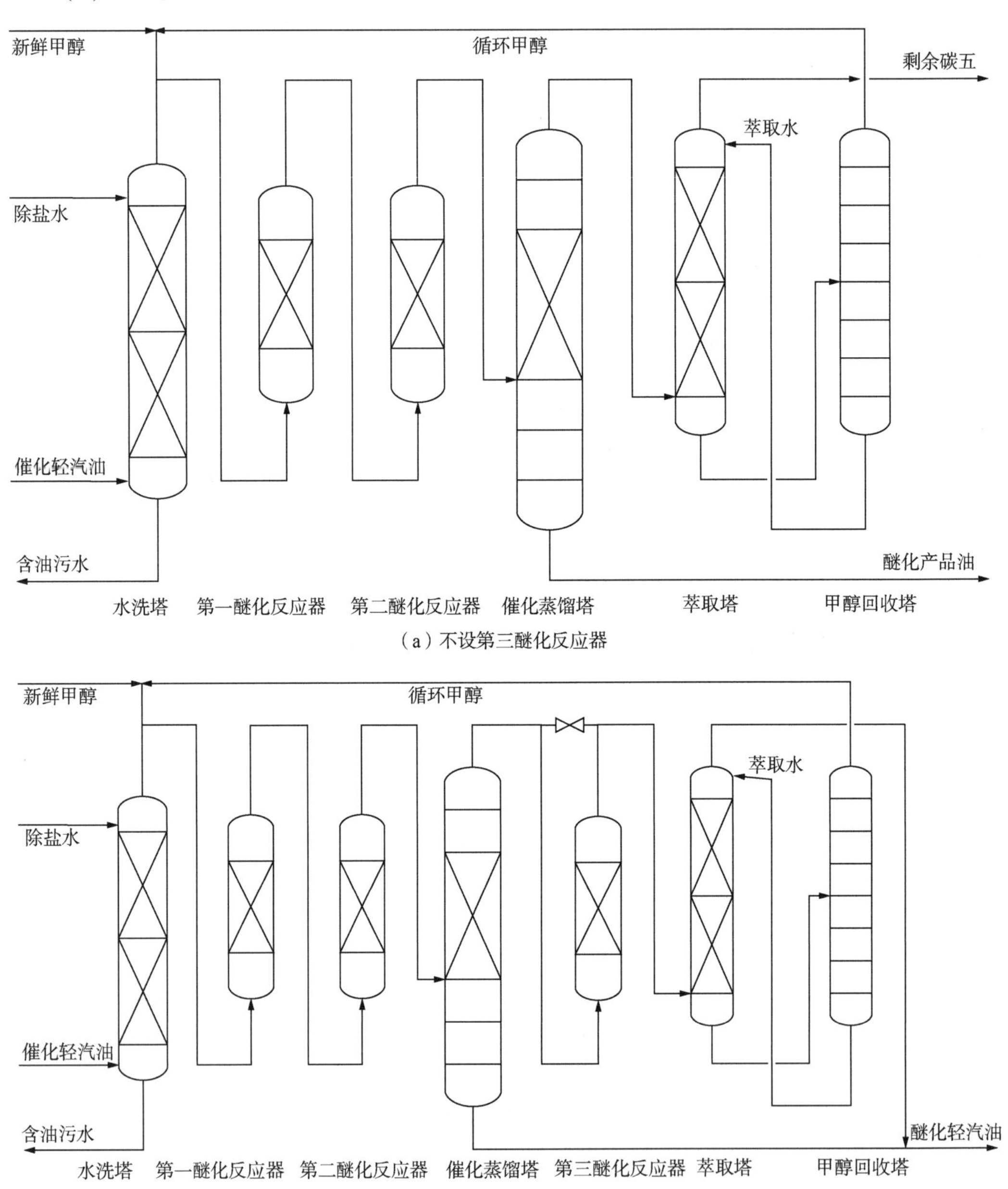

图 3-3　催化轻汽油醚化 LNE-3 工艺流程

技术特点体现在：

(1) 工艺路线灵活，开发了 LNE-1、LNE-2 和 LNE-3 三种工艺，可满足非乙醇汽油封闭区与乙醇汽油封闭区炼厂生产汽油调和组分的要求。

(2) 一段预醚化反应器采用两器串联和中间取热方式(图 3-4)，降低了反应温度，有利于醚化反应进行。两个预醚化反应器顺序可切换使用，可在线更换催化剂，在延长催化剂使用寿命的同时，还能达到装置三年一检修的目标。

(3) 催化剂分三段床层装填于膨胀床反应器中(图 3-5)，解决了流体的传质传热问题，实现了反应器的大型化。与泡点床相比，不会形成沟流，物料无返混现象，流体与催化剂均匀接触，反应器内不易形成热点，床层温度均匀分布，直径 3~4m 的反应器径向温差小于 0.5℃。

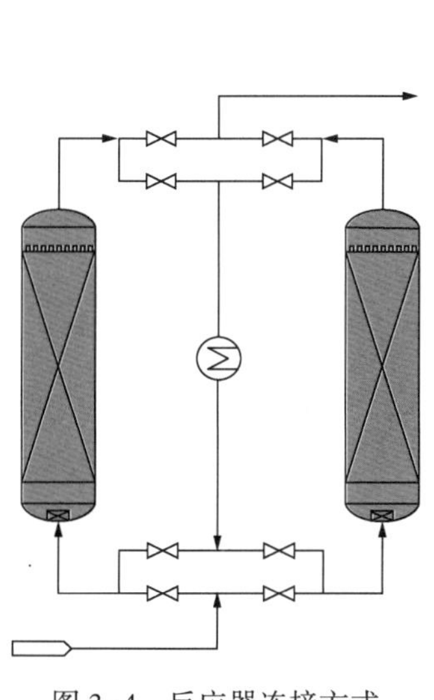

图 3-4　反应器连接方式

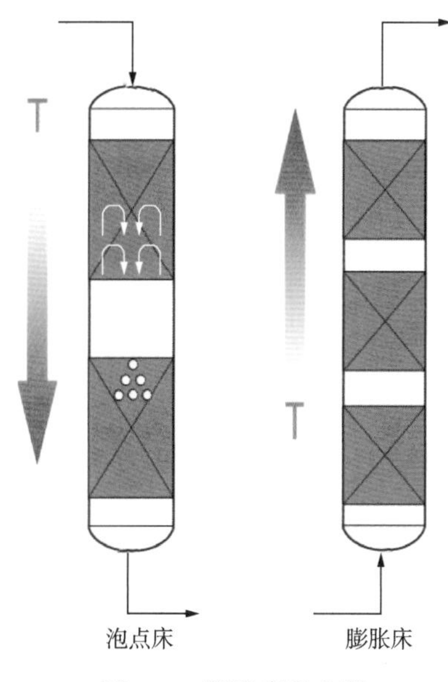

图 3-5　膨胀床反应器

(4) 开发出一种适用于轻汽油醚化催化蒸馏塔的规整填料催化剂装填结构(图 3-6)，该催化剂装填结构合理有效地将催化剂分布于塔内，利用液相本身的重力势能使液相在催化剂床层自上而下均匀地穿过流动，避免了由于液相横向扩散到催化剂表面而使催化剂表面更新缓慢的问题，具有操作平稳、装卸方便的优点。

(5) 在混合甲醇线上设置甲醇净化器，这样有利于保护膨胀床反应器和催化蒸馏塔中的催化剂。在甲醇萃取塔底管线上设有萃取水净化器，减少设备和管线腐蚀，保证了装置长周期稳定运行。

二、催化剂

1. 催化剂性质

轻汽油醚化过程采用的催化剂是大孔强酸性阳离子交换树脂催化剂，由苯乙烯和二乙烯基苯经悬浮共聚成小颗粒圆珠体，再经磺化反应制得大孔网状结构并带有磺酸基团的聚合物，具有适合于轻汽油醚化反应的孔结构、较高的比表面积和功能基团容量，同时具有良好的催化活性和稳定性。LNE 技术采用的催化剂是 KC-116 型阳离子交换树脂催化剂，催化剂的理化性质见表 3-3。

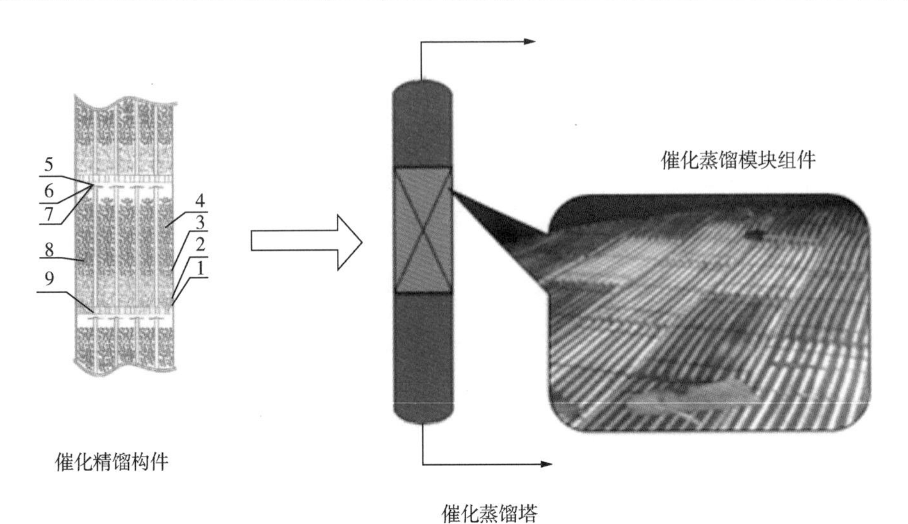

图 3-6　催化蒸馏构件

1—筒体；2—塔板；3—瓷环层；4—催化剂层；5—通气管；6—通气孔；7—通气管帽罩；8—帽罩孔；9—塔板孔

表 3-3　KC-116 型醚化催化剂理化性质

项　目	理化性质	项　目	理化性质
基体结构	交联聚苯乙烯	耐磨率,%	≥90.0
功能基团	$—SO_3H$	湿视密度，g/mL	700~850
外形	棕色至棕褐色不透明球状颗粒	湿真密度，g/mL	1150~1280
出厂时的离子形态	氢型	粒度范围,%	≥95.0(粒径 0.355~1.250mm)
质量全交换容量，mmol/g	≥5.20	下限粒度,%	≤1.0(粒径<0.355mm)
含水量,%	干基≤5.0，湿基 50.0~58.0	最高使用温度,℃	120

2. 工艺条件

催化轻汽油醚化装置的主要操作变量是催化轻汽油的进料空速、反应温度、反应压力、醇/叔碳烯烃(物质的量比)、分离塔和萃取塔的操作变量等。

1) 进料空速

进料空速是指催化轻汽油进料的液时体积空速，即单位时间通过单台反应器催化剂床层的催化轻汽油的液相体积与反应器内装填的催化剂体积(湿基)的比值，即

$$\text{进料空速}=\frac{\text{催化轻汽油进料量/催化轻汽油在 20℃下的密度}}{\text{反应器装填的催化剂的体积(湿基)}}$$

轻汽油醚化装置一段醚化反应部分设两个醚化反应器，每个反应器中装填醚化催化剂。设置两台醚化反应器可在不停工状态下切换反应器，更换催化剂，短时间内可单台操作，使装置操作灵活性大大增强。进料空速是衡量催化剂处理能力的重要指标，催化轻汽油进料空速增加，将减少反应物分子与催化剂的接触时间，导致叔碳烯烃醚化转化率下降，从而抑制轻汽油中叔碳烯烃的深度醚化。催化轻汽油原料进料空速降低，叔碳烯烃醚化转化率虽增加，但降低了醚化装置处理能力，增加了装置投资。进料空速对叔碳烯烃醚化转化率的影响如图 3-7 所示。

对于轻汽油醚化装置而言，轻汽油进料量增加，则进料空速增大，原料在催化剂上的停留时间缩短，醚化反应深度达不到要求；反之，轻汽油进料空速小，则意味着停留时间长。因此，进料空速的选择要根据醚化装置规模、装置投资、催化剂活性、原料性质、产品要求等各方面综合确定，进料空速一般为 1.0~1.2h^{-1}。醚化装置进料空速的改变，通常需要经过调整轻汽油进料量来实现，调节进料量应遵循“先提量后升温，先降温后降量”的原则进行。

2）反应温度

如前所述，热力学和动力学决定了催化轻汽油醚化反应有一个合适的醚化反应温度。在合适的醚化反应温度下，醚化反应可以达到要求。醚化反应温度是指醚化反应器内催化剂床层的最高反应温度。醚化反应随着温度的升高，叔碳烯烃转化率增加，达到一个最大值后逐渐下降。这是因为随着醚化反应温度升高，醚化反应速率常数增大，所以叔碳烯烃醚化转化率增加，当反应速率达到一定值后，动力学因素控制对叔碳烯烃醚化转化率的影响已不再显著，此时醚化反应主要受化学反应平衡的限制，即主要受热力学因素控制。叔碳烯烃与甲醇的醚化反应是一个可逆的放热反应，反应温度提高，反应平衡常数减小，表现为叔碳烯烃醚化转化率下降。动力学与热力学因素双重控制的结果造成反应温度对叔碳烯烃醚化转化率的影响有一个最佳值。因此，反应器入口温度一般控制在 40~65℃，同时要求催化剂床层的最高温度不能超过 110℃。反应温度对叔碳烯烃醚化转化率的影响如图 3-8 所示。

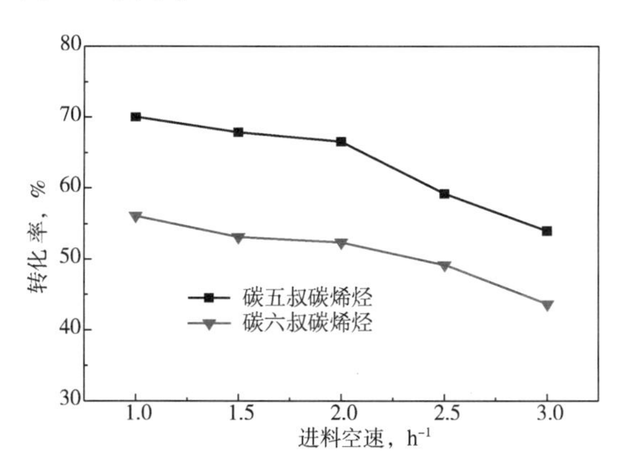

图 3-7 进料空速对叔碳烯烃醚化转化率的影响

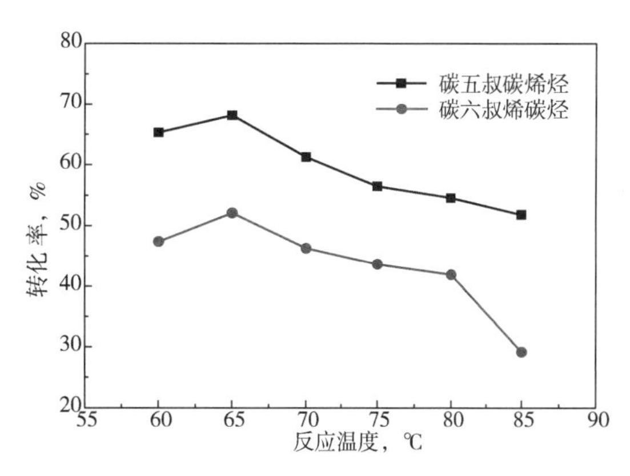

图 3-8 反应温度对叔碳烯烃醚化转化率的影响

轻汽油、甲醇混合原料由醚化反应进料预热器加热至 40~65℃后进入第一醚化反应器进行醚化反应，采用精确控制反应器入口温度的方法防止反应器超温。第一醚化反应器入口温度由热媒水或加热蒸汽量调节，第二醚化反应器入口温度由冷却水量调节，确保反应器入口温度在装置运行初期及反应器温度较高的情况下能够迅速降低，有效防止反应器超温。

3）反应压力

催化轻汽油醚化反应过程只要保证反应在液相状态下进行，反应压力对醚化反应的影响不明显。在醚化反应过程中，醚化反应压力一般控制在 0.8~1.1MPa，反应压力由压力控制阀控制。

反应器压差是衡量反应器内部催化剂状态的重要指标之一。压差过高，表明轻汽油物料流经反应器的床层阻力增加，造成反应压力上升及物料分布不均匀，影响到轻汽油中叔碳烯烃与甲醇的醚化反应效果。通常造成反应器内压差过高有两个原因：一是离子交换树脂催化剂运行到末期，催化剂表面结焦严重，这种情况下需进行催化剂更换；二是催化剂在装填或运行过程中，出现了破碎现象，改变了催化剂的堆密度，造成催化剂床层液相液流流动不畅，导致醚化反应器内部压差过高。因此，在操作过程中应密切关注醚化装置运行情况，如果反应器内部压差上升明显，超过 0.3MPa 时，将对醚化装置操作造成影响，则需要停车更换新的催化剂。

4）醇/叔碳烯烃(物质的量比)

醇/叔碳烯烃(物质的量比)达到一定数值时对叔碳烯烃醚化转化率的影响并不显著。适当增大醇/叔碳烯烃(物质的量比)，有利于提高叔碳烯烃的醚化转化率，这是因为叔碳烯烃与甲醇的反应是亲电加成过程，在强酸性树脂催化剂作用下，叔碳烯烃首先进行质子化反应，形成活性中间体正碳离子，形成正碳离子之后，迅速与亲核试剂 CH_3O—结合生成相应的醚化物。醇/叔碳烯烃(物质的量比)过高，甲醇剩余量大，造成甲醇回收成本高。醇/叔碳烯烃(物质的量比)过低，会导致叔碳烯烃醚化转化率降低，无法达到最大限度地降低 FCC 汽油烯烃含量和生成相应的醚类化合物，以及提高醚化汽油烷值的目的。醇/叔碳烯烃(物质的量比)的计算公式如下：

$$\text{醇/叔碳烯烃(物质的量比)}=\frac{\text{甲醇的质量}}{\text{甲醇的摩尔质量}}\Bigg/\left(\frac{\text{FCC 轻汽油的质量}\times\text{碳五叔碳烯烃的质量分数}}{\text{碳五叔碳烯烃的摩尔质量}}+\frac{\text{FCC 轻汽油的质量}\times\text{碳六叔碳烯烃的质量分数}}{\text{碳六叔碳烯烃的摩尔质量}}\right)$$

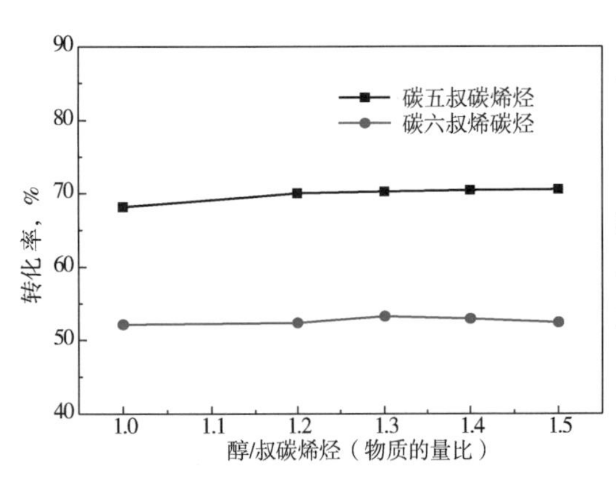

图 3-9　醇/叔碳烯烃(物质的量比)对叔碳烯烃醚化转化率的影响

醇/叔碳烯烃(物质的量比)对叔碳烯烃醚化转化率的影响如图 3-9 所示。醇/叔碳烯烃(物质的量比)一般控制在 1.4±0.1。

第一醚化反应器进料中甲醇的量是根据轻汽油中叔碳烯烃含量确定的，即根据分析化验得到轻汽油中的叔碳烯烃含量和工艺要求的醇/叔碳烯烃(物质的量比)推算出甲醇的进料量。

三、工业应用

1. LNE-1 工艺

中国石油兰州石化催化轻汽油醚化装置采用 LNE-1 工艺，装置设计加工能力为 50.4×10^4t/a，装置操作弹性为 60%～110%，年操作时数 8400h。装置设计指标为叔戊烯转化率不低于 70%，叔己烯转化率不低于 48%，剩余碳五中甲醇含量不大于 0.3%(质量分数)，能耗不大于 35.6kg 标准油/t 原料。

装置工艺流程如图 3-1 所示。装置于 2012 年 11 月投产，2013 年 3 月对装置进行了72h 标定，叔碳烯烃醚化转化率见表 3-4，装置物料平衡见表 3-5。

表 3-4　兰州石化 50×10^4t/a 轻汽油醚化装置标定结果

项　目		平均值
轻汽油进料量，t/h		60.95
第一醚化反应器入口	叔戊烯含量,%(质量分数)	14.84
	叔己烯含量,%(质量分数)	3.92
第二醚化反应器出口	叔戊烯含量,%(质量分数)	4.14
	叔己烯含量,%(质量分数)	1.53
叔戊烯转化率,%		72.10
叔己烯转化率,%		60.97
醚化产品油	醚化物含量,%(质量分数)	58.39
	RON	99.5

表 3-5　兰州石化 50×10^4t/a 轻汽油醚化装置物料平衡

项　目		比例,%(质量分数)	流　量	
			t/h	10^4t/a
原料	轻汽油	92.83	61.62	51.76
	甲醇	7.17	4.76	4.00
	合计	100.00	66.38	55.76
产品	醚化产品油	34.39	22.83	19.18
	剩余碳五	64.36	42.72	35.88
	损失	1.25	0.83	0.70
	合计	100.00	66.38	55.76

由表 3-4 和表 3-5 可见，该装置的叔戊烯、叔己烯转化率分别为 72.10%和 60.97%，每小时消耗甲醇 4.76t，甲醇耗量占轻汽油原料的 7.72%。醚化产品油醚化物含量为 58.39%(质量分数)，RON 为 99.5。剩余碳五的甲醇含量为 0.07%(质量分数)。装置综合能耗为 30.38kg 标准油/t 原料。

2. LNE-2 工艺

中国石油呼和浩特石化催化轻汽油醚化装置采用 LNE-2 工艺，装置设计加工能力为 40×10^4t/a，装置操作弹性为 60%~110%，年操作时数 8400h。装置设计指标为叔戊烯转化率不低于 90%，叔己烯转化率不低于 48%，醚化轻汽油中甲醇含量不大于 0.3%(质量分数)，能耗不大于 30kg 标准油/t 原料。

工艺流程包括轻汽油水洗与甲醇净化、醚化反应与产物分离、甲醇回收三个单元。该装置与兰州石化轻汽油醚化装置相比，在醚化产物分离塔设第三醚化反应器，醚化产物分离塔塔顶采出的含有未反应叔戊烯的物料进入第三醚化反应器进一步提高叔戊烯转化率，萃取脱甲醇后的剩余碳五与醚化产物分离塔塔底采出的醚化产品油混合后作为醚化轻汽油产品。呼和浩特石化 40×10^4t/a 轻汽油醚化装置于 2013 年 11 月投产，2013 年 12 月对该装置进行了 72h 标定，叔碳烯烃转化率标定结果见表 3-6，装置物料平衡见表 3-7。

表 3-6 呼和浩特石化 40×10^4t/a 轻汽油醚化装置标定结果

项　目	平均值	项　目	平均值
进料负荷,%	98.98	叔己烯转化率,%	55.85
甲醇消耗量，t/h	4.13	醚化轻汽油中烯烃含量,%(质量分数)	20.63
轻汽油中叔戊烯含量,%(质量分数)	17.57	醚化轻汽油中醚化物含量,%(质量分数)	23.11
轻汽油中叔己烯含量,%(质量分数)	3.30	轻汽油中烯烃减少量，百分点	20.70
叔戊烯转化率,%	91.41		

表 3-7 呼和浩特石化 40×10^4t/a 轻汽油醚化装置物料平衡

项　目		平均值		项　目		平均值	
		比例,%(质量分数)	流量，t/h			比例,%(质量分数)	流量，t/h
原料	催化轻汽油	91.94	47.11	产品	醚化轻汽油	99.82	51.15
	甲醇	8.06	4.13		损失	0.18	0.09
	合计	100.00	51.24		合计	100.00	51.24

由表 3-6 和表 3-7 可见，叔戊烯转化率为 91.41%，叔己烯转化率为 55.85%，每小时消耗甲醇 4.13t，甲醇耗量为轻汽油原料的 8.77%(质量分数)。醚化轻汽油中醚化物含量为 23.11%(质量分数)，烯烃含量为 20.63%(质量分数)，轻汽油经醚化后烯烃含量降低 20.70 个百分点，醚化轻汽油中甲醇未检出。

2014 年 12 月，装置运行 1 年后对装置再次进行 72h 标定，叔碳烯烃转化率标定结果见表 3-8。叔戊烯转化率为 90.62%，叔己烯转化率为 51.04%，每小时消耗甲醇 4.88t，甲醇耗量为轻汽油原料的 8.21%(质量分数)。醚化轻汽油中醚化物含量为 22.16%(质量分数)，烯烃含量为 24.18%(质量分数)，轻汽油经醚化后烯烃含量降低 19.15 个百分点，装置能耗为 23.41kg 标准油/t 原料。

表 3-8 呼和浩特石化 40×10^4t/a 轻汽油醚化装置第二次标定结果

项　目	平均值	项　目	平均值
进料负荷,%	124.89	叔己烯转化率,%	51.04
甲醇消耗量，t/h	4.88	醚化轻汽油中烯烃含量,%(质量分数)	24.18
轻汽油中叔戊烯含量,%(质量分数)	14.17	醚化轻汽油中醚化物含量,%(质量分数)	22.16
轻汽油中叔己烯含量,%(质量分数)	6.16	轻汽油中烯烃减少量，百分点	19.15
叔戊烯转化率,%	90.62		

3. LNE-3 工艺(未设三反)

中国石油华北石化催化轻汽油醚化装置采用 LNE-3 工艺，未设第三醚化反应器，装置设计加工能力为 30×10^4t/a，装置操作弹性为 60%~110%，年操作时数 8400h。装置设计指标为叔戊烯转化率不低于 90%，叔己烯转化率不低于 48%，剩余碳五中甲醇含量小于 0.3%(质量分数)。

装置由轻汽油水洗及甲醇净化部分、醚化反应及催化蒸馏部分、甲醇回收部分组成。该装置与呼和浩特石化轻汽油醚化装置相比，用催化蒸馏塔代替醚化产物分离塔，即从第二醚化反应器出来的物料与催化蒸馏塔塔底流出物料换热后进入催化蒸馏塔进行醚化反应和产物分离。催化蒸馏塔塔底流出醚化产品油作为高辛烷值汽油调和组分，塔顶流出物料经水萃取脱除甲醇后的剩余碳五可作为乙醇汽油调和组分。

华北石化 30×10^4t/a 轻汽油醚化装置于 2015 年 7 月投产，2015 年 8 月对该装置进行了 72h 标定，叔碳烯烃转化率标定结果见表 3-9，装置物料平衡见表 3-10。

表 3-9　华北石化 30×10^4t/a 轻汽油醚化装置标定结果

项　目	平均值	项　目	平均值
进料负荷,%	73.94	叔己烯转化率,%	63.93
甲醇消耗量，t/h	2.09	醚化产品油中醚化物含量,%(质量分数)	66.71
轻汽油中叔戊烯含量,%(质量分数)	15.32	醚化产品油中甲醇含量,%(质量分数)	0.05
轻汽油中叔己烯含量,%(质量分数)	0.51	剩余碳五中甲醇含量,%(质量分数)	0.09
叔戊烯转化率,%	91.72		

表 3-10　华北石化 30×10^4t/a 轻汽油醚化装置物料平衡

项　目		平均值		项　目		平均值	
		比例,%(质量分数)	流量，t/h			比例,%(质量分数)	流量，t/h
原料	催化轻汽油	92.67	26.40	产品	醚化产品油	31.59	9.00
	甲醇	7.33	2.09		剩余碳五	68.41	19.49
	合计	100.00	28.49		合计	100.00	28.49

由表 3-9 和表 3-10 可见，LNE-3 工艺的叔戊烯转化率为 91.72%，叔己烯转化率为 63.93%，每小时消耗甲醇 2.09t，甲醇耗量为轻汽油原料的 7.92%(质量分数)。醚化产品油中醚化物含量为 66.71%(质量分数)，甲醇含量为 0.05%(质量分数)，RON 为 101.1，剩余碳五中甲醇含量为 0.09%(质量分数)。

4. LNE-3 工艺(设第三醚化反应器)

中国石油吉林石化催化轻汽油醚化装置采用 LNE-3 工艺，设第三醚化反应器，装置设计加工能力为 30×10^4t/a，装置操作弹性为 60%~110%，年操作时数 8400h。装置设计指标为叔戊烯转化率不低于 93%(第三醚化反应器投运)或不低于 90%(第三醚化反应器未投运)，叔己烯转化率不低于 48%，醚化轻汽油中甲醇含量不大于 0.3%(质量分数)，能耗不大于 30kg 标准油/t 原料。

装置由原料预处理部分、膨胀床醚化反应—催化蒸馏与醚化产物分离—二段深度醚化部分、甲醇回收部分组成。该装置与华北石化轻汽油醚化装置的不同之处在于，催化蒸馏塔后设置第三醚化反应器，反应器前后设有跨线。当生产乙醇汽油调和组分时，通过跨线将第三醚化反应器切出，产品剩余碳五作为乙醇汽油调和组分，醚化产品油作为高辛烷值非乙醇汽油调和组分。当生产非乙醇汽油调和组分时，投用第三醚化反应器，产品为醚化轻汽油。装置于 2015 年 10 月投产，2016 年 6 月对该装置进行了 72h 标定，装置采用乙醇汽油调和组分生产方案，在第二和第三醚化反应器均未投用的情况下，标定结果见表 3-11，装置物料平衡见表 3-12。

表 3-11　吉林石化 30×10^4t/a 轻汽油醚化装置标定结果

项　目	平均值	项　目	平均值
轻汽油进料量，t/h	35.72	叔己烯转化率,%	48.15
甲醇耗量，t/h	3.21	醚化产品油中醚化物含量,%(质量分数)	48.20
轻汽油中叔戊烯含量,%(质量分数)	17.55	醚化产品油中甲醇含量,%(质量分数)	未检出
轻汽油中叔己烯含量,%(质量分数)	5.12	剩余碳五中甲醇含量,%(质量分数)	未检出
叔戊烯转化率,%	91.33		

表 3-12　吉林石化 30×10^4t/a 轻汽油醚化装置物料平衡

名　称		标定数据		设计数据	
		流量，t/h	比例,%(质量分数)	流量，t/h	比例,%(质量分数)
原料	轻汽油	35.72	91.78	35.71	92.89
	甲醇	3.21	8.22	2.73	7.11
	合计	38.92	100.00	38.44	100
产品	醚化产品油	20.84	53.55	38.42	99.95
	剩余碳五	18.06	46.40		
	损失	0.02	0.05	0.02	0.05
	合计	38.92	100.00	38.44	100

由表 3-11 和表 3-12 可见，该装置在第二、第三醚化反应器均未投用的情况下，叔戊烯转化率平均为 91.33%，叔己烯转化率平均为 48.15%，甲醇耗量占轻汽油的 8.99%(质量分数)。醚化产品油收率为 53.55%，醚化物含量为 48.20%(质量分数)，未检出甲醇，RON 为 98.5，剩余碳五中未检出甲醇。装置综合能耗为 26.50kg 标准油/t 原料。

采用 LNE 系列技术已建成 13 套催化轻汽油醚化装置(表 3-13)，总规模达到 460×10^4t/a，其中单套装置最大规模为 70×10^4t/a，应用效果见表 3-14。由表 3-14 可见，LNE 系列技术效果显著，其中叔戊烯转化率为 92%~96%，叔己烯转化率为 55%~66%，醚化轻汽油中烯烃含量降低 18~23 个百分点，醚化轻汽油中甲醇含量小于 0.3%(质量分数)，绝大部分为 0.01%~0.05%(质量分数)。

表 3-13　采用 LNE 技术建成的催化轻汽油醚化汇总

序号	建设企业	规模，10^4t/a	采用工艺	序号	建设企业	规模，10^4t/a	采用工艺
1	兰州石化	50	LNE-1	8	云南石化	50	LNE-2
2	呼和浩特石化	40	LNE-2	9	辽河石化	15	LNE-3
3	华北石化	30	LNE-3	10	辽阳石化	35	LNE-3
4	吉林石化	30	LNE-3	11	克拉玛依石化	15	LNE-3
5	大庆炼化	40	LNE-2	12	浙江石化	70	LNE-3
6	玉门炼化	15	LNE-2	13	庆阳石化	30	LNE-3
7	锦州石化	40	LNE-3				

表 3-14 催化轻汽油醚化技术(LNE)应用情况

项 目	辽河石化	锦州石化	云南石化	克拉玛依石化	玉门炼化	辽阳石化
装置规模, 10^4t/a	15	40	50	15	15	35
采用工艺	LNE-3	LNE-3	LNE-2	LNE-3(未设第三醚化反应器)	LNE-2	LNE-3
轻汽油中烯烃含量,%(质量分数)	55.29	45.08	50.87	48.19	48.32	43.49
轻汽油中叔戊烯含量,%(质量分数)	21.65	16.42	16.64	16.39	13.41	12.73
轻汽油中叔己烯含量,%(质量分数)	2.23	6.66	5.26	4.44	6.14	5.83
轻汽油中总叔碳烯烃含量,%(质量分数)	23.88	23.07	21.90	20.82	19.55	18.56
叔戊烯转化率,%	95.51	95.68	92.20	92.37	92.21	95.73
叔己烯转化率,%	65.83	56.40	60.55	54.87	63.49	61.00
醚化轻汽油中烯烃含量,%(质量分数)	32.31	23.95	32.09	30.31	30.65	25.20
烯烃减少量, 百分点	22.98	21.13	18.78	17.88	17.67	18.29
醚化轻汽油中甲醇含量,%(质量分数)	0.01	0.05	0.03	0.04	0.29	0.01
甲醇耗量(占轻汽油),%(质量分数)	11.06	9.46	9.11	8.96	8.48	8.33

第三节 碳四烷基化技术

烷基化油是以异辛烷为主的多种异构烷烃组成的混合物，为水白色液体，具有较高的辛烷值，不含芳烃、苯和烯烃，低硫含量和低蒸气压，具有良好的化学稳定性、物理稳定性、低毒性、无腐蚀、便于贮存和运输等特点，是性能优良、绿色环保的汽油调和组分，可以弥补由于降低烯烃、芳烃等含量造成的辛烷值损失，是国Ⅵ标准清洁汽油和乙醇汽油升级改造不可缺少的重要高辛烷值调和组分，具有较好的发展前景。

为了满足国内航空汽油和车用汽油对高辛烷值组分的需求，兰州炼油厂从 1959 年开始进行硫酸烷基化技术工业中试，1965 年建设我国第一套 1.5×10^4t/a 硫酸烷基化工业装置，1983 年烷基化装置由兰州寰球工程有限公司设计扩能改造至 4.5×10^4t/a，1996 年兰州寰球工程有限公司采用流出物制冷工艺将兰州石化硫酸烷基化装置扩能至 6.5×10^4t/a，2005 年将兰州石化烷基化装置扩能至 12×10^4t/a。兰州寰球工程有限公司在结合多次对烷基化装置设计和改造经验的基础上，在 1997—2019 年，对烷基化装置的工艺和卧式反应器的结构进行了多次优化设计，使得单台反应器的烷基化油产量提高了 30%以上[单台反应器烷基化油年产量达$(8\sim10)\times10^4$t]，解决了反应器长周期运行问题，降低了酸耗，并获得了多项专利。2014 年 6 月，兰州寰球工程有限公司申请了“硫酸法碳四烷基化成套技术工艺包升级开发”的科学研究与技术开发项目，2015 年 12 月通过“硫酸法碳四烷基化成套技术工艺包升级开发”项目验收。2015 年 12 月 23 日，中国石油科技管理部对“硫酸法碳四烷基化成套技术”进行了鉴定，形成了完整、成套的 LZHQC-ALKY 碳四烷基化技术。

LZHQC-ALKY 碳四烷基化技术发展历程如图 3-10 所示。

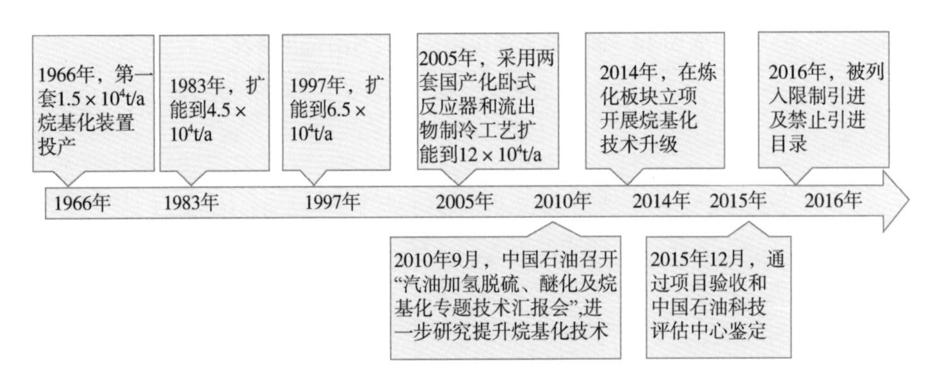

图 3-10　LZHQC-ALKY 碳四烷基化技术发展历程

一、工艺原理和工艺流程

1. 工艺原理

硫酸法碳四烷基化反应是指在浓硫酸催化剂的作用下，碳四烷烃中的异丁烷与碳四烯烃发生加成反应，生成以带支链的异辛烷为主的反应混合产物(通称为烷基化油)的反应过程。碳四烷基化反应遵循正碳离子—链式反应机理，经过链引发、链增长、链转移和链终止 4 个反应步骤，最终生成各种带支链的异构烷烃的反应混合物。

链引发:

$$C{=}C(C)C + H^+ \longrightarrow C{-}C^+(C)C$$

$$C{-}C{=}C{-}C + H^+ \longrightarrow C{-}C^+{-}C{-}C$$

$$C{-}C^+{-}C{-}C \longrightarrow C{-}C^+(C)C$$

链增长:

$$C{-}C^+(C)C + C{=}C(C)C \longrightarrow C{-}C(C)(C){-}C{-}C^-(C){-}C$$

$$C{-}C^+(C)C + C{-}C{=}C{-}C \longrightarrow C{-}C(C)(C){-}C(C){-}C^+{-}C$$

$$C{-}C^+(C)C + C{=}C{-}C{-}C \longrightarrow C{-}C(C)(C){-}C{-}C^+{-}C{-}C$$

链转移:

$$C{-}C(C)(C){-}C(C){-}C^+{-}C \longrightarrow C{-}C(C){-}C(C){-}C^+(C){-}C$$

$$C{-}C(C)(C){-}C(C){-}C^+{-}C \longrightarrow C{-}C^+(C){-}C(C)(C){-}C{-}C$$

$$
\begin{array}{ccccccccc}
 & & \mathrm{C} & & \mathrm{C} & & & & \\
 & & \mid & & \mid & & & & \\
\mathrm{C} & - & \mathrm{C} & - & \mathrm{C} & - & \overset{+}{\mathrm{C}} & - & \mathrm{C} \\
 & & \mid & & & & & & \\
 & & \mathrm{C} & & & & & &
\end{array}
\longrightarrow
\begin{array}{ccccccccc}
 & & \mathrm{C} & & & & \mathrm{C} & & \\
 & & \mid & & & & \mid & & \\
\mathrm{C} & - & \mathrm{C} & - & \mathrm{C} & - & \underset{+}{\mathrm{C}} & - & \mathrm{C} \\
 & & \mid & & & & & & \\
 & & \mathrm{C} & & & & & &
\end{array}
$$

链终止:

$$
\begin{array}{ccccccccc}
 & & \mathrm{C} & & & & \mathrm{C} & & \\
 & & \mid & & & & \mid & & \\
\mathrm{C} & - & \mathrm{C} & - & \mathrm{C} & - & \underset{+}{\mathrm{C}} & - & \mathrm{C} \\
 & & \mid & & & & & & \\
 & & \mathrm{C} & & & & & &
\end{array}
+
\begin{array}{ccc}
 & & \mathrm{C} \\
 & & \mid \\
\mathrm{C} & - & \mathrm{C} \\
 & & \mid \\
 & & \mathrm{C}
\end{array}
\longrightarrow
\begin{array}{ccccccccc}
 & & \mathrm{C} & & & & \mathrm{C} & & \\
 & & \mid & & & & \mid & & \\
\mathrm{C} & - & \mathrm{C} & - & \mathrm{C} & - & \mathrm{C} & - & \mathrm{C} \\
 & & \mid & & & & & & \\
 & & \mathrm{C} & & & & & &
\end{array}
+
\begin{array}{ccc}
 & & \mathrm{C} \\
 & & \mid \\
\mathrm{C} & - & \mathrm{C}^{+} \\
 & & \mid \\
 & & \mathrm{C}
\end{array}
$$

在碳四烷基化反应过程中除上述的一次化学反应外，一次反应产物和原料还可以发生裂化、叠合、异构化、歧化和自身烷基化等许多副反应，生成很多低沸点和高沸点的副产物以及酯类(酸渣)和酸油等。因此，反应产物包含的组分很多，仅气相色谱分析出的组分就达 50 多种。反应产物中不但有碳八化合物，还有碳六、碳七、碳九及以上的重组分。硫酸法碳四烷基化反应产物中碳八化合物占多数，而碳八化合物中又以 2, 2, 4-三甲基戊烷所占的比例最大，其次为 2, 3, 4-三甲基戊烷和 2, 3, 3-三甲基戊烷。

由于碳四烷基化反应产物(烷基化油)是各种带支链的异构烷烃的烃类混合物，支链烷烃较多，分子量范围大多集中在 85~130，因此烷基化油的辛烷值较高，饱和蒸气压较低，氧化安定性较好，是一种理想的高辛烷值汽油调和组分。

2. 工艺流程

LZHQC-ALKY 碳四烷基化技术包含原料预处理、烷基化反应、闪蒸及压缩制冷、反应产物精制、反应产物分馏 5 个主要部分以及配套的辅助系统、公用工程系统等，如图 3-11 所示。

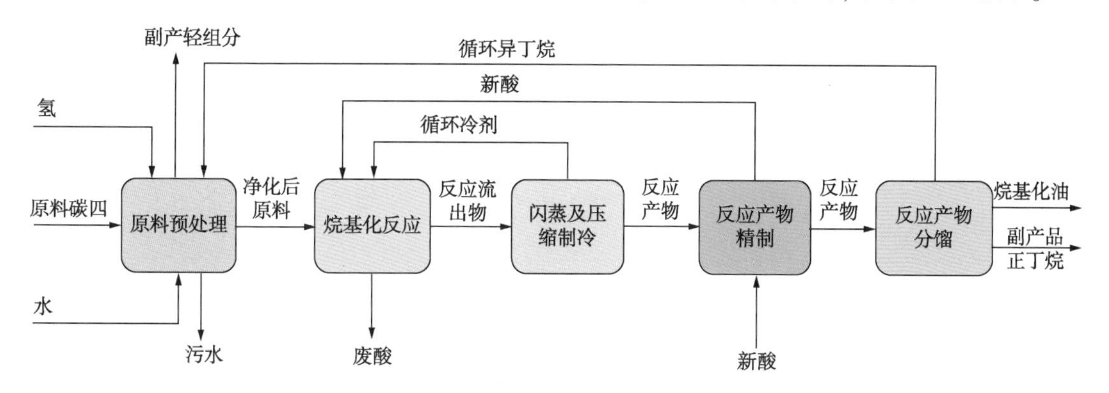

图 3-11　LZHQC-ALKY 碳四烷基化技术主要工序框图

1) 原料预处理

LZHQC-ALKY 碳四烷基化技术通常使用的原料为醚后碳四，且原料碳四中异丁烷与碳四烯烃的物质的量比不小于 1.05，原料中所含少量杂质，如水、甲醇、二甲醚、丁二烯、硫化物、乙烯等均对烷基化反应不利，会造成副反应增加、酸耗增大、烷基化油的品质降低，原料预处理工序的主要目的是脱除这些杂质。

醚后碳四中的甲醇等含氧化合物会与硫酸反应形成酸油、酸酯，引起酸耗增加，降低烷基化油的收率和辛烷值，同时酸酯在高温下还会分解、腐蚀设备。一般工业上的措施是加大 MTBE 装置操作管理的力度，降低醚后碳四中甲醇等含氧化合物的含量。预处理工序杂质控制要求见表3-15，表3-16列出了杂质对酸耗的影响。

进入烷基化反应器物料中的水会稀释降低浓硫酸的浓度，增加浓硫酸的消耗量，必须控制。

在以浓硫酸为催化剂的碳四烷基化反应过程中，丁二烯不与异丁烷发生烷基化反应，而是与硫酸生成酯类或重质叠合物(ASO)，造成烷基化产物的收率和辛烷值下降，干点上升。一般LPG中均含有一定量的丁二烯，如果丁二烯含量超过0.1%(质量分数)，要采取措施脱除丁二烯。

乙烯主要是LPG原料中夹带进来的杂质。在以浓硫酸为催化剂的碳四烷基化反应过程中，乙烯不与异丁烷发生烷基加成反应，而是与硫酸反应生成酸性酯类物质，增加浓硫酸消耗量。

硫化物特别是硫醇类对浓硫酸有较强的稀释作用，引起浓硫酸浓度下降，增大酸耗，同时过高的硫化物含量会加速聚合等副反应的发生。目前，烷基化装置没有脱除硫化物的措施，一般是加大LPG双脱装置的操作管理，使进入烷基化装置的LPG中总硫含量满足要求。

表3-15　预处理工序杂质控制要求

原料中的杂质	影响	产品质量控制要求	酸耗控制要求	建议方案
硫化物	酸耗	≤50mg/kg	≤20mg/kg	上游控制
水	酸耗		≤30mg/kg	聚结或干燥
丁二烯	酸耗，产品质量	≤0.1%	≤100mg/kg	选择性加氢
乙烯	酸耗，产品质量	≤0.1%	≤100mg/kg	脱轻组分
二甲醚	酸耗		≤50mg/kg	脱轻组分
甲醇	酸耗		≤50mg/kg	上游控制/水洗
MTBE	酸耗		≤50mg/kg	上游控制

表3-16　杂质对酸耗的影响

序　号	杂质名称	酸耗，kg硫酸/kg杂质	序　号	杂质名称	酸耗，kg硫酸/kg杂质
1	水	约9.8	7	乙醇	约19.2
2	乙烯	约28.2	8	MTBE	约9.3
3	乙炔	约11.2	9	甲硫醇	约29
4	二甲醚	约12.5	10	乙硫醇	约15.8
5	丁二烯	约8.3	11	硫化物	约29.3
6	甲醇	约26.1			

醇类杂质通常用水洗方式脱除；丁二烯用选择性加氢的方式去除，加氢催化剂一般为钯系催化剂；乙烯、乙炔、二甲醚等脱轻组分一般用脱轻塔从塔顶脱除；通常采用降低温度的办法减少水在碳四原料中的溶解度然后用聚结器脱除。此外，采用分子筛干燥脱水效果较好，但工艺复杂，能耗较高。

2）烷基化反应

如图3-12所示，经预处理后的原料碳四与循环冷剂一起进入烷基化反应器，在0.5MPa、7℃的条件下，与浓硫酸充分混合发生烷基化反应，反应后的酸烃混合物上升至酸沉降罐，通过其内装的聚结内件进行酸烃分离，分离出的反应产物进入烷基化反应器管程，部分汽化带走反应热后进入闪蒸及压缩制冷部分，酸则返回反应器循环使用。

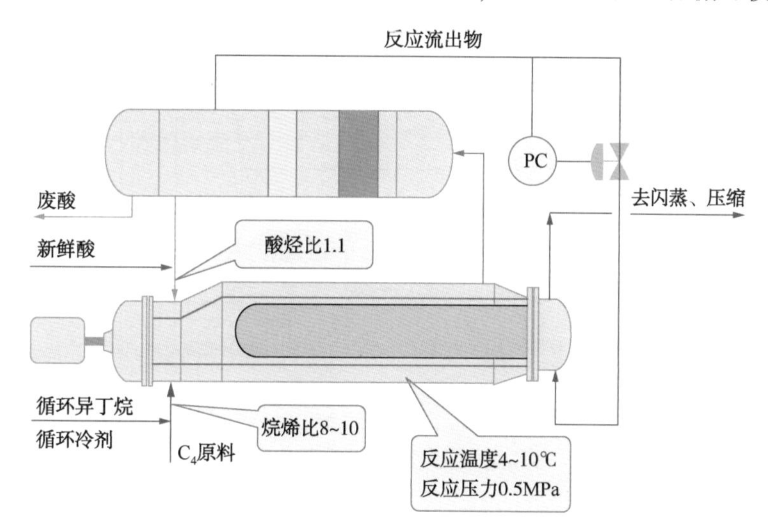

图 3-12　LZHQC-ALKY 碳四烷基化技术反应工序简图

3)闪蒸及压缩制冷

反应产物与循环制冷的异丁烷在 0.02MPa 下进行闪蒸，闪蒸出的气相经压缩机加压、空冷器冷凝后，返回闪蒸罐循环制冷；闪蒸出液相中的反应产物与反应器进料换热后进入反应产物精制部分，循环冷剂则送至烷基化反应器为其提供冷量。制冷系统中逐渐富集的轻组分间歇外甩送至反应产物精制部分碱洗。

4) 反应产物精制

反应产物经酸洗脱除其中残留的硫酸酯类，经碱洗脱除酸洗后残留的硫酸及其他酯类，经水洗脱除碱洗后残留的碱液后，送至反应产物分馏部分。制冷系统外甩的产品脱轻组分经碱洗后送至脱轻烃塔脱除。酸洗、碱洗、水洗过程中的酸、碱、水与烃混合物通过罐内聚结内件进行分离。

反应产物经异丁烷塔脱除其中的异丁烷，经正丁烷塔脱除正丁烷后得到烷基化油。塔顶采出的异丁烷部分循环回烷基化反应器，作为反应进料的一部分，部分作为副产品送出界外；正丁烷则作为副产品送出界外。

如图 3-13 所示，原料碳四经脱甲醇、选择性加氢脱丁二烯、脱轻组分、脱水等工序脱除杂质后与硫酸混合，进入烷基化反应器，在控制烷烯比为 8~10、酸烃比为 1~1.2、反应温度为 4~10℃、反应压力为 0.5~0.6MPa 条件下进行烷基化反应，反应所需冷量由异丁烷循环压缩、闪蒸提供，反应热由反应产物部分汽化带走，反应产物经过酸洗、碱洗脱除其中残余硫酸酯及硫酸后，通过精馏塔分馏，得到产品烷基化油和副产品正丁烷。

二、工艺条件对反应的影响

1. 酸烃比

在硫酸法碳四烷基化反应器中，酸为连续相，烃为分散相，通过机械搅拌形成酸烃乳

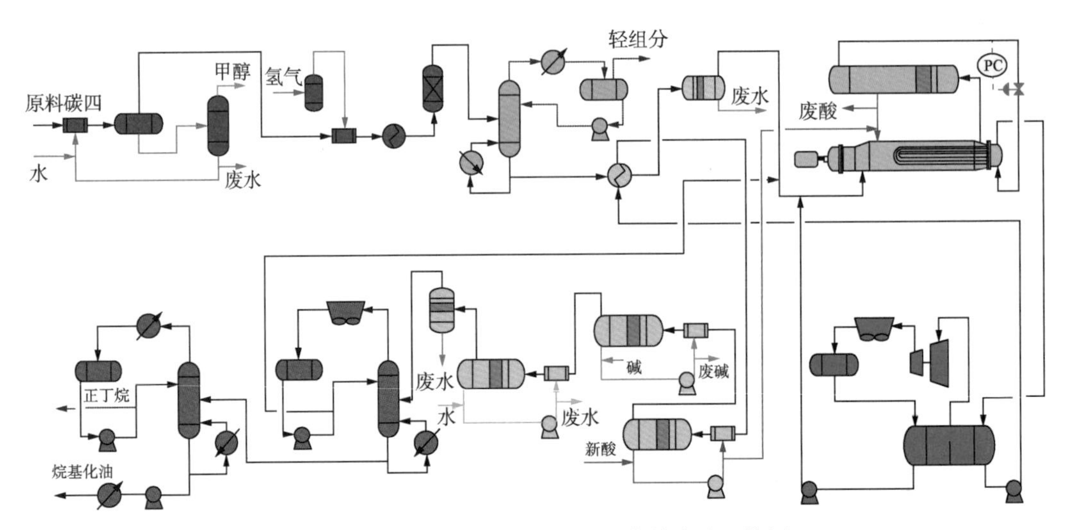

图 3-13 LZHQC-ALKY 碳四烷基化技术流程简图

化液，酸烃比对酸烃乳化程度影响较大，一般酸烃比控制在 1.05~1.2 之间，反应速率由异丁烷在酸相中的传质速率决定。过高的酸烃比不但会增大搅拌的功率，而且会使酸烃乳化困难，还有可能造成搅拌电动机过载，触发联锁保护停车。当酸烃比小于 1 时，烃为连续相、酸为分散相，会使酸烃分离困难，酸耗增大或物理携带(物理跑酸)。结构合理的反应器，可使反应器中酸烃分散更加均匀，酸烃乳化程度更加理想，烷基化反应更加高效。

2. 烷烯比

原料的烷烯比是指进装置原料中异丁烷与总烯烃的物质的量比。在烷基化反应中，异丁烷与烯烃是等分子反应，但是由于少量异丁烷不可避免地随产品烷基化油和正丁烷带出装置，因此要求进装置原料中异丁烷分子略多于烯烃分子。一般要求进装置原料中的烷烯比在 1.05 以上。

在反应器中酸烃乳化良好的前提下，碳四烯烃在酸相中除与异丁烷发生烷基化反应外，碳四烯烃也会在酸相中发生聚合反应生成酸溶性油，且聚合反应产生酸溶性油的速率较高，导致酸耗增加，产品烷基化油质量和收率下降。由于异丁烷在酸中的溶解度比烯烃的溶解度低，为了得到期望的烷基化反应，需在反应器中保持较高的异丁烷浓度，抑制烯烃聚合反应的发生。如图 3-14 所示，异丁烷与丁烯的比例(烷烯比)越高，副反应烯烃—烯烃聚合发生的可能性越小，烷基化油的质量和收率会提高，酸耗也会降低。工业生产中，烷烯比是一个重要的工艺参数，随着烷烯比的增加，烷基化产物中 C_8 烷烃含量、三甲基戊烷(TMP)含量和辛烷值增加，但烷烯比在 9 以上，增加幅度变缓。为达到较好的烷基化效果并降低能耗，工业上一般控制反应器进料碳四中的烷烯比为 8~10，大多采用 8.6，使反应产物中的异丁烷浓度达到 65%以上。

3. 硫酸浓度

硫酸作为烷基化反应的催化剂，硫酸的浓度对烷基化油的辛烷值及收率有直接的影响。酸浓度较低，易发生聚合等副反应，不但降低烷基化油的辛烷值，而且增加酸耗。硫酸浓度低于 90%，反应物料对设备的腐蚀比较严重，当硫酸浓度低于 85%时，硫酸作为烷基化反应催化剂的作用将显著下降，硫酸将与烯烃反应，造成酸的化学携带，设备严重腐蚀。如图 3-15 所示，酸浓度为 95%~96%时烷基化反应的选择性最好，但酸浓度总体对产品辛烷值的影响较小，过高的排酸浓度会使酸耗显著增加，能耗增大。工业生产过程中，合适的硫酸浓度为 89%~99%。一般控制进入反应器的新硫酸的浓度达到 98%以上，待硫酸浓度降为 90%时排出废酸，通常的做法是连续不断地补充少量新鲜浓硫酸，连续不断地排出少量废酸，保持反应器中的硫酸浓度为 90%~93%。

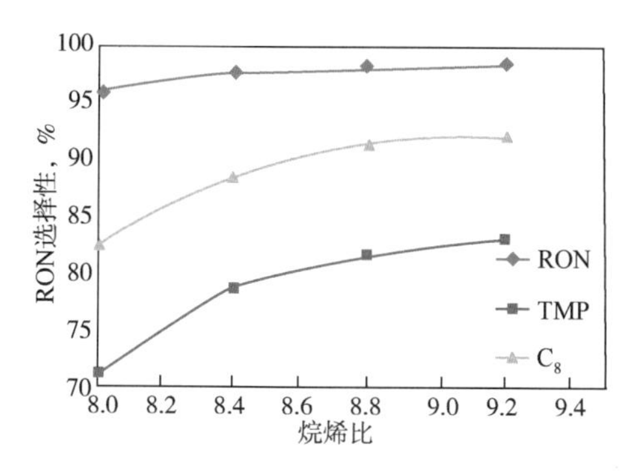

图 3-14　烷烯比对烷基化反应的影响

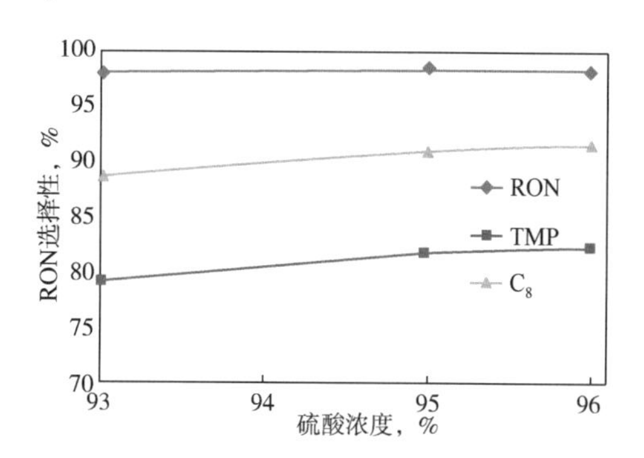

图 3-15　硫酸浓度对烷基化反应的影响

4. 反应温度

烷基化反应为放热反应，较低的反应温度有利于烷基化反应进行。一般硫酸烷基化的反应温度为 2~15℃。较低的反应温度，可抑制反应物料中聚合等副反应的发生，提高烷基化油产品的质量和收率，产品的辛烷值也相对较高。如图 3-16 所示，随着反应温度的升高，烷基化反应的选择性和产品辛烷值明显下降。有资料显示，反应温度从 2℃增加到 10℃，烷基化油产品辛烷值将降低 2~3。反应温度过高，反应速率增快，烯烃的聚合反应等副反应增多，使烷基化油产品的辛烷值下降，收率降低，设备腐蚀加剧；反应温度过低，会导致化学反应速率降低，反应物料黏度增加，酸烃分散乳化困难，反应不完全，烷基化油产品质量变差，收率降低。工业生产中反应温度一般采用 4~10℃，通常控制在 7℃左右。

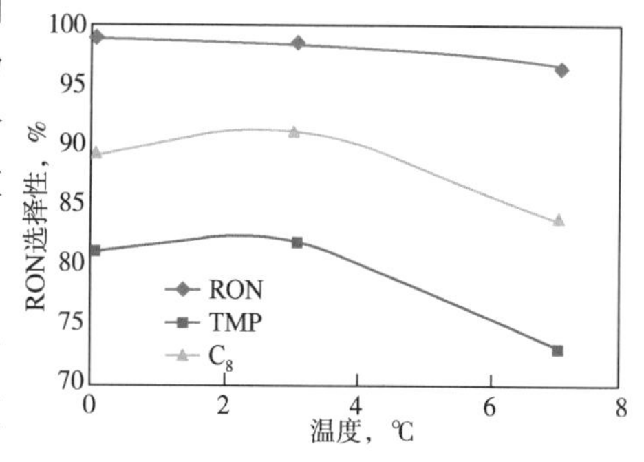

图 3-16　反应温度对烷基化反应的影响

5. 反应压力

LZHQC-ALKY 硫酸法碳四烷基化反应为全液相反应，反应压力应保证反应器内为全液相，一般控制在 0.5MPa。反应压力过低，反应器和酸沉降罐内会发泡，造成酸烃乳化效果差、振动、反应不完全、酸烃分离困难、酸耗高等不利影响。影响酸物理携带损耗的主要因素有：反应操作压力过低、机械搅拌强度过大(过乳化)和酸烃比过低。

影响酸化学携带损耗的主要因素有烷烯比过低、反应器进料中杂质较多、反应温度高，以及反应器内物料分散不好，混合不均匀。

三、关键设备

LZHQC-ALKY 硫酸法碳四烷基化反应器为卧式偏心双支点内置 U 形管换热器式搅拌反应器，属Ⅱ类压力容器，是兰州寰球工程有限公司的专利设备。如图 3-17 所示，反应器由壳体、内筒、U 形换热管束、进料分布器、搅拌器、双端面机械密封、导向盘、防爆电动机组成，主体材料为碳钢，搅拌器为镍、铜、硅合金。

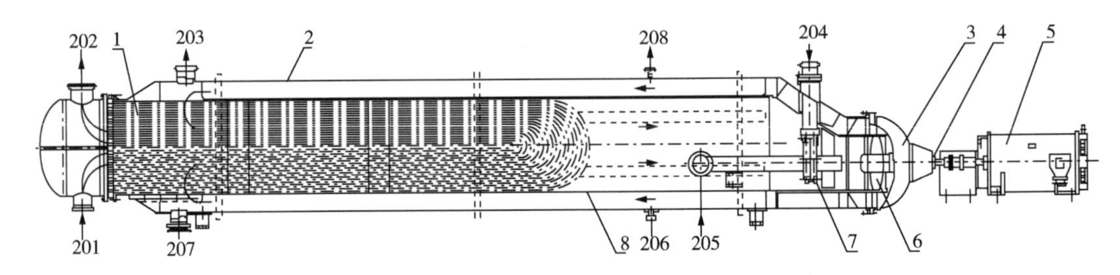

图 3-17　LZHQC-ALKY 碳四烷基化反应器简图

1— U 形管换热管束；2—安全阀本体；3—导向盘；4—密封系统；5—电动机；6—螺旋桨；7—原料分散管；8—内循环套筒；201—冷剂入口；202—冷剂出口；203—反应产物及酸出口；204—原料进口；205—循环酸入口；206—废酸出口；207—混合物出口；208—安全阀口

四、工业应用情况

采用 LZHQC-ALKY 硫酸法碳四烷基化技术建成的工业化装置已有 28 套，其中中国石油有 6 套，分别是辽阳石化的 16×10^4t/a 烷基化装置、大庆炼化的 30×10^4t/a 烷基化装置、宁夏石化的 16×10^4t/a 烷基化装置、大庆石化的 22×10^4t/a 烷基化装置、兰州石化的 20×10^4t/a 烷基化装置、庆阳石化的 16×10^4t/a 烷基化装置。工业应用实践表明，LZHQC-ALKY 硫酸法碳四烷基化技术成熟可靠。表 3-17 和表 3-18 分别列出了工艺技术指标和产品技术指标。

表 3-17　工艺技术指标

类　别	LZHQC-ALKY	类　别	LZHQC-ALKY
工艺类型	流出物制冷工艺	新鲜硫酸浓度,%	99. 2/98
反应器形式	卧式反应器	排出废酸浓度,%	90
反应器能力，10^4t/a	8~10	基础酸耗，kg/t 烷基化油	50/60①
内件形式	带搅拌内冷管束	装置能耗，kg 标准油/t 烷基化油	≤105
换热方式	管束间接撤热	反应压力，MPa	0. 5
反应温度,℃	4~10		

① 不同的新鲜硫酸浓度对应于不同的酸耗。

表 3-18　产品技术指标

项　目	质量指标	分析方法
终馏点,℃	≤200	GB/T 6536
碘值，g I/100g	≤8	
实际胶质，mg/100mL	≤4. 0	GB/T 8019

续表

项 目	质量指标	分析方法
水溶性酸或碱	无	GB/T 259
颜色	水白色	目测
机械杂质及水分	无	目测
雷德蒸气压，kPa	≤40	GB/T 8017
铜片腐蚀(50℃，3h)，级	≤1	GB/T 5096
产品硫含量，mg/kg	≤5	SH/T 0689
RON	≥97	GB/T 5487
马达法辛烷值(MON)	94±0.5	GB/T 503、GB/T 5487

LZHQC-ALKY 硫酸法碳四烷基化技术具有以下特点：

（1）该技术获得多项专利，中国石油拥有自主知识产权。

（2）该技术经中国石油专家鉴定认为，技术总体达到国际先进水平。

（3）该技术已在国内转让 28 套，其中中国石油 6 套均已投产，技术成熟可靠、安全环保。

（4）该技术主要设备为国内生产、国内采购，投资省，见效快。

五、技术发展

尽管硫酸烷基化技术发展已非常成熟，但在提高反应效率、降低酸耗、提升烷基化油辛烷值、装置大型化方面仍在不断进步。在硫酸烷基化过程中，异丁烷向硫酸的传质是反应的控制步骤，酸烃混合程度是影响产品质量的重要因素，特别是加工含异丁烯原料时，由于异丁烯的活性远高于正丁烯，传质强度不够将导致异丁烯的副反应增多，产品辛烷值显著降低。常规的搅拌式或填料/静态混合器型的反应器较难达到酸烃两相的快速微观混合，尤其是不能解决低温下硫酸黏度增加所带来的酸烃分散难题。因此，强化酸烃混合是改进硫酸烷基化反应过程的关键途径之一。

中国石油石化院联合北京化工大学、兰州寰球工程有限公司、辽阳石化等在现有硫酸烷基化技术基础上，成功开发新一代的超重力烷基化技术。新技术将反应单元改成以超重力反应器为核心的反应系统(图 3-18)，首创兼具瞬时微观混合与独特撤热结构的超重力烷基化反应器，可使烃物料在低温、高黏度的浓硫酸催化剂中瞬间(小于 1s)达到高度分散。通过超重力设备与后续汽化/反应/分离器的结合，解决了常规超重力设备停留时间过短的问题，并通过超重力设备内的撤热结构及物料汽化，解决了反应取热问题，实现了强传质条件下反应温度、时间可控的烷基化工艺条件。

超重力烷基化小试的典型结果见表 3-19，在超重力水平约 400*g*[1] 的条件下，酸烃得到了充分接触和传质，在与常规工业装置类似的温度、酸度、压力和酸烃比条件下，反应区的烷烯比可大幅下降，产品辛烷值比传统技术高 1~3。使用超重力烷基化技术，不仅可使

[1] *g* 表示重力加速度。

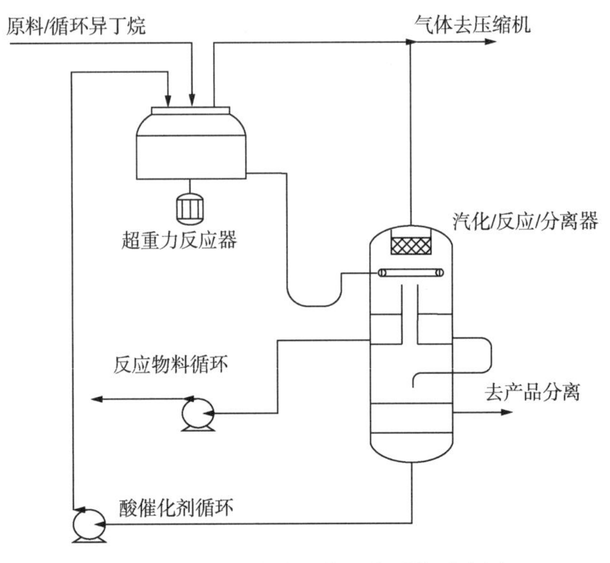

图 3-18　超重力烷基化反应系统示意图

用正丁烯作为原料，同样可以使异丁烯发生高效的烷基化反应，纯异丁烯原料可获得 RON 为 95 以上的烷基化油，催化裂化装置混合碳四的丁烯异构体组成变化范围内，烷基化油的 RON 为 96~97.5。

表 3-19　超重力烷基化试验典型工艺条件与产品性质

项　目		数　值					
工艺条件	原料 $i\text{-}C_4^=/C_4^=$	0	0	0	12%	29%	51%
	烷烯比	8	15	15	8	8	8
	循环比	10	0	10	10	10	10
产品性质	C_8 含量,%(质量分数)	91.0	81.6	92.4	84.0	82.5	79.3
	TMP 含量,%(质量分数)	81.7	74.5	83.5	73.9	70.2	67.2
	RON(计算)	98.3	97.2	98.7	97.2	96.4	95.9

中国石油在辽阳石化建设了一套 1000t/a 超重力烷基化工业侧线试验装置，并在 2021 年 8 月开始示范运行，初期运行结果见表 3-20。通过超重力过程强化，实现了微观反应场所的瞬时混合传质，有效提高了反应的选择性，使烷基化产品辛烷值(RON)比国外同类技术增加 1~3。

表 3-20　1000t/a 超重力烷基化侧线试验运行数据

原　料	醚后碳四		醚前碳四($i\text{-}C_4^=/C_4^==30\%$)
反应器出口温度,℃	5	6	5
进料烷烯比	15	15	15
物料循环比	5	1.5	10
烯烃转化率,%	>99	>99	>99

续表

原　料	醚后碳四		醚前碳四(i-$C_4^=$/ $C_4^=$ =30%)
烷基化油 RON(计算)	98.3	98.0	96.7
烷基化油干点,℃	<180	<180	191

第四节　碳四芳构化技术

随着我国化工行业产品精细化的发展、资源利用率的提高，碳四烃的综合利用越来越受到人们的关注。来源于炼厂的混合碳四除用于裂解原料、生产 MTBE 和烷基化油以外，主要用作民用 LPG 或工业燃料，深度利用率不高。随着炼厂加氢装置增多、油田轻烃和煤化工的发展，碳四轻烃越来越多，其深加工利用已成为优化化工行业的一个新焦点。碳四芳构化技术可以将混合碳四通过芳构化反应转化为芳烃，生产 BTX 或高辛烷值汽油调和组分。中国石油石化院与大连理工大学合作于 2003 年进行混合碳四临氢芳构化的研究，2009 年完成中试研究，2012 年实现工业化应用，形成混合碳四临氢芳构化生产高辛烷值汽油组分技术(Liquefied petroleum gas Aromatized to Gasoline，LAG)。

一、工艺技术特点

碳四芳构化是一系列复杂化学反应的总称，包括烯烃叠合、裂解、脱氢、氢转移、环化、芳构化、烷基化等反应。碳四芳构化反应是一个非常复杂的反应过程，其中的叠合、环化及芳构化为放热反应，烷烃裂解、脱氢为吸热反应。研究发现，以不同烯烃含量的混合碳四为原料，通过芳构化反应将其转化为混合芳烃产物，原料中烯烃含量越高，芳烃收率则越高。对碳四烃芳构化反应机理比较一致的看法是烯烃在 HZSM-5 沸石上进行芳构化反应时，如图 3-19 所示，首先发生叠合—裂解反应生成不同碳数的低碳烯烃，生成的烯烃通过氢转移反应生成二烯烃，然后二烯烃环化生成环烯烃，环烯烃通过氢转移反应生成芳烃。低碳烯烃的芳构化反应过程属于典型的正碳离子链式反应机理[36]。

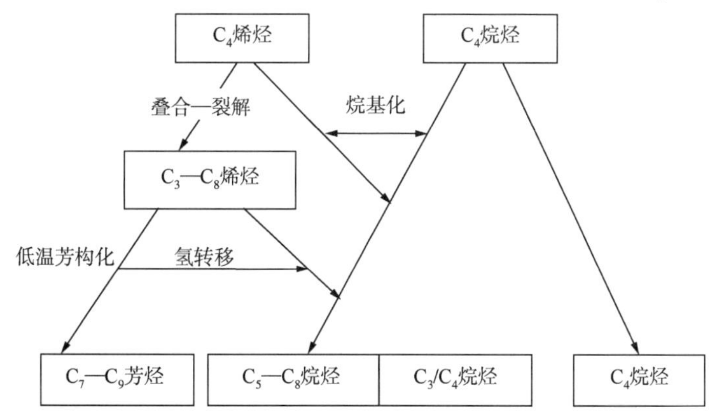

图 3-19　混合碳四烃芳构化生成汽油组分反应网络

以碳四芳构化反应生成碳八烃为例，其反应过程如下[2-3]。

（1）叠合与环化反应：

$$\left\{\begin{array}{l} CH_3-C(=CH_2)-CH_3 \\ CH_3-CH=CH-CH_3 \end{array}\right\} \longrightarrow \left\{\begin{array}{l} H_2C=CH-CH(CH_3)-CH(CH_3)-CH=CH_2 \\ H_3C-CH=CH-CH_2-CH(CH_3)-CH=CH_2 \end{array}\right\} \longrightarrow \left\{\begin{array}{l} \text{(1,3-dimethylcyclohexene)} \\ \text{(1,3-dimethylcyclohexane)} \end{array}\right\}$$

（2）低温下发生氢转移反应：

$$\left\{\begin{array}{l} \text{(1,3-dimethylcyclohexene)} \\ \text{(1,3-dimethylcyclohexane)} \end{array}\right\} \xrightarrow[\text{催化剂}]{+RCH_3=CH_2} \text{(m-xylene)} + RCH_2-CH_3$$

（3）高温下发生脱氢反应：

$$\left\{\begin{array}{l} \text{(1,3-dimethylcyclohexene)} \\ \text{(1,3-dimethylcyclohexane)} \end{array}\right\} \xrightarrow[\text{催化剂}]{\text{高温}} \text{(m-xylene)} + H_2$$

（4）C_4烯烃与异丁烷发生烷基化反应：

$$H_3C-CH(CH_3)-CH_3 + H_3C-CH=CH-CH_3 \longrightarrow H_3C-C(CH_3)_2-CH(CH_3)-CH_2-CH_3$$

LAG技术采用中国石油石化院与大连理工大学合作开发的改性纳米ZSM-5分子筛催化剂(SHY-DL催化剂)和固定床碳四芳构化工艺，使混合碳四通过烯烃芳构化、烷基化反应转化为富含芳烃的混合物，可用作高辛烷值汽油调和组分，副产丙/丁烷可作为优质的蒸汽裂解制乙烯原料。

LAG技术的工艺流程如图3-20所示，该工艺包括原料预处理、芳构化反应、气体分离、产品分离等单元，采用2~3台芳构化反应器进行反应—再生切换连续操作。

原料预处理：混合碳四原料通过磷酸二氢钠溶液进行碱洗和水洗，除掉原料中少量的碱性氮和残留磷酸二氢钠、微量甲醇，避免催化剂中毒。

芳构化反应：预处理后的混合碳四原料与部分干气混合后进入固定床反应器，反应器内装填纳米分子筛芳构化催化剂，在氢油体积比为50~100、反应温度为360~400℃、反应压力为1.5~2.5MPa、进料体积空速为0.8~1.5h^{-1}的条件下进行芳构化反应。采用2~3台固定床反应器切换操作，1~2台反应器进行芳构化反应，1台反应器进行催化剂再生。

气体分离：反应产物经与原料换热冷却后进入吸收—解吸系统，用芳构化产物油循环吸收干气中的碳三及以上组分。干气中氢气含量较高，部分循环作为临氢气体进料，部分

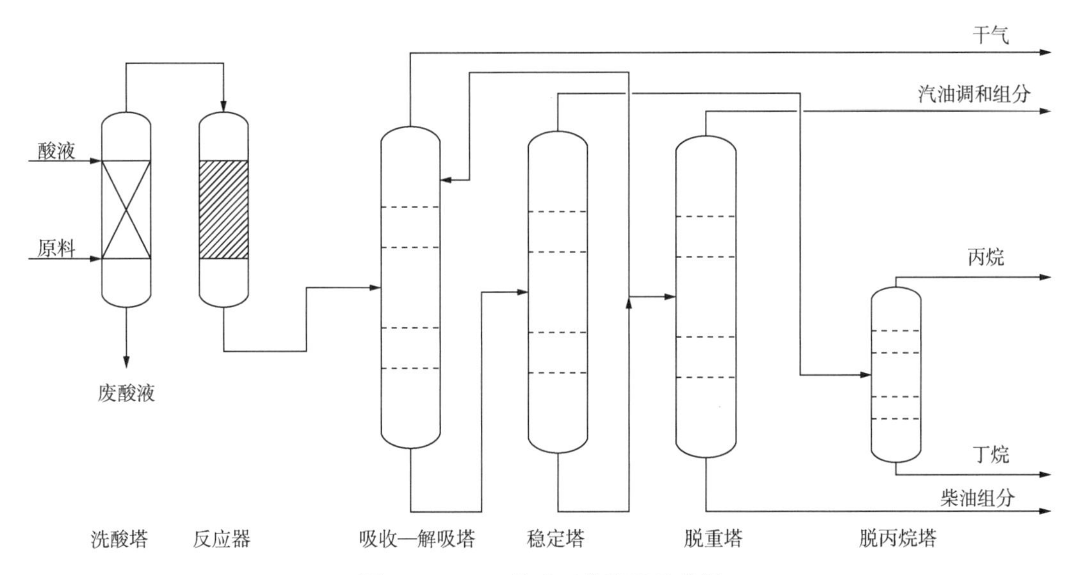

图 3-20　LAG 技术工艺流程示意图

排出装置。

产品分离：从吸收—解吸系统流出的液相部分进入稳定塔，稳定塔主要将物料分离成 LPG 馏分和汽柴油馏分，汽柴油馏分部分循环至吸收—解吸系统作为吸收剂，部分进入脱重塔脱除柴油馏分后得到高辛烷值汽油组分。稳定塔顶馏出的 LPG 馏分根据需要进入脱丙烷塔分离得到丙烷和丁烷，也可不进行分离直接作为裂解制乙烯的原料。

LAG 技术主要具有以下几方面特点：

(1) 利用纳米分子筛孔道短、孔口多、容炭能力强的特性，制备出抗积炭能力强的 SHY-DL 催化剂，解决了碳四芳构化催化剂失活快的技术难题。SHY-DL 催化剂具有活性高、抗积炭能力强、单周期寿命长(2~3 月)的特点，总使用寿命达 2 年以上。

如图 3-21 示，常规微米分子筛晶粒为 1~30μm，LAG 技术中使用的纳米分子筛晶粒为 20~50nm，远小于前者。纳米分子筛孔道短、孔口多，内表面利用率高，积炭不易堵塞，是芳构化催化剂活性高、抗积炭失活能力强、单程运转周期长的根本原因。

(2) 将纳米分子筛芳构化催化剂与临氢固定床反应工艺相结合，充分发挥了固定床反应工艺简单、易于控制和工业化的优势，通过临氢进一步抑制了催化剂积炭速率，延长了催化剂运转周期。如图 3-22 所示，非临氢芳构化催化剂积炭速率是临氢芳构化的 3~4 倍，临氢可有效抑制烯烃在催化剂表面聚合结焦。

(3) 利用芳构化反应的内部氢转移供氢机制，将部分中间产物中的烯烃饱和为烷烃，由于异丁烷比正丁烷更活泼、更容易转化，部分异丁烷与丁烯进行烷基化反应，进一步增加了汽油组分收率。

(4) 碳四芳构化反应工艺原料来源广泛，碳四原料可以是炼厂和化工厂副产的不同烯烃含量的碳四馏分，且烯烃含量越高，高辛烷值汽油组分收率越高。另外，反应气相产物以丙烷和丁烷为主，属于较好的乙烯裂解原料。

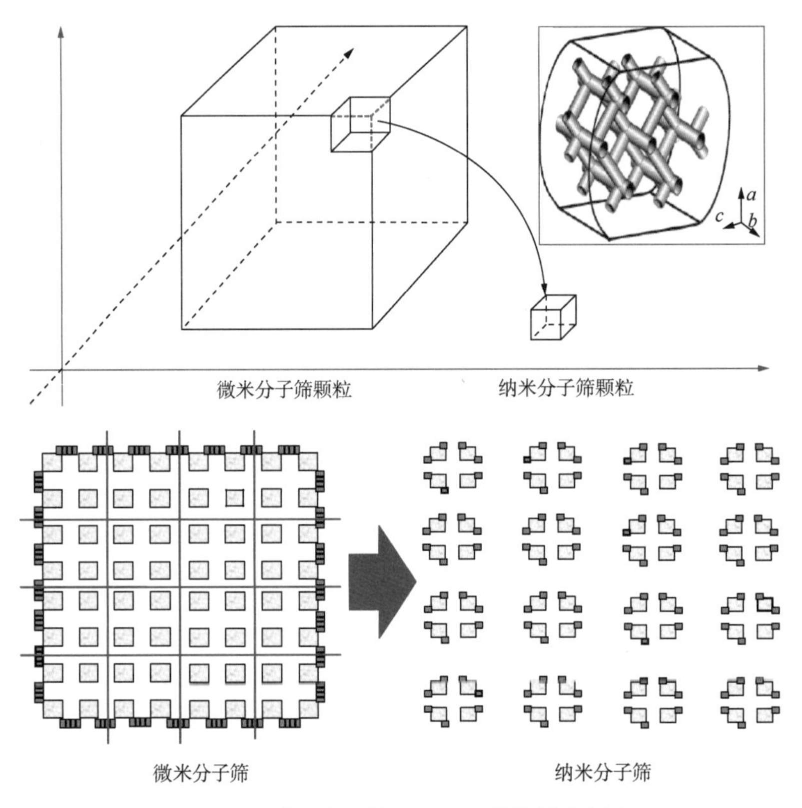

图 3-21　纳米分子筛 SHY-DL 催化剂示意图

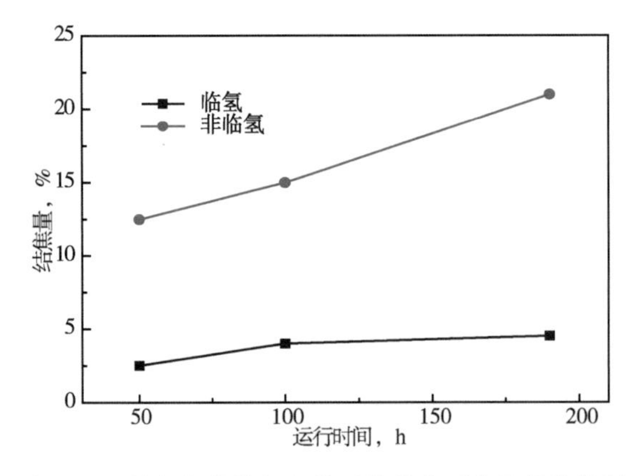

图 3-22　临氢与非临氢条件下芳构化反应及积炭情况

二、催化剂

1. 催化剂设计理念

混合碳四芳构化反应主要是丁烯进行芳构化反应，其特点是强放热、结焦快，普遍采用的大晶粒微米 ZSM-5 沸石分子筛催化剂，存在抗积炭能力差、单程运行寿命短、干气生成量大的问题。在贵金属改性沸石分子筛催化剂上又存在抗中毒能力差、原料需要加氢预处理，单程使用周期短频繁再生，工艺过程复杂、投资大和操作费用高等问题，存在着芳构化反应温度过高、能耗大、技术经济性等缺点。因此，碳四芳构化催化剂需要抗积炭能力强、不使用贵金属且能在较低温度下进行反应，减少干气生成量。

2. 催化剂研发

设计合成了不同尺寸分子筛晶粒的芳构化催化剂，对其芳构化活性进行了评价，结果如图 3-23 所示。从图 3-23 中可以看出，分子筛晶粒越小，其芳构化活性稳定性越好，特别是在临氢条件下，当分子筛晶粒为 20~50nm 时，其催化剂的芳构化活性在 1100h 的运行中降低幅度很小，可满足固定床反应工艺要求。纳米化使纳米沸石外表面酸量在总酸量中所占的比例由微米沸石的 3%~10%上升到 20%~30%。外表面酸量是指由于纳米分子筛晶体堆积而产生的介孔位置的酸中心，这些介孔的几何空间大于分子筛晶体内部的微孔空间。

纳米分子筛的初级晶粒为 20~50nm，无外力下呈团聚态(图 3-24)。纳米分子筛催化剂的特点是孔道短、孔口多，因此纳米分子筛催化剂芳构化性能更稳定。制备的纳米分子筛 SHY-DL 催化剂主要物理性质见表 3-21。

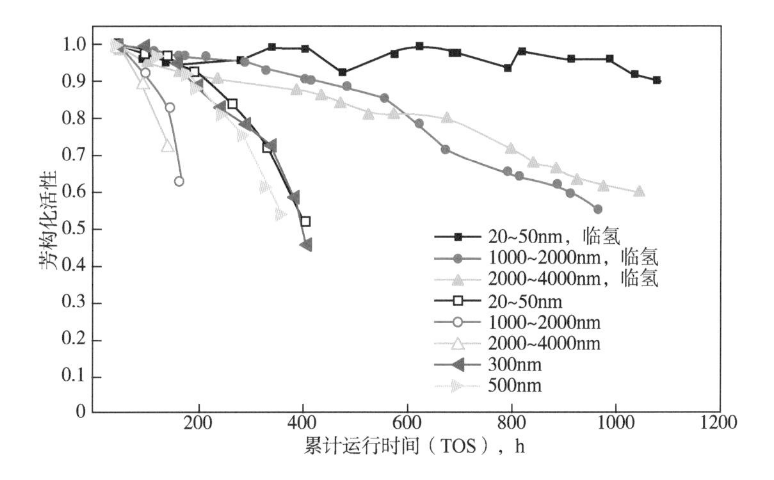

图 3-23　分子筛晶粒对碳四芳构化活性的影响

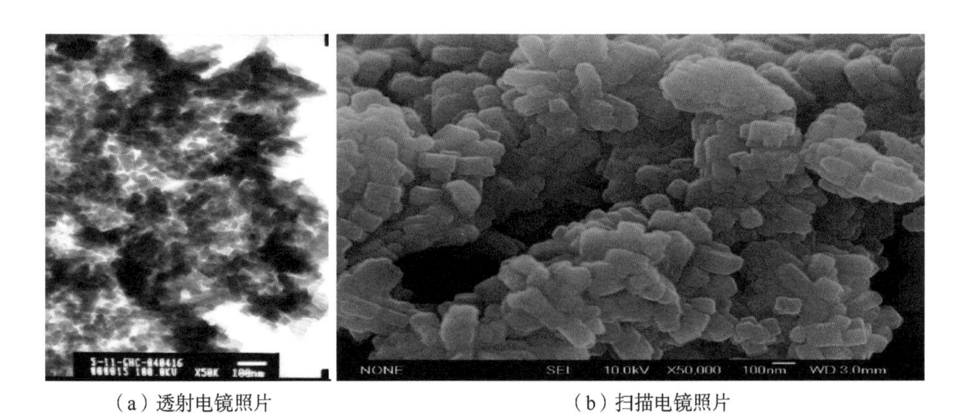

（a）透射电镜照片　　（b）扫描电镜照片

图 3-24　纳米分子筛 SHY-DL 催化剂电镜照片

表 3-21　SHY-DL 催化剂主要物理性质

项　目	指　标	项　目	指　标
基体结构	纳米分子筛	侧压强度，N/cm	>150
基本组成	纳米 ZSM-5+Al_2O_3	堆密度，g/mL	0.62~0.65
颗粒外形，mm×mm	圆柱条，(ϕ1.8~2.0)×(3~10)	比表面积，m^2/g	300~320
		孔体积，mL/g	0.25~0.30

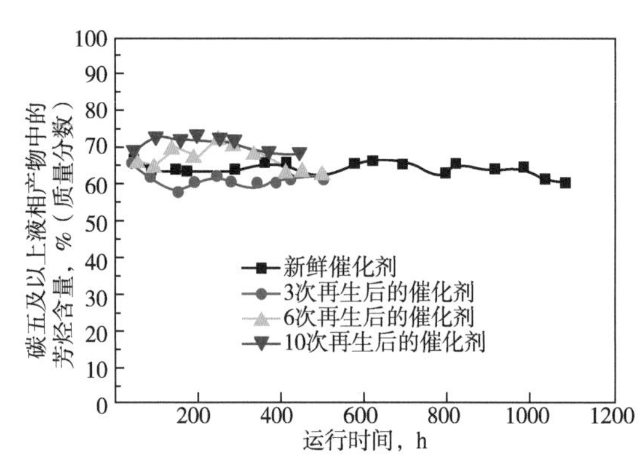

图 3-25　多次再生催化剂的混合碳四芳构化性能

图 3-25 为催化剂的再生性能考察，可以看出新鲜催化剂和几次再生后的催化剂活性高、稳定性好、抗积炭能力强，反应 500h 后，催化剂活性变化很小。与新鲜催化剂相比，再生后的催化剂活性基本保持一致，再生重复性好。引起分子筛催化剂失活的原因可能有积炭失活、分子筛骨架破坏和活性中心损失等，SHY-DL 催化剂经多次再生后可恢复其催化活性，而且再生重复性好，说明该催化剂失活是由积炭造成的，可通过烧炭再生恢复活性。

3. *原料中杂质的影响*

混合碳四原料含有二烯烃、碱性氮等微量杂质，过高的二烯烃含量容易结焦造成催化剂快速失活，碱性氮会造成催化剂酸性减弱。考察了二烯烃和碱性氮对 SHY-DL 催化剂活性稳定性的影响。

混合碳四原料中丁烷含量为 43.33%(质量分数)，丁烯含量为 55.41%(质量分数)，丁二烯含量 2900mg/kg。为了对比二烯烃对催化剂活性稳定性的影响，对该混合碳四原料进行加氢预处理脱除二烯烃，脱除二烯烃后的精制碳四丁烷含量为 63.66%(质量分数)，丁烯含量为 36.34%(质量分数)，丁二烯未检出。加氢预处理基本上将丁二烯完全脱除，但烯烃损失严重(主要是正丁烯、异丁烯和反-2-丁烯含量减少。对两种原料在相同条件下进行评价，结果如图 3-26 所示。从图 3-26 可以看出，当碳四原料中含有 2900mg/kg 的二烯烃时，对催化剂的活性稳定性有影响，但影响不大。一般炼厂的混合碳四原料均不需要加氢预处理即可直接使用，从而简化了原料预处理流程。

通过改变混合碳四原料中的碱性氮含量(酸洗除氮或注入正丁胺)发现，碱性氮是 SHY-DL 催化剂的毒物，如图 3-27 所示。混合碳四原料中的总氮含量为 27mg/kg。用弱酸性溶液洗涤后降为 2.47mg/kg，这说明原料中含有的氮化物基本上都是碱性氮。从图 3-27 中可以发现，随着反应进料中的碱性氮含量增加，SHY-DL 催化剂的活性稳定性明显下降。而且碱性氮化物的含量越高，催化剂的失活速度越快。因此，为了有利于催化剂芳构化性能的发挥，需采用磷酸二氢钠弱酸性水溶液洗涤的方法对原料 LPG 进行洗涤净化处理。

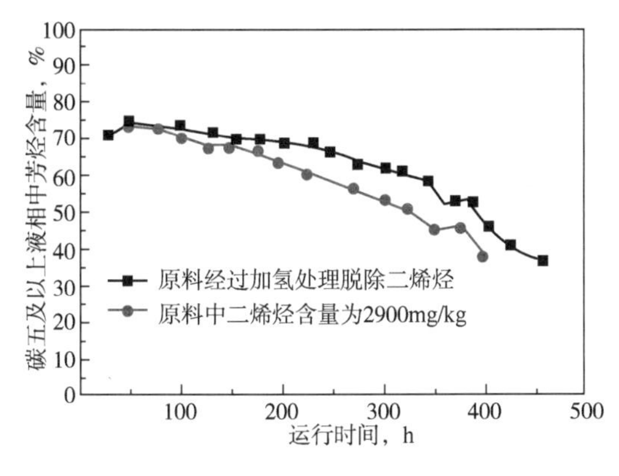

图 3-26 二烯烃含量对 SHY-DL 催化剂活性稳定性的影响

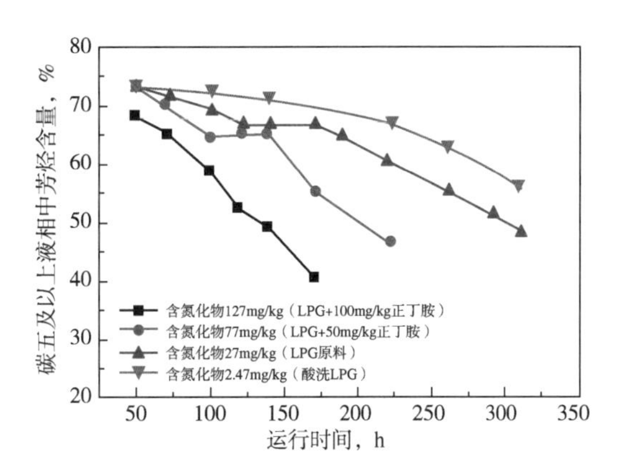

图 3-27 原料中碱性氮对 SHY-DL 催化剂活性稳定性的影响

4. 工艺条件

1）临氢的影响

碳四临氢芳构化反应过程中不饱和碳四是主要的活性组分，氢气的存在是影响反应过程的因素。碳四芳构化反应工艺过程基本不耗氢，临氢的目的在于减缓催化剂的结焦速率和延长催化剂的运行周期。碳四非临氢芳构化反应工艺的催化剂结焦速度是临氢芳构化反应工艺的3~4倍。如图3-28所示，临氢芳构化反应过程中催化剂结焦速度缓慢，临氢可有效地抑制烯烃在催化剂表面发生聚合和结焦反应，从而增加了催化剂的活性稳定性，延长了催化剂的使用寿命。

2）反应温度的影响

芳构化反应为放热反应，反应温度是影响催化剂性能的最敏感条件，如图3-29显示，在340~400℃范围内，随着反应温度的升高，碳五以上馏分的收率降低，干气收率增加，但考虑到碳五以上馏分中芳烃含量的显著影响，碳四临氢芳构化反应温度控制在360~400℃之间。

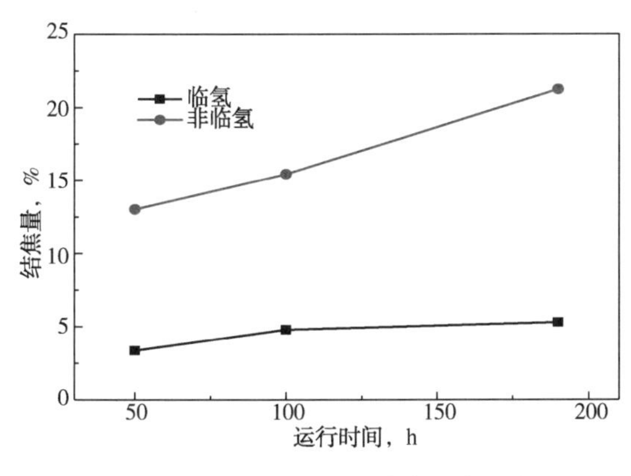

图 3-28 临氢与非临氢条件下催化剂结焦量与时间的关系

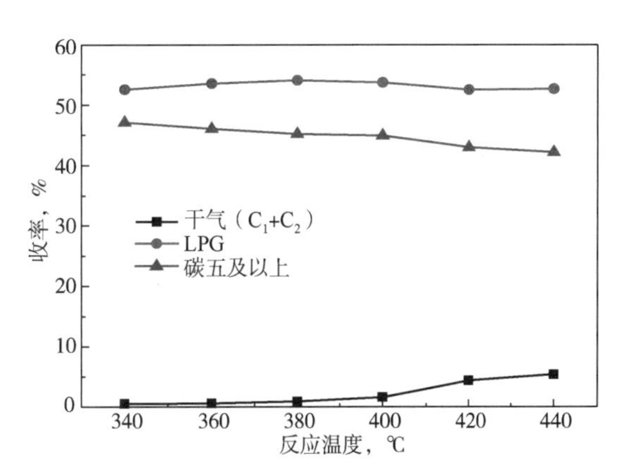

图 3-29 反应温度对催化剂性能的影响

图 3-30 和图 3-31 显示了反应温度对芳构化产物中干气及 LPG 组分的影响。甲烷和乙烷的收率随反应温度的升高逐渐升高，且当反应温度大于 400℃时，其收率升高较为明显。LPG 产品的丙烷、异丁烷和正丁烷是影响 LPG 裂解性能的主要组分，丙烷的收率随着反应温度的上升逐渐增大，异丁烷和正丁烷的收率逐渐降低，尤其是反应温度大于 380℃时，这种变化趋势非常明显。丙烷的裂解性能优于异丁烷，因此较高的芳构化反应温度对提高 LPG 裂解性能有利。

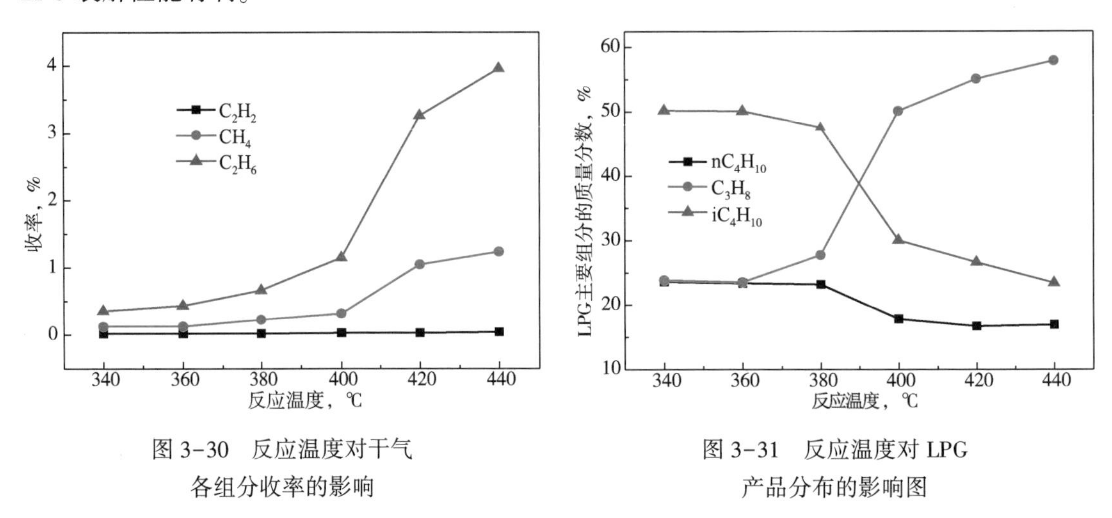

图 3-30 反应温度对干气各组分收率的影响

图 3-31 反应温度对 LPG 产品分布的影响图

图 3-32 显示了反应温度对芳构化液相产物分布的影响，芳烃含量随着温度的升高而增加。较高的反应温度有利于芳烃的生成，但同时干气收率也会相应增加，反应最佳温度为 360~400℃。

3）进料空速的影响

如图 3-33 所示，在不同进料空速条件下，碳五以上馏分中的芳烃含量随着反应时间增加而降低。较高的进料空速不但降低了催化剂的芳构化能力，而且导致催化剂快速失活。因此，一般进料空速为 $1.0h^{-1}$。

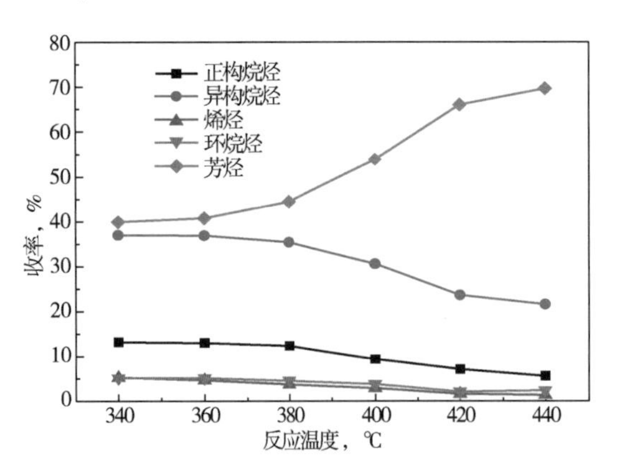

图 3-32 反应温度对液相产物分布的影响

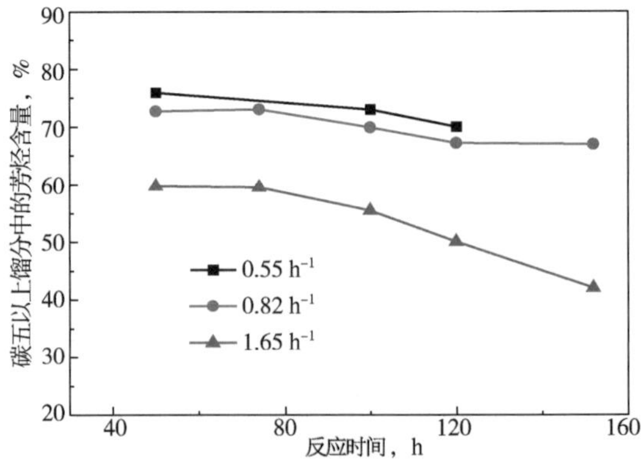

图 3-33 进料空速对催化剂稳定性的影响

4）氢油体积比的影响

如图 3-34 所示，在临氢条件下芳构化催化剂活性基本稳定，而在非临氢条件下催化剂失活较快，由于氢气存在抑制缩合、生焦等副反应。较低的氢油体积比就可以达到抑制催化剂积炭、失活的目的，过高的氢油体积比则降低了烃分子与催化剂的接触机会，不利于芳构化产物的生成。

5）催化剂长周期稳定性试验

如图 3-35 所示，在催化剂经过 1200h 的长周期芳构化反应过程中，碳四烯烃转化率达到 99%以上，干气+焦炭的平均收率小于 2%（质量分数），碳五及以上液体收率为 43%～51%（质量分数）。碳五及以上液体的芳烃含量达到 50%（质量分数）以上，烯烃含量小于 2%（质量分数），RON 和 MON 值分别为 98.8 和 87.9。LPG 中烯烃含量不大于 2%（质量分数），丙烷含量达 30%（质量分数）。催化剂经 1200h 运转后，催化剂活性基本没有下降。

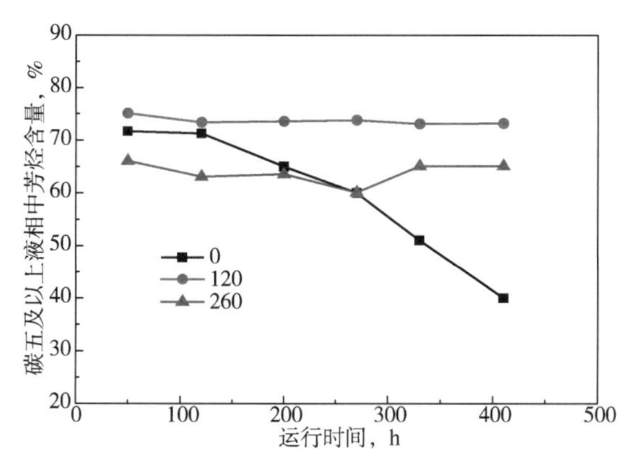

图 3-34 氢油体积比对催化剂稳定性的影响

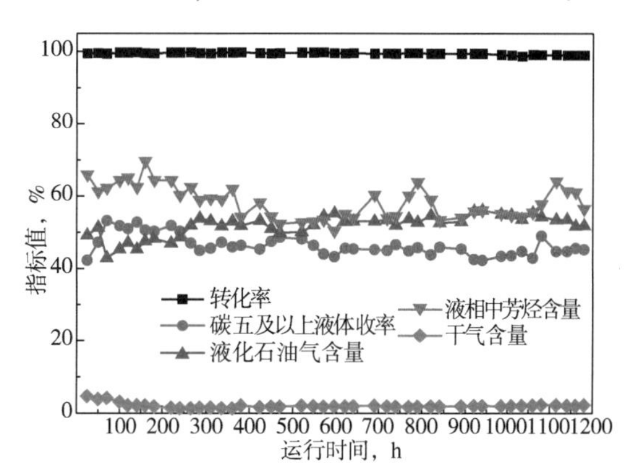

图 3-35 SHY-DL 催化剂长周期稳定性试验结果

三、工业应用

采用 LAG 技术于 2012 年 5 月在河南濮阳恒润石化公司建成 20×10^4t/a 碳四芳构化装置。该装置以醚后碳四为原料，经芳构化反应和后续产物分离系统分离，得到的干气部分循环作为临氢气体，部分作为装置燃料，同时得到 LPG、高辛烷值汽油组分和柴油组分。由表 3-22 可见，碳四烯烃转化率不低于 98.0%，汽油组分收率达 85%（质量分数）左右（以碳四中丁烯含量计），汽油的芳烃含量为 40%～50%（质量分数），RON 达 94 以上，催化剂单程运行周期在 3 个月以上。

表 3-22 20×10^4t/a 碳四芳构化装置运行结果

项　目		设计数据	实际运行
混合碳四中烯烃含量，%（质量分数）		41.16	35.33
平均分布，%（质量分数）	干气	0.92	0.87
	LPG	66.31	69.20
	汽油组分	30.65	29.00

续表

项目		设计数据	实际运行
平均分布,%(质量分数)	柴油组分	2.12	0.93
	合计	100.00	100.00
油品收率(对烯烃),%(质量分数)		79.62	84.72
催化剂单程运行周期，月		2	3

装置主要技术指标：在反应温度为360～400℃、反应压力为2.0MPa、进料空速为$1.0h^{-1}$、氢油体积比为50的临氢条件下，丁烯转化率达98%以上，干气与焦炭平均收率小于2%(质量分数)。高辛烷值汽油组分收率为80%～85%(质量分数)(占混合碳四中的丁烯含量)，其芳烃含量为40%～50%(质量分数)，RON大于94。SHY-DL催化剂的单程寿命为2～3个月，总寿命达2年以上。

第五节　碳四烯烃选择性叠合—加氢技术

2017年9月13日，国家发展和改革委员会、国家能源局等十五部门联合印发了《关于扩大生物燃料乙醇生产和推广使用车用乙醇汽油的实施方案》，明确在全国范围内推广使用车用乙醇汽油。根据GB 22030—2017《车用乙醇汽油调合组分油》和GB 18351—2017《车用乙醇汽油(E10)》，乙醇汽油中不得人为加入除乙醇外的其他含氧化合物，即不得加入MTBE和轻汽油醚化产物等。因此，炼厂将面临MTBE和轻汽油醚化装置再利用、异丁烯的利用、汽油池调和组分变化等一系列问题。碳四烯烃选择性叠合—加氢过程是利用碳四资源、生产高辛烷值汽油组分和利用闲置资产的三位一体技术。在此背景下，中国石油石化院与凯瑞环保科技股份有限公司合作进行了碳四烯烃选择性叠合—加氢制异辛烷技术(Petrochina Indirect Alkylation，PIA)开发。

一、工艺技术特点

碳四烯烃选择性叠合技术是将混合碳四中的异丁烯叠合生成异辛烯的过程，是应对乙醇汽油全面推广最受关注的技术之一。异辛烯加氢后的产品异辛烷(即三甲基戊烷)是高辛烷值汽油组分，异辛烷与MTBE相比，虽然研究法辛烷值(RON=100)有所降低，但蒸气压也大大降低。异丁烯二聚—加氢生产的异辛烷与传统的硫酸(或氢氟酸)烷基化油相比，辛烷值更高，最重要的是其生产条件温和，对设备没有腐蚀，没有废酸生成，环保性好。

异丁烯在固体酸催化剂上的叠合反应为快反应[37]，反应机理如图3-36所示。异丁烯叠合反应是典型的酸催化反应过程，催化剂主要分为传统的液体酸催化剂和固体酸催化剂。当进行酸催化反应时，一般认为该过程以正碳离子机理进行[38-42]：第一步为链引发，首先异丁烯吸附在酸中心，酸中心与异丁烯双键加成形成叔正碳离子；第二步是链增长，叔正碳离子与另外一个异丁烯分子叠合形成一个正碳离子；第三步是链终止，生成的正碳离子可能从活性中心脱附形成二异辛烯，也可能继续与异丁烯反应生成正碳离子，从而生成三聚体。同理，正碳离子也可能继续增长形成碳数更多的正碳离子，从而生成多聚体。

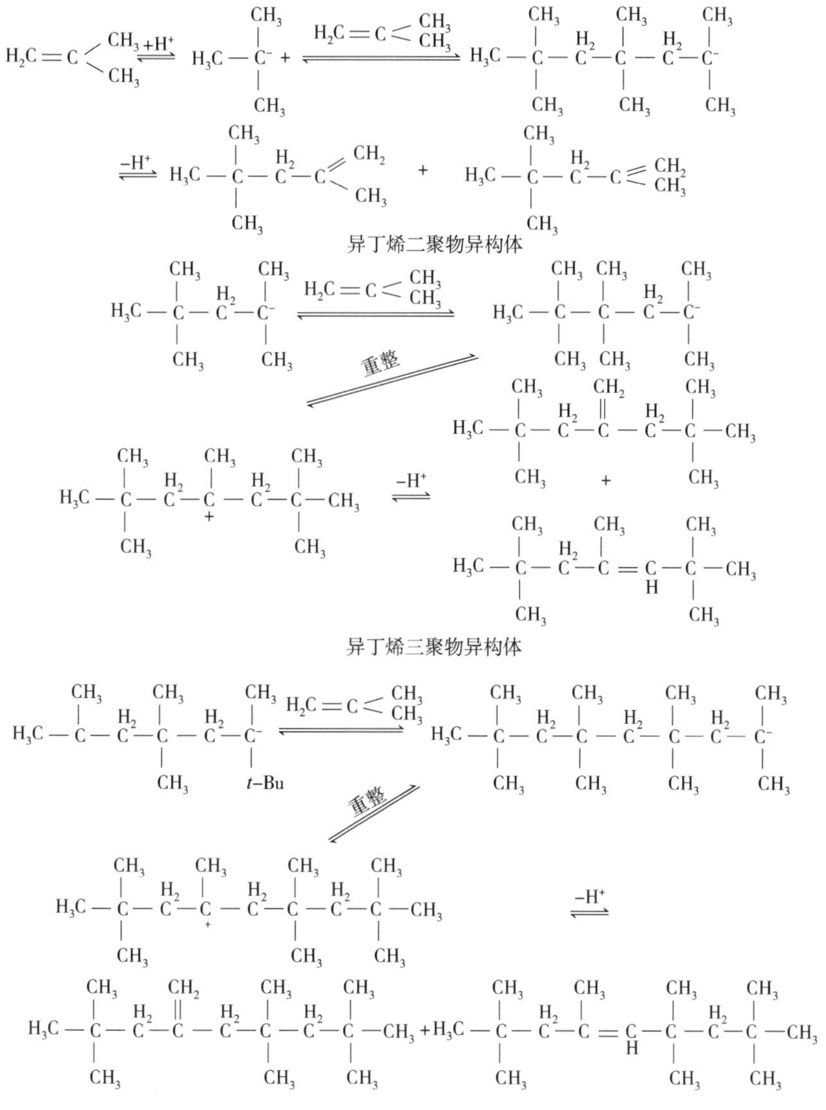

异丁烯二聚物异构体

异丁烯三聚物异构体

异丁烯四聚物异构体

图 3-36　异丁烯正碳离子低聚反应机理

碳四烯烃选择性叠合得到各种碳八烯烃异构体，其沸点处于汽油范围内。三聚体沸点为 170~180℃，处于汽油沸点的上限，需要限制加入量(小于 10%)；四聚体沸点 230~250℃，超出汽油沸点范围，不能加入(小于 0.1%)。另外，二聚产物中各种异构体的辛烷值相差很大，具体见表 3-23。因此，叠合反应的关键是选择合适的原料、催化剂和工艺条件，使碳四烯烃选择性叠合成三甲基的二聚产物，限制三聚及以上副产物的生成[43]。

表 3-23　异丁烯叠合—加氢产物的主要性质

反应	加氢产物	RON	MON	沸点,℃	反应类型
异丁烯+异丁烯⟶2,4,4-三甲基戊烯	2,4,4-三甲基戊烷	100	100	99.2	主反应
异丁烯+2-丁烯⟶2,3,3-三甲基戊烯	2,3,3-三甲基戊烷	106	99.4	110	主反应
异丁烯+2-丁烯⟶2,3,4-三甲基戊烯	2,3,4-三甲基戊烷	102.5	95.9	113	主反应
异丁烯+2-丁烯⟶3,4,4-三甲基戊烯	2,2,3-三甲基戊烷	109.6	99.9	112	主反应
异丁烯+1-丁烯⟶5,5-二甲基己烯	2,2-二甲基己烷	78	72	115	副反应
异丁烯+1-丁烯⟶2,5-二甲基己烯	2,5-二甲基己烷	82	76	109	副反应
1-丁烯+1-丁烯⟶3-甲基庚烯	3-甲基庚烷	42	24	117.2	副反应
1-丁烯+2-丁烯⟶3,4-二甲基己烯	3,4-二甲基己烷	82	76	116	副反应

碳四烯烃选择性叠合反应为强放热反应，随着温度的升高，多聚物生成量加大。采用两段固定床工艺，在两个反应器中间及时移除反应热，可以提高碳八烯烃的选择性。另外，叠合产物中的醇类化合物影响后续的加氢反应过程，需将其进行分离。碳四烯烃选择性叠合—加氢制异辛烷过程的工艺流程如图 3-37 所示，装置包括异丁烯叠合、叠合产物分离与调节剂回收、异辛烯加氢三部分。总体来讲，碳四烯烃选择性叠合—加氢技术具有工艺流程简单、反应条件温和、易于改造现有 MTBE 装置的特点。

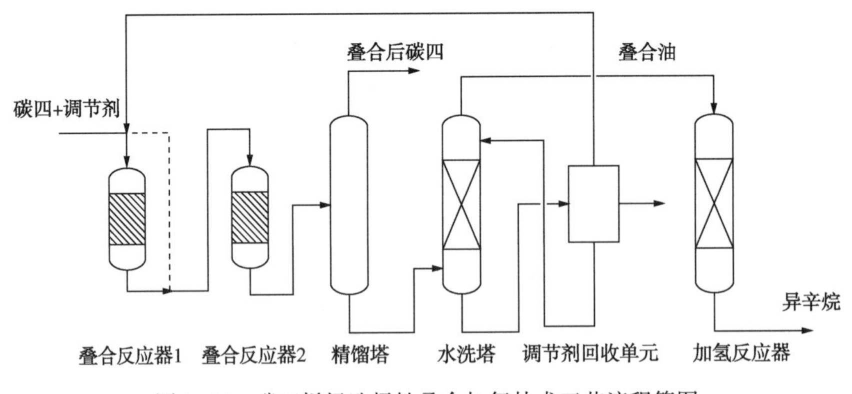

图 3-37　碳四烯烃选择性叠合加氢技术工艺流程简图

异丁烯叠合是在酸性树脂催化剂的作用下，将异丁烯选择性叠合为异辛烯，通过催化剂和工艺条件调节尽量减少正丁烯的叠合。同时，通过加入调节剂和两个反应器之间取热的方式抑制三聚体、四聚体的生成。

叠合产物分离与调节剂回收是将未反应的碳四与叠合产物分离，同时为了提高叠合产物中碳八烯烃(主要为三甲基戊烯)的选择性，在反应中加入了一定量的叔丁醇，抑制碳十二及以上烯烃的生成。研究发现，叔丁醇和仲丁醇等醇类化合物对叠合油的加氢反应有很大的副作用，必须将其分离。分离主要采取精馏分离法和水洗分离法。通过相平衡试验测定了仲丁醇-三甲基戊烯的二元气液平衡相图，从图 3-38 可以看出，常压下仲丁醇-三甲基戊烯二元体系具有最低共沸点，沸点约 84℃，此时仲丁醇的含量约为 38%。这表明利用精馏塔不能将仲丁醇和三甲基戊烯彻底分离。

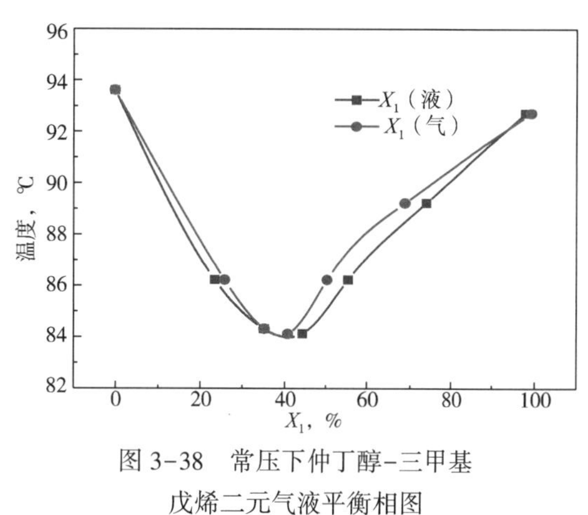

图 3-38　常压下仲丁醇-三甲基戊烯二元气液平衡相图

从表 3-24 可以看出，水洗分离法对叠合产物中仲丁醇和叔丁醇的分离效果较好，水洗之前叠合产物中仲丁醇和叔丁醇的含量分别为 2.6%和 1.4%。水洗 11 次后，叔丁醇已检测不出，此时仲丁醇含量为 0.0076%，满足后续加氢工艺要求。

表 3-24　水洗后的叠合产物中仲丁醇与叔丁醇的含量

水洗次数	仲丁醇含量 %(质量分数)	叔丁醇含量 %(质量分数)	水洗次数	仲丁醇含量 %(质量分数)	叔丁醇含量 %(质量分数)
0	2.6392	1.4310	10	0.0093	0.0008
3	0.5083	0.1506	11	0.0076	0.0000
5	0.1935	0.0456	12	0.0051	0.0000
7	0.0515	0.0085	14	0.0024	0.0000
8	0.0244	0.0029	15	0.0022	0.0000
9	0.0166	0.0018	16	0.0019	0.0000

异辛烯加氢的主要目的是将叠合产物通过加氢的办法使烯烃转化为烷烃，用于调和汽油。

该技术主要有两个特点：一是通过磺化工艺过程调控，有效控制碳四烯烃选择性叠合催化剂不同层位催化剂活性中心的数量(即催化剂表层活性点位密集、中层稀疏、深层稀少的层次结构)，降低碳八烯烃在催化剂内部深度聚集，减少副反应发生，提高碳四烯烃叠合的选择性。同时，通过高温热处理技术，对催化剂物理结构(苯乙烯与二乙烯苯交联体)和活性基团(—SO_3H)进行稳定化，提高催化剂的耐温性。二是提出了碳四烯烃选择性叠合两段绝热固定床串联+中间取热工艺，提高了异丁烯转化率和碳八烯烃选择性。根据二聚产物的性质，提出萃取—精馏分离流程，形成碳四烯烃选择性二聚生产异辛烯工艺技术。

二、催化剂

1. 碳四烯烃选择性叠合催化剂

1）催化剂设计与研发

碳四烯烃选择性叠合技术采用中国石油石化院与凯瑞环保科技股份有限公司合作开发的磺酸阳离子树脂催化剂，该催化剂以超大孔型白球为母体，采用温和的磺化工艺进行磺化所制得的超大孔阳离子树脂催化剂。在此基础上，通过调整催化剂骨架结构获得不同交换容量的催化剂。针对叠合反应具有放热剧烈、易出现热点的问题，叠合树脂催化剂采用定位磺化工艺，先将定位基团反应至苯环骨架上，然后再进行磺化，将磺酸基团固定在更为稳定的苯环位置，同时与定位基团相互作用，加强磺酸基团稳定性，进而提高其耐温性。实验结果见表 3-25。定型的碳四烯烃选择性叠合催化剂理化性质见表 3-26。

表 3-25　碳四烯烃选择性叠合催化剂耐温试验

耐温实验前		耐温实验后		交换容量下降量 mmol/g	脱磺速率 mmol/(g·d)
交换容量 mmol/g	含水量,% (质量分数)	交换容量 mmol/g	含水量,% (质量分数)		
5.54	54.91	5.41	55.17	0.13	0.0009

从表 3-25 可以看出，碳四烯烃选择性叠合催化剂在 120℃下恒温 150 天，交换容量仅下降了 0.13mmol/g，仅相当于总交换容量的 2.3%。这表明碳四烯烃选择性叠合催化剂具有非常优异的耐温性，可以满足碳四烯烃选择性叠合反应对催化剂耐温性的要求。

表 3-26　碳四烯烃选择性叠合催化剂理化性质

项　目	指　　标	项　目	指　　标
基体结构	苯乙烯与二乙烯苯交联体	含水量,%(质量分数)	54.60
官能团	$—SO_3H$	湿视密度，g/mL	814
外形	棕褐色不透明球状颗粒	湿真密度，g/mL	1240
离子形态	H 型	耐磨率,%	98.47
总交换容量，mmol/g	5.54		

2）阻聚剂

（1）阻聚剂种类选择。

以强酸性阳离子交换树脂为碳四烯烃选择性叠合催化剂时，其活性主要与催化剂表面的$—SO_3H$ 官能团的浓度有关。当树脂催化剂酸性太强时，容易引起异构、裂解等副反应以及多聚物的形成，导致二聚选择性降低。通常采用水、叔丁醇等极性物质对催化剂进行适度的修饰，以提高催化剂的二聚选择性[44]。在异丁烯二聚反应中，如不加入极性成分，异丁烯二聚以常规的正碳离子机理进行[45]，但当将适量的叔丁醇或水加入反应体系时，加入的叔丁醇或异丁烯水合生成的叔丁醇，首先吸附在催化剂表面并与$—SO_3H$ 通过氢原子传递生成新的活性物种 A。物种 A 与被吸附或本体的异丁烯分子反应生成中间产物 B，B 转化成二异丁烯，继续与另一个被吸附或本体的异丁烯分子再次反应则生成副产物三异丁烯，

图 3-39是利用叔丁醇修饰的树脂催化剂上异丁烯的叠合反应机理。

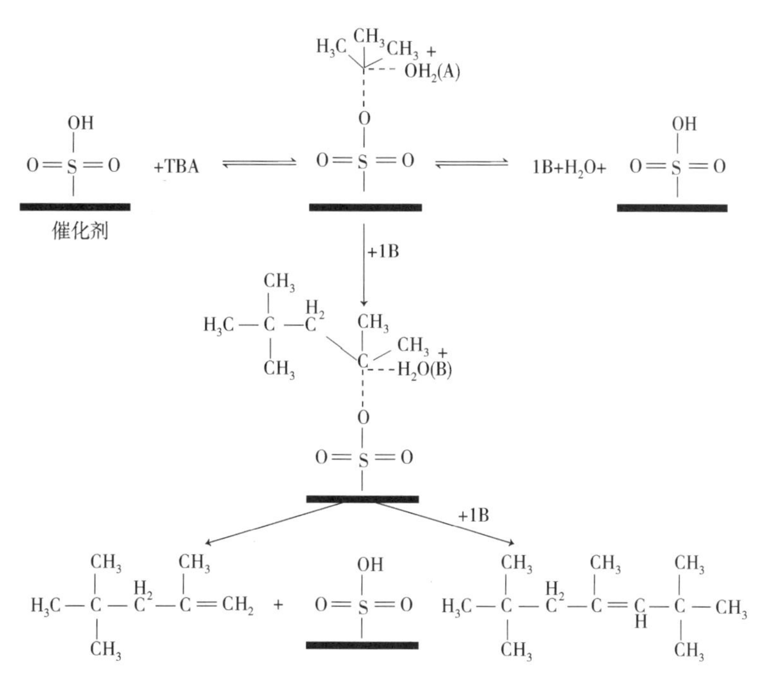

图 3-39　异丁烯在阳离子交换树脂上的叠合反应机理

图 3-40 为未添加阻聚剂下叠合反应中异丁烯的转化率。当反应温度高于 50℃时，异丁烯转化率大于 97%；当反应温度高于 65℃时，异丁烯转化率接近 100%。升高反应温度，虽然提高了异丁烯的二聚速率，但也增大了异丁烯三聚和四聚等副反应的反应速率，在液相产物中碳八烯烃的含量仅为 6%~13%(质量分数)，其余均为碳十二及以上组分。这表明在不添加阻聚剂的情况下，碳八烯烃选择性非常低，而三聚物及三聚物以上的高聚物生成量非常大。因此，为了提高碳八烯烃的选择性，必须在叠合反应体系中添加阻聚剂。

选择了 4-甲基-2-戊醇(MIBC)、正丁醇、仲丁醇、叔丁醇、异丙醇和乙醇作为阻聚剂，对比结果如图 3-41 所示。可以看出，对于碳原子数相同的醇类阻聚剂(如正丁醇、仲

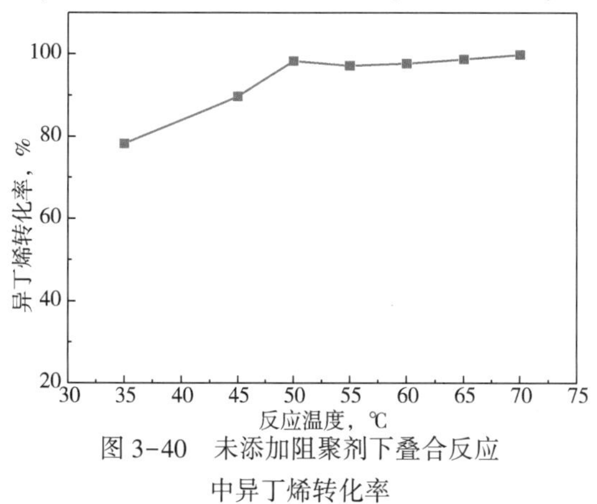

图 3-40　未添加阻聚剂下叠合反应中异丁烯转化率

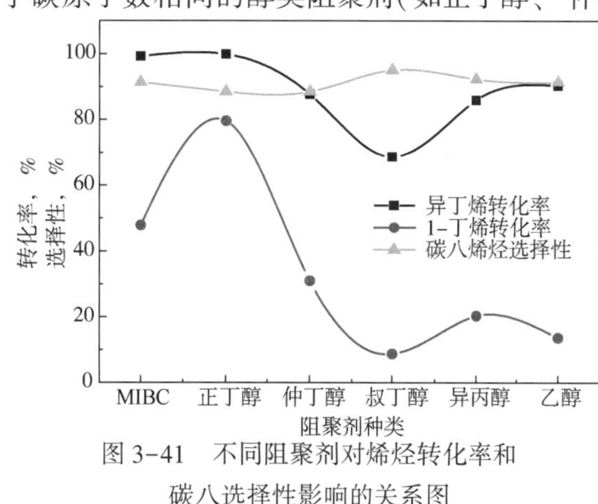

图 3-41　不同阻聚剂对烯烃转化率和碳八选择性影响的关系图

丁醇、叔丁醇)，降低烯烃的转化活性和抑制高聚物生成的效果从大到小依次为叔醇>仲醇>伯醇。同为仲醇，碳原子数越多，降低烯烃转化活性的效果越差。而对于碳原子数少的醇，如异丙醇、乙醇，虽然异丁烯转化率高且能很好地抑制1-丁烯的活性，但是乙醇、异丙醇与异丁烯反应生成了较多的醚。综合比较，叔丁醇作为碳四烯烃选择性叠合反应的阻聚剂效果最佳。

(2) 阻聚剂添加量。

如图3-42所示，阻聚剂叔丁醇的添加量对异丁烯和1-丁烯的转化率影响明显。阻聚剂加入量为0.5%(质量分数)时，异丁烯转化率为81.87%，正丁烯转化率为9.33%。阻聚剂加入量为2.0%(质量分数)时，异丁烯转化率下降至32.26%，正丁烯转化则下降至3.57%，而碳八烯烃的选择性随着阻聚剂添加量的增加而升高。这表明阻聚剂的加入降低了碳四烯烃叠合反应的速率，有效地控制了碳四烯烃叠合反应进行的程度，从而有效地抑制了二聚烯烃进一步反应生成三聚或高聚烯烃。

3) 工艺条件

(1) 反应温度。

碳四烯烃选择性叠合反应属于强放热反应，在阻聚剂添加量为1.0%(质量分数)、体积空速为2.0h^{-1}、反应压力为1.0MPa的操作条件下，考察了反应温度对异丁烯、1-丁烯转化率以及对碳八烯烃选择性的影响，结果如图3-43所示。反应温度越高，异丁烯、1-丁烯转化率越高，而碳八烯烃的选择性却随之下降。反应温度为50~65℃时，异丁烯转化率的升高速率大于1-丁烯转化率的升高速率，当反应温度大于65℃后，1-丁烯转化率的升高速率大于异丁烯转化率的升高速率。

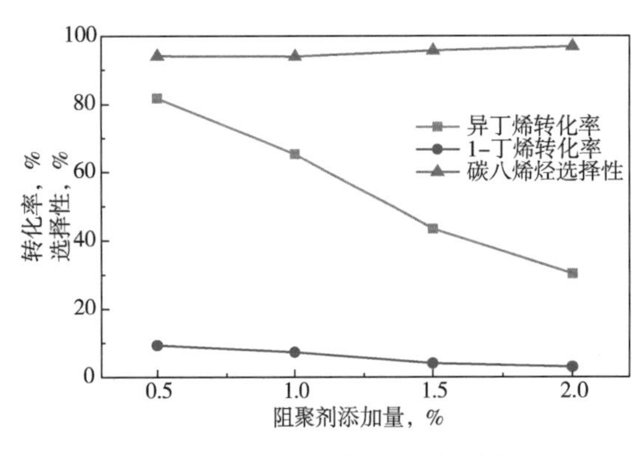

图3-42　阻聚剂添加量对碳四烯烃选择性叠合反应的影响

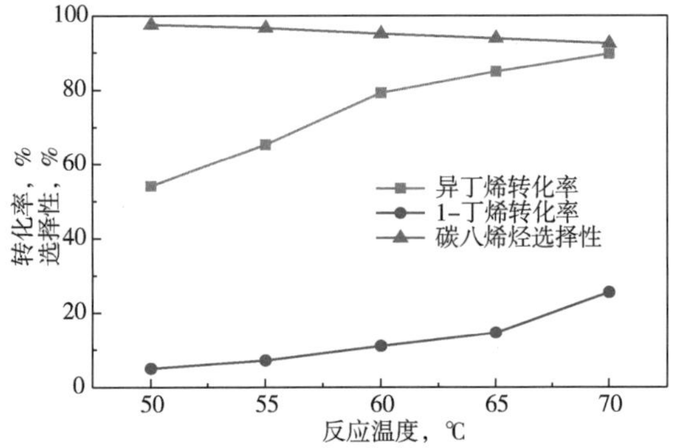

图3-43　反应温度对碳四烯烃选择性叠合反应的影响

(2) 体积空速。

如图3-44所示，在体积空速为1.0h^{-1}时，异丁烯的转化率和碳八烯烃的选择性均较高。随着体积空速的增大，碳八烯烃选择性也逐渐增大，但异丁烯的转化率出现明显的下降，当体积空速大于4.0h^{-1}时，异丁烯的转化率低于70%。由此可见，体积空速增大，虽然有利于碳八烯烃选择性的提高，但对异丁烯的转化率带来了负面影响。综合考虑，体积空速不宜大于2h^{-1}。

(3) 反应压力。

如图 3-45 所示，当反应压力从 0.5MPa 增大至 1.1MPa 时，异丁烯转化率和碳八烯烃选择性变化幅度均很小。在液固反应体系中，异丁烯叠合属于反应体积略有减小的快速反应。因此，反应压力对液相内各物质的反应影响比较小，可以忽略压力对反应的影响。在保证反应物料为液态的状态下，反应压力控制在 1.0MPa 左右即可。

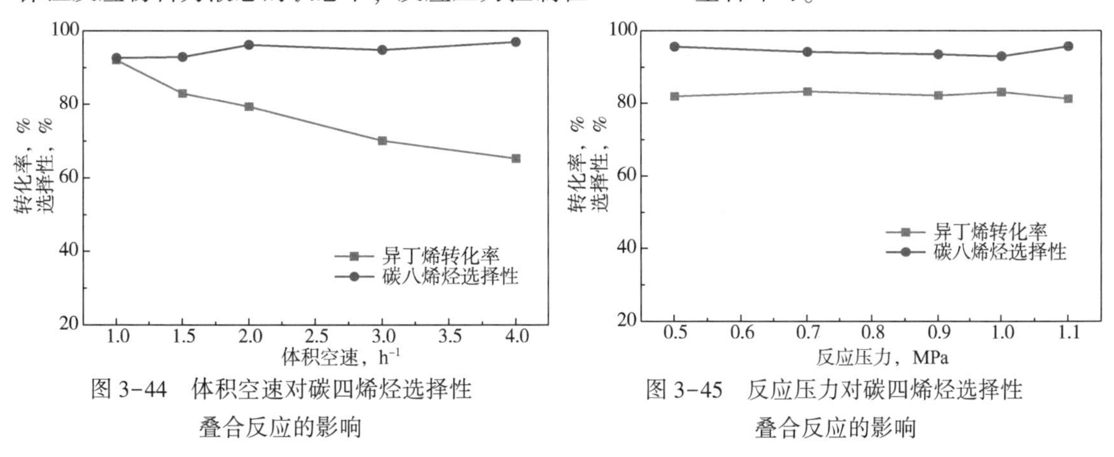

图 3-44　体积空速对碳四烯烃选择性叠合反应的影响

图 3-45　反应压力对碳四烯烃选择性叠合反应的影响

(4) 催化剂稳定性考察。

在优化的工艺条件下，在等温床实验装置上对催化剂的活性进行了长周期评价，结果如图 3-46 所示。在 1000h 的运行过程中，异丁烯转化率、碳八烯烃选择性和 1-丁烯转化率随运行时间延长并没有明显的降低，异丁烯转化率维持在 84%~87%之间，碳八烯烃选择性稳定在 93%~96%之间。

2. 异辛烯加氢催化剂

异辛烯加氢制异辛烷过程采用非贵金属高镍催化剂，该催化剂是以大孔氧化铝为载体，采用等体积浸渍的方式制备的。

1) 催化剂研发

(1) 大孔氧化铝载体。

图 3-47 为不同扩孔剂加入量对氧化铝载体扩孔效果的影响。随着扩孔剂加入量的增

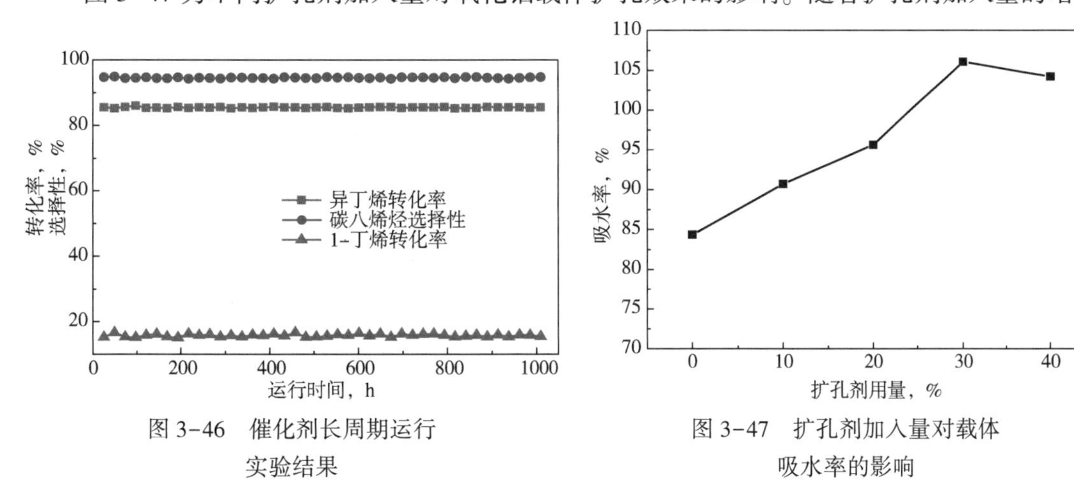

图 3-46　催化剂长周期运行实验结果

图 3-47　扩孔剂加入量对载体吸水率的影响

加，氧化铝载体的吸水率呈增大趋势，其中扩孔剂加入量增大到30%时吸水率最高，但其混捏时间也会随之延长，加之原料用量的增大，会增加扩孔成本。

（2）扩孔工艺的影响。

传统的氧化铝成型工艺采用粉料干混的方法，即氧化铝干胶粉与助挤剂干混，混合均匀后引入胶溶剂和水挤条成型，在粉料混合过程中将扩孔剂引入。该工艺的优点是操作简单且易实现工业化，但也存在着一定的问题，比如扩孔剂与氧化铝干胶粉混合不均匀等。

表3-27列举了通过不同扩孔工艺路线制备出的介—大孔氧化铝载体的 N_2 吸附—脱附孔结构数据。由表3-27可以看出，将扩孔剂溶解于水中的扩孔效果要优于两种粉料直接干混，这应该与扩孔剂的分子链构型有关。

表3-27　不同扩孔工艺对氧化铝载体性能的影响

扩孔剂引入方式	孔体积，mL/g	比表面积，m^2/g	平均孔径，nm	吸水率，%
干混	0.68	272.1	7.45	86.19
湿混	0.71	269.4	8.17	108.31

虽然将扩孔剂溶解在水中，由于其分子链构型发生变化，从而使得氧化铝粉体可在其表面定向堆积，通过后期焙烧可获得一定比例的大孔，但该工艺路线也存在着一定的问题，主要是扩孔剂在水中的溶解度有限，特别是当其分子量越大时溶解度就越小，此时配制出的水溶液黏度较大，且在与氧化铝粉体混合时极易出现混合不均、局部“抱团”的问题。为此通过特殊处理工艺实现了扩孔剂在水中溶解度较小的技术难题，显著提高了其在氧化铝载体中的分散性。改进后的工艺流程如图3-48所示。

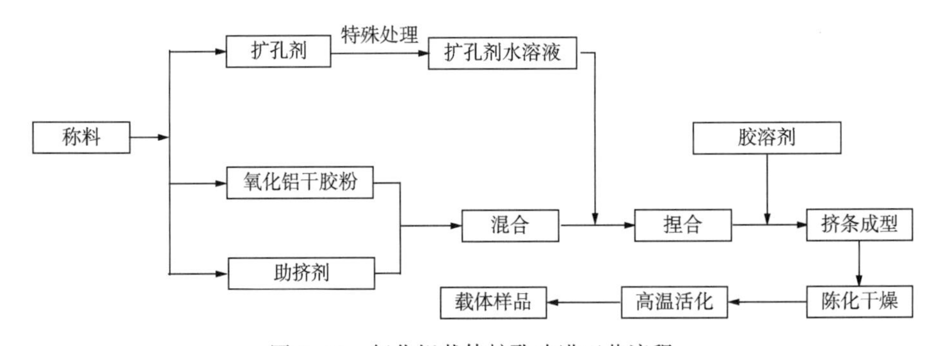

图3-48　氧化铝载体扩孔改进工艺流程

表3-28为改进扩孔工艺下，不同扩孔剂加入量对氧化铝载体扩孔效果的影响。由表3-28可以看出，采用改进后的扩孔工艺可提高扩孔剂的扩孔效率，大幅度减少扩孔剂用量。另外，随着扩孔剂用量的不断增加，扩孔效果也逐渐变得更好，但终究还是受其溶解度的影响，当用量增大到一定程度时，其在氧化铝粉体中的分散性将由好变坏，从而直接影响到扩孔效果。

表3-28　不同扩孔剂用量对氧化铝载体性能的影响

扩孔剂用量，%（质量分数）	孔体积，mL/g	比表面积，m^2/g	平均孔径，nm	吸水率，%	强度，N/cm
0	0.69	275.3	7.40	84.34	120
1	0.68	266.1	7.78	98.12	111

续表

扩孔剂用量,%(质量分数)	孔体积, mL/g	比表面积, m^2/g	平均孔径, nm	吸水率,%	强度, N/cm
2	0.71	269.4	8.17	108.31	93
3	0.74	261.9	8.77	126.19	82
4	0.77	267.7	9.01	135.47	76
5	0.65	263.1	7.69	120.38	80

(3) 焙烧工艺的影响。

由于氧化铝载体的扩孔方法为后改性扩孔剂法，因此影响其扩孔效果的主要因素除了前期混捏过程中扩孔剂在氧化铝干胶粉中的分散性以外，还包括高温焙烧过程。高温焙烧过程对其影响最大，这主要是由于其可使通过挤条成型所固定的扩孔剂在该步骤中完全消失并形成相应的孔道，载体吸水率过大对其强度影响较大，甚至会影响到其工业应用。因此，重点考察了焙烧工艺条件(包括焙烧温度和焙烧时间)对扩孔效果的影响。

表 3-29　焙烧温度对氧化铝载体性能的影响

焙烧温度,℃	孔体积, mL/g	比表面积, m^2/g	平均孔径, nm	吸水率,%	平均强度, N/cm
550	0.69	275.3	7.40	84.34	120
600	0.69	271.2	7.73	100.53	102
650	0.71	269.4	8.17	108.31	93
700	0.70	270.7	8.06	107.93	95
750	0.67	268.9	7.92	103.27	100

由表 3-29 可见，随着载体焙烧温度的升高，氧化铝载体的吸水率呈先增大后减少的趋势，而对于载体的孔体积和比表面积影响不大。分析其原因，主要是高分子材料的最高焙烧温度相对较高，如果载体的焙烧温度过低，扩孔剂不能完全分解，使得其有一部分将滞留在孔道内，从而影响扩孔效果。但随着焙烧温度的不断增高，扩孔剂完全分解，当温度继续升高时，就会影响到载体的物相和孔道，当温度超过一定范围时，容易引起载体孔道结构的坍塌，从而影响载体的比表面积和吸水率。因此，综合孔结构、吸水率和强度多个因素，确定载体适宜的焙烧温度为 650℃。

基于大孔氧化铝载体的开发，研究人员通过常规等体积浸渍的方式制备出异辛烯加氢催化剂，催化剂理化性质见表 3-30。

表 3-30　异辛烯加氢催化剂理化性质

项　目	指　　标	项　目	指　　标
外形	三叶草形	比表面积, m^2/g	180~200
载体	大孔氧化铝	孔体积, mL/g	0.55
活性组分 NiO 含量,%	40~45	强度, N/cm	85~100

2) 异辛烯加氢催化剂稳定性考察

在优化的工艺条件下，采用碳四烯烃选择性叠合产物在等温床实验装置上对催化剂的活性进行了1000h评价，结果如图3-49所示。由图3-49可知，通过采用非贵金属异辛烯加氢催化剂对碳四烯烃选择性叠合产物进行加氢，其异辛烯转化率为97%，加氢产物中硫含量为0.73mg/kg，研究法辛烷值达到97。

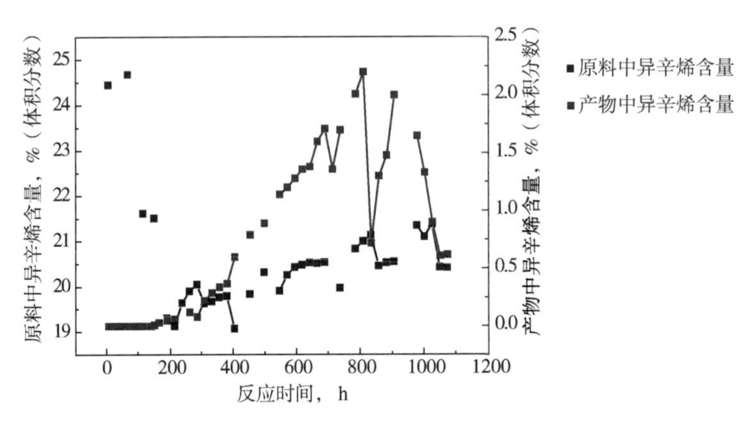

图3-49　异辛烯加氢催化剂长周期运行实验结果

三、工业装置设计

针对兰州石化6×10^{4}t/a MTBE装置，采用碳四烯烃选择性叠合技术，完成工艺技术设计基础数据包编制，兰州石化据此已完成6×10^{4}t/a MTBE装置改造4×10^{4}t/a碳四烯烃选择性叠合装置基础设计。

兰州石化6×10^{4}t/a MTBE装置，共有各类设备47台套，轻碳四实际加工量为21×10^{4}t/a。改造后，可以利旧使用的设备有39台套，叠合油产量为4.2×10^{4}t/a，碳四烯烃选择性叠合后剩余碳四组成与MTBE装置副产的醚后碳四相当，能够满足后续烷基化装置对原料的要求。碳四原料、剩余碳四和叠合油组成见表3-31。

表3-31　碳四原料、剩余碳四和叠合油组成　　单位:%(质量分数)

组　分	碳四原料	剩余碳四	叠合油
丙烯	0.14	0.18	
丙烷	0.25	0.31	
异丁烷	49.34	61.81	
正丁烷	5.60	7.01	
异丁烯	20.57	2.30	
1-丁烯	15.71	12.44	
顺-2-丁烯	2.06	5.55	
反-2-丁烯	6.32	10.40	
总碳八烯烃			91.47
三甲基戊烯			79.61

续表

组　分	碳四原料	剩余碳四	叠 合 油
二甲基己烯			6.53
其他碳八烯烃			5.33
三聚体(C_{12})			8.42
四聚体(C_{16})			0.11
合计	100.00	100.00	

炼油厂气体分离装置产混合碳四经碳四烯烃选择性叠合—加氢过程加工，异丁烯转化率为91%~93%，碳八烯烃选择性为91%~92%，异辛烯加氢转化率为96%~98%，最终产物硫含量为0.5~1.0mg/kg、研究法辛烷值为97~98。

第六节　戊烯骨架异构化技术

我国醚类含氧化合物生产装置规模普遍偏小，其中的一个重要原因是异构烯烃的产量不够。通过异构化反应使正构烯烃转化为相应的异构烯烃，在现有醚化装置的下游增设异构化单元，即可扩大醚类产品的生产。中国石油石化院、乌鲁木齐石化自2013年开始开展轻质烯烃骨架异构化催化剂的研究工作，2015年底完成了轻质烯烃骨架异构化催化剂中试放大，2019年7月研发催化剂POI-111在乌鲁木齐石化开车一次成功，催化剂显示出良好的烯烃骨架异构化活性及选择性。

一、工艺流程及技术特点

烯烃骨架异构反应存在单分子机理和双分子机理。反应副产物大多由双分子聚合、裂解所产生。烯烃骨架异构反应是典型的正碳离子机理，关键步骤为正碳离子生成，发生在B酸中心上。烯烃异构化反应为高温气相放热反应，副产物主要是大分子烯烃。较大分子量的烯烃聚合和缩聚导致催化剂积炭，催化剂在使用一段时间后必须再生，除去积炭。

如图3-50所示，来自轻汽油醚化装置的醚后碳五提余液通过流量控制阀进入异构化单元，在汽化器和换热器中汽化、加热，然后在异构化反应器加热炉进一步加热到反应温度后进入反应器。一般设置三个并列的反应器，其中两个反应器平行在线操作，另一个处于再生或备用状态。反应产物经换热回收热量后，再经异构化产品换热器冷却，最后经异构化产品水冷却器进一步冷却进入异构化产品缓冲罐。碳五异构化产品用产品泵循环至轻汽油醚化装置。

轻质烯烃骨架异构化催化剂的活性、选择性与分子筛的晶粒尺寸、结晶度高度相关。通过大量实验合成了一种小晶粒、高结晶度ZSM-35分子筛，分子筛粒径小于500nm，结晶度是普通分子筛的1.3~1.5倍。小晶粒、高结晶度ZSM-35分子筛在轻质烯烃骨架异构化反应中显示出卓越的催化活性和选择性。

源于合成ZSM-35分子筛优良的挤出、黏结性能，创新了一种分子筛催化剂制备方法，

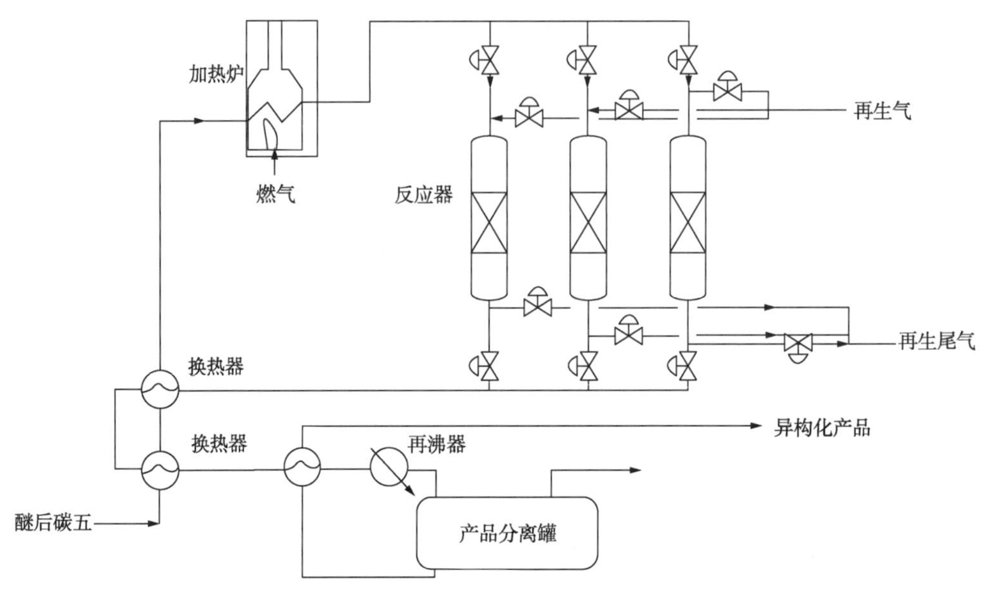

图 3-50　戊烯异构化原则工艺流程图

在保证催化剂强度和收率前提下，大幅度提高了催化剂分子筛含量。在最优化条件下操作，催化剂中分子筛含量可以提高到 95%以上。由于分子筛含量以及活性选择性的提高，催化剂单程运行周期也大幅提高。

二、催化剂

异戊烯是重要的有机化工原料，主要用于生产叔戊基甲基醚、异戊橡胶、异戊醇、2,4-二叔戊基酚等有机原料和精细化学品[46]。在 FCC 装置生产的碳五烯烃中，正戊烯含量占 40%~50%，通过烯烃骨架异构化反应将正戊烯转化为异戊烯，可以大幅度提高异戊烯产量[47]。烯烃骨架异构化技术研究多集中在正丁烯骨架异构化。B. Menorval[48]、Yunfeng Hu[49]、Weifeng Chu[50]等研究了 ZSM-35 上正丁烯骨架异构化反应，宋毅、谢素娟等研究了 ZSM-35 上 1-己烯骨架异构化反应，Carmen M. Lopez 对 SAPO-11、BEA、AlMCM-41 上正戊烯骨架异构化反应进行了研究，但未涉及 ZSM-35 催化剂上戊烯的骨架异构化反应研究[51]。

1. 催化剂设计理念

烯烃骨架异构反应为单分子反应、双分子反应并存，烯烃骨架异构反应关键步骤——正碳离子生成，发生在 B 酸中心，反应副产物大多由烃类聚合(L 酸)、裂解(B 酸)所产生。烯烃骨架异构化反应是放热反应，催化剂活性越高，反应温度越低，平衡转化率越高。

孔道的择形性和适宜的酸度是各种分子筛材料能否具有优异的烯烃骨架异构化性能的关键。中等强度的酸性与适宜的酸度分布有利于进一步降低反应中间物种的活化能，从而提高异构化反应的速率；而合适的孔分布和孔道结构有利于发挥材料的择形选择性，有效地抑制副反应的发生，从而实现烯烃的择形异构。

ZSM-35 具有二维孔道，一维十元环孔口(ϕ0.42mm×0.54nm)，一维八元环孔口

(ϕ0.35mm×0.48nm)，两种孔道相互垂直交叉。其孔道结构能抑制烯烃二聚，促使烯烃骨架异构化反应按单分子机理进行，具有较好的异构烯烃选择性和活性稳定性。

小晶粒分子筛孔道短、孔隙多，内表面利用率高，扩散快，反应产物能迅速离开反应区，避免二次反应的发生。此外，由于小晶粒分子筛单位体积内的孔口数量远远高于微米分子筛，反应过程生成的积炭不易堵塞分子筛孔道。

2. 催化剂研发

1) 分子筛合成与表征

合成ZSM-35的反应混合物的物质的量组成为SiO_2·(0.01~0.05)Al_2O_3·(0.05~0.50)Na_2O·(0.1~1.0)EDA·(20~40)H_2O。将一定量的硅溶胶、偏铝酸钠、氢氧化钠、乙二胺、去离子水按一定的顺序，在不断搅拌下加入合成釜中，然后把合成釜密封放入烘箱，升温到指定的反应温度，经过一定的时间反应后取出。反应釜经冷却后卸出反应物料，经过反复洗涤、抽滤后，在120℃干燥2h、550℃焙烧4h后得到钠型ZSM-35。将钠型ZSM-35用1mol/L的硝酸铵水溶液在80℃交换，再用去离子水洗涤，在120℃干燥2h、550℃焙烧4h得到氢型ZSM-35。

通过调整沸石合成液的组成和晶化条件，可以得到硅铝比为30、50、70以及不同晶体尺寸的ZSM-35分子筛。

通过大量实验合成了一种小晶粒、高结晶度ZSM-35分子筛，分子筛粒径小于500nm，结晶度是普通分子筛的1.3~1.5倍(表3-32)。

表3-32 合成小晶粒分子筛性质分析

序 号	硅铝比	结晶度,%	序 号	硅铝比	结晶度,%
1	20	126	4	70	107
2	30	146	参比分子筛	25	115
3	50	139		45	100

合成不同晶粒尺寸的ZSM-35的SEM谱图如图3-51所示。从图3-51可以看出，合成不同晶粒尺寸的ZSM-35均显示出较为规则的片状结晶，这和陶蕾等的文献报道一致[52]。其中，大晶粒分子筛平均粒径约2μm，中等晶粒分子筛平均粒径约1μm，小晶粒分子筛平均粒径小于500nm。虽然分子筛的尺寸有所差别，但是ZSM-35晶体的形状比较接近，且晶形都比较完整。

(a) 大晶粒ZSM-35

(b) 中等晶粒ZSM-35

(c) 小晶粒ZSM-35

图3-51 不同晶体尺寸ZSM-35的SEM谱图

（1）分子筛硅铝比对戊烯异构化反应的影响。

不同硅铝比 ZSM-35 催化剂上正戊烯转化率及异戊烯选择性随时间的变化如图 3-52 和图 3-53 所示。在分子筛催化剂上的反应过程也是催化剂逐渐积炭、活性逐渐损失的过程[53-55]。由图 3-52 和图 3-53 可以看出，反应初期低硅铝比 ZSM-35 催化剂上由于酸性很强，转化率很高，但是选择性很差。随着反应的进行，部分酸中心被积炭覆盖，戊烯的转化率下降，产品选择性改善。采用高硅铝比 ZSM-35 分子筛制备的催化剂转化率低于采用低硅铝比分子筛制备的催化剂，但是其在戊烯骨架异构化反应中表现出良好的选择性和活性稳定性。

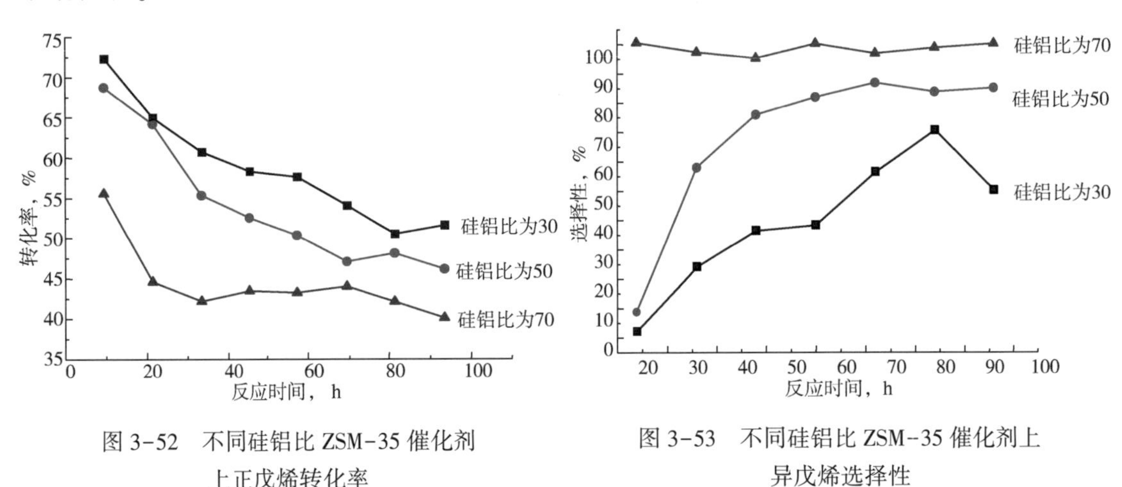

图 3-52　不同硅铝比 ZSM-35 催化剂上正戊烯转化率

图 3-53　不同硅铝比 ZSM-35 催化剂上异戊烯选择性

（2）分子筛晶体大小对戊烯异构化反应的影响。

采用不同晶体尺寸 ZSM-35 分子筛制备催化剂上正戊烯转化率及异戊烯选择性随时间的变化如图 3-54 和图 3-55 所示。由图 3-54 可以看出，随着 ZSM-35 分子筛晶体尺寸分子的减小，正戊烯的初始转化率上升。随着反应的进行，正戊烯转化率下降，但大晶体尺寸分子的 ZSM-35 上正戊烯转化率的下降速度更快一些。由图 3-55 可以看出，随着晶

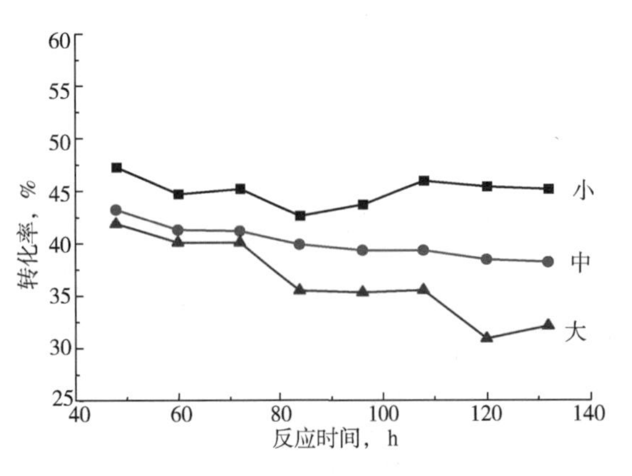

图 3-54　不同尺寸 ZSM-35 催化剂上正戊烯转化率

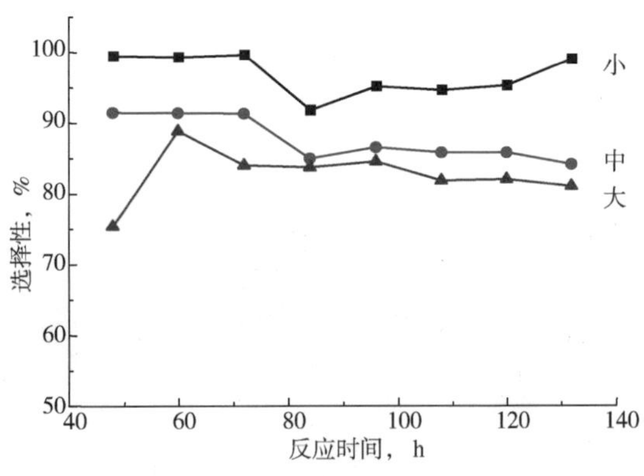

图 3-55　不同尺寸 ZSM-35 催化剂上异戊烯选择性

体尺寸分子的减小，异戊烯产品的选择性上升。小晶粒 ZSM-35 分子筛制备的催化剂相对其他两种尺寸 ZSM-35 分子筛制备的催化剂具有更高的活性、更好的选择性以及催化异构化反应的活性稳定性。

2）催化剂制备与评价

将氢型 ZSM-35 分子筛与黏结剂按一定比例混合，再加入助挤剂少许，经混捏、碾压、挤条成型后在 120℃干燥 2h、500℃焙烧 4h 后制成戊烯骨架异构化催化剂。其物化性能见表 3-33。

表 3-33 催化剂分析数据

项 目	控制指标	催化剂	项 目	控制指标	催化剂
外形	三叶草形	三叶草形	比表面积，m^2/g	≥200	295
堆密度，g/cm^3	0.50~0.60	0.56	强度，N/cm	≥50	103

戊烯骨架异构化反应在小型固定床反应装置上进行。原料及反应产物采用 Agilent-7890 气相色谱仪进行分析。戊烯骨架异构化反应原料为炼厂混合碳五轻烃，组成见表 3-34。

表 3-34 炼厂混合碳五轻烃

组 分	含量,%(体积分数)	组 分	含量,%(体积分数)
1-戊烯	4.27	异戊烷	42.19
2-甲基-1-丁烯	0.82	正戊烷	6.44
反-2-戊烯+顺-2-戊烯	18.72	其他	5.12
2-甲基-2-丁烯	8.14		

烯烃骨架异构化反应有两个重要指标，即正戊烯转化率和异戊烯选择性，其定义分别为：

$$正戊烯转化率=\frac{原料中的正戊烯含量-产物中的正戊烯含量}{原料中的正戊烯含量}\times100\%$$

$$异戊烯选择性=\frac{产品中的异戊烯含量-原料中的异戊烯含量}{原料中的正戊烯含量-产物中的正戊烯含量}\times100\%$$

以乌鲁木齐石化醚后碳五组分为原料，对催化剂进行了评价。评价工艺条件见表 3-35。催化剂在运行一段时间后，由于积炭失活后，采用程序升温的方式对催化剂进行再生。工业放大催化剂和再生催化剂评价数据见表 3-36。

表 3-35 评价工艺条件

项 目	工艺参数	项 目	工艺参数
反应压力，MPa	0.3	反应温度,℃	285~420
质量空速，h^{-1}	6.0	再生温度,℃	400~500

表 3-36 工业放大及再生催化剂评价数据汇总

项 目	控制指标	POI-111	一次再生	二次再生	三次再生
反应压力，MPa	0.2~0.4	0.3	0.3	0.3	0.3

续表

项　目	控制指标	POI-111	一次再生	二次再生	三次再生
质量空速，h^{-1}	5.0~6.0	6.0	6.0	6.0	6.0
反应温度,℃	280~420	280~420	280~420	280~420	280~420
正戊烯转化率,%	≥60	64.6	64.1	64.0	64.3
异戊烯选择性,%	≥90	97.2	97.7	96.6	97.6

三、工业应用

2019 年 7 月，戊烯骨架异构化催化剂 POI-111 工业应用试验装置在乌鲁木齐石化开车一次成功。由表 3-37 可见，在反应压力为 0.2MPa、质量空速为 5.0~6.0h^{-1}、反应温度为 262~370℃条件下，正戊烯转化率为 67.8%~79.5%，异戊烯选择性为 87.2%~96.0%，催化剂显示出良好的催化活性和选择性。

表 3-37　工业装置运行数据

项　目	初　期	末　期	项　目	初　期	末　期
反应压力，MPa	0.2	0.2	正戊烯转化率,%	79.5	67.8
反应温度,℃	262	370	异戊烯选择性,%	87.2	96.0
质量空速，h^{-1}	5.0	5.0			

POI 戊烯骨架异构化技术的工艺指标、技术指标见表 3-38 和表 3-39。

表 3-38　POI 戊烯骨架异构化工艺指标

项　目	指　标	项　目	指　标
反应压力，MPa	0.10~0.30	原料质量空速，h^{-1}	2.0~6.0
反应器入口温度,℃	260~420	催化剂再生温度,℃	400~500

表 3-39　POI 戊烯骨架异构化技术指标

项　目	指　标	项　目	指　标
正戊烯转化率,%	≥60	催化剂单程寿命，d	≥30
异戊烯选择性,%	≥90	催化剂总寿命，a	≥2

第七节　技术发展趋势

车用汽油质量升级过程是一个不断降低油品中硫、烯烃等杂质含量以及逐步提高汽油最低辛烷值限值的过程。根据世界燃油规范(第六版)，为满足车辆碳排放以及燃油经济性的要求，未来车用汽油的研究法辛烷值限值指标将逐步提高到 95 以上。因此，高辛烷值汽油调和组分生产技术仍将是清洁油品生产技术的重要研究方向之一。

（1）轻汽油醚化技术仍将在清洁油品生产中发挥重要作用，更高效、更长使用周期的醚化催化剂的开发是未来轻汽油醚化技术研发的重要方向。

催化轻汽油醚化是一种经济可行的降低汽油烯烃含量、蒸气压和提高辛烷值的汽油改质方法。该技术通过将廉价的甲醇转化为汽油组分和提高汽油辛烷值可显著提高装置的经济效益。

催化轻汽油醚化技术发展成熟，一般均以不高于75℃的催化轻汽油为原料，采用固定床+醚化产物分离+固定床工艺路线或固定床+催化蒸馏（或+固定床）的路线，固定床又分泡点床和膨胀床，工艺路线成熟。催化剂均采用强酸性阳离子交换树脂催化剂，催化蒸馏塔中催化剂的装填方式有捆包和规整填料两种方式，多年来催化剂变化不大。存在的问题是催化剂使用周期较短，为了使换剂周期与3年或4年的检修周期相对应，需加大固定床反应器和催化蒸馏塔催化剂的装填量，或在催化蒸馏塔后设第三醚化反应器，使得装置催化剂用量很大。因此，后续发展主要是优化工艺流程以降低装置能耗，开发更高效、更长使用周期的催化剂，减少催化剂用量和反应器容积，降低装置投资。

（2）硫酸烷基化技术日趋成熟，强化酸烃混合是改进硫酸烷基化反应过程的关键途径之一。

尽管硫酸烷基化技术已非常成熟，但在提高反应效率、降低酸耗、提升烷基化油辛烷值、装置大型化方面仍在不断进步。在硫酸烷基化过程中，异丁烷向硫酸的传质是反应的控制步骤，酸烃混合程度是影响产品质量的重要因素，特别是加工含异丁烯原料时，由于异丁烯的活性远高于正丁烯，传质限制将导致异丁烯的副反应增多，产品辛烷值降低。常规的搅拌式或填料/静态混合器型的反应器较难达到酸烃两相的快速微观混合，尤其是不能解决低温下硫酸黏度增加所带来的酸烃分散难题。因此，强化酸烃混合是改进硫酸烷基化反应过程的关键途径之一。

中国石油在辽阳石化建设了一套1000t/a超重力烷基化工业侧线试验装置，并在2021年8月进行示范运行。通过超重力过程强化，实现了微观反应场所的瞬时混合传质，有效提高了反应的选择性，使烷基化产品辛烷值（RON）比国外同类技术增加1~3。

（3）开发丁烷芳构化催化剂及工艺技术，与现有碳四芳构化（LAG）技术组合，提高芳构化汽油产品收率，同时为乙烯或丙烯装置提供化工原料。

混合碳四芳构化生产的高辛烷值汽油组分富含芳烃，基本不含烯烃，RON达94以上，可直接作为优质高辛烷值汽油调和组分。但碳四芳构化催化剂在反应过程中容易积炭，造成催化剂单程运行周期短，因此该技术的发展还需持续改进催化剂，延长催化剂单程运行周期。另外，碳四芳构化过程是以烯烃为主的反应，芳构化汽油收率取决于碳四原料中烯烃的含量，以醚后碳四为原料时，芳构化汽油的收率较低。

开发烷烃芳构化催化剂，形成丁烷芳构化技术，与混合碳四芳构化技术组合，在提高汽油组分收率的同时联产丙烷，丙烷可作为蒸汽裂解制乙烯装置或丙烷脱氢装置的原料。将LAG技术与丁烷芳构化技术组合建设混合碳四芳构化装置，可将混合碳四全部转化为高辛烷值汽油调和组分和丙烷，可大幅度提高汽油组分收率，同时可将碳四全部转化可用产品，提高碳四芳构化装置的竞争力，特别是与丙烷脱氢装置结合，具有很好的经济效益与应用前景。

(4) 合成小晶粒分子筛、优化分子筛酸性分布可以抑制副反应的发生，延缓催化剂结焦速度。开发临氢骨架异构化催化剂及工艺技术也是未来烯烃骨架异构化技术发展的重要方向。

采用轻质烯烃骨架异构化技术可以将正构烯烃转化为具有醚化活性的叔碳异构烯烃，进而与甲醇发生反应可大幅度降低催化汽油烯烃含量、饱和蒸气压，提高催化汽油的辛烷值，由此带来的汽油牌号升级和甲醇升值也可提高企业的经济效益。现应用于工业生产的轻质烯烃骨架异构化技术多为非临氢异构化技术，催化剂单程运行周期较短，通常 3~4 周需要再生一次，操作烦琐，而且再生、开工过程能耗较高。

缩小单个分子筛晶粒尺寸和调控分子筛酸性中心强度是改善分子筛催化剂性能的重要途径。由于晶粒尺寸减小，分子筛暴露的活性中心增多，催化剂活性增强；与此同时，由于分子筛孔道变短，反应物及产物分子利于及时扩散，抑制了副反应的发生，大大延缓了催化剂结焦的速度。降低 ZSM-35 分子筛晶粒尺寸、优化分子筛酸中心是下一步烯烃骨架异构化催化剂研究的重要方向。

此外，开发一种轻质烯烃临氢骨架异构化催化剂，并将其应用于轻质烯烃临氢骨架异构工艺过程，可以大幅度延长催化剂的单程运行周期，降低烯烃骨架异构化装置的运行成本。因此，轻质烯烃的临氢骨架异构化技术也是未来烯烃骨架异构化技术的重要研究方向。

参 考 文 献

[1] 李吉春，孙世林，薛英芝，等．催化裂化轻汽油醚化技术开发及工业应用[J]．石油化工，2019，48(10)：1057-1062.

[2] 李琰，李东风. 催化裂化轻汽油醚化工艺的技术进展[J]．石油化工，2008，37(5)：528-533.

[3] 刘成军，温世昌，綦振元. 催化轻汽油醚化工艺技术综述[J]．石油化工技术与经济，2014，30(5)：56-61.

[4] 王健，万功远，董大清，等．催化轻汽油醚化工艺综述[J]．齐鲁石油化工，2017，45(4)：328-334.

[5] 钱伯章．新型烷基化技术在中国加快应用[J]．流程工业，2016(21)：44-45，50.

[6] 杨英，肖立桢．固体酸及离子液体烷基化生产工艺进展[J]．石油化工技术与经济，2018，34(4)：50-54.

[7] 王坤．烷基化技术进展[J]．山东化工，2018，47(8)：86-89.

[8] 李桂晓，于凤丽，刘仕伟，等. 催化制备烷基化汽油的研究进展[J]．石油化工，2016，45(11)：1293-1299.

[9] 王强．大型 C_4 烃烷基化工艺技术比选[J]．中国石油和化工标准与质量，2018(24)：140-141，143.

[10] 李明伟，李涛，任保增．烷基化工艺及硫酸烷基化反应器研究进展[J]．化工进展，2017，36(5)：1573-1580.

[11] 张立岩，戴伟．碳四烃综合应用技术的进展[J]．石油化工，2015，44(5)：640-646.

[12] 杨为民．碳四烃转化与利用技术研究进展及发展前景[J]．化工进展，2015，34(1)：1-9.

[13] 陈尊仲，于连诗，李锋，等. 60 万吨/年异辛烷装置应用及优化[J]．现代化工，2017，37(8)：182-185.

[14] 李柏林，吴瑕．酸性离子液体催化异丁烷/丁烯烷基化研究进展[J]．石油化工，2016，45(10)：1272-1278.

[15] 彭凯，张成喜，李永祥．异丁烷/丁烯烷基化固体酸催化剂的再生方法研究进展[J]．化工进展，

2015，34(9)：3296-3302.

[16] 孟祥海，张睿，刘海燕，等. 复合离子液体碳四烷基化技术开发与应用[J]. 中国科学(化学)，2018，48 (4)：387-396.

[17] 陈尊仲. 60 万吨/年异辛烷装置鲁姆斯工艺简介[J]. 化工设计，2017，27(1)：7-8.

[18] 吴指南，伍肇炯，葛旭丹，等. C_4 烃类在 ZSM-5 分子筛催化剂上的芳构化[J]. 石油化工，1983，21 (3)：131-136.

[19] 孙琳，叶娜，王祥生，等. 晶粒度对 ZSM-5 沸石上 C_4 液化气低温芳构化反应的影响[J]. 化学通报，2007，76(8)：633-636.

[20] 叶娜，孙琳，王刃，等. 纳米 ZSM-5 沸石上丁烯的芳构化反应[J]. 化工学报，2007，58(4)：913-918.

[21] Doolan P C，Pujado P R. Make aromatics from LPG[J]. Hydrocarbon Processing，1989，68(9)：72-76.

[22] Gosling C，Wilcer F，Sullivan L，et al. Process LPG to BTX products[J]. Hydrocarbon Processing，1991，70(12)：69-72 .

[23] Martinelale D C，Kuchar D J ，Olson P K. CYCLAR——用 LPG 生产芳烃的新工艺[J]. 金山油化纤，1989(3)：59-63.

[24] Chen N Y，Yan T Y. M2-forimg-A process for aromatization of light hydrocarbons[J]. Industrial and Engineering Chemistry Proces Design and Development，1986，25(1)：150-155.

[25] Nagamori Y，Kawase M. Converting light hydrocarbons containing olefins to aromatics (Alpha Process) [J]. Microporous and Mesoporous Materials，1998，21(4-6)：439-445.

[26] 郝代军，刘丹禾. 轻烃芳构化工业技术进展[J]. 天然气与石油，2001，19 (3)：17-22.

[27] 万海. 新型 L 沸石基轻烃芳构化催化剂的制备及反应研究[D]. 青岛：中国石油大学(华东)，2015.

[28] 艾沙·努洪拉. 纳米沸石催化剂的制备与正丁烷转化研究[D]. 大连：大连理工大学，2013.

[29] 郝代军，朱建华，王国良，等. 液化石油气制芳烃技术开发及工业应用[J]. 化工进展，2005，24 (11)：1287-1291.

[30] 赵燕，王景政，李琰，等. 国内 C_4 烃叠合—加氢工艺制异辛烷技术进展及应用前景分析[J]. 化工进展，2019，38(12)：5314-5322.

[31] 温朗友，吴巍. 间接烷基化技术进展[J]. 当代石油石化，2004，12(4)：36-40.

[32] 饶兴鹤. 加拿大成功完成 MTBE 改产异辛烷工业装置[J]. 炼油技术与工程，2003(11)：34.

[33] 祁正娟，黄勇. C_5 烯烃骨架异构化工艺研究进展[J]. 石油化工技术与经济，2009，25(6)：52-56.

[34] 宋毅，白杰，吴治华，等. ZSM35 分子筛催化剂上 1-己烯骨架异构化反应的研究[J]. 天然气化工，2005，30(3)：1-4.

[35] 谢素娟，李玉宁，刘盛林，等. 小晶粒 ZSM-35 分子筛的合成[J]. 石油学报(石油加工)，2006(增刊)：64-67.

[36] 袁本旺，丁晓伟，李吉春，等. C_4 芳构化烷基化反应工艺过程热力学分析[J]. 石油炼制与化工，2008，39(1)：34-38.

[37] Akimoto M，Echigoya E，Okada M，et al. Dual functional catalyst in dehydroaromatization of isobutene to xylene[C]//Bond G C，Wells P B，Tompkins F C. Proc 6th Intern Congr Catal，London：ChemSoc，1977：872-880.

[38] 陈光峰，刘姝，臧树良. 丁烯齐聚酸性催化剂的研究进展[J]. 工业催化，2009，17(3)：12-17.

[39] Alcántara R，Alcántara E，Canoira L，et al. Trimerization of isobutene over Amberlyst-15 catalyst[J]. Reactive & Functional Polymers，2000，45(1)：19-27.

[40] Kondo J N，Domen K. IR observation of adsorption and reactions of olefins on H-form zeolites[J]. Journal of

Molecular Catalysis A：Chemical，2003，199(1-2)：27-38.

[41] 何奕工，舒兴田．正碳离子和相关的反应机理[J]．石油学报，2007，23(4)：1-7.

[42] 袁鹏．异丁烯叠合制备二异丁烯的研究[D]．上海：华东理工大学，2014.

[43] 毕建国．烷基化油生产技术的进展[J]．化工进展，2007，26(7)：934-939.

[44] Honkela M L，Krause A O. Influence of polar components in the dimerization of isobutene[J]．Catalysis Letters，2003，87(3/4)：113-119.

[45] 刘冰辉，陈志荣，尹红，等．异丁烯齐聚反应研究[J]．浙江大学学报(工学版)，2013，47(1)：188-192.

[46] 许惠明，范存良，徐泽辉. 高品质异戊烯产品的工业生产[J]．现代化工，2015，35(4)：130-132.

[47] 秦技强，傅建松，谢家明. 高正戊烯骨架异构化为异戊烯的研究进展[J]．精细石油化工进展，2006，23(3)：63-66.

[48] Menorval B，Ayrault P，Gnep N S，et al. n-Butene skeletal isomerization over HFER zeolites：Influence of Si/Al ratio and of carbonaceous deposits[J]. Applied Caralysis A：General，2006，304：1-14.

[49] Hu Yunfeng，Liu Lijie，Zhang Haiyan，et al. Effect of crustal size on the skeletal isomerization of n-butene over ZSM-35 zeolite[J]. Reaction Kinetus，Mechantsm and Catalysis，2014，112：241-248.

[50] Chu Weifen，Li Xiujie，Zhu Xiangxue，et al. Size-controlled synthesis of hierarchical ferrietite zeolite and its catalytic application in 1-butene skeletal isomerization[J]. Microporous and Mesoporous Materials，2017，240：189-196.

[51] Carmen M L，Leyda R，Virfinia S，et al. 1-Pentene isomerization over SAPO-11，BEA and AlMCM-41 molecular sieves[J]．Applied caralysis A，2008，340(1)：1-6.

[52] 陶蕾，孟哲，尤兴华，等. 合成条件对 ZSM-35 分子筛结构和形貌的影响[J]．石油炼制与化工，2016，47(1)：39-44.

[53] 郭玉华，蒲敏，陈标华. 分子筛催化的戊烯骨架异构化反应机理[J]．无机化学学报，2011，27(2)：333-342.

[54] 郭春垒，方向晨，贾立明，等. 分子筛催化剂积炭失活行为探讨[J]．工业催化，2011，19(12)：15-20.

[55] 朱晓谊，陈志伟，车小鸥，等．ZSM-35 分子筛催化正丁烯骨架异构的反应性能及失活再生[J]．精细化工，2013，30(12)：1384-1388.

第四章 清洁柴油及航煤技术

随着工业化、城市化进程的快速推进以及汽车保有量的快速增长，我国大气污染和雾霾问题日益严重。其中，柴油车排放的氮氧化物(NO_x)占全部汽车排放量的90%左右，排放的颗粒物占全部汽车排放量的95%以上，是机动车污染排放的主要来源。柴油的硫、氮含量与SO_x和NO_x排放密切相关，而芳烃尤其是多环芳烃含量与颗粒物排放密切相关，因此车用柴油向低硫和低芳烃方向发展。

与国Ⅴ车用柴油标准相比，国Ⅵ标准要求多环芳烃含量由不大于11%(质量分数)降至不大于7%(质量分数)，京ⅥB标准要求多环芳烃含量不大于5%(质量分数)。清洁柴油的生产技术要求在硫含量合格的前提下，进一步降低多环芳烃含量，同时延长生产装置的运行周期。航煤的生产技术要求进一步提高航煤的烟点，满足劣质原料生产优质航煤的要求。针对清洁柴油和航煤质量升级的技术需求，中国石油先后设立了两期炼油系列催化剂重大专项，通过专项技术攻关在油品加氢催化剂设计理念上取得重大突破，通过深入研究柴油中特征反应物的吸附、反应机理以及过渡金属催化作用机理，采用高效规整结构催化剂制备技术、催化剂络合制备平台技术和含硫杂多酸盐为前驱体逆向构建活性相新技术，形成了PHF/PHD/FDS系列化柴油加氢精制生产技术和PHU/HIDW柴油加氢改质及降凝生产技术，在航煤加氢领域开发了PHK系列航煤加氢精制催化剂，实现了工业应用。截至2021年，自主清洁柴油关键技术已在中国石油炼化企业21套装置实现推广应用，总加工能力达$3080 \times 10^4 t/a$，在中国石油同类装置市场占有率为45%，3次入选中国石油十大科技进展，保障了中国石油国Ⅴ和国Ⅵ标准柴油质量升级工作圆满完成，有力支撑了公司油品质量升级及炼化转型升级。

本章将重点从清洁柴油和航煤技术的国内外发展现状，以及中国石油清洁柴油和航煤技术的研发过程、技术特点、配套催化剂及工业应用等方面进行介绍。

第一节 国内外技术发展现状

随着车用柴油标准从国Ⅳ、国Ⅴ到国Ⅵ标准，以至更高标准的升级和出台，通过调整反应原料、降低反应空速和装置处理量、提高反应温度等工艺条件，即使能满足更低硫含量(不大于10mg/kg)和更低多环芳烃含量[不大于7%(质量分数)]清洁柴油及更高烟点航煤的生产，其经济性也大幅降低，需要开发满足更高标准清洁柴油和航煤生产的加氢催化剂及配套工艺。

从反应深度和化学反应分析，以生产清洁柴油为目的的柴油加氢技术主要分为加氢精制和加氢改质技术两类。柴油加氢精制以生产低硫和低芳柴油为主，加氢改质技术以加氢转化和提高劣质柴油原料的十六烷值兼产部分轻质油品为主。根据原料和产品的差异性，航煤加氢技术主要包含常规加氢处理和深度加氢处理工艺。

一、柴油加氢精制技术

柴油加氢精制技术是在临氢条件下进行脱除硫、氮化合物和多环芳烃生产清洁柴油的过程。随着柴油标准的提高，在生产硫含量小于 10mg/kg 国Ⅴ和国Ⅵ标准柴油时，必须要深度脱除多烷基取代的二苯并噻吩类化合物等难脱除的物种。这些化合物中的硫原子被取代基掩蔽，很难通过直接氢解方式脱除，一般都先将芳环加氢饱和之后再脱硫，受到芳环加氢热力学平衡的限制，在较高温度时继续升高反应温度并不能提高脱硫率[1]。

在原料日益劣质的情况下，传统的柴油加氢催化剂已难以满足生产需要，催化剂技术公司开发了许多新技术来提高催化剂活性，包括新型载体材料和改性技术来优化载体表面性能，采用络合浸渍技术提高金属分散度以形成更多 II 型加氢活性相等。国外具有代表性的高活性加氢精制催化剂，主要有 Albemarle 公司的 STARS 和 NEBULA 系列催化剂、Topsøe 公司的 TK 系列催化剂、Criterion 公司的 CENTERA 催化剂等。

1. Albemarle 公司超低硫柴油生产技术[2-3]

在清洁柴油生产方面，Albemarle 公司先后开发了 STARS 技术和 NEBULA 非负载技术。STARS 技术研发的催化剂具有高活性的Ⅱ型活性相中心，如 Co-Mo 型的 KF-757 催化剂和 Ni-Mo 型的 KF-848 催化剂。Albemarle 公司新一代加氢脱硫催化剂是 KF-868 和 KF-880，其特点是脱氮活性与芳烃加氢活性极高，在高氢分压条件下具有优异的脱硫特性，适合于处理重质柴油和催化裂化柴油的加氢装置。Nebula 技术开发的催化剂具有较高的加氢脱硫、脱氮和脱芳活性，但是 Nebula 催化剂价格昂贵，并且其超高的加氢活性导致氢耗很高，在用于清洁柴油生产时，Albemale 公司建议采用 Nebula/STARS 复配装填方式。

2. Topsøe 公司的柴油加氢技术[4]

Topsøe 公司认为在催化剂中二硫化钼（MoS_2）片层顶部存在着通过加氢途径脱硫的活性中心，称为 Brim 中心。Brim 对于脱除带强烈位阻的含杂原子物种十分重要，Brim 技术的特点就是增加并优化了催化剂的 Brim 中心以提高加氢活性，同时还通过提高Ⅱ型活性中心的数量提高了直接脱硫活性。在清洁柴油生产过程中，由于氮化物对深度加氢脱硫反应有强烈的抑制作用，当其能被接近并完全脱除时，催化剂将充分发挥其加氢活性。因此，Brim 技术特别适宜于超低硫柴油的生产。采用 Brim 技术的催化剂有 TK-574、TK-576、TK-578 等，可处理多种原料生产清洁柴油。

3. Criterion 公司的柴油加氢技术[5]

Criterion 公司的柴油加氢处理技术主要以其高活性催化剂为核心。Criterion 公司主流的高活性柴油加氢处理催化剂主要有 CENTINEL、CENTINEL GOLD、ASCENT、ASCENT PLUS 和 CENTRA 5 个系列。ASCENT 催化剂上同时具有Ⅰ型和Ⅱ型两种活性中心，这有助于同时提高直接和间接 HDS 反应活性，在中低压条件下能更充分发挥催化剂的 HDS 反应活性，并可降低氢耗，提高催化剂的再生性能。新一代的 CENTERA 技术借鉴了 Criterion 公司已经工业应用的多项催化剂技术的成功经验，结合了 CENTINEL 和 ASCENT 技术及 Criterion 公司的其他先进成果，CENTERA 技术在活性位设计和制备工艺方面进行了创新，从而进一步提高催化剂的性能[6]。

4. 中国石化石科院柴油加氢技术[7-8]

中国石化石科院基于对催化剂活性相的认识开发了MAS(Maximization of Active Sites)技术平台，实现活性中心数量最大化。MAS技术包括优化升级的络合制备技术、载体表面性质调控技术、缓和活化技术和金属精确匹配技术。基于MAS技术平台开发的高活性RS系列催化剂脱硫和脱氮活性高，稳定性好，可在常规加氢精制条件下生产硫含量小于10mg/kg的低硫柴油。后续通过优化金属体系、采用改性氧化铝载体以及新的络合制备技术，形成了RS-3000系列催化剂，在提高加氢活性的同时，又促进了C—N键的断裂，从而提高了催化剂的加氢脱氮活性。当加氢脱氮功能强化后，加速了含氮化合物的转化，减少了其与含硫化合物在活性中心上的竞争吸附，降低了含氮化合物对脱硫反应的抑制，使催化剂的脱硫功能得到更好的发挥。

5. 中国石化大连院柴油加氢技术[9-10]

中国石化大连院开发了RASS(Reaction Active Sites Synergy)催化剂制备技术，该技术关键在于调节载体与活性金属间的相互作用，使之产生协同增进作用，从而大幅度提高催化剂的活性。针对不同原料油深度脱硫的反应特点，通过载体孔结构调变、助剂改性调整载体表面性质、活性金属优化组合及负载方式的改进等多种措施，进一步提高了活性中心数目及其本征活性，开发了FHUDS系列催化剂，包括Ni-Mo-W型FHUDS-2催化剂，Co-Mo型FHUDS-3、FHUDS-5催化剂，Ni-Mo型FHUDS-6、FHUDS-8催化剂等。针对焦化柴油和催化柴油等劣质原料开发出FHUDS-6催化剂，与上一代FHUDS-2催化剂相比，加氢脱硫活性取得大幅度提升。FHUDS-8催化剂是最新一代低成本催化剂，在超深度脱硫活性不低于FHUDS-6催化剂的前提下，通过载体及催化剂制备技术的改进，其成本显著降低，可以有效降低催化剂费用。

6. 中国石油石化院柴油加氢技术

中国石油石化院在柴油质量升级开发中形成了PHF/PHD/FDS系列柴油加氢精制催化剂。PHF-101催化剂在大庆石化120×10^4t/a柴油加氢精制装置和乌鲁木齐石化200×10^4t/a柴油加氢精制装置等10余套装置进行工业应用。该催化剂可以满足直馏柴油、催化裂化柴油、焦化柴油或汽柴油混合原料加氢生产国Ⅳ、国Ⅴ和国Ⅵ标准的清洁柴油的需要。

针对劣质二次加工柴油，特别是高氮、高芳烃含量的催化柴油，形成了PHD系列化柴油加氢精制催化剂。其中，PHD-112催化剂采用络合制备平台技术，在脱氮、脱芳活性方面具有显著的提高，适用于处理催化柴油、焦化柴油等二次加工油比例高的柴油加氢精制装置。在抚顺石化120×10^4t/a柴油加氢裂化装置实现工业应用，处理催化柴油和焦化柴油原料，产品柴油硫含量小于10mg/kg，柴油十六烷值大于60，同步实现多产高芳潜重石脑油和生产国Ⅵ标准清洁柴油的技术需求。高活性非负载型PHD-201催化剂，通过晶种诱导制备的非负载型催化剂，大幅提高了催化剂的加氢脱氮和脱芳性能。针对中低压柴油加氢装置开发的非负载型和负载型催化剂的组合级配应用技术，可解决中低压加氢装置加工劣质催化柴油的技术难题，实现催化剂活性和稳定性的提升，保证装置的长周期稳定运行，为炼化企业提质增效提供技术支持。

中国石油石化院与中国石油大学(华东)联合开发了FDS(Fine Desulfurization)系列柴油

加氢精制催化剂，在系统研究柴油深度脱硫反应过程催化作用机理基础上，运用载体均匀分散复合技术、催化剂表面酸性调变技术等催化剂制备新技术，开发了劣质柴油深度加氢处理的FDS-1催化剂，完全硫化型FDS-2柴油加氢催化剂和FDS-3非负载型柴油加氢精制催化剂，形成了FDS系列精细脱硫催化剂技术平台。FDS系列催化剂适用于中低或高硫含量柴油(直馏柴油、二次加工柴油及其混合柴油)的深度加氢处理过程，完全满足国Ⅴ、国Ⅵ标准柴油生产的技术需求。

7. 中国石油C-NUM液相加氢成套工艺技术[11-15]

液相加氢技术的核心是能够通过饱和液态循环物料提供反应所需的氢气，取消循环氢系统，实现了由传统的气液固三相反应到液固两相反应的跨越，具有装置投资低、催化剂利用率高、能耗低等特点。国外液相加氢技术主要有美国杜邦公司的Iso Therming®液相加氢技术，中国石化也开发了相应的SRH和SLHT柴油液相加氢技术。

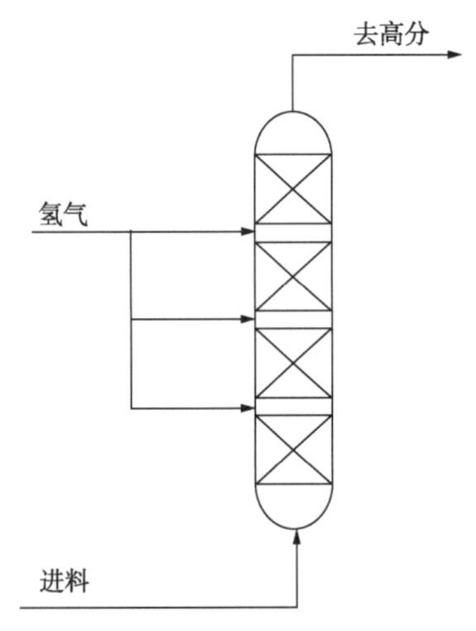

图4-1 无循环上流式液相加氢反应器系统示意图

中国石油华东设计院、中国石油大学(华东)和浙江大学创新性地提出了无液/气循环的上流式液相加氢工艺新思路，同时取消了床层间气液分离、液位控制和高温高压液体循环系统，在基于柴油液相加氢反应动力学的多点溶氢技术、强化加氢深度的催化剂床层梯级级配技术、强化溶氢速率的催化剂外形控制技术和高体积利用率的专用加氢反应器技术等多项核心技术方面取得突破，开发出了C-NUM液相加氢成套工艺技术，并配套开发了FDS系列专用液相加氢催化剂。该工艺的反应器系统如图4-1所示。该技术于2018年12月在庆阳石化40×10^4t/a航煤液相加氢装置工业应用试验取得成功。在反应器入口压力为4.0MPa、床层温度为243℃、空速为$3.0h^{-1}$、氢油体积比为12的条件下，产品质量可满足3号喷气燃料标准要求，同时可兼顾国Ⅵ标准车用柴油调和组分的指标要求。

二、柴油加氢改质技术

炼化企业柴油池主要包含直馏柴油、催化柴油、焦化柴油和少量加氢裂化柴油。其中，催化柴油硫、氮和多环芳烃含量高，十六烷值特别低，加工难度大；焦化柴油的芳烃含量低于催化柴油，十六烷值略低于直馏柴油，但其氮含量很高，烯烃含量也较高。因此，对于焦化柴油和催化柴油而言，需要通过加氢精制或加氢改质才能生产满足国Ⅵ排放标准要求的清洁柴油调和组分。为解决二次加工柴油的十六烷值问题，国内外公司开发了可大幅度提高十六烷值的加氢改质技术。以中国石化大连院的MCI技术，中国石化石科院的MHUG技术、RICH技术以及中国石油石化院的PHU柴油改质技术等为代表[16-17]。

我国冬季北方市场对低凝柴油的需求增长较快。低凝柴油除对硫、氮、十六烷值有要求外，还对柴油凝点和冷滤点有特别要求。加氢改质降凝技术采用择形分子筛催化剂，利用催化剂的酸性和择形性，将高凝点正构烷烃组分裂化为较低凝点组分的同时，发生一定的异构和开环裂化反应，在降低凝点的同时进行芳烃饱和、环烷烃开环裂化以提高柴油产品十六烷值[18]。

1. 两段加氢技术[19]

如果要大幅度降低柴油芳烃含量、提高十六烷值，不仅要使多环芳烃加氢，还要使单环芳烃加氢。国外一般采用两段加氢工艺，工艺流程如图4-2所示，Topsøe公司的HDS/HDA两段法加氢工艺技术、Axens公司开发的Prime-D两段柴油加氢工艺等是中低压低硫、低芳烃、高十六烷值技术的代表性工艺。

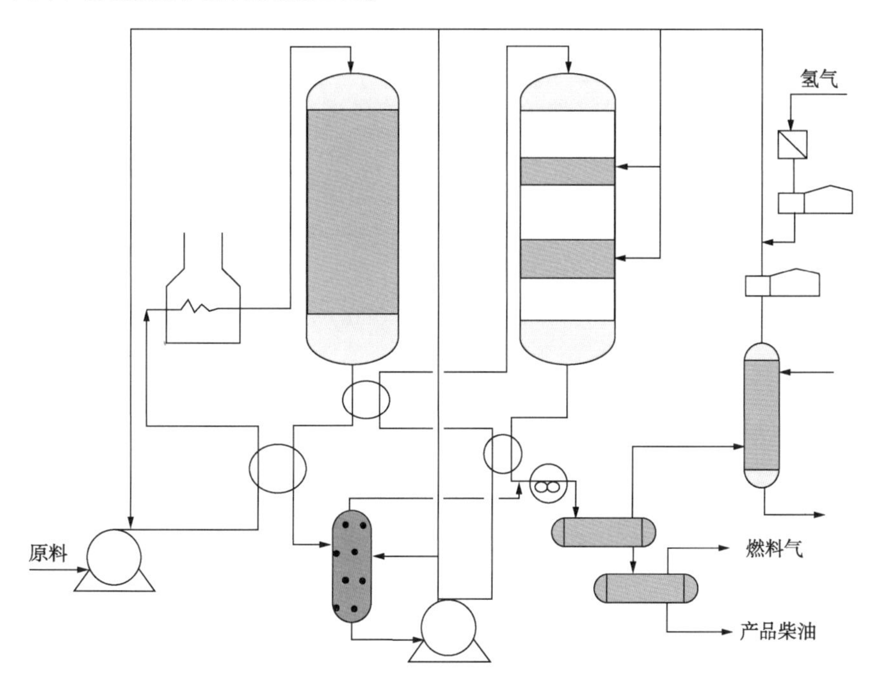

图4-2　两段式加氢工艺流程图

两段法加氢工艺可以大幅度降低加氢柴油的多环芳烃含量，第一段采用非贵金属加氢催化剂，产物经汽提后进入第二段，使用贵金属催化剂可同步达到降低柴油密度、单环芳烃和多环芳烃含量，提高十六烷值的目的。两段加氢技术投资大，操作费用高，应用并不广泛，只有在对柴油中多环芳烃含量严格限制的地区应用较多。

2. 最大化提高柴油十六烷值技术[20]

此类柴油加氢改质技术以催化裂化柴油为主要原料，以最大化提高柴油十六烷值为目标，技术关键是控制萘系芳烃开环，在提高柴油十六烷值的同时保证柴油收率，是介于加氢精制和中压加氢裂化之间的一种工艺。生成油中双环芳烃和三环芳烃含量大幅度降低，环烷烃含量基本不变，而单环芳烃及链烷烃含量大幅增加。中国石化大连院MCI技术采用加氢精制—改质双剂单段串联工艺。第二代MCI技术改质段采用FC-18催化剂和FC-20催化剂。工业应用结果表明，催化柴油的十六烷值可提高约10，柴油收率在95%以上。

中国石油石化院通过对催化柴油加氢改质反应机理的深入研究，开发了PHU改质催化剂技术，通过开发二次孔体积大、晶粒小和非骨架铝含量低的超稳(USY)型分子筛，解决了多环芳烃大分子与酸性中心难接触、侧链容易断裂等技术难题，能够直接生产十六烷值和硫含量满足国Ⅴ车用柴油标准的清洁柴油，形成了中国石油具有自主知识产权的柴油加氢改质技术。该技术操作灵活，可通过调整反应温度，灵活调变柴油和石脑油产品的收率。

PHU 柴油加氢改质技术主要对柴油池中最劣质的催化柴油进行高效转化，可以使催化柴油十六烷值提高 13~18，密度降低 0.04~0.06g/cm^3，多环芳烃含量小于 2%(体积分数)，硫含量不大于 10mg/kg，可作为国Ⅴ和国Ⅵ标准清洁柴油调和组分。

3. 催化柴油加氢转化技术[21]

基于分子炼油的加工理念，以提高产品附加值为导向，催化柴油的多环芳烃是生产轻质芳烃的优势原料。UOP 公司推出的 LCO-Unicracking 工艺可大幅度降低设备投资和操作成本，将劣质催化柴油转化成高附加值的轻烃和高辛烷值汽油或 BTX。中国石化大连院通过优化加氢裂化工艺和催化剂，将柴油中的重质芳烃进行裂化，单环芳烃富集到汽油馏分中，实现生产高辛烷值汽油调和组分的目的。

中国石油石化院通过对催化柴油加氢转化规律的深入研究，开展了催化柴油加氢改质生产高辛烷值汽油和超低硫柴油研究，催化柴油加氢转化反应路径如图 4-3 所示。

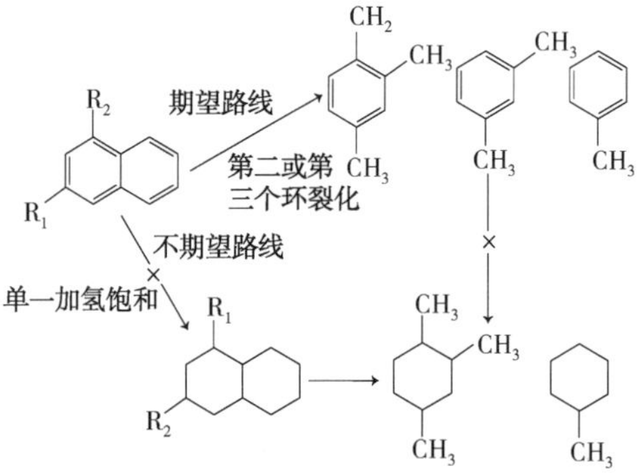

图 4-3　催化柴油加氢改质生产高辛烷值汽油反应路径

研究表明，不同催化工艺产出的催化柴油对产品汽油研究法辛烷值影响较大，催化柴油原料中芳烃含量高，多环芳烃比例高，产品汽油辛烷值较高。催化柴油加氢转化后产品汽油收率稳定在 40%以上，汽油研究法辛烷值为 89~90。MIP 工艺生产的催化柴油经过加氢转化后，汽油研究法辛烷值可以达到 90 以上，其中柴油的单环芳烃含量极高，将这部分柴油产品适当循环回炼，能显著提高产品汽油研究法辛烷值，回炼柴油占混合原料 10%~30%时，汽油研究法辛烷值可以提高 0.8~1.2。

三、航煤加氢精制技术

根据原料油性质及目标产品的不同，航煤加氢精制工艺可分为常规加氢精制工艺和深度加氢精制工艺。常规加氢精制工艺的主要作用是脱硫醇、脱氧，改善产品的气味、颜色及热氧化安定性。该工艺对总硫的脱除能力有限，烟点等燃烧性能指标变化不大。深度加氢精制工艺的主要作用是芳烃饱和以提高烟点，使油品的燃烧性能指标显著改善，同时具有较强的脱硫和脱氮功能，满足生产低凝、超低硫柴油调和组分的需要。

国内开展航煤加氢精制技术研究的机构主要有中国石化大连院、中国石化石科院和中国石油石化院，国外通常采用柴油加氢催化剂或汽油加氢催化剂用于航煤加氢。

1. 中国石化大连院航煤加氢技术[22]

中国石化大连院在航煤加氢技术领域陆续开发了 481-3、FDS-4A、FH-40A 和 FH-40B 等牌号的航煤加氢催化剂。FH-40A 催化剂是 2004 年针对提高国产轻质馏分油加氢精制催化剂的市场竞争力而开发的催化剂。FH-40A 催化剂以 Mo-Ni-Co 为活性组分，是 481-3 催化剂的换代产品。该催化剂以大孔体积和高比表面积改性氧化铝为载体，具有加氢脱氮活性高、活性稳定性好、装填堆比小及机械强度高等特点。FH-40B 催化剂是 2004 年开发的轻质馏分油加氢脱硫专用催化剂。FH-40B 催化剂以 Mo-Co 为活性组分，是 FDS-4A 催化剂的换代产品。该催化剂以大孔体积和高比表面积改性氧化铝为载体，具有加氢脱硫活性选择性好、氢耗低、装填堆比小及机械强度高等特点。

2. 中国石化石科院航煤加氢技术[23-24]

中国石化石科院针对航煤常规加氢处理，于 1999 年开发了临氢脱硫醇技术（RHSS），配套 RSS-1A 催化剂。该技术主要用于直馏煤油馏分的脱硫醇、脱酸以及改善产品颜色，具有工艺条件缓和、氢耗低、产品收率高、工业装置的投资及操作费用低等特点。

在第一代喷气燃料加氢脱硫醇催化剂 RSS-1A 的基础上，中国石化石科院通过优化催化剂载体、活性金属体系和助剂，开发了具有高活性和高处理量的 RSS-2 喷气燃料加氢催化剂。

3. 中国石油石化院航煤加氢技术

中国石油石化院针对常规加氢精制工艺和深度加氢精制工艺，分别开发了 PHK-101 和 PHK-102 两个牌号的催化剂。

PHK-101 催化剂以脱硫醇、脱硫、脱氧、改善产品颜色及安定性为主要功能，可以满足以直馏航煤为原料生产 3 号喷气燃料的需要，催化剂脱硫活性可满足兼产硫含量不大于 10mg/kg 的柴油调和组分需要，2020 年该催化剂在宁夏石化 40×10^4t/a 航煤加氢装置实现工业应用。

PHK-102 催化剂针对劣质和重质煤油原料，以深度脱硫、脱芳和提高烟点为主要功能。未来航煤原料的馏程可能会适度拓宽，导致原料油烟点偏低。具有大幅度提高烟点功能的 PHK-102 催化剂的开发，对于依托现有航煤或柴油加氢装置，以劣质煤油为原料生产航煤具有重要意义。

4. 国外航煤加氢技术[25]

国外航煤加氢通常采用柴油加氢催化剂或汽油加氢催化剂。从公开的文献报道来看，标准公司的 DC-2551 催化剂和 DN-3620 催化剂分别于 2009 年和 2015 年在锦西石化 20×10^4t/a 航煤加氢装置应用。

第二节　柴油加氢精制技术

柴油加氢精制技术能有效地脱除柴油中的硫、氮、氧等非烃化合物，使烯烃、芳烃加氢饱和并能脱除金属等杂质，具有处理原料范围广、液体收率高、产品质量好等优点。随着车用柴油逐步向低硫、低芳烃方向发展，为了适应柴油质量标准日益严格的要求，满足中国石油柴油质量升级需要，中国石油石化院成功开发出PHF、PHD和FDS 3个系列10余个牌号的柴油加氢精制催化剂，通过柴油加氢催化剂技术系列化体系开发，初步形成了催化剂设计与开发的基础理论框架，创新能力实现跨越式进步，自主技术研发能力显著提升，有力支撑了中国石油柴油质量升级技术需求。

一、工艺技术特点

柴油加氢精制技术通常采用固定床加氢工艺、炉前混氢方案，原料油与氢气混合后，经原料油和精制油换热器换热，加热炉加热进入固定床反应器进行加氢脱硫、脱氮、烯烃饱和、芳烃饱和等反应。根据原料和产品构成以及能耗来选择氢气分离和产品分馏方案。加工原料包括直馏柴油、直馏柴油与二次加工油(催化裂化柴油、焦化柴油及焦化汽油)的混合油以及全部二次加工油。

在加氢脱硫过程中，一般认为有直接脱硫和加氢脱硫两种路径，对于空间位阻较大的硫化物，如4，6-二甲基二苯并噻吩，则一般需要通过加氢路径先将其中一个苯环进行加氢饱和后，才能将硫原子脱除。因此，经济而有效地实现柴油超深度脱硫的关键，在于设计新型高效的加氢脱硫催化剂，提高对空间位阻较大硫化物的脱除效率。柴油加氢精制过程通过使用高效加氢脱硫催化剂，实现对含硫化合物的深度脱除，生产硫含量小于10mg/kg的超低硫柴油和石脑油，具体工艺流程如图4-4所示。

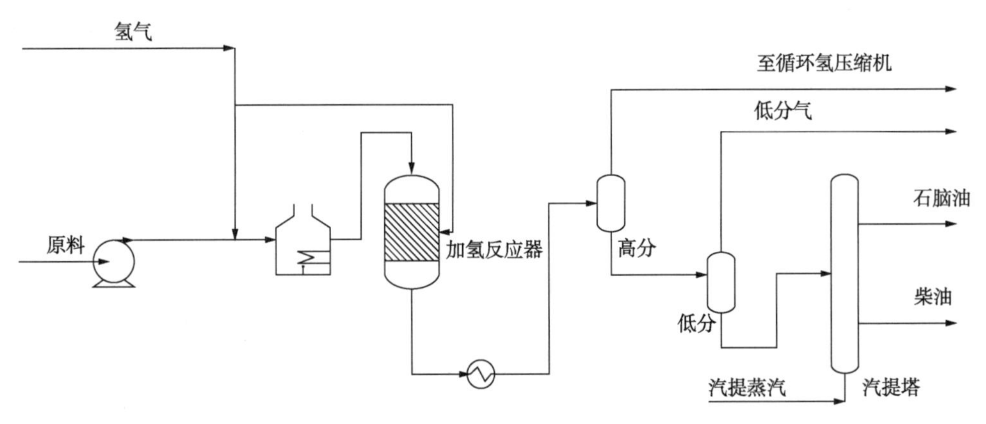

图4-4　柴油加氢精制技术典型工艺流程示意图

原料油与氢气混合后进入反应进料加热炉加热至反应所需温度，再进入反应器，在催化剂作用下进行加氢反应。反应流出物在分离器中进行油气分离。高分气(循环氢)进入循环氢压缩机升压后与原料油混合作为反应进料。高分油相在液位控制下经减压调节阀进入低压分离器。低分油进入脱硫化氢汽提塔，脱硫化氢汽提塔塔底通入汽提蒸汽，塔顶气排出装置。脱硫化氢汽提塔底油进入产品分馏塔，塔顶油气经分馏塔顶空冷器、后冷器冷凝后分出气体和石脑油产品，分馏塔底油作为柴油产品送出装置。

柴油加氢精制技术具有广泛的原料和产品方案适应性，可以根据原料硫含量、氮含量、芳烃组成、产品指标等情况，通过催化剂的合理级配，大幅度降低柴油中的硫、氮含量，明显改善柴油性质，满足炼化企业生产国Ⅵ及更高标准清洁柴油的需求。

二、催化剂

柴油加氢精制技术配套催化剂主要包括 PHF 系列柴油加氢精制催化剂(PHF-101/PHF-102、PHF-131/PHF-151)、PHD 系列柴油加氢精制催化剂(PHD-112/PHD-122、PHD-201)和 FDS 系列柴油加氢精制催化剂(FDS-1、FDS-2 和 FDS-3)。

1. PHF 柴油加氢精制催化剂

1)催化剂设计理念

中国石油石化院自 2003 年起开始进行 PHF 超低硫柴油加氢精制催化剂开发，通过制备高效规整结构载体，利用 ETS-10 和 $AlPO_4$-5 材料的协同催化作用，在深度脱硫的同时，实现对氮化物和芳烃的有效脱除。通过对载体表面酸性的修饰提高结构复杂硫化物的异构化反应活性，采用加氢活性改进助剂进一步促进活性金属形成高活性加氢活性相，提高催化剂加氢活性。

2)催化剂研发

经过十余年的持续攻关，先后开发出 PHF-101、PHF-102 和 PHF-131、PHF-151 两个系列 4 个牌号的超低硫柴油加氢精制催化剂。

PHF-101 和 PHF-102 催化剂的开发采用高效规整结构催化剂制备技术，利用 ETS-10 和 $AlPO_4$-5 两种催化材料，将催化材料中含有的 TiO_6、SiO_4和 $AlPO_4$催化活性结构，以规整可控的方式引入催化剂，一方面避免了氧化铝材料在常规钛、硅、磷元素改性过程中因使用无定形的二氧化钛、二氧化硅和磷酸对催化剂载体孔道造成的不利影响，可形成更加集中、规整的孔道结构，显著增强了催化剂孔道的扩散性能，强化了传质过程。另一方面利用两种催化材料在催化剂中产生的协同催化作用，显著提升催化剂的加氢脱硫、加氢脱氮和芳烃饱和性能，实现了硫、氮、芳烃的同步超深度脱除[26-27]。图 4-5 给出了两种催化材料的扫描电镜照片，图 4-6 给出了两种催化材料的 X 射线衍射(XRD)谱图。

(a) ETS-10

(b) $AlPO_4$-5

图 4-5 ETS-10 和 $AlPO_4$-5 两种催化材料电镜图片

从图 4-5 可以看出，ETS-10 材料晶粒形貌为削顶八面体结构，$AlPO_4$-5 材料晶粒形貌为六棱柱结构。

从表 4-1 可以看出，ETS-10 材料的比表面积为 343m^2/g，$AlPO_4$-5 材料的比表面积为 251m^2/g，与制备柴油加氢催化剂所用氧化铝比表面积相当。两种材料的孔体积约为

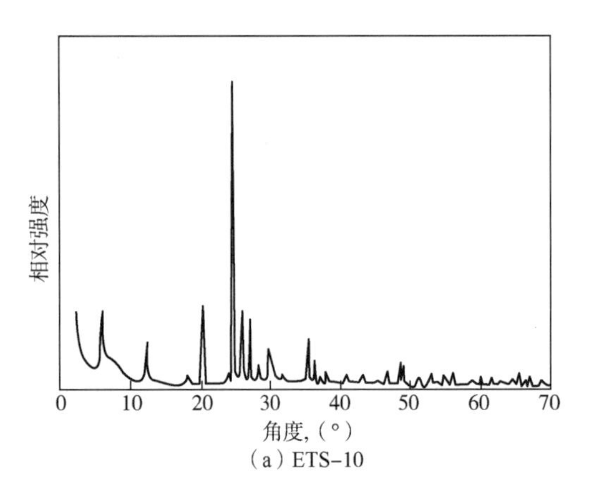

(a)ETS-10

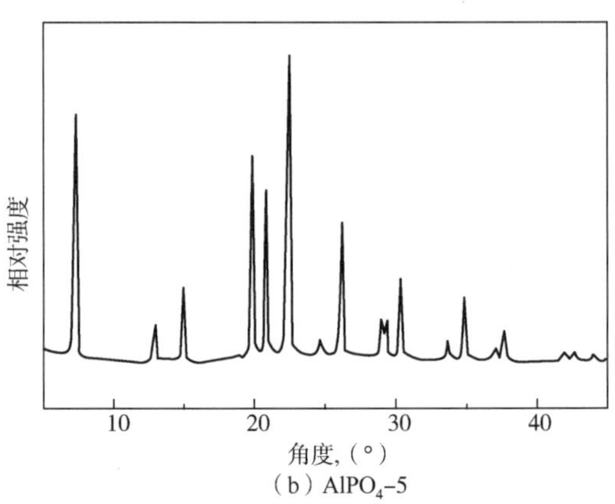

(b)$AlPO_4$-5

图 4-6 ETS-10 和 $AlPO_4$-5 两种催化材料 XRD 谱图

0.2mL/g。

表 4-1 两种催化材料的比表面积和孔体积

催化材料	比表面积，m^2/g	孔体积，mL/g	催化材料	比表面积，m^2/g	孔体积，mL/g
ETS-10	343	0.20	$AlPO_4$-5	251	0.19

在高效规整结构催化剂载体制备技术基础上，PHF-131 和 PHF-151 催化剂的开发采用ⅣB 元素调节催化剂酸中心类型和强度，由表 4-2 可见，通过形成 B 酸中心提高催化剂异构化脱硫反应活性，促进空间位阻类大分子硫化物加氢脱硫反应过程，同时通过采用具有络合功能的有机活性改进助剂，调整活性组分与载体之间的作用力，促使活性金属硫化形成高活性加氢活性相，进一步提高催化剂加氢活性。与 PHF-101/102 催化剂相比，PHF-131 催化剂相对脱硫活性提高 15%，催化剂原料成本降低 20%以上。PHF-151 催化剂相对脱硫活性提高 60%，相对脱氮活性提高 30%，原料成本与 PHF-101/102 催化剂相当。PHF-151 催化剂更适合加工劣质原料或加工工况比较缓和的装置实现清洁柴油生产。

表 4-2 两系列催化剂载体酸中心类型表征

项目		B 酸，mmol/g	L 酸，mmol/g
Ⅰ系列催化剂载体	150℃	—	0.321
	350℃	—	0.208
Ⅱ系列催化剂载体	150℃	0.023	0.367
	350℃	0.019	0.163

PHF-101 催化剂于 2010 年在大庆石化 120×10^4t/a 柴油加氢精制装置进行首次工业应用试验，加工催化柴油、焦化柴油和焦化汽油混合油，生产硫含量小于 50mg/kg 或 10mg/kg 的清洁柴油调和组分，加氢石脑油用于乙烯裂解原料。PHF-102 催化剂于 2013 年在辽阳石化 120×10^4t/a 柴油加氢装置进行工业应用试验，加工俄罗斯原油的混合直馏柴油，生产硫含量小于 10mg/kg 的清洁柴油调和组分。PHF-131 催化剂于 2019 年在玉门炼化 70×10^4t/a 柴油加氢装置进行首次工业应用试验，加工直馏柴油和焦化柴油混合油，生产硫含量小于

10mg/kg 的国Ⅵ标准柴油调和组分。PHF-151 催化剂于 2021 年在大港石化 220×10^4t/a 柴油加氢装置进行首次工业应用试验，与柴油裂化催化剂组成单反应器柴油加氢精制/裂化组合技术，加工直馏柴油、催化柴油、焦化柴油和焦化汽油混合油，在生产国Ⅵ标准柴油调和组分的同时，新增石脑油收率大于 12%，成为中国石油调整炼油产品结构，压减柴油增产石脑油新的技术利器。自 2010 年 PHF-101 催化剂首次工业应用以来，截至 2021 年，PHF 柴油加氢精制催化剂先后在中国石油大庆石化、乌鲁木齐石化、辽阳石化等 12 家企业的 17 套柴油加氢装置成功实现工业应用，累计开工 30 余次，催化剂用量累计 2700 余吨。应用结果表明，PHF 催化剂总体水平与国内外同类先进催化剂相当，完全满足中国石油柴油质量升级的要求，实现了中国石油柴油加氢催化剂及工艺技术自主化，为低成本快速完成柴油质量升级做出了贡献。PHF 超低硫柴油加氢精制技术获得省部级奖励 4 项，获得中国发明专利授权 6 项，2013 年通过中国石油科技管理部组织的技术鉴定。

PHF 柴油加氢精制催化剂主要具有以下技术特点：

(1) 将钛、硅、磷元素以 $AlPO_4$、TiO_6和 SiO_4结构单元引入催化剂载体，3 种结构单元与氧化铝有序耦合，形成规整的交联结构，产生协同催化作用，在超深度脱硫的同时，实现芳烃和氮的同步脱除。

(2) 引入极性电子助剂调变载体酸性，消除强酸中心，弱化氮化物对酸中心的影响，在提高脱硫效率的同时，保证柴油收率，降低结焦积炭。

(3) 调变催化剂酸中心类型，使其形成弱的 B 酸中心，促进 C—S 键和 C—N 键的断裂，提高催化剂活性。

(4) 采用有机大分子络合剂，调节载体与活性金属之间作用力，促进活性金属形成具有多层堆垛结构的加氢活性相，进一步提高催化剂加氢活性。

与国内外同类催化剂相比，PHF 催化剂具有以下技术优势：

(1) 催化剂处理空速比中国石油其他同类装置高 10%～15%。

(2) 原料适应性强，可加工全部二次加工油或直馏柴油和二次加工油的混合油。

(3) 反应温度低 5～15℃(表 4-3)，催化剂活性稳定性好。

表 4-3　PHF 催化剂与国内外同类催化剂技术水平比较

原　料	反应温度			
	PHF	国内参比剂 1	国内参比剂 2	国外参比剂
直馏柴油	基准	基准+10℃	基准+15℃	基准+5℃
二次加工柴油	基准	基准+15℃	基准+15℃	基准+10℃

3) 工艺条件

在柴油加氢过程中，催化剂的加氢性能受热力学和动力学共同影响，影响催化剂加氢活性的工艺条件主要有反应温度、氢分压、反应空速和氢油体积比。

(1) 反应温度。

某混合柴油原料在氢分压为 7.0MPa、反应空速为 2.0h^{-1}，氢油体积比为 500 的条件下，反应温度对催化剂加氢脱硫活性的影响如图 4-7 所示。随着反应温度的升高，精制柴油硫含量逐渐降低。当反应温度小于 360℃时，精制柴油硫含量随反应温度升高而降低；当温度超过 360℃后，反应温度升高，精制柴油硫含量变化不大，主要因为当反应温度达到 360℃时，精制柴油中硫含量已经小于 10mg/kg，剩余硫化物为较难脱除的空间位阻类硫化物，因此继续提高反应温度对硫化物脱除影响较小。

（2）氢分压。

某混合柴油原料在反应温度为 360℃、反应空速为 2. 0h^{-1}、氢油体积比为 500 的条件下，氢分压对催化剂加氢脱硫活性的影响如图 4-8 所示。随着氢分压的升高，精制柴油硫含量逐渐降低。当氢分压上升到 7. 0MPa 后，加氢柴油硫含量随反应压力变化曲线出现拐点，继续升高压力时，硫含量降低趋势明显减弱。因此，对于柴油加氢精制装置，根据企业装置的实际情况，适宜氢分压为 5. 0~8. 0MPa。

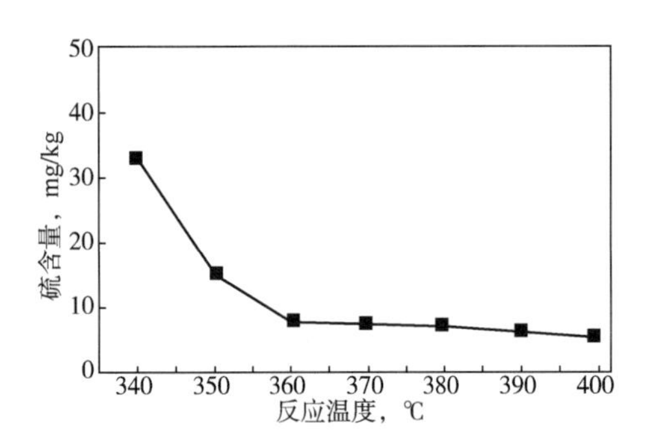

图 4-7 反应温度对 PHF 催化剂加氢脱硫活性的影响

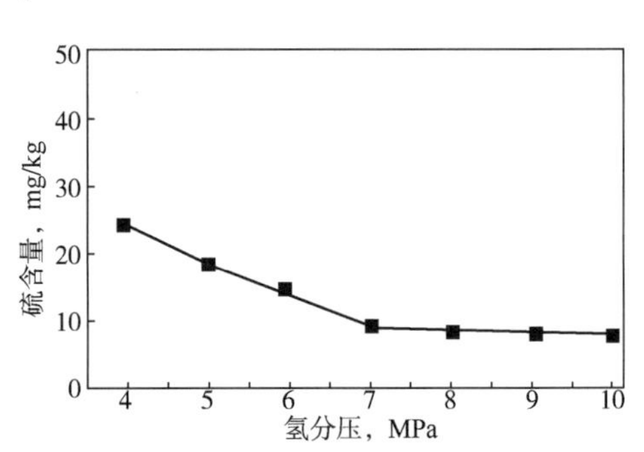

图 4-8 氢分压对 PHF 催化剂加氢脱硫活性的影响

（3）反应空速。

某混合柴油原料在反应温度为 340℃、氢分压为 7. 0MPa、氢油体积比为 500 的条件下，反应空速对催化剂加氢脱硫活性的影响如图 4-9 所示。精制柴油硫含量随着反应空速的增大升高，反应空速小，加氢原料在催化剂上停留时间长，脱硫率升高。因此空速越小，脱硫率越高。

（4）氢油体积比。

某混合柴油原料在反应温度为 360℃，氢分压为 7. 0MPa、反应空速为 2. 0h^{-1}的条件下，氢油体积比对催化剂加氢脱硫活性的影响如图 4-10 所示。精制柴油硫含量随着氢油体积比

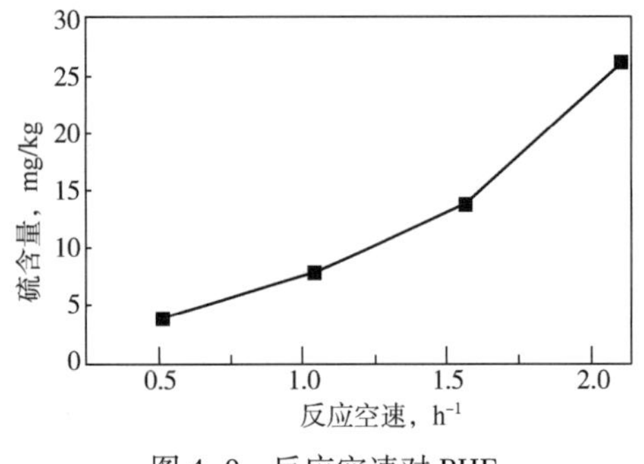

图 4-9 反应空速对 PHF 催化剂加氢脱硫活性的影响

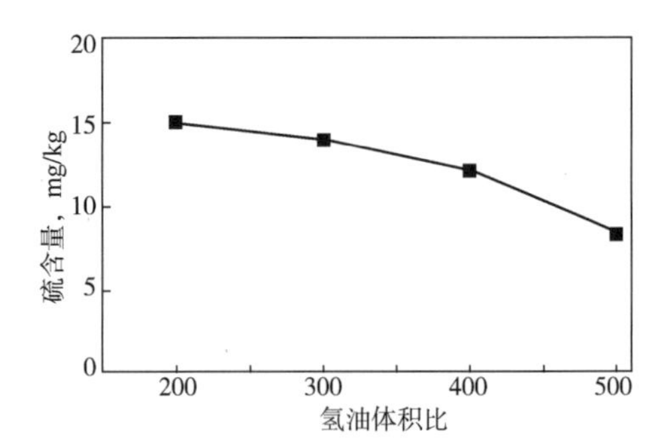

图 4-10 氢油体积比对 PHF 催化剂加氢脱硫活性的影响

的增大降低，即在柴油加氢脱硫过程中，增大氢油体积比一方面可以适度增大氢分压，另一方面可以降低物料液膜的厚度，促进柴油在催化剂表面的扩散过程，有利于反应物与催化剂活性中心接触。

2. PHD 柴油加氢精制催化剂

1）催化剂设计理念

国Ⅵ及更高标准的清洁柴油中多环芳烃含量将进一步降低，对催化剂的多环芳烃饱和性能提出了更高的要求。为了解决炼化企业生产高标准清洁柴油的技术需求，中国石油石化院通过强化催化剂的加氢性能，实现对柴油原料中的硫、氮化合物和多环芳烃的同步脱除，成功开发了高性能 PHD 系列柴油加氢催化剂，包括负载型 PHD-112、PHD-122 和非负载型 PHD-201 两个系列 3 个牌号的柴油加氢精制催化剂。

不同原料的柴油硫含量不同，硫化物的类型和分布也不同。其中，难除脱的 4,6-二甲基二苯并噻吩类硫化物的加氢脱硫反应是一个芳烃先加氢饱和，接着再氢解脱除硫原子的过程，如图 4-11 所示。只有把邻近噻吩的一个芳环加氢饱和以后，硫原子才能更容易地接近催化剂上的活性中心，才能够容易地把硫脱除。因此，加氢饱和就成了控制步骤。

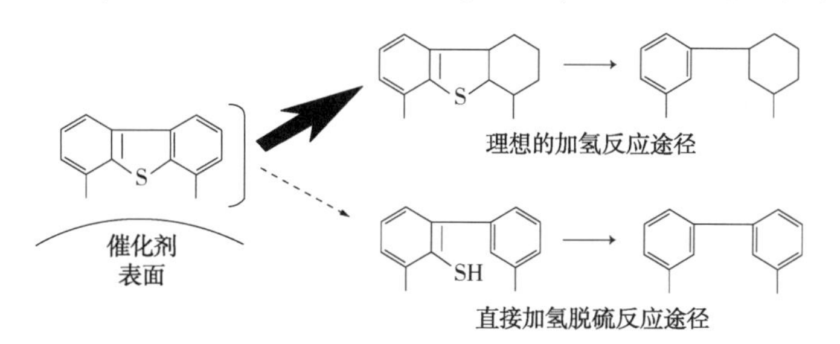

图 4-11　4,6-二苯并噻吩加氢脱硫的化学反应机理

PHD 系列柴油加氢精制催化剂在深入研究柴油中特征反应物的吸附、反应机理以及过渡金属催化作用机理基础上，在柴油加氢催化剂设计理念上取得重大突破，成功开发了催化剂络合制备平台技术及晶种诱导制备技术。利用该技术开发的柴油加氢催化剂可实现柴油馏分中硫、氮、芳烃的同步脱除。PHD 系列柴油加氢精制技术申请中国发明专利授权 7 项，制定 2 项企业标准，入选 2019 年中国石油十大科技进展，取得了较好的经济效益和社会效益。

2）催化剂研发

针对劣质柴油开发的负载型 PHD-112 精制催化剂，通过新型大孔载体制备技术、活性金属络合制备技术等关键技术攻关，形成了活性金属络合制备的技术路线，提高了活性相分散度，形成了更多Ⅱ类加氢活性中心。该催化剂具有原料适用性广、脱氮活性高的特点，特别适用于催化柴油、焦化柴油的加氢脱硫、深度脱氮反应，如图 4-12 所示。

PHD-112 加氢精制催化剂基于新型大孔氧化铝载体材料，通过构建多金属氧酸盐团簇(POMs)体系，诱导活性金属形成高分散氧化物前驱体，形成络合浸渍平台技术实现催化剂金属活性相的形貌控制，制备出的催化剂具有优异的加氢性能，可显著提高加氢脱氮、脱芳活性。近年来，随着柴油消费量逐年减少，而航煤、芳烃等高价值产品需求量增加，为应对市场需求变化、提高企业经济效益、促进炼化一体化高度融合发展，中国石油将炼化转型升级作为重大战略进行重点攻关。石化院历经多年技术攻关开发出柴油加氢精制/裂化催化剂(PHD-112/PHU-211)组合技术，先后完成了催化剂小试、中试放大及吨级工业放大。2019 年，在抚顺石化 120×10^4t/a 柴油加氢裂化装置进行工业应用试验，装置原料是 100%二次加工油，硫、氮含量高，密度大，加工难度高。工业应用结果表明，重石脑油产率大于 35%，芳潜在 48%以上，柴油十六烷值大于 60，柴油产率为 25%~30%，BMCI 值小于 10，可作优质乙烯裂解原料。该技术的成功应用是中国石油炼化转型升级核心技术的一项重大突破，有效降低了柴汽比，有力推动了企业炼化一体化发展。

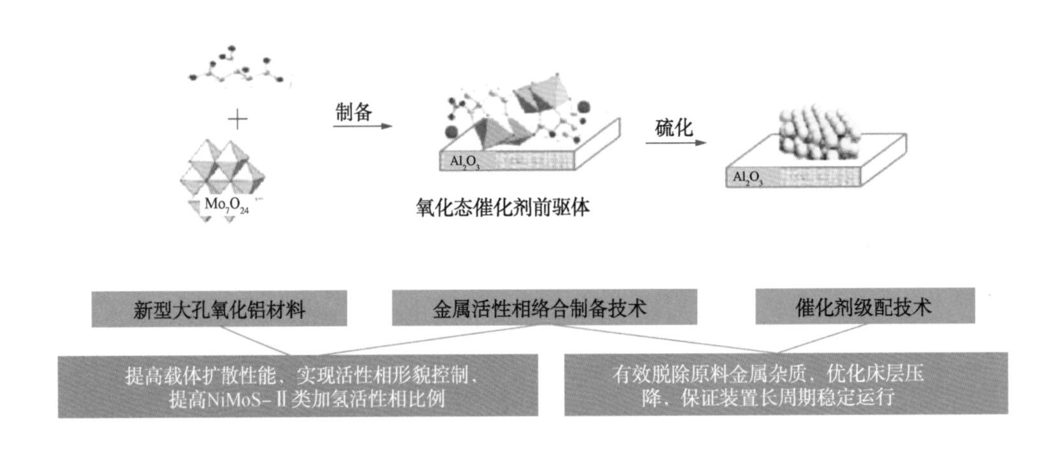

图 4-12　负载型 PHD-112 催化剂技术原理图

针对在苛刻条件下加工劣质柴油的需要，开发出非负载型 PHD-201 柴油加氢精制催化剂。通过活性相筛选，得到了最佳的非负载型催化剂晶型结构；通过电负性改性法和晶种诱导法，调变非负载型催化剂的化学性能；通过靶向刻蚀技术，提升了非负载型催化剂的表面结构，结合尾液配方设计，打通了催化剂安全环保的生产流程，成功开发出高活性非负载型催化剂。

非负载型催化剂制备过程采用低温处理晶种预生成工艺，所生成的晶种具有以Ⅷ族元素为中心原子、以ⅥB 族元素的六配位氧化物为配位基团而形成的具有平面型 Anderson 杂多酸的结构。ⅥB 族元素以钼为例、Ⅷ族元素以镍为例。众所周知，七钼酸根离子在溶液中的存在状态为弯曲结构的 Anderson 杂多酸构型。通过低温反应条件控制，促使原料七钼酸根与镍离子发生反应，在反应中破坏了七钼酸根原有的弯曲 Anderson 结构，拆分了七钼酸根原有的 Mo-O 六面体组合形式，在镍离子的存在下生成了一种平面 Anderson 结构新晶体。该新晶体的生成意味着七钼酸根的重组，也意味着镍原子与钼原子接触状态的变化。利用晶种诱导法制备的非负载型催化剂，具有更小的晶粒尺寸，扫描电镜显示，非负载型催化剂活性相的晶粒尺寸约为 7.1nm，远小于现有商用非负载型催化剂的晶粒尺寸，如图 4-13 所示。由小晶粒所带来的充足的活性位点暴露，为非负载型催化剂活性的提升提供了材料保证。

工业实践表明，生产国Ⅴ、国Ⅵ标准清洁柴油时反应条件要比之前的国Ⅳ标准苛刻，对于中压加氢装置来说，生产低硫柴油时反应入口温度通常为 320~340℃，出口温度通常

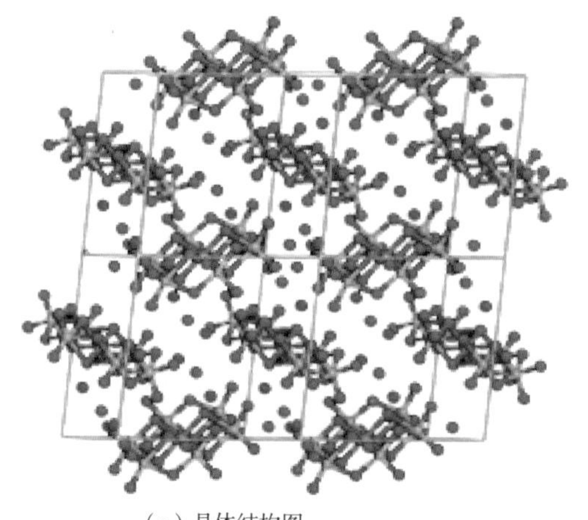

（a）晶体结构图

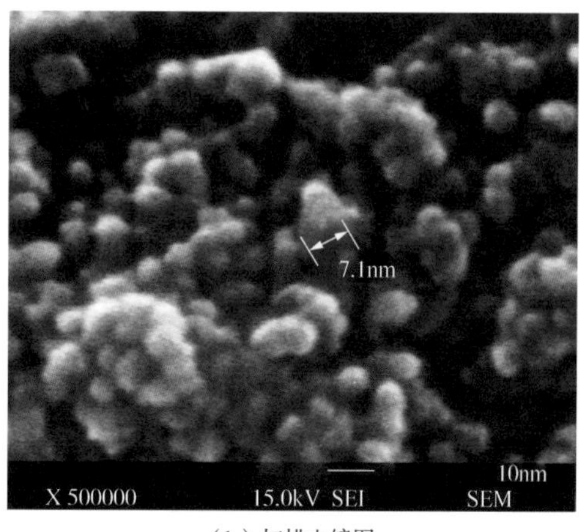

（b）扫描电镜图

图 4-13　非负载型催化剂 PHD-201 前驱体晶体结构和扫描电镜图

为 360~380℃，在较高温度下多环芳烃的加氢反应受到热力学平衡的限制，难以发挥高加氢活性催化剂的反应活性，造成运转中后期脱硫率随催化剂提温的效果不明显，不能稳定生产。因此，国Ⅵ标准清洁柴油生产的关键在于同时降低多环芳烃和硫含量，并维持催化剂的长周期稳定运转。针对硫、氮含量高，芳烃含量高的催化柴油，中国石油石化院通过深入研究不同反应区域油品加氢反应转化的规律，结合不同催化剂的反应特点，开发催化剂级配技术和工艺，从而使催化剂整体的活性和稳定性达到最佳。在中低压力等级柴油加氢精制装置上，加工处理高催化柴油比例原料，推荐采用非负载型 PHD-201 催化剂和负载型 PHD-112 催化剂级配装填，通过反应器的分区功能控制，在强化加氢脱硫、加氢脱氮反应的基础上，使后续催化剂发挥更强的加氢脱芳活性，形成了反应器分区控制的柴油加氢催化剂复合级配技术，实现了催化柴油加氢脱硫和同时芳烃饱和的目的，从而能够更好地满足国Ⅵ标准柴油装置的长周期稳定运转。

为了更清楚地研究加氢精制过程中烃类分子在催化剂表面的转化规律，中国石油石化院利用气相色谱—场电离飞行时间质谱，在族组成数据基础上进行各不饱和度条件下的碳数分离。如图 4-14 所示，通过分子反应路径研究可以看出，在催化柴油加氢精制的反应过程中并不存在显著的碳数变化，原料中的萘类通过加氢精制反应主要生成了茚满/四氢萘类、烷基苯类、二环环烷烃化合物；反应原料中的苊类、苊烯类以及三环芳烃通过加氢精制过程生成了以茚类为主的精制产品，此转化规律为催化剂级配的应用方案研究提供了坚实的理论基础。

与国内外同类催化剂相比，PHD 催化剂具有以下特点：

（1）采用专有的前驱体活性相调控技术，构建Ⅱ类加氢活性中心，实现催化剂活性和稳定性提升，HDS 和 HDN 性能较上一代催化剂提高 30%以上，满足柴油加氢脱硫装置高稳定长周期运转需求。

（2）适用于直馏柴油、劣质二次加工柴油以及直馏柴油和二次加工柴油混合油的国Ⅵ标准清洁生产。

（3）通过非负载型催化剂和负载型催化剂组合级配，能够在低压力等级条件下加工高

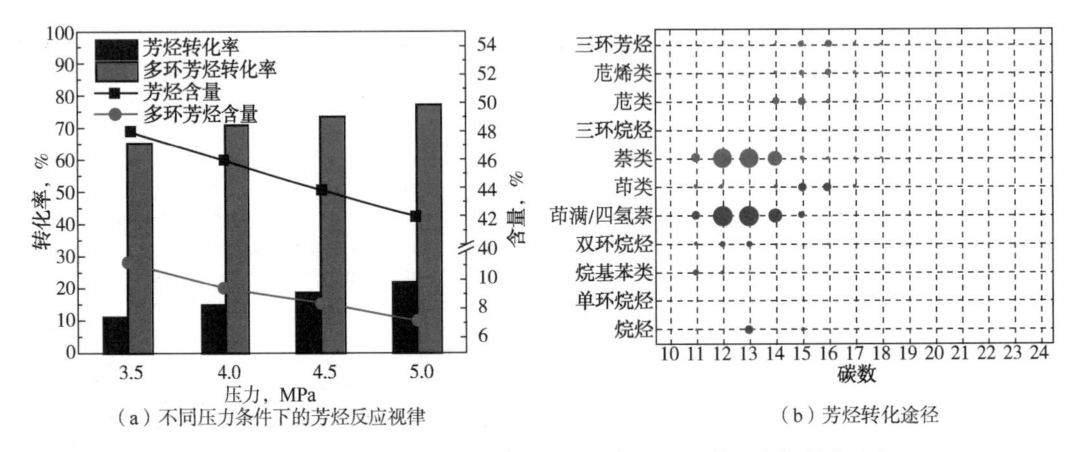

（a）不同压力条件下的芳烃反应视律　（b）芳烃转化途径

图 4-14　催化柴油中不同压力条件下的芳烃反应规律和芳烃转化途径

二次柴油加工比例的原料油，生产国Ⅵ标准的柴油调和组分。

3. FDS 柴油加氢精制催化剂

1）催化剂设计理念

自 2001 年以来，中国石油根据全球炼油业务发展需求，在科技管理部的组织领导和炼油化工板块的协调下，有组织地进行了国Ⅲ、国Ⅳ、国Ⅴ和国Ⅵ标准柴油质量升级技术的研发和工业应用。中国石油大学(华东)的中国石油催化重点实验室针对柴油含硫含氮化合物组成结构特点，在系统研究柴油深度脱硫反应过程催化作用机理基础上，综合运用了载体均匀分散复合技术来达到改性分子筛晶粒在氧化铝中的均匀分散，催化活性中心适度堆积均匀分散技术来达到二硫化钼纳米粒子的适度堆垛，并采用催化剂表面酸性的调变技术调整催化剂的酸性位强度和密度，从而开发出了用于劣质柴油深度加氢处理的新一代催化剂 FDS-1。借助特有的浸渍液配方技术，专有的真空浸渍、无氧干燥和焙烧工艺制备出完全硫化型 FDS-2 柴油加氢催化剂和 FDS-3 非负载型柴油加氢精制催化剂，形成了 FDS 系列精细脱硫催化剂技术平台(图 4-15)。FDS 系列催化剂适用于中低或高硫含量柴油(直馏柴油、二次加工柴油及其混合柴油)的深度加氢处理过程，完全满足国Ⅴ、国Ⅵ标准柴油生产

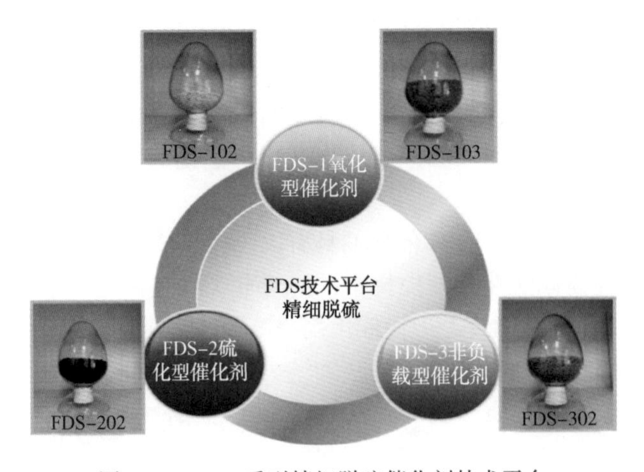

图 4-15　FDS 系列精细脱硫催化剂技术平台

的技术需求。FDS 系列柴油加氢精制催化剂技术形成了 12 项中国发明专利、4 项技术秘密，有力地支撑了中国石油国Ⅴ/国Ⅵ标准清洁柴油质量的升级。

2）催化剂研发

（1）FDS-1 柴油加氢催化剂技术。

FDS-1 催化剂具有很高的加氢脱硫、脱氮和芳烃饱和活性，而且稳定性好，堆密度较低，空速较高，可实现较低的生产运行成本。FDS-1 柴油加氢精制催化剂技术的特点如图 4-16 所示，该催化剂于 2009 年 4 月在大港石化 50×10^4t/a 柴油加氢装置上进行工业应用，加工焦化柴油/催化重柴油(4/1)混合原料，在较缓和的条件下(氢分压为 5.4MPa，平均床层温度为 346℃，空速为 $1.01h^{-1}$，氢油体积比为 308)达到了国Ⅴ柴油标准，催化剂活性稳定性保持良好。FDS-1 柴油加氢精制技术获得中国石油科技进步一等奖 1 项，授权中国发明专利 4 项。近年来，中国石油大学(华东)升级开发了具有较高直接脱硫性能和烷基转移功能的 FDS-103 催化剂，能够兼顾直馏柴油和航煤的低氢耗深度加氢脱硫。

（2）FDS-2 硫化型柴油加氢催化剂技术。

在深入研究和理解活性组分与载体的相互作用，镍和钼硫化物纳米粒子形成机制的基础上，创新性采用可溶性含硫杂多酸盐为前驱体逆向构建活性相新技术，中国石油石化院与中国石油大学(华东)开发出硫化型 FDS-2 柴油加氢催化剂，其制备流程如图 4-17 所示。硫化型 FDS-2 柴油加氢催化剂于 2013 年 2 月在长庆石化 20×10^4t/a 柴油加氢装置上进行工业试验，并于 2013 年 6 月完成国Ⅴ标准柴油生产运行和标定。该制备技术完全不同于国内外已有的器外预硫化加氢催化剂制备技术，是一项中国石油具有自主知识产权的原创性技术。该催化剂成品为硫化态，无须无氧储存和无氧装填，开工无须预硫化，降低了安全环保风险，开工用时显著缩短，开工综合成本大为降低。硫化型催化剂制备技术可拓展和延伸到汽油加氢催化剂、蜡油加氢催化剂、渣油加氢催化剂等，形成全系列硫化型油品加氢催化剂生产技术。该技术入选 2014 年中国石油十大科技进展，已授权中国发明专利 4 项。

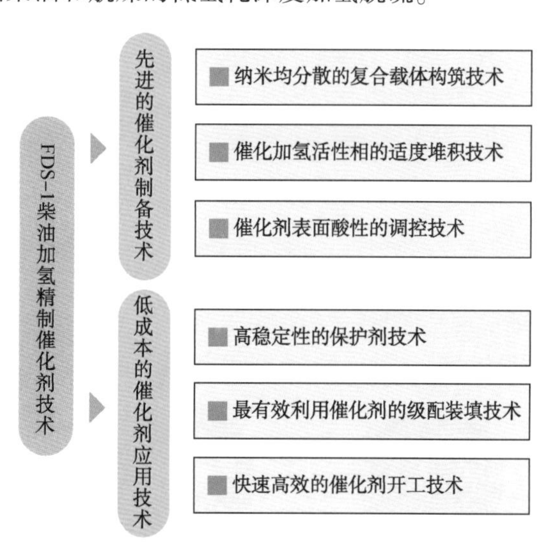

图 4-16 FDS-1 柴油加氢精制催化剂技术特点

（3）FDS-3 非负载型柴油加氢催化剂技术。

在深入研究活性组分前驱体的固相表面反应和热分解机理、介孔结构形成机制和 Ni-Mo-W 复合氧化物的硫化、Ni-Mo-W 硫化物纳米粒子形成机制的基础上，综合运用了不溶性镍盐与钼、钨杂多酸的表面反应合成技术、介孔 Ni-Mo-W 复合氧化物的成型制备技术、Ni-Mo-S 纳米粒子可控形成技术等，开发出了新一代非负载型 FDS-3 柴油加氢精制催化剂，其制备流程如图 4-18 所示。FDS-3 柴油加氢催化剂已经通过催化剂工业放大试验，进行了国Ⅴ标准柴油生产的中试评价，具备了工业应用的条件。该催化剂体积活性为常规负载型加氢催化剂的2~3倍，具有超高的加氢性能，特别适用于高硫、高氮、高密度劣质柴油的深度加氢处理，达到国外同类催化剂的性能水平，并且催化剂制备成本显著降低，综合性价比优于国外同类催化剂。已授权中国发明专利4项。

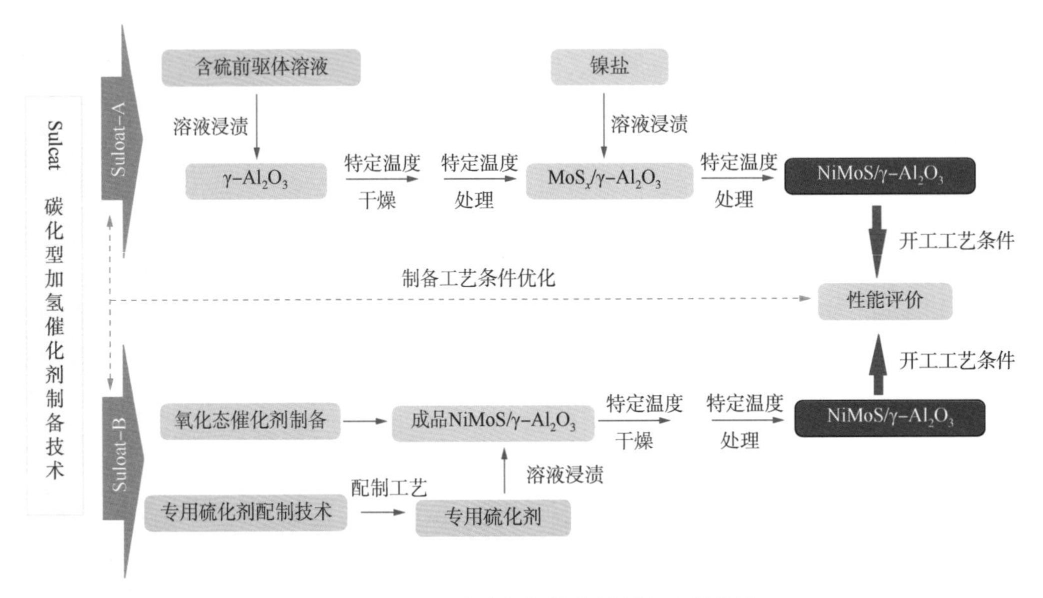

图4-17　FDS-2柴油加氢催化剂制备流程简图

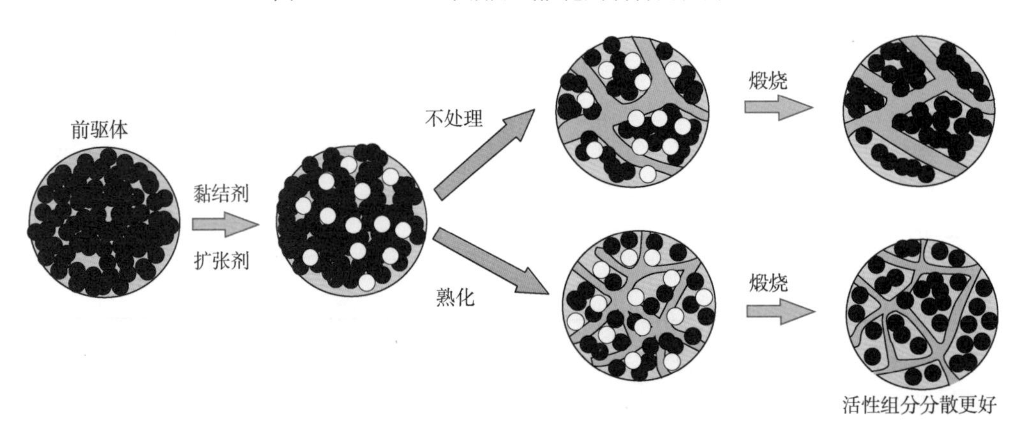

图4-18　FDS-3柴油加氢催化剂制备技术流程

国Ⅵ清洁柴油生产技术的关键在于同时降低多环芳烃和硫含量，并维持催化剂的长周期稳定运转，现有不少柴油加氢脱硫装置采用催化剂组合技术，以满足清洁柴油的生产需求。前期研究表明，低含量的氮化物即可强烈抑制二苯并噻吩加氢脱硫反应中的加氢路径，高含量的氮化物也可强烈地抑制氢解路径。在柴油加氢体系中，二苯并噻吩主要通过氢解路径反应，柴油中氮化物对其抑制作用较弱；而4,6-二甲基二苯并噻吩需经过加氢后再脱硫，反应途径与氮化物类似，氮化物芳环中的电子云密度比二苯并噻吩类的电子云密度大，可以优先于硫化物竞争吸附在加氢活性位上，从而抑制柴油加氢脱硫反应。脱除部分氮化物后，在催化剂加氢活性位上发生竞争吸附的氮化物减少，4,6-二甲基二苯并噻吩会更容易地吸附在催化剂的加氢活性位上，加氢脱硫转化率增大。因此，要达到深度脱硫的目的必须降低氮化物的含量。

针对工业柴油加氢反应器加氢反应梯度及催化加氢脱硫、加氢脱氮和加氢脱芳机理及相互影响机制，提出了柴油多维协同加氢机制。通过促进加氢脱氮反应，抑制氮化物对催化剂加氢脱硫反应的影响，并强化加氢脱硫反应对加氢脱氮反应的促进作用，在加氢脱硫反应和加氢脱氮反应双强化作用的基础上，促使催化剂发挥更强的加氢脱芳活性。在此三重强化作用的基础上，形成了以多维协同加氢机制为指导的柴油加氢催化剂复合级配技术，其原理如图 4-19 所示。该技术实现了绝热反应器轴向温度分布、特征反应物加氢转化路径和级配催化剂活性接力的匹配，从而能够更好地实现国Ⅵ标准柴油加氢装置的长周期稳定运转，并可为炼厂提供“量体裁衣”式的催化剂、催化剂级配方案和低能耗工艺技术，更好地满足中国石油清洁柴油生产的差异化需求。

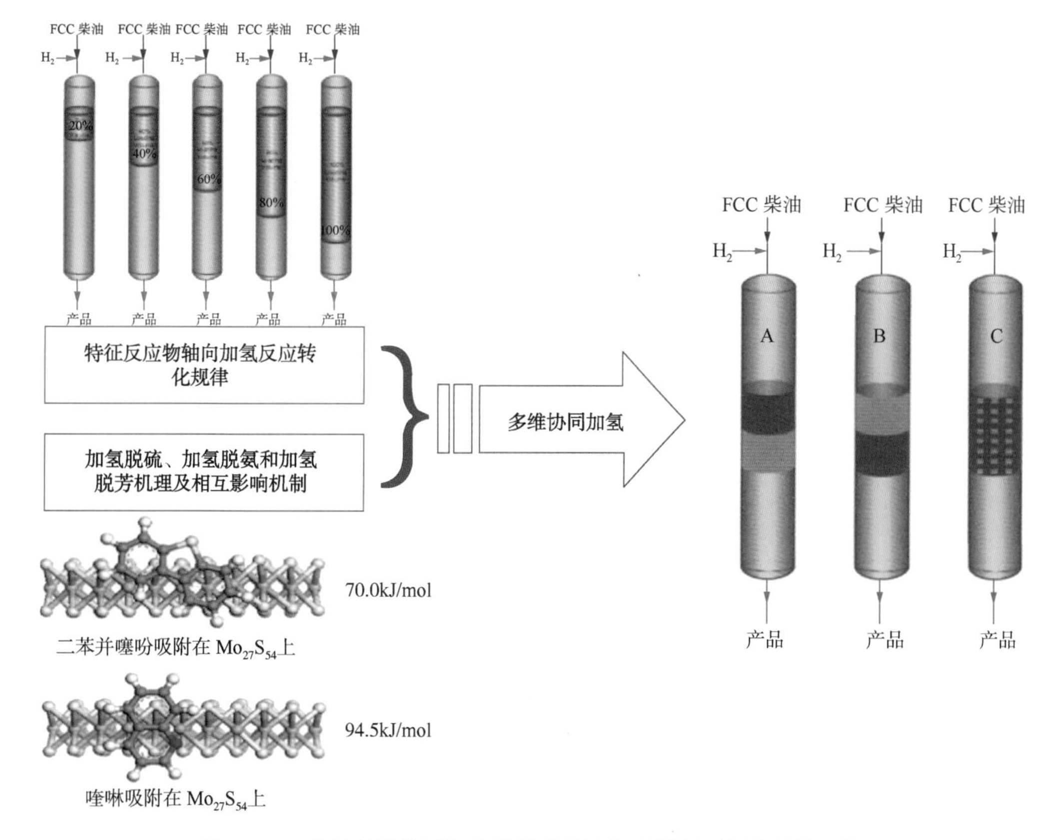

图 4-19 基于多维协同加氢机制的柴油加氢催化剂复合级配方案

基于 FDS-102 催化剂和 FDS-103 催化剂，采用催化剂多维混合复配方案(Ni-Mo & Co-Mo)，通过 FCC 柴油加氢中试评价证实，混合复配方案 C 的加氢脱硫、脱氮性能和多环芳烃加氢性能，优于其他催化剂复配方案和单一装填 Ni-Mo 型催化剂，在反应压力为 6MPa、体积空速为 1.5h^{-1}、氢油体积比为 500、反应温度为 360℃ 的条件下，加工硫含量为 3850mg/kg、氮含量为 560mg/kg 的青岛炼化 FCC 柴油，精制 FCC 柴油的硫含量为 9.5mg/kg，氮含量为 1.5mg/kg，满足国Ⅵ标准车用柴油调和组分对硫含量的要求。

三、工业应用

1. PHF 技术在 200×10^4t/a 柴油加氢精制装置工业应用

中国石油大连石化 200×10^4t/a 柴油加氢精制装置加工原料油为直馏柴油、FCC 柴油以及渣油加氢柴油混合油，装置所用氢气经变压吸附(PSA)提纯。主要产品为硫含量小于10mg/kg 的清洁柴油调和组分，年运转 8400h，操作弹性为 60%~110%。装置由中国寰球工程有限公司辽宁分公司设计，使用催化剂为中国石油石化院开发的 PHF 柴油加氢精制催化剂。催化剂工业应用技术指标：入口氢分压为 6.4MPa，氢油体积比为 500，催化剂体积空速为 1.3h^{-1}，柴油硫含量不大于 10mg/kg，多环芳烃含量不大于 7%(质量分数)。PHF 催化剂在大连石化 200×10^4t/a 柴油加氢装置标定数据见表 4-4 至表 4-7。

表 4-4 催化剂标定期间原料性质

项　目		数　据	指　标
密度(20℃)，g/cm^3		0.8566	≤0.8750
硫含量，mg/kg		2210	
氮含量，mg/kg		331	
碱性氮含量，mg/kg		59	
凝点,℃		-4	
闪点,℃		74	
十六烷指数		47	
多环芳烃含量,%(质量分数)		22.1	
馏程,℃	初馏点	198	
	10%	233	
	50%	280	
	90%	341	
	95%	356	
	终馏点	364	

表 4-5 催化剂标定期间加氢柴油性质

项　目	数　据	指　标
密度(20℃)，g/cm^3	0.8402	
硫含量，mg/kg	4.9	≤10
氮含量，mg/kg	3.0	
碱性氮含量，mg/kg	1.6	
氧化安定性，mg/100mL	0.5	
闪点,℃	82	
十六烷指数	50	
多环芳烃含量,%(质量分数)	5.1	≤7

续表

项　目		数　据	指　标
馏程(D-86),℃	初馏点	183	
	10%	223	
	50%	272	
	90%	336	
	95%	352	
	终馏点	362	

表 4-6　催化剂标定期间主要工艺条件

项　目	数　据	指　标	项　目	数　据	指　标
反应进料流量，t/h	239	≥238	反应器出口温度,℃	366	
入口压力，MPa	7.6		床层总温升,℃	48	
出口压力，MPa	7.3		床层平均温度,℃	352	≤375
床层总压降，MPa	0.3	≤0.5	体积空速，h^{-1}	1.3	1.3
反应器入口温度,℃	318		反应器入口氢油体积比	350	

表 4-7　催化剂标定物料平衡

项　目	物料名称	质量，t	收率,%
入方	加氢进料	17046.0	99.03
	氢气	165.9	0.97
	合计	17211.9	100.00
出方	加氢柴油	17073.2	99.19
	干气	54.1	0.31
	污油	3.0	0.02
	损失	81.9	0.47
	合计	17211.9	100.00

表 4-4 到表 4-7 的标定数据显示，标定过程中原料的硫含量为 2210mg/kg(质量分数)，氮含量为 331mg/kg，多环芳烃含量为 22.1%(质量分数)。在反应器床层平均温度为 352℃、反应器入口压力为 7.6MPa、空速为 1.3h^{-1}、反应器入口氢油体积比为 350 的条件下，加氢柴油硫含量为 4.9mg/kg，氮含量为 3.0mg/kg，多环芳烃含量为 5.1%(质量分数)，加氢柴油各项指标全部达到技术指标要求。标定期间总氢耗约为 0.97 %，随干气排放至燃料气管网的氢气约为 15t，通过折算，装置标定期间的化学氢耗约为 0.88%，柴油收率为 99.19%。

大连石化 200×10^4t/a 柴油加氢精制装置运行期间催化剂体积空速为 1.2~1.4h^{-1}，加工原料油密度为 0.8551~0.8666g/cm^3，硫含量为 1600~2500mg/kg，氮含量为 280~400mg/kg，多环芳烃含量为 18%~22%(质量分数)。精制柴油密度为 0.8328~0.8476g/cm^3，与原料相比降低了 0.015~0.018g/cm^3。精制柴油硫含量为 4~6mg/kg，氮含量为 4~7mg/kg，脱硫率

大于99.5%，脱氮率大于97.5%。催化剂床层平均随着原料加工量、原料硫含量以及反应器总温升的变化，反应温度在340~352℃之间。由于反应过程放热较大，通过在床层间注入冷氢控制反应器出口温度不大于370℃，冷氢量为20000~40000m^3/h。装置循环氢脱硫系统投用后循环氢中硫化氢含量很低，在操作过程中通过开启循环氢脱硫副线来保障循环氢中含有硫化氢，防止反应器上部硫化态的催化剂发生失硫情况。

工业应用结果表明，PHF催化剂加氢性能优良，能够满足国Ⅴ标准清洁柴油的生产需求，加氢柴油的硫含量、十六烷指数、多环芳烃等质量指标全面达到国Ⅴ标准清洁柴油要求，催化剂加氢脱硫、芳烃饱和性能优良，裂解反应少，副产品产量少，具有较好的加氢选择性。

2. PHD/PHU组合技术在120×10^4t/a柴油中压加氢裂化装置应用

抚顺石化120×10^4t/a中压加氢裂化装置2002年7月投产，采用两反串联工艺流程，加工原料中焦化柴油和催化柴油的质量比例分别为65%和35%，原料指标见表4-8。采用中国石油石化院开发的柴油加氢精制—裂化催化剂(PHD-112/PHU-211)组合技术，实现降低柴汽比、多产高芳潜石脑油的目标。工业应用技术指标：工况一进油量为86t/h，工况二进油量为95t/h，入口氢分压不小于7.5MPa，氢油体积比为1000，生产硫含量不大于10mg/kg、多环芳烃不大于7%(质量分数)的清洁柴油。抚顺石化120×10^4t/a中压加氢裂化装置标定数据见表4-9和表4-10。

表4-8 工业装置原料性质

项目		焦化柴油	重催柴油	混合柴油	指标
质量比例,%		65	35	100	
密度(20℃)，g/cm^3		0.8220	0.9222	0.8549	≤0.8650
氮含量，mg/kg		998	819	901	≤1200
硫含量，mg/kg		918	1730	1220	
凝点,℃		-8.0	-24.0	-10.0	
碱性氮含量，mg/kg		271	37	191	≤550
砷含量，ng/g		171	474	270	≤300
胶质，mg/100mL		84	80	83	≤100
馏程,℃	初馏点	156	177	171	
	50%	279	260	272	
	90%	320	337	323	
	终馏点	339	364	348	
十六烷值		56.9	30	43.6	≥40

抚顺石化采用中国石油石化院开发的柴油加氢精制—裂化组合催化剂在120×10^4t/a柴油加氢裂化装置成功实现工业应用。应用结果表明，加工焦化柴油与重油催化柴油的混合油，重石脑油产率大于32%，芳潜在46%以上，柴油产率为25%~30%，解决了重整装置原料不足的问题，有效降低了柴汽比，有力推动了抚顺石化炼化一体化发展。装置按照精

制方案运行时，产品柴油平均硫含量为1.2mg/kg，氮含量为1.8mg/kg，脱硫率为99.9%，脱氮率为99.7%，柴油多环芳烃含量为2.9%（质量分数），液体收率大于99%，产品性质均满足国Ⅵ标准柴油调和要求。

表4-9 催化剂标定结果（裂化方案）

项　目		工况一	工况二
密度(20℃)，g/cm³		0.7731	0.7624
馏程，℃	初馏点	42.5	40.5
	50%	214	200.8
	90%	290.4	286.6
	终馏点	311.4	306
产品分布，%（质量分数）	轻石脑油（初馏点~65℃）	5.2	6.2
	重石脑油（65~180℃）	32.0	38.7
	分子筛料（180~250℃）	34.1	31.0
	柴油（>250℃）	28.7	24.1

表4-10 催化剂标定结果（精制方案）

项　目		精制柴油	指　标
密度(20℃)，g/cm³		0.8241	
馏程，℃	初馏点	180	
	50%	270	
	90%	316	
	终馏点	332	
硫含量，mg/kg		1.2	≤10
氮含量，mg/kg		1.8	
闪点，℃		70.0	
凝点，℃		-9	
多环芳烃含量，%（质量分数）		2.9	≤7

3. FDS技术在柴油加氢精制装置工业应用

2009年4月，FDS-1柴油加氢精制催化剂在大港石化50×10^4t/a柴油加氢装置上首次工业应用。装置加工原料为焦化柴油和FCC柴油的混合油（硫含量为1265mg/kg，氮含量为1474mg/kg），在反应温度为346℃、氢分压为5.8MPa、氢油体积比为308、空速为$1h^{-1}$的相对较缓和条件下，精制柴油的硫含量为7mg/kg，氮含量为133mg/kg，脱硫率为99.4%，脱氮率为90.4%，柴油十六烷值由51提高到56，精制柴油收率达到99.7%，总体率达到100.2%。应用结果表明，FDS-1催化剂加氢性能优良，第一周期稳定运行超过5年，表现出良好的活性稳定性，完全满足企业国Ⅴ标准柴油生产的技术需求，标定结果见表4-11。

表 4-11　FDS-1 催化剂在大港石化 50×10^4t/a 柴油加氢装置上的标定结果

项　目		指标要求	标定结果
焦化柴油：FCC 柴油		85：15	85：15
床层平均温度,℃		300~350	346
总压，MPa		6.0~7.5	6.5
空速，h^{-1}		1.0~1.5	1.0
氢油体积比		300~500	308
精制柴油性质	柴油收率,%	≥99.5	99.7
	脱硫率,%	≥97.0	99.4
	脱氮率,%	≥90.0	90.4
	十六烷值提高值	≥4.0	5

2013 年 2 月，FDS-2 硫化型柴油催化剂在长庆石化 20×10^4t/a 柴油加氢装置上首次工业应用，加工 FCC 柴油和直馏柴油混合原料，原料硫含量为 1060mg/kg，氮含量为 820mg/kg，在反应器入口压力为 6.2MPa、反应温度为 355℃、空速为 1.3h^{-1}、氢油体积比为 450 的条件下，产品柴油的硫含量为 6mg/kg。应用结果表明，FDS-2 催化剂开工不需预硫化，开工用时由 72h 缩短至 24h，加氢性能优良，运转稳定性良好，完全满足企业国Ⅴ标准柴油生产的技术需求，标定结果见表 4-12。

表 4-12　FDS-2 催化剂在长庆石化 20×10^4t/a 柴油加氢装置的标定结果

项　目		指标要求	标定结果
原料指标	FCC 柴油：直馏柴油	1：1	1：1
	硫含量，mg/kg	≥800	1061
	氮含量，mg/kg	≥200	822
反应条件指标	反应温度,℃	≤360	355
	压力，MPa	≤8	6.2
	体积空速，h^{-1}	1.0~2.0	1.3
	氢油体积比	400~700	450
产品指标	硫含量，mg/kg	≤10	7.0
	氮含量，mg/kg	≤40	14.5
	柴油收率,%	≥99.0	99.7

中国石油柴油加氢精制技术先后在中国石油 21 套柴油加氢装置实现工业应用，装置总加工能力为 3080×10^4t/a，在中国石油同类装置市场占有率为 45%，作为主体技术为中国石油国Ⅳ、国Ⅴ、国Ⅵ标准柴油质量升级提供重要支撑。针对劣质二次加工柴油，特别是氮含量、芳烃含量高的催化柴油，开发的 PHD 系列催化剂，具有技术方案灵活、原料适应性强等优点。PHD-112 催化剂应用于柴油加氢裂化技术，加工劣质催化柴油、焦化柴油混合油，实现了劣质柴油转化及多产优质重整原料的目标，可有效降低柴汽比。对中国石油“控油增化、高质量发展”起到了重要的示范和推动作用，是中国石油炼化转型升级核心技术的

一项重大突破，可以向独山子石化、兰州石化、锦西石化等企业的柴油加氢裂化装置推广，应用前景十分广阔，为炼化企业提质增效提供技术支持和保障。

随着柴油加氢催化剂的持续升级和系列化开发，中国石油已形成高性价比、高活性和低氢耗的系列柴油加氢催化剂，可根据炼厂的不同需要为企业提供“量体裁衣”式的技术解决方案，更好地满足企业清洁柴油生产和炼化转型的需要。

第三节　柴油加氢改质—降凝技术

我国炼厂柴油池主要由催化柴油、焦化柴油、直馏柴油组成，其中催化柴油约占30%，其芳烃含量高[55%～75%(体积分数)]、十六烷值低(20～32)、密度大(0.860～0.930g/cm^3)，是柴油质量升级需要突破的瓶颈和难点。由于柴油加氢改质催化剂具有良好的选择性开环性能，可以大幅度提高柴油的十六烷值，而且改质技术综合了加氢裂化十六烷值提高幅度大、加氢精制技术氢耗低、工艺条件缓和等优点，是最为经济、有效的改善柴油质量的加氢技术，近年来发展迅速。为了适应国家对柴油质量日益严格的要求，满足中国石油柴油质量升级需要，中国石油成功开发了PHU-201柴油加氢改质催化剂。2016年8月，PHU-201催化剂在乌鲁木齐石化新建的180×10^4t/a柴油加氢改质装置一次开车成功，生产出满足国Ⅴ车用柴油标准要求的产品。

我国大部分原油属于石蜡基原油，柴油馏分含蜡量多，凝点高，尤其是广大北方地区冬季更需要低凝柴油。采用加氢降凝工艺，可实现生产低凝点柴油的目的。中国石油开发的HIDW-1柴油异构降凝催化剂，经过小试、工业放大试验成功后，于2005年8月在大庆石化炼油厂21×10^4t/a柴油加氢降凝装置上进行了首次工业应用。

一、工艺技术特点

1. 柴油加氢改质工艺技术

柴油加氢改质技术采用固定床反应器，在氢气和催化剂存在下，用于加工低十六烷值的柴油，如催化柴油。原料与氢气混合后的原料油经加热炉将温度升高到适宜的温度后，在反应器内催化剂的作用下，多环芳烃发生加氢饱和开环反应，并脱除原料中的硫化物、氮化物等杂质。该反应过程可以在大幅度提高十六烷值的同时，保证较高的柴油收率，生产优质柴油。由于受到多环芳烃加氢反应热力学限制，较高的压力、较低的温度更适宜于加氢改质反应的进行。

柴油加氢改质装置主要包括反应、分馏两个单元。

(1)反应单元：原料与氢气混合后的原料油经加热炉将温度升高到适宜的温度后，在反应器内催化剂的作用下，发生脱硫、脱氮、烯烃饱和、芳烃饱和、开环等反应。

(2)分馏单元：反应产物经过高分、低分等分离装置与氢气分离后，在汽提塔将反应生成的硫化氢与氨脱除，在分馏塔将汽油与改质柴油分离。

加氢改质工艺流程如图4-20所示。

2. 柴油加氢降凝工艺技术

柴油加氢降凝工艺采用固定床反应器，在氢气和催化剂存在下，用于加工直馏柴油、

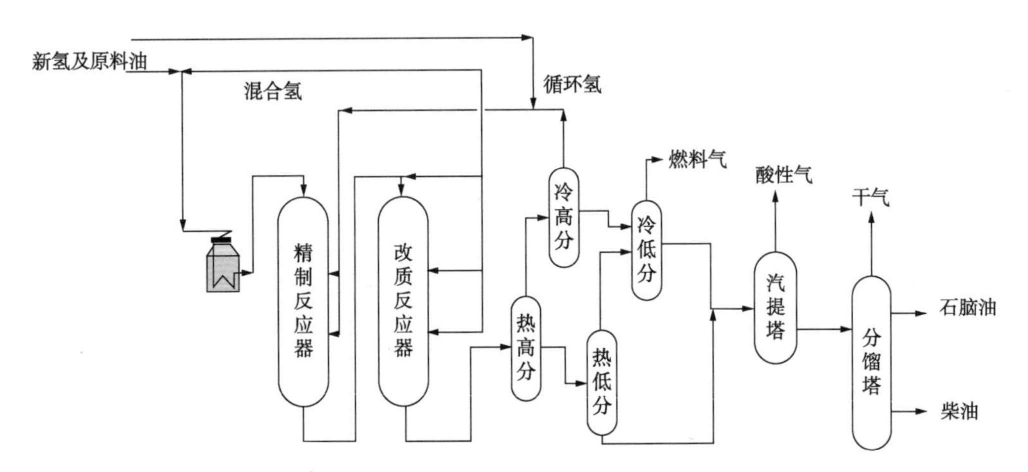

图 4-20　柴油加氢改质技术典型工艺流程示意图

焦化柴油、催化柴油或混合柴油。其配套工艺流程分为加氢反应和产品分馏两部分。加氢反应部分通常采用两台反应器串联工艺，采用炉前混氢、氢气循环。产品分馏部分采用双塔流程，包括脱硫化氢汽提塔和产品分馏塔，产品分馏塔采用重沸炉或再沸器加热。柴油加氢降凝反应流程如图 4-21 所示。

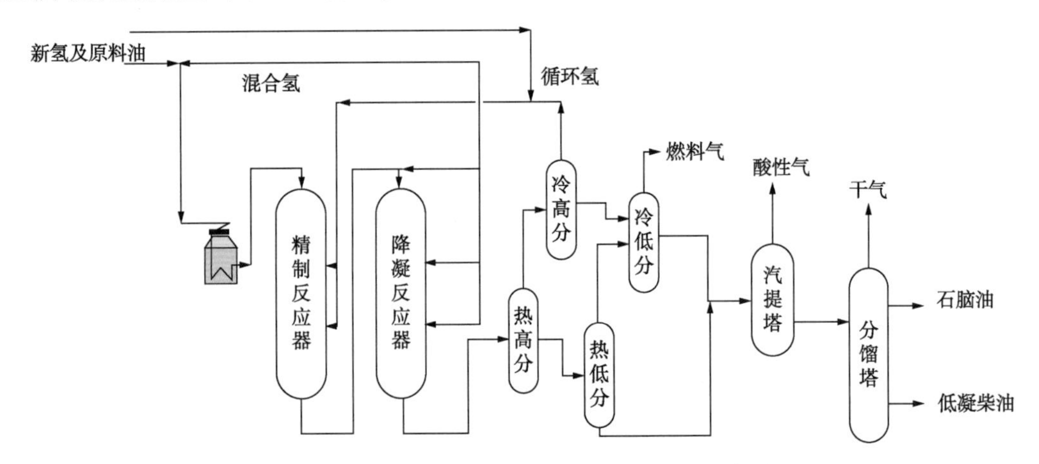

图 4-21　柴油加氢降凝技术典型工艺流程示意图

二、催化剂

中国石油开发的柴油加氢改质催化剂、柴油加氢降凝催化剂主要包括 PHU-201 柴油加氢改质催化剂和 HIDW-1 柴油加氢降凝催化剂。

1. PHU-201 柴油加氢改质催化剂

1）催化剂设计理念

目前，能够改善柴油质量的技术主要包括加氢裂化技术、加氢精制技术和加氢改质技术，由于加氢改质催化剂具有良好的选择性开环性能，主要用于大幅度提高 FCC 柴油等劣质柴油的十六烷值，兼顾脱硫、脱氮、降低密度等功能。近年来，柴油加氢改质技术发展较快，对作为技术核心的柴油加氢改质催化剂性能提出更高要求。

中国石油柴油加氢改质装置加工能力达 2300×10^4t/a，但作为技术核心的加氢改质催化剂却全部被系统外垄断，制约了柴油加氢改质技术领域的竞争力和技术服务能力，因此急需开发柴油加氢改质催化剂技术。中国石油石化院自2006年起开始布局PHU-201柴油加氢改质技术开发，通过对催化柴油加氢改质反应机理，以及对加氢活性组分和分子筛的深入研究，攻克了催化柴油中芳烃加氢饱和、选择性开环的技术难题；2014年，完成了PHU-201催化剂的中试放大实验，评价结果表明，放大催化剂的性能完全达到小试催化剂水平，在一定的工艺条件下，能够直接生产十六烷值、硫含量都满足国Ⅴ标准的清洁柴油产品；2016年8月，PHU-201催化剂在 180×10^4t/a 柴油加氢改质装置一次开车成功，生产出满足国Ⅴ车用柴油标准要求的产品。

劣质柴油加氢改质技术主要对柴油池中劣质的催化柴油等进行高效转化，大幅度提高柴油十六烷值，兼顾脱除硫、氮等杂质，同时可生产高芳潜石脑油作重整原料。在柴油馏分的加氢处理过程中，芳烃加氢饱和是重要的反应。

伴随芳烃的饱和，产物的沸点降低，十六烷值提高。多环芳烃饱和可以大幅度降低油品的沸点，多环芳烃加氢饱和—开环对提高产品十六烷值贡献最大。

图4-22为催化裂化柴油中各种烃类反应网络及各步反应的相对速率常数。由图4-22可见：多环芳烃能很快被部分加氢饱和成为双环烷基苯类；多环环烷烃也很容易发生开环反应成为单环环烷烃类，其相对反应速率常数为1左右。但单环环烷烃加氢裂化成烷烃的相对反应速率常数仅为0.2，至于单环芳烃类的加氢则更加困难，其相对反应速率常数只有0.1。单环芳烃的加氢反应成为大幅度提高柴油十六烷值的决定性因素[28]。

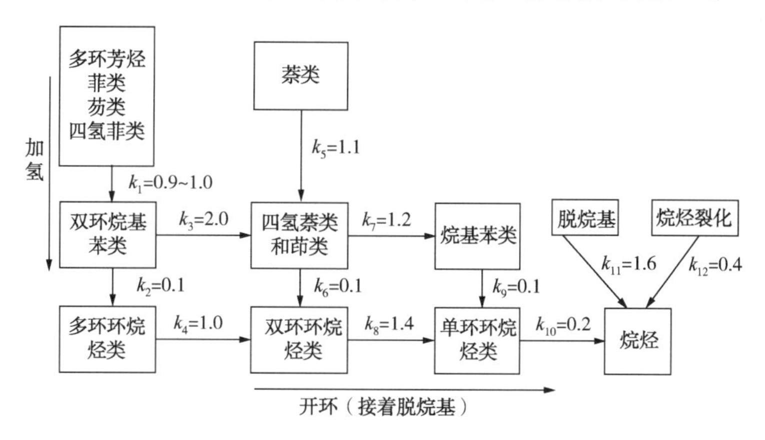

图4-22　催化裂化柴油加氢改质反应的途径

k_1 至 k_{12}—相对反应速率常数

加氢改质催化剂应具有加氢和裂化开环双功能，加氢中心由负载在载体上的非贵金属提供，裂化开环功能由含有分子筛等酸性组分的载体提供。从催化柴油加氢反应的机理出发，通过对加氢活性组分和分子筛的深入研究，中国石油石化院开发出低成本DUY分子筛，该分子筛同时具有小晶粒、高度介孔化、非骨架铝含量低、钠含量低的特点，为多环芳烃选择性开环反应提供了适宜的酸性中心和大孔结构，攻克了催化剂加氢功能与适宜酸性之间协同作用的技术难关，解决了芳烃选择性开环而少断链的技术难点，实现了高液体收率、低能耗条件下大幅度提高柴油十六烷值和生产高芳潜石脑油的目标。同时，通过优化调整金属浸渍工艺，提高了金属分散度，使催化剂酸中心与加氢中心良好匹配，确保多环芳烃按照最佳的改质途径反应，达到了最大限度提高柴油十六烷值并保持较高柴油收率的目的。柴油加氢精制—改质成套技术实现了两种催化剂活性的优化匹配，柴油加氢精制催化剂有效脱除了原料油中氮化物，使柴油加氢改质催化剂可以充分发挥其选择性加氢改质性能，并为工业装置长周期稳定运行提供了保障。

2）催化剂研发

（1）创新性开发出小晶粒(100~300nm)、高介孔持有率(大于50%)、非骨架铝含量低(小于3%)的DUY分子筛，提高了多环芳烃大分子与酸中心接触概率，且可精确控制多环芳烃选择性开环性能，达到少断侧链的目的。

（2）通过优化金属浸渍工艺，提高了金属分散度，形成了具有更高加氢活性的Ⅱ类活性中心，使催化剂酸中心与加氢中心良好匹配，大幅度提高柴油十六烷值10以上，并有效降低催化剂表面积炭，延长寿命。

根据Topsφe公司等提出的Co-Mo-S活性相模型，Co-Mo型硫化态催化剂上存在Co-Mo-S-Ⅰ类活性相和Co-Mo-S-Ⅱ类活性相两种状态。Co-Mo-S-Ⅰ活性相中MoS_2分散度较高，其形态为单个片晶，主要是Mo—O—Al键，金属与载体的相互作用比较强，Mo和Co(Ni)的S配位数较低。Co-Mo-S-Ⅱ活性相则是完全硫化的，Mo和Co的S配位数较高，MoS_2活性相片晶一般为堆叠状态，金属和载体之间的作用很弱。Co-Mo-S-Ⅱ相比Co-Mo-S-Ⅰ相的活性高。与Co-Mo-S类似，S. P. A. Louwers等在Ni-W型催化剂上也发现了类似于Co-Mo-S相的结构。

为了明确催化剂的活性相情况，将硫化态PHU-201催化剂与国内的硫化态Ni-W型参比剂1和国外的硫化态Ni-W型参比剂2进行了高分辨率透射电镜(HRTEM)表征。发现3种催化剂上WS_2(或Ni-W-S)活性相片晶呈典型层状堆垛结构，没有发现大的NiS或Ni_3S_2活性相片晶和WS_2活性相片晶聚集体。WS_2片晶大都呈堆叠状态，为Ⅱ类活性相，说明金属与载体的作用较弱。PHU-201催化剂单位面积上WS_2片晶层状结构分布较密集。

3种催化剂上的WS_2片晶平均堆叠层数和晶粒长度见表4-13。

表4-13　3种硫化态催化剂的平均堆叠层数和晶粒长度

项　目	参比剂1	参比剂2	PHU-201
WS_2平均层数	2.13	2.46	2.73
WS_2平均长度，nm	5.26	5.73	5.80

表4-13的结果表明，3种催化剂上WS_2(或Ni-W-S)活性相片晶的平均堆叠层数为2~3层，PHU-201催化剂的堆叠层数大于参比剂1和参比剂2催化剂，PHU-201催化剂的WS_2(或Ni-W-S)堆叠层数为2.73层，高的堆叠层数具有高的加氢活性。由于PHU-201催化剂中除含有USY分子筛外，还含有表面富硅的Beta分子筛，硅的引入可以减弱加氢金属与载体表面铝的作用，从而使堆叠层数增加。3种催化剂上WS_2(或Ni-W-S)的平均晶粒长度为5~6nm，顺序为PHU-201>参比剂2>参比剂1。

3种催化剂上WS_2片晶堆叠层数分布如图4-23所示。

由图4-23能够看出，参比剂1的单层分布最高，说明金属与载体作用较强，而PHU-

201 催化剂单层分布最低。相比于参比催化剂，PHU-201 催化剂在堆叠层数为 3~5 层时均有最高分布，在堆叠层数为 2 层处也有较高分布，所以其平均堆叠层数最高。

3 种催化剂上 WS_2 片晶长度分布如图 4-24 所示。

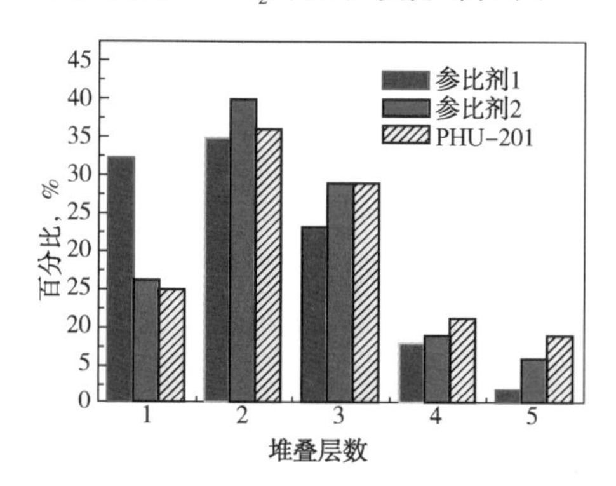

图 4-23　3 种催化剂上 WS_2 晶粒堆叠层数分布

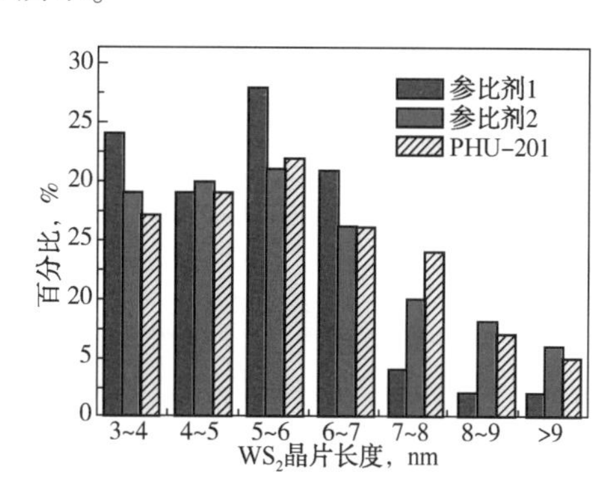

图 4-24　3 种催化剂上 WS_2 晶片长度分布

由图 4-24 可见，参比剂 1 上 WS_2 片晶长度主要分布在 3~6nm 处，而在大于 6nm 处，参比剂 2 具有较多的 WS_2 片晶，整体来看，PHU-201 催化剂上 WS_2 片晶长度分布比较平均，最终其 WS_2 片晶平均长度在 3 种催化剂中最大。

柴油加氢改质催化剂（PHU-201）理化性质指标见表 4-14。

表 4-14　柴油加氢改质催化剂理化性质指标

项　目	技术参数	项　目	技术参数
外形	三叶草形	机械强度，N/cm	≥180
3~8mm 粒度分布，%	≥85	比表面积，m^2/g	≥180
直径，mm	1.3~1.7	孔体积，mL/g	≥30
堆密度，g/mL	750~850		

柴油加氢改质催化剂 PHU-201 与国内外有代表性的加氢改质催化剂采用相同原料、相同工艺条件的对比评价结果见表 4-15。从评价结果可以看出，在相同工艺条件下，PHU-201 催化剂的液体收率为 100.4%，十六烷值增加 14.9，液体收率高于国外参比催化剂 0.5%，整体性能与国内外加氢改质催化剂相当，达到了国际先进水平。

表 4-15　PHU-201 催化剂与参比催化剂对比评价结果

柴油性质	催化柴油原料	柴油产品馏分		
		PHU-201	国内参比剂	国外参比剂
液体收率，%（质量分数）		100.4	99.7	99.9
收率，%		98.3	97.8	97.9
密度，g/cm^3	0.8983	0.8590	0.8601	0.8605
十六烷值	27.0	41.9	41.5	42.1
十六烷值增加值	—	14.9	14.5	15.1

续表

柴油性质	催化柴油原料	柴油产品馏分		
		PHU-201	国内参比剂	国外参比剂
硫含量，mg/kg	1110	6.3	3.2	3.6
多环芳烃含量,%（质量分数）	39.5	1.4	1.7	1.3

注：反应压力为 8.0MPa，反应温度为 355℃，体积空速为 $1.5h^{-1}$，氢油体积比为 800。

与国内外同类催化剂相比，PHU-201 催化剂具有以下特点：

（1）原料适应性强：可加工催化柴油、焦化柴油、直馏柴油、焦化汽油等混合油。

（2）产品质量好：可以使催化柴油等劣质柴油的十六烷值提高 10～15，密度降低 0.015～0.040g/cm^3，多环芳烃含量小于 2%（质量分数），硫含量小于 10mg/kg，可作为国Ⅴ、国Ⅵ清洁柴油调和组分。

（3）生产灵活性大：通过调整反应温度，可以使石脑油产率达 25%（质量分数）以上，芳潜高达 63.5%，可作为优质的重整原料生产高辛烷值汽油。

3）工艺条件

柴油加氢改质工艺条件的选择对于更好地发挥加氢改质催化剂的性能具有重要作用。为此，考察了反应温度、氢油体积比、体积空速和氢分压等工艺条件对柴油十六烷值、柴油收率的影响规律。

（1）反应温度的影响。

反应温度是反应工艺条件中最重要的参数之一。加氢改质反应主要是柴油的加氢脱芳烃反应，温度对加氢脱芳烃反应的影响既有动力学因素，也有热力学因素。从动力学影响看，反应温度升高，可以提高反应速率常数，对芳烃饱和有利。从热力学看，加氢脱芳反应是放热反应，其加氢反应的活化能低于其脱氢反应的活化能，因此，提高反应温度时，脱氢反应速率的增加值大于加氢反应。随着反应温度的升高，芳烃扩散速率增加，芳烃在催化剂上的吸附效应增强，当温度升高到一定程度时，吸附效应增加，脱芳性能下降。随着反应温度的升高，芳烃脱除率会出现一个最高温度点，低于这一温度为动力学控制范围，高于该温度为热力学控制范围。因此，选择加氢脱芳烃的反应温度需要从动力学和热力学两方面来考虑。

在氢分压为 9.7MPa、氢油体积比为 700、体积空速为 $2.5h^{-1}$ 的条件下，考察了反应温度对柴油加氢改质催化剂柴油十六烷值、收率的影响，结果如图 4-25 所示。

图 4-25 的结果表明，在所选定的温度范围内，柴油收率随着温度的增加而降低，十六烷值随着温度的增加而增加，这与动力学原理相符：提高温度有利于提高反应速率，使二次裂化反应和芳烃开环活性增加，但较高的温度时加氢改质反应由动力学限制变为热力学限制，环烷烃脱氢类逆反应速率增加，使柴油十六烷值降低，且高温增加了能耗，催化剂更容易积炭而失活，缩短了催化剂使用寿命。

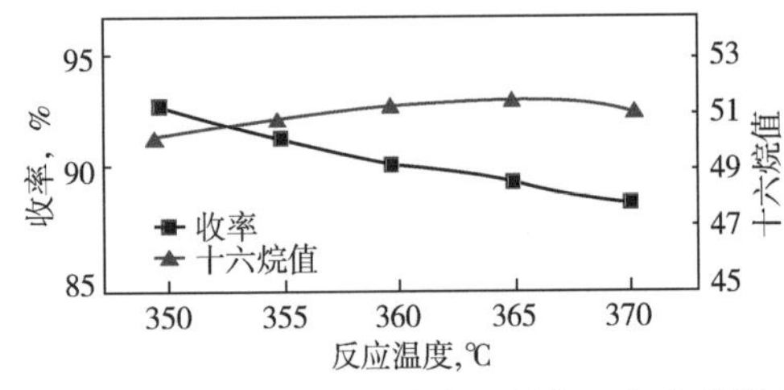

图 4-25　反应温度对柴油十六烷值、收率的影响

（2）氢分压的影响。

氢分压是影响加氢改质反应的重要因素。在体积空速为 2.5h^{-1}、氢油体积比为 700、反应温度为 360℃的条件下，考察了氢分压对柴油加氢改质催化剂柴油十六烷值、收率的影响，结果如图 4-26 所示。

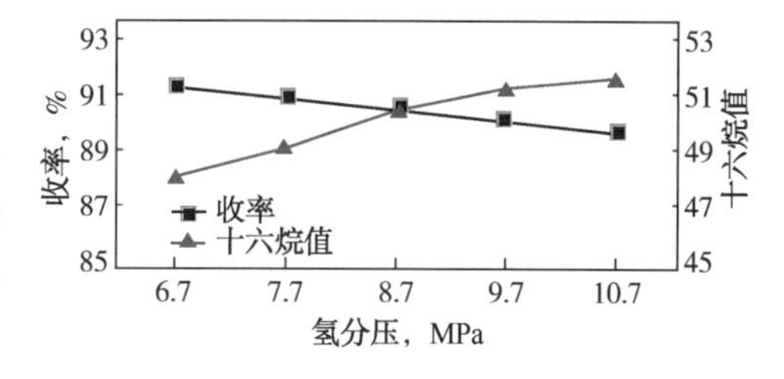

图 4-26　氢分压对柴油十六烷值、收率的影响

图 4-26 的结果说明，随着氢分压的增加，柴油十六烷值增加值增大，柴油收率降低。氢分压大于 9.7MPa 后，柴油收率损失较大。这是由于提高氢分压无论是从动力学上还是从热力学上均有利于芳烃加氢和环烷环裂化开环反应的进行，有利于增加柴油的十六烷值，但过高的氢分压会促进烷烃、环烷烃和烷基侧链的裂化，使柴油收率降低。

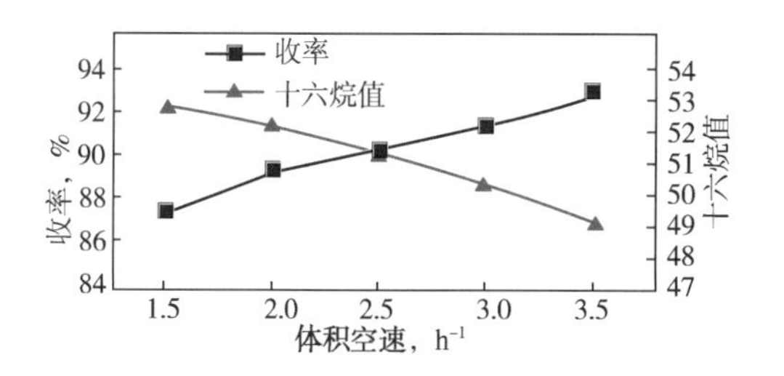

图 4-27　体积空速对柴油十六烷值、收率的影响

（3）体积空速的影响。

体积空速的大小体现了原料在催化剂上反应时间的长短。在能够满足产品指标的前提下，加氢装置期望能够在较高的体积空速下处理原料，但体积空速太大将会影响催化剂性能的有效发挥，导致产品质量下降。在氢分压为 9.7MPa、氢油体积比为 700、反应温度为 360℃的条件下，考察了体积空速对柴油十六烷值、收率的影响，结果如图 4-27 所示。

图 4-27 的结果表明，较低的体积空速有利于提高柴油的十六烷值，但柴油收率较低；较高的体积空速有利于柴油收率的提高。体积空速低，停留时间长，反应充分，芳烃加氢和环烷环裂化开环反应能够充分进行，但加氢后柴油产品中的分子在催化剂酸性中心上的停留时间会延长，导致发生裂化反应，降低了柴油收率，同时低体积空速意味着降低了装置的处理量，生产能力下降。

（4）氢油体积比的影响。

在氢分压为 9.7MPa、体积空速为 2.5h^{-1}、反应温度为 360℃的条件下，考察了氢油体积比对柴油十六烷值、收率的影响，结果如图 4-28 所示。

图 4-28 的结果说明，随着氢油体积比增加，柴油十六烷值先增加后降低。这是由于氢油体积比增加时，氢分压增大，参与反应的氢分子数增多，从动力学角度有利于芳烃加氢饱和反应的发生，从而提高了十六烷值。但是较大的氢油体积比会使反应物的分压降低，而且单位时间内通过催化剂床层的氢气流量增大，氢气流速加快，使反应物在催化剂上的反应时间减少，从而抵消了氢分压增大对加氢脱芳烃的影响，导致柴油十六

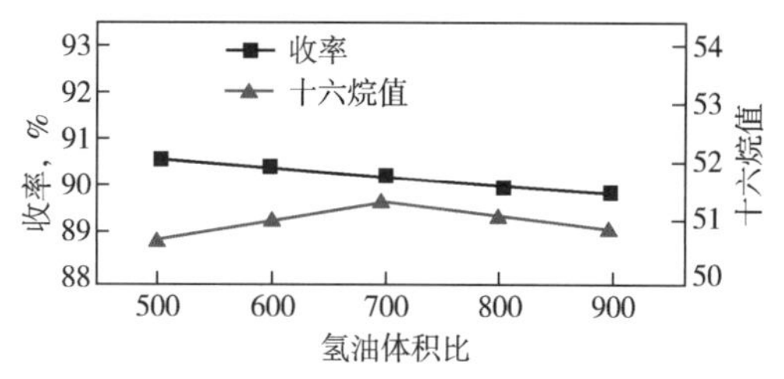

图 4-28　氢油体积比对柴油十六烷值、收率的影响

烷值降低。

2. HIDW-1 柴油加氢异构降凝催化剂

1）催化剂设计理念

我国大部分原油属于石蜡基原油，柴油馏分含蜡量高、凝点高，但是广大北方地区冬季对低凝柴油有一定的需求。采用加氢降凝工艺，可实现生产低凝点柴油的目的。为了满足冬季对低凝柴油的迫切需求，采用具有低酸性、择形功能、异构性能好的分子筛作为催化剂酸性组分，利用择形分子筛的孔口限制作用，将高凝点直链烷烃进一步异构化，进一步改善降凝效果，中国石油石化院开发的柴油加氢降凝催化剂(HIDW-1)经过小试研制、工业放大试验成功后，实现了可生产-20 号和-35 号低凝柴油的目标。国内外代表性的柴油加氢降凝技术主要有中国石化大连院的 FHI、FDW 技术和 Criterion 公司的 SDD800 柴油加氢降凝催化剂，已经在国内多套加氢装置上实现了工业应用。

柴油原料在降凝剂上主要发生链烷烃异构化反应，目的是降低柴油凝点，但不显著降低柴油的十六烷值。加氢降凝反应机理如下：

(1) 正碳离子机理。加氢异构化反应在双功能催化剂上遵循正碳离子机理反应，即正构烷烃的异构化反应是通过环丙烷正碳离子中间体(PCP)进行的，PCP 在催化剂孔道内的扩散情况决定了异构化的选择性。

(2) 孔口机理。当分子筛的孔口较小(约束指数 CI≥2.7)且为一维孔道时，反应物很难全部进入孔道，仅在孔口发生反应，而且分子筛孔径越小，CI 就越大，空间阻力就越大，结果是生成更多的端甲基支链产物。

(3) 锁匙反应机理。当分子筛的孔口足够大时，则正构烷烃可以进入孔的内部，甚至可以同时进入两个以上的孔道，可以在孔内发生反应，而且各位置生成甲基的速率相差不大，但其扩散速度差别很大，致使具有中间位置甲基的产物扩散很慢而发生裂解。与此相关的研究者认为，这是由于生成端甲基产物过程所需要的中间体较小所致。

综上所述，通过原料分析和反应机理的介绍可知，要生产具有较低硫、氮含量和良好的低温流动性能的柴油组分，要求预精制催化剂和异构降凝催化剂能够提供充足的有效比表面积、适当的物质扩散空间、适当的酸性及酸量和停留时间，在预精制段将原料中带有多环结构的硫、氮化合物、芳烃等带有空间位阻结构的物质，进行多级加氢反应脱除或饱和，在异构降凝段将正构烷烃异构化，碳原子数保持不变，同时避免和(或)减少裂化反应的发生，有效地改善柴油组分的低温流动性能，并保证较高的液体收率。

2）催化剂研发

根据劣质柴油加氢精制—降凝装置的工艺条件、原料和产品方案的特点，通过研究国内外非贵金属加氢异构催化剂的技术现状、加氢异构反应机理和分子筛特点，为使加氢异构催化剂具有优异的加氢异构性能和加氢性能，HIDW-1 催化剂的研制在前期馏分油加氢异构分子筛和催化剂的研发基础上，确定如下研发思路：

(1) 采用高异构功能、低酸性的分子筛作为催化剂的主异构组分，将原料油中凝点较高的直链烷烃及单支链异构烷烃异构成多支链同碳数的低凝异构烷烃，避免加氢异构过程中裂化副反应的发生，使 HIDW-1 催化剂在实现劣质柴油降凝的同时保持高的柴油收率。

(2) 采用具有低酸性、择形功能的分子筛作为催化剂的辅助异构组分，利用择形分子筛的孔口限制作用，将未被异构化的高凝点直链烷烃进一步异构化，在保持高柴油收率的前提下，使 HIDW-1 催化剂的降凝效果进一步提高。

(3) 采用具有强加氢功能的金属组合作为 HIDW-1 催化剂的加氢活性中心，提高强加氢功能的金属组分在催化剂载体上的分散度和强加氢功能的金属组分的利用率，强化催化剂的加氢活性中心和异构分子筛之间的匹配和协同作用，在保持低凝点柴油高收率的前提下，实现原料中的芳烃进一步饱和，达到提高十六烷值的目的。

2005 年 8 月，中国石油研发的 HIDW-1 柴油异构降凝催化剂在 21×10^4t/a 柴油加氢降凝装置上进行了首次工业应用。加氢异构降凝过程应在保持高柴油收率的前提下，达到降低柴油凝点的目的，同时利用异构催化剂的高加氢功能，将原料中的芳烃进一步饱和，实现降低柴油凝点和提高柴油十六烷值的双重目的。

该技术有以下特点：

(1) 原料适应性强：加氢异构降凝组合催化剂和工艺，处理劣质焦化柴油、焦化柴油和催化柴油混合油、汽柴油混合油，可直接生产低凝柴油。

(2) 处理能力大：与国外参比剂比，在相同的工艺处理条件下，HIDW-1 异构降凝催化剂空速可达 3.0h^{-1}，可大幅提高装置的加工能力。

(3) 异构降凝效果好：HIDW-1 加氢异构降凝催化剂采用异构、催化择形的反应机理改善柴油组分的低温流动性能，同时抑制加氢裂化反应的发生，能最大限度地降低柴油凝点。

加氢异构催化剂是双功能催化剂，催化剂的催化性能不仅取决于它的化学组成，而且与其物理、化学的诸多性质密切相关。为此，对加氢降凝催化剂的酸性和活性金属分散效果进行了表征。

催化剂的酸性包括酸类型、酸强度和酸度 3 个方面，是加氢异构催化剂的重要性质。它关系到催化剂的异构活性，是决定催化剂反应温度的关键因素，同时也影响产品分布。为考察加氢异构催化剂的酸性，用 NH_3-TPD 法对催化剂的酸分布进行了表征。加氢异构催化的 NH_3-TPD 酸性表征结果如图 4-29 所示。

由图 4-29 可以看出，加氢异构催化剂的酸量基本集中在 150~400℃，以弱酸和中强酸为主，350℃以上时强酸中心数较少，有利于原料中高凝点正构烷烃的加氢异构，同时可以避免加氢异构反应过程中裂化副反应的发生，对于提高液体收率是有利的。

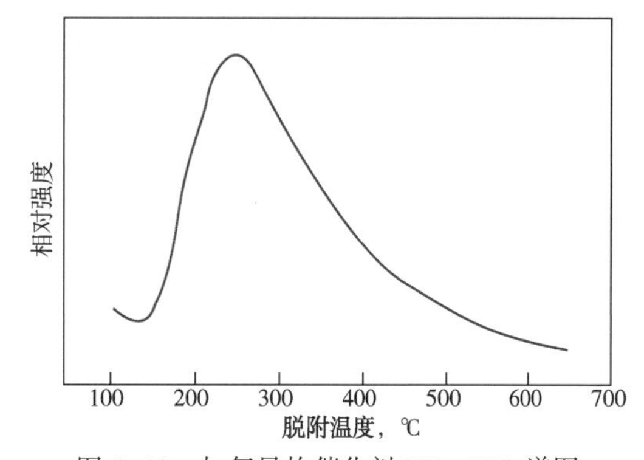

图 4-29　加氢异构催化剂 NH_3-TPD 谱图

加氢异构降凝催化剂的加氢活性随金属的分散面积增大而增加，为使加氢组分发挥更高的活性，催化剂上的金属组分分散得要好。采用日本电子公司 JSM6360LA 电镜及能谱联用仪表征了加氢异构催化剂的金属组分分散情况，结果如图 4-30 所示。

由图 4-30 可以看出，加氢异构催化剂的加氢活性金属组分 W、Ni 元素，在催化剂

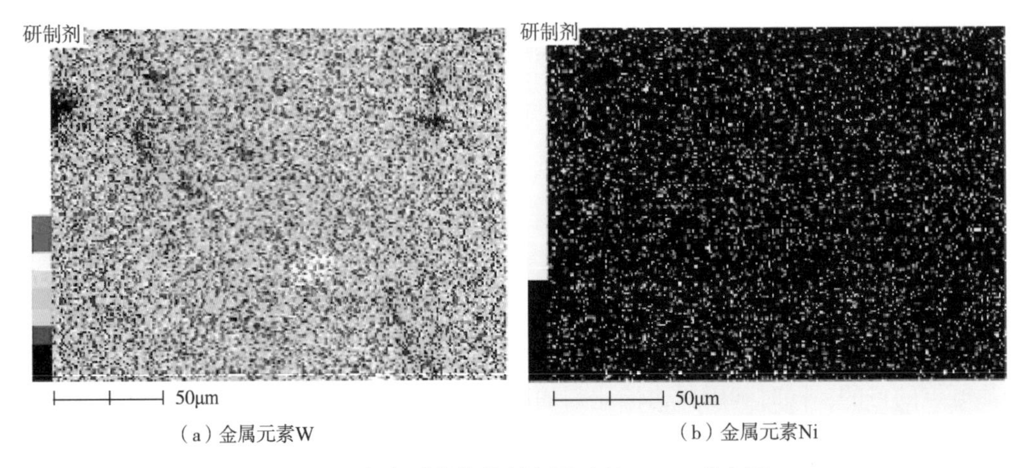

(a) 金属元素W

(b) 金属元素Ni

图 4-30 加氢异构催化剂金属元素 W、Ni 分布图

表面上分布均匀，没有形成金属的团聚现象，属于纳米级的分散状态。

3）工艺条件

为了满足冬季对低凝柴油的迫切需求，开发出非贵金属 HIDW-1 柴油加氢异构降凝催化剂技术，可实现生产-20 号和-35 号低凝柴油的目标，凝点、十六烷值和硫含量等主要指标满足国Ⅵ车用柴油标准要求。HIDW-1 劣质柴油加氢异构降凝催化剂适用于以下工艺条件：氢分压不小于 6.0MPa，氢油体积比不小于 400，体积空速不大于 $4.0h^{-1}$，反应温度不小于 350℃。

三、工业应用

1. PHU-201 柴油加氢改质催化剂工业应用

2016 年 8 月，PHU-201 催化剂在某石化公司 180×10^4t/a 柴油加氢改质装置进行了首次工业应用试验。

1）装置介绍

该装置是新建的 180×10^4t/a 柴油加氢改质装置，主要对十六烷值较低的重油催化柴油、蜡油催化柴油，以及直馏柴油、焦化汽油的混合油进行加氢改质，柴油产品的十六烷值大于 51，硫含量小于 10mg/kg，满足国Ⅴ车用柴油标准的要求，生产的石脑油具有较高的芳烃潜含量，可作为优质的重整装置原料。

180×10^4t/a 柴油加氢改质装置每年运行 8400h，操作弹性 60%～110%，采用一次通过的工艺流程，设置加氢精制反应器和加氢改质反应器，两个反应器均含有 3 个催化剂床层，在床层间设冷氢口，采用热高分、炉前混氢流程，并设置循环氢脱硫系统，采用“脱硫化氢汽提塔+分馏塔”双塔流程，催化剂硫化采用干法硫化，硫化后进行加氢改质催化剂钝化。

2）催化剂性能标定

主要考察了两种方案，即满负荷多产柴油方案和最大量生产石脑油方案。原料油为常二线柴油、常三线柴油、蜡催柴油、重催柴油和焦化汽油。标定的主要结果见表 4-16 至表 4-20。

表 4-16 原料油性质

项 目		方案一		方案二	
密度(20℃), g/cm³		0.8470	0.8506	0.8578	0.8579
馏程,℃	10%	180	183	173	173
	30%	225	226	234	236
	50%	280	282	289	290
	70%	304	305	319	320
	90%	341	341	361	363
硫含量, mg/kg		1012	1030	1220	1180
十六烷值		44.8	46.6	44.7	45.2
十六烷指数		45.9	45.0	43.0	43.1
凝点,℃		-2	-2	-1	-1

表 4-17 反应系统主要操作条件

项 目	方案一	方案二
体积空速(加氢精制/加氢改质), h^{-1}	1.5/1.55	1.20/1.25
氢油体积比, m^3/m^3	654	770
精制反应器平均温度,℃	329	346
改质反应器平均温度,℃	345	363
精制反应器入口氢分压, MPa	9.6	8.8

表 4-18 柴油产品性质

项 目		方案一		方案二	
密度(20℃), g/cm³		0.8327	0.8298	0.8257	0.8234
馏程,℃	初馏点	187	186	190	192
	10%	215	214	215	218
	30%	233	234	235	234
	50%	276	278	271	270
	70%	300	302	304	306
	90%	338	337	337	339
	终馏点	355	352	359	359
闪点,℃		81	78	80	79
氮含量, mg/kg		0.5	0.5	0.5	0.5
硫含量, mg/kg		0.8	0.9	1.3	1.0
十六烷值		53.0	55.5	52.6	52.8
凝点,℃		-3	-2	-4	-3

表 4-19　石脑油产品性质

项　目		方案一		方案二	
密度(20℃)，g/cm^3		0.7371	0.7375	0.7412	0.7426
馏程,℃	初馏点	46	47	50	49
	10%	83	82	87	87
	50%	124	127	127	132
	90%	151	155	148	158
	终馏点	166	174	164	171
氮含量，mg/kg		0.5	0.5	0.5	0.5
硫含量，mg/kg		0.9	0.6	0.5	0.5
溴值，g Br/100g		0.21	0.21	0.26	0.21
芳潜,%		50.7	51.5	63.5	63.3

表 4-20　物料平衡

项　目	物料名称	方案一		方案二	
		流量，t/h	比例,%	流量，t/h	比例,%
入方	原料油	215.00	100.00	175.5	100.00
	氢气	2.65	1.23	2.96	1.68
	合计	217.65	101.23	178.46	101.68
出方	低分气	1.03	0.48	0.88	0.50
	干气	3.22	1.50	3.35	1.91
	石脑油	21.23	9.87	43.34	24.70
	柴油	192.17	89.38	130.89	74.57
	合计	217.65	101.23	178.46	101.68

由标定结果可以看出，PHU-201 催化剂具有较好的生产灵活性，通过调整反应温度，可以灵活调整石脑油、柴油的产率。在多产石脑油方案中，石脑油产率为 24.70%(质量分数)，柴油产率为 74.57%(质量分数)。

炼厂在采用柴油加氢改质工艺时，柴油产品达到了国Ⅵ车用柴油标准要求，在生产清洁柴油的同时，PHU-201 催化剂还有利于炼油企业降低柴汽比，解决了催化柴油等劣质柴油十六烷值较低、无法出厂的技术难题，成为公司产品结构调整的关键装置。该项技术的成功应用有利于增强中国石油在国内外炼油技术领域的竞争力，提升炼油技术的整体水平，能够创造良好的经济效益和社会效益。

2. HIDW-1 柴油加氢异构降凝催化剂工业应用

2005 年 8 月，HIDW-1 柴油加氢异构降凝催化剂在某公司 21×10^4t/a 柴油加氢降凝装置上实现首次工业应用。催化剂性能标定结果见表 4-21。

表 4-21　HIDW-1 催化剂性能标定结果

项　目		数　据	项　目		数据 原料油	数据 柴油产品
工艺条件	反应压力，MPa	8.8	油品性质	柴油收率,%(质量分数)	100	88.72
	反应温度,℃	376		密度(20℃)，g/cm^3	0.8392	0.8401
	氢油体积比	1034		硫含量，mg/kg	990	6.0
	体积空速，h^{-1}	3.0		氮含量，mg/kg	806	4.7
				凝点,℃	−7	−29.3
				十六烷值	47.0	47.1

注：原料油组成为 57%焦化柴油、35%FCC 柴油和 8%焦化汽油。

柴油产品收率为 88.72%[相对于原料中柴油收率 96.4%(质量分数)]，柴油凝点降至 −29.3℃，硫、氮含量小于 6mg/kg，十六烷值为 47.1，是优质国Ⅵ标准低凝柴油调和组分。工业应用结果表明，HIDW-1 催化剂具有良好的加氢异构性能，能够满足企业生产低凝柴油的技术需求。

PHU-201 柴油加氢改质催化剂的成功开发及应用，是中国石油炼油全系列催化剂研发取得的一项重大成果，对加快中国石油自主研发柴油加氢改质技术的全面推广应用具有典型的示范意义。柴油加氢改质技术能够有效降低柴油芳烃含量，大幅度提高柴油十六烷值，在炼厂中的地位越来越重要。HIDW-1 柴油异构降凝催化剂可以应用于加工各种柴油馏分、需要降低柴油凝点的柴油加氢装置上。中国石油呼和浩特石化、大港石化、大庆炼化等企业均有柴油降凝的需求，是柴油加氢异构降凝催化剂的潜在应用企业。

第四节　航煤加氢精制技术

根据民航运输业相关规划预测，我国航煤需求量未来 15 年内仍将保持年均 7%左右的增速[29]。为扩大航煤产能，中国石油 2017 年以来新建 8 套航煤加氢装置，装置累计数量达到 22 套，催化剂需求量超过 1000t。航煤加氢装置平稳高效运行的关键在于催化剂。为开发适应中国石油航煤加氢装置特点的催化剂，石化院自 2011 年开始进行航煤加氢催化剂的研发，先后开发了 PHK-101 和 PHK-102 两个牌号的催化剂。

一、工艺技术特点

航煤加氢精制过程发生的化学反应主要包括烯烃加氢饱和、脱硫、脱氮、脱氧和芳烃加氢饱和等。

(1) 烯烃加氢饱和反应。

直馏煤油馏分中少量的烯烃易氧化、聚合生成胶质，应当通过饱和反应降低其含量。

(2) 脱硫反应。

硫化物是煤油馏分中常见的、含量相对较高的非烃类，其含量过高时对发动机燃烧室的清洁性有负面影响。硫醇是一种活性硫化物，对飞机零部件有腐蚀性，而且使油品有臭味，因而 3 号喷气燃料国家标准中对总硫和硫醇硫含量均有限制，要求总硫含量小于

2000mg/kg，硫醇硫含量小于 20mg/kg。

煤油馏分中的硫化物主要包括硫醇、硫醚、二硫化物、四氢噻吩及噻吩等，不同类型的含硫化合物加氢反应活性按以下顺序依次增大：噻吩 < 四氢噻吩 ≈ 硫醚 < 二硫化物 < 硫醇。

由于 3 号喷气燃料规格中对总硫含量的要求较为宽松，仅对硫醇硫含量要求较为严格，因此对于单纯生产航煤的装置，脱硫过程无须刻意追求对噻吩类硫化物的深度脱除。

（3）脱氮反应。

煤油馏分中氮化物含量一般较低，碱性氮化物是引起喷气燃料颜色及其安定性问题的最直接原因。微量的碱性氮化物，如吡啶、喹啉等和酚类物质可以协同作用，引起颜色安定性的下降。一般情况下，碱性氮含量小于 3mg/kg，可以保证油品颜色的安定性。

（4）脱氧反应。

煤油馏分中含氧化合物的存在会对产品质量有不利影响，需要在加氢过程中予以脱除。以环烷酸或脂肪酸形式存在的含氧化合物会对产品酸值产生不利影响，以酚形式存在的含氧化合物会对产品颜色安定性产生不利影响。

（5）芳烃加氢饱和反应。

芳烃含量与喷气燃料的烟点有直接关系，3 号喷气燃料国家标准中要求芳烃含量不大于 20.0%（体积分数），烟点不小于 25.0mm。对于直馏煤油馏分，主要含有单环芳烃和双环芳烃，基本不含三环及以上芳烃。其中，单环芳烃主要包括烷基苯、茚满、四氢萘和茚类，双环芳烃主要包括萘和萘类。

由于煤油加氢精制通常采用较为缓和的工艺条件，对芳烃的饱和效果有限，因此，所选用的煤油原料烟点通常已经达到或接近 25mm。如果需要较大幅度提高烟点，则需要在高压、高温工艺条件下，并采用具有较强芳烃饱和能力的催化剂。

航煤加氢精制典型工艺主要由反应部分（含循环氢压缩机）、分馏部分和相应的公用工程部分等组成。反应部分采用炉前混氢，以提高换热器效率并减缓结焦。分馏部分采用单塔流程，分馏塔设塔底重沸炉。在实际应用中可以根据具体情况采用不同的工艺流程，如可取消循环氢压缩机，采用一次通过流程，反应后的尾氢排至氢气管网继续使用。航煤加氢精制工艺流程如图 4-31 所示。

二、催化剂

1. 催化剂设计理念

在中国石油科技管理部的支持下，自 2011 年起，石化院先后开展了“喷气燃料加氢精制催化剂开发”和“喷气燃料加氢精制催化剂工业放大与工业应用试验研究”两个课题的研究工作，完成了 PHK-101 催化剂的小试、中试和工业放大试验。2020 年 8 月，该催化剂在宁夏石化 40×10^4t/a 航煤加氢装置开展工业应用试验，装置开车一次成功，产品质量全面达到指标要求。本次工业试验，将硫化态 PHK-101 催化剂用于航煤加氢装置开工，装置开工时间从 45h 缩短到 6h，同时避免了二甲基二硫等危险化学品的使用，为企业创造了可观的经济效益和社会效益。

PHK-101 催化剂开发过程中主要从以下两个方面进行催化剂的设计与创新。

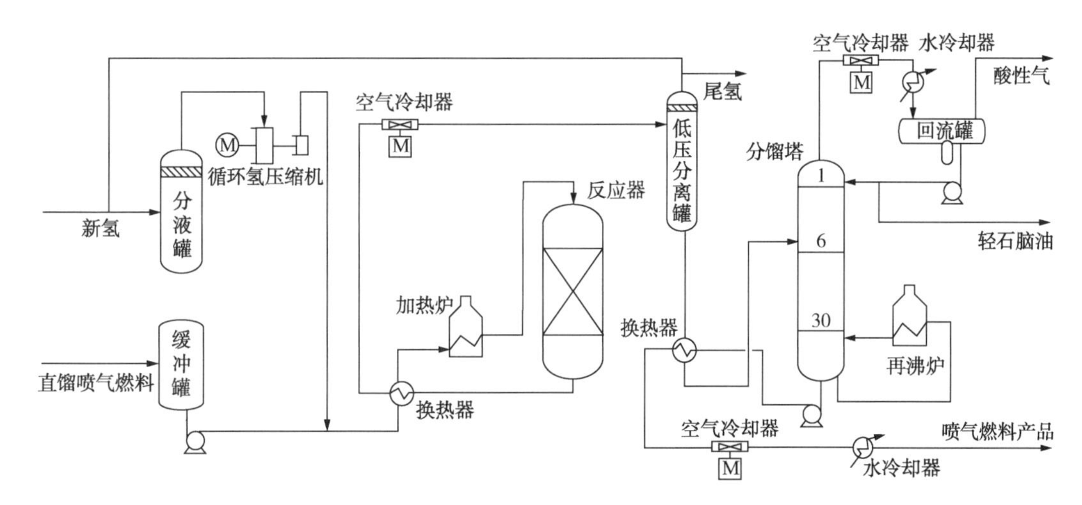

图 4-31　航煤加氢精制工艺流程图

（1）基于量子化学轨道理论，开发新型 Ti 改性氧化铝载体材料。

基于 Mo 3d 轨道能级与 TiO_2半导体的导带能级相近，电子更容易从 TiO_2载体转移到 Mo 3d 轨道理论，在传统 Al_2O_3载体中引入 Ti 助剂进行表面修饰，促进具有八面体配位结构、更易被还原的 MoO_6^{6-}形成，催化剂脱硫活性提高 25%~34%。

（2）利用多元醇类助剂与磷元素协同效应机制，构建高活性Ⅱ类活性相。

利用多元醇类助剂与磷元素的协同效应机制，在 $TiO_2-Al_2O_3$复合载体上构建适宜堆积层数和晶片长度的 MoS_2晶粒，提高硫化态 Ni、Mo 表面原子浓度，促进高活性金属硫化物的形成，催化剂脱氮活性提高 27%~32%。

PHK-101 催化剂适用于以直馏煤油为原料生产 3 号喷气燃料。推荐工艺条件：反应压力为 1.5~4.0MPa，反应温度为 230~320℃，体积空速不大于 5.0h^{-1}，氢油体积比不小于 80。

广东石化 120×10^4t/a 航煤加氢装置设计原料为委内瑞拉 Merey16 原油和中东巴士拉原油 1∶1 混合油的常一线馏分，原料具有硫含量高、烟点低的特点，需要深度脱硫和芳烃饱和。为配合该装置的建设，依靠自主技术满足装置对催化剂的需求，在中国石油重大科技专项“劣质重油加工新技术研究开发与工业应用”支持下，自 2014 年起，中国石油石化院开展了 PHK-102 劣质煤油芳烃饱和催化剂的开发，完成催化剂小试、中试和工业放大试验。该催化剂计划于 2022 年在广东石化 120×10^4t/a 航煤加氢装置开展工业应用试验。

PHK-102 催化剂开发过程中主要从以下两个方面进行催化剂的设计与创新：

（1）通过在浸渍液配制过程中引入活性金属导向助剂，在载体上定向生成片层数目合理、片层长度可控，有利于芳烃分子吸附的若干活性堆垛，选择性延长原料油中芳烃分子在催化剂上的停留时间和反应时间，为芳烃分子加氢转化提供适宜的物理环境。

（2）通过在载体制备过程中引入酸性调变助剂改性，对酸强度和酸类型进行调控，为芳烃分子向环烷烃分子方向转化提供适宜的化学环境，降低芳烃分子裂化及开环倾向。

PHK-102 催化剂适用于以直馏煤油为原料生产 3 号喷气燃料，要求原料油烟点不小于 20mm，硫含量不大于 5000mg/kg。推荐工艺条件：反应压力为 5.0~9.0MPa，反应温度为

270~350℃，体积空速不大于2.0h^{-1}，氢油体积比不小于100。

2. 催化剂研发

PHK-101催化剂以脱硫、脱氧、改善产品颜色及安定性为主要功能，研发过程中针对载体制备和活性金属负载两方面进行了技术创新。

载体制备方面，依据煤油原料分子的动力学直径，制备出具有较大比表面积、较大孔体积、孔径分布适宜的载体。通过对载体进行元素改性，抑制活性金属与载体间的强相互作用，提高活性金属组分的可硫化性。

活性金属负载方面，通过采用活性金属定向负载技术，提高金属分散度，在保证催化剂加氢活性的同时，降低金属负载量。研发过程中制备了一系列不同金属含量的催化剂，采用相同的原料和工艺条件对催化剂进行加氢性能评价，结果见表4-22。

表4-22 不同金属含量催化剂评价结果

催化剂编号		1#	2#	3#	4#	5#
活性金属含量(氧化态),%(质量分数)		10.2	14.0	17.2	21.3	25.2
产品性质	比色，(赛波特)号	22	26	30	30	30
	硫醇硫含量，mg/kg	15.8	8.7	4.6	3.5	3.3
	硫含量，mg/kg	829	689	468	421	352

所制备的5批催化剂，随着活性金属含量的升高，产品精制程度逐渐加深，具体表现为产品的颜色、硫醇硫含量和总硫含量明显趋好。与3#催化剂相比，1#和2#催化剂的加氢精制效果明显变差，产品颜色号明显降低，硫醇硫含量有较大幅度升高。随着金属含量的提高，4#催化剂和5#催化剂的硫醇硫含量降低幅度不明显。综合考虑催化剂的加氢性能和生产成本，确定了适宜的活性金属含量。

为表征活性金属在载体上的分散情况，采用电子探针技术在催化剂的横剖面上分别取中心A处、距中心1/2半径B处和边缘C处3点进行表面元素分析(EDS)，取样点如图4-32所示。分析结果表明，催化剂从表面到内部活性金属组分Mo、Ni元素的含量基本一致，说明活性组分在催化剂中具有很好的分散性。

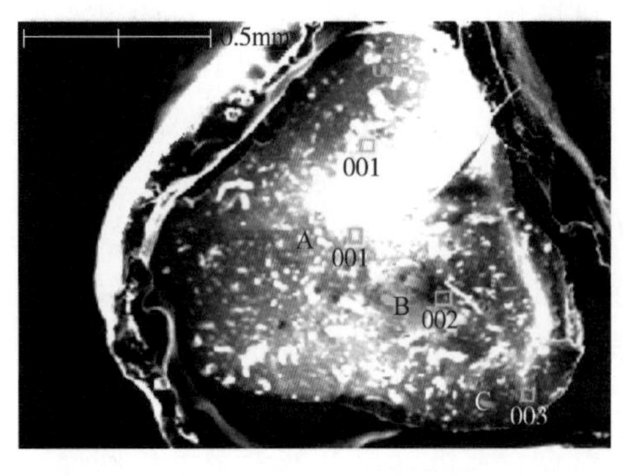

图4-32 催化剂表面元素分析取样点

为缩短装置开工时间、降低开工安全风险，在氧化态催化剂研发的基础上，配套开发了真硫化态PHK-101催化剂制备技术。该技术开发过程中，针对催化剂真硫化时存在的容易飞温导致催化剂孔道结构破坏、硫化度不够导致催化剂活性下降、钝化措施不合理导致催化剂活性损失问题，提出了“阶梯硫化—分段放热—表层镀膜”理念，成功开发出硫化度高、与航煤加氢装置工艺特点相适应的真硫化态催化剂制备技术，并实现了催化剂工业生产。所生产的氧化态和硫化态催化剂的实物如图4-33和图4-34所示，催化剂的物化性质见表4-23。

图 4-33 氧化态 PHK-101 催化剂实物图

图 4-34 真硫化态 PHK-101 催化剂实物图

表 4-23 PHK-101 催化剂的物化性质

项 目	氧化态催化剂	真硫化态催化剂	项 目	氧化态催化剂	真硫化态催化剂
化学组成	Mo-Ni	Mo-Ni	比表面积，m^2/g	≥200	≥180
外形	三叶草形	三叶草形	径向压碎强度，N/cm	≥180	≥180
粒径，mm	1.4~1.9	1.4~1.9	堆密度，g/cm^3	0.70~0.85	0.72~0.87
孔体积，mL/g	≥0.33	≥0.30			

以某石化公司直馏煤油为原料，在反应压力为 2.0MPa、反应温度为 240℃、体积空速为 $4.0h^{-1}$、氢油体积比为 100 条件下，进行氧化态和真硫化态催化剂加氢活性评价，结果见表 4-24。氧化态 PHK-101 催化剂的评价结果是将氧化态催化剂在反应器内进行预硫化，硫化结束后进行加氢评价所得的数据。硫化态 PHK-101 催化剂的评价结果是将氧化态催化剂进行器外真硫化，再将真硫化态催化剂装填于反应器中进行加氢评价所得的数据。由表 4-24 可以看出，真硫化态催化剂的加氢活性与器内预硫化催化剂的加氢活性相当，说明真硫化态催化剂制备技术成熟可靠。

表 4-24 催化剂加氢活性评价结果

分析项目		原料油	氧化态 PHK-101 催化剂	真硫化态 PHK-101 催化剂
密度(20℃)，g/cm^3		0.7794	0.7793	0.7792
馏程，℃	初馏点	149	149	148
	50%	180	179	179
	终馏点	217	217	216
比色，(赛波特)号		16	30	30
总酸值(以 KOH 计)，mg/g		0.020	0.003	0.003
硫含量，mg/kg		124	5.8	6.3
硫醇硫含量，mg/kg		22.9	2.1	2.3

PHK-102 催化剂研发过程中，通过对存在于煤油馏分中的典型芳烃和环烷烃物种进行烟点分析，发现芳烃是影响航煤烟点的关键因素。因此，将航煤原料中的部分芳烃饱和转

化为环烷烃，是一条提高原料油烟点的路线。该路线与芳烃裂化或芳烃开环相比，具有液体收率高、氢耗低的特点。

为尽量避免芳烃饱和过程中发生裂解反应，催化剂应具有较低的表面酸量和弱的酸强度。在载体制备过程中，通过考察不同助剂调变载体表面酸性和酸量的效果，筛选出适宜的改性助剂。结果见表 4-25。

表 4-25　不同助剂改性对氧化铝载体的影响

项　目		Al_2O_3	A/Al_2O_3	B/Al_2O_3	C/Al_2O_3
物理性质	比表面积，m^2/g	326	178	313	323
	孔体积，mL/g	0.55	0.52	0.55	0.55
	平均孔径，nm	7.4	7.2	6.9	7.3
表面酸性，mmol/g	L 酸	0.45	0.35	0.33	0.20
	B 酸	0	0.08	0.10	0.14

助剂 A 对载体的物性影响很大，导致比表面积和孔体积较大幅度下降，不能满足要求。助剂 B 和助剂 C 改性后的载体物性变化很小，但与助剂 B 改性后的载体相比，助剂 C 改性后的载体产生了较多的 B 酸中心，L 酸中心数量降低，这有利于降低催化剂的裂化倾向，因此将助剂 C 确定为适宜的改性助剂。据此研制出 PHK-102 催化剂，其物化性质见表 4-26。

表 4-26　PHK-102 催化剂的物化性质

项　目	分析数据	项　目	分析数据
化学组成	W-Ni	比表面积，m^2/g	≥170
外形	三叶草形	径向压碎强度，N/cm	≥180
粒径，mm	1.2~1.8	堆密度，g/cm^3	0.72~0.87
孔体积，mL/g	≥0.32		

以典型劣质煤油为原料，在反应压力为 8.2MPa、反应温度为 320℃、体积空速为 1.35h^{-1}、氢油体积比为 100 的条件下，进行 PHK-102 催化剂提高烟点及脱硫性能考察，结果见表 4-27。在原料硫含量高达 2950mg/kg、烟点仅为 21.5mm 情况下，产品硫及烟点指标均满足 3 号喷气燃料国家标准要求。

表 4-27　催化剂加氢活性考察

项　目	原料油	产品	项　目		原料油	产品
密度(20℃)，g/cm^3	0.8144	0.8109	总酸值(以 KOH 计)，mg/g		0.04	0.006
馏程，℃	165~293	162~293	烟点，mm		21.5	26.7
比色，(赛波特)号	11	30	族组成，%(体积分数)	饱和烃	83.6	89.4
硫含量，mg/kg	2950	2.3		芳烃	15.0	9.7
硫醇硫含量，mg/kg	267	0.5		烯烃	1.4	0.9
氮含量，mg/kg	15.1	0.6				

三、工业应用

2020 年 8 月，真硫化态 PHK-101 催化剂在宁夏石化 40×10^4t/a 航煤加氢装置开车一次成功。

开工过程中，由于省去了催化剂器内预硫化环节，从引油进装置到产品合格，仅用了 6h。与传统器内预硫化开工过程相比，开工时间大幅缩短，同时避免了二甲基二硫或二硫化碳等硫化剂的使用，降低了安全风险。

经过 9 个多月的稳定运行，2021 年 5 月对催化剂进行性能标定。原料为宁夏石化炼油厂常一线，分别按照 100%负荷和 108%负荷两种工况进行标定。主要工艺参数见表 4-28，原料及产品性质见表 4-29。

表 4-28　标定期间的主要工艺参数

项　目	工况一	工况二	项　目	工况一	工况二
反应器入口氢分压，MPa	1.75	1.75	反应器出口温度，℃	241	246
体积空速，h^{-1}	4.0	4.3	床层平均温度，℃	240	245
反应器入口温度，℃	239	244	氢油体积比	120	110

表 4-29　标定期间的原料及产品性质

项　目		原　料	产　品		指　标
			工况一	工况二	
比色，(赛波特)号		29	30	30	≥25
密度(20℃)，g/cm^3		0.7846	0.7846	0.7843	0.775~0.830
馏程，℃	初馏点	149.0	156.0	151.0	报告
	10%	171.0	174.0	169.5	≤205
	50%	190.0	189.0	187.5	≤232
	90%	210.0	211.0	211.0	报告
	终馏点	233.0	233.0	233.0	≤300
硫含量，mg/kg		98.8	8.8	7.8	≤10
硫醇硫含量，mg/kg		22.4	<1.0	<1.0	≤20
总酸值(以 KOH 计)，mg/g		0.005	0.001	0.001	≤0.015
冰点，℃		-57.5	-57.0	-57.0	≤-47
闪点(闭口)，℃		44.5	45.0	45.0	≥25
铜片腐蚀(100℃，2h)，级		—	1a	1a	≤1
银片腐蚀(50℃，4h)，级		—	0	0	≤1
胶质含量，mg/100mL		2.0	1.0	1.0	≤7

标定结果表明，在平均反应温度为 240℃、体积空速为 4.0h^{-1}、氢油体积比为 120、氢分压为 1.75MPa 工艺条件下，产品指标均满足 3 号喷气燃料国家标准要求，同时硫含量为 8.8mg/kg，满足生产国Ⅵ标准柴油调和组分需要。提高装置加工负荷，在平均反应温度为

245℃、体积空速为 $4.3h^{-1}$、氢油体积比为 110、氢分压为 1.75MPa 工艺条件下，产品指标满足 3 号喷气燃料国家标准要求，同时硫含量为 7.8mg/kg，满足生产国Ⅵ标准柴油调和组分需求。

第五节 技术发展趋势

我国炼油行业正面临转型发展与减碳的双重挑战，一方面柴油质量升级逐步向低硫、低芳烃尤其是低多环芳烃方向发展，柴油加氢技术将向开发高活性加氢催化剂、低能耗工艺等提供综合解决方案方向发展；另一方面我国柴油消费量已达峰值，应加大“减油增化”的技术开发力度，尽可能将油品高效地转化为化工原料，尤其是乙烯和芳烃原料，生产各种高附加值化工品，助力炼化企业高质量转型发展。

(1) 柴油加氢精制技术持续升级，满足更高标准清洁柴油生产。

柴油加氢精制技术持续升级，一方面是开发高活性的柴油加氢精制系列催化剂，如非负载型催化关键材料、新型高活性催化剂制备技术等，提升催化剂加氢性能。根据企业装置的具体特点和技术需求提供有针对性的技术解决方案，完成催化剂系列化，能够为企业提供“一厂一策”的技术解决方案。另一方面是开发高效和低成本的柴油加氢工艺技术。“双碳”背景下如何降低过程的碳排放将是炼油企业面临的严峻挑战，其中高效和低成本的炼油加氢技术是支撑绿色低碳发展的关键。未来需重视柴油加氢工艺和工程技术的开发，进一步发展柴油液相加氢技术等，降低过程的能耗、氢耗、操作成本等，助力企业实现碳减排和降本增效，同时通过装置适应性改造和催化剂优化升级，适应未来炼厂加工废塑料、生物柴油等非传统矿物基柴油的加工需求。

(2) 适应炼化转型升级需求，柴油加氢裂化向多产化工原料方向发展。

近年来，柴油消费量持续下降，而乙烯、芳烃等化工原料需求稳步增长。柴油加氢转化技术将在“减油增化”趋势下发挥重要作用，主要有 3 个方面的重点研发方向：一是直馏柴油加氢裂化多产石脑油、尾油作乙烯原料技术；二是催化柴油的加氢裂化技术，发展催化裂化柴油加氢处理—加氢裂化和加氢处理—催化裂化组合技术；三是高效分离技术与柴油加氢转化技术组合形成成套的多产化工原料技术，如利用柴油吸附分离技术与柴油加氢转化相结合，分离出的抽余油富含链烷烃，是优质乙烯裂解原料，抽出油中富含芳烃，经加氢裂化后可生产芳烃潜含量较高的重石脑油作重整原料，整体上实现了将柴油转化为乙烯裂解和芳烃原料的目的，是“减油增化”的有效途径。同时在“碳达峰、碳中和”大背景下，柴油加氢转化技术发展过程中，将更加注重降低氢耗、降低加工成本、增加催化剂活性和选择性、降低气体产率等问题，在柴油多产化工原料高效转化过程中同步实现降低碳排放、节能减排的目的。

(3) 拓宽原料馏程，深度芳烃饱和，最大量生产 3 号航煤技术。

我国航煤需求持续增加，为扩大航煤产能，部分航煤加氢装置尝试拓宽原料油馏程，导致原料油氮含量增加，引起油品安定性变差。依托现有低压航煤加氢装置，通过装置改造增加一个反应器，在第一反应器内通过采用较高的反应温度实现氮化合物的深度脱除，在第二反应器内采用较低的反应温度脱除影响油品颜色的微量物种，可以满足生产合格 3 号喷气燃料的需要。另外，炼油厂加工环烷基原油或中间基—环烷基原油时，常减压蒸馏装置所产的常一线经过低压加氢后，精制产品的烟点等指标无法满足航煤质量要求，无法生产航煤产品，影响了炼油厂的经济效益。为此，需开发航煤补充精制技术，上游装置所产的精制油在一定的压力、温度下，在贵金属催化剂作用下，芳烃进行开环饱和，烟点大幅度提高，产品满足高标准航煤质量要求。

参 考 文 献

[1] 李大东，聂红，孙丽丽．加氢处理工艺与工程[M]．2 版．北京：中国石化出版社，2016.

[2] 袁大辉．国外清洁柴油加氢技术进展[J]．当代石油石化，2008(5)：26-29.

[3] 蔺爱国，何盛宝，马安，等．石油炼制[M]．北京：石油工业出版社，2019.

[4] 杨英，肖立桢．清洁柴油加氢脱硫技术进展[J]．石油化工技术与经济，2015，31(3)：55-62.

[5] 安高军，柳云骐，柴永明，等．柴油加氢精制催化剂制备技术[J]．化学进展，2007(Z1)：243-249.

[6] 侯芙生．优化炼油工艺过程发展中国炼油工业[J]．石油学报(石油加工)，2005，21(3)：9-11.

[7] 聂红，李明丰，高晓冬，等．石油炼制中的加氢催化剂和技术[J]．石油学报(石油加工)，2010，26(增刊)：77-81.

[8] 陈文斌，杨清河，赵新强，等．加氢脱硫催化剂活性组分的分散与其催化性能[J]．石油学报(石油加工)，2013，29(5)：752-756.

[9] 柳伟，郭蓉，刘继华，等．柴油超深度加氢脱硫技术研究进展[J]．炼油技术与工程，2015，45(9)：1-5.

[10] 彭冲，黄新露，牛世坤，等．中国炼油加氢催化过程强化技术进展[J]．化工进展，2020，39(12)：4837-4844.

[11] 李哲，康久常，孟庆巍．液相加氢技术进展[J]．当代化工，2012(3)：292-294.

[12] 郝振岐，梁文萍，肖俊泉，等．柴油液相循环加氢技术的工业应用[J]．石油炼制与化工，2013(12)：20-22.

[13] 宋永一，方向晨，刘继华．SRH 液相循环加氢技术的开发及工业应用[J]．化工进展，2012，31(1)：240-245.

[14] 谢海群，冯忠伟．液相加氢技术应用现状分析[J]．炼油与化工，2015，26(5)：5-8.

[15] 蔡建崇，邓杨清，李强，等．SLHT 连续液相加氢技术的工业应用[J]．石油炼制与化工，2018，49(2)：40-44.

[16] 蒋东红，王玉国，辛靖，等．高选择性加氢改质系列技术及应用[J]．石化技术与应用，2012，30(3)：242-245.

[17] 张毓莹，胡志海，辛靖，等．MHUG 技术生产满足欧Ⅴ排放标准柴油的研究[J]．石油炼制与化工，2009(6)：1-7.

[18] 孟勇新，任亮，董松涛，等．柴油加氢改质降凝技术的开发及工业应用[J]．石油炼制与化工，2017(8)：36-40.

[19] 赵野，张文成，郭金涛，等．清洁柴油的加氢技术进展[J]．工业催化，2008，16(1)：10-17.

[20] 兰玲，方向晨．提高柴油十六烷值的 FC-18 催化剂研制开发[J]．石油化工高等学校学报，2002(3)：12-15.

[21] 鲁旭，赵秦峰，兰玲．催化裂化轻循环油(LCO)加氢处理多产高辛烷值汽油技术研究进展[J]．化工进展，2017，36(1)：114-120.

[22] 刘继华，郭蓉，宋永一. FH-40 系列轻质馏分油加氢精制催化剂研制及工业应用[J]. 工业催化，2007，15(7)：24-26.

[23] 褚阳，夏国富，刘锋，等. 高处理量喷气燃料加氢催化剂 RSS-2 的开发及其工业应用[J]. 石油炼制与化工，2014，45(8)：6-10

[24] 夏国富，朱玫，聂红，等. 喷气燃料临氢脱硫醇 RHSS 技术的开发[J]. 石油炼制与化工，2001(1)：12-15.

[25]冯勇. 加氢催化剂 DC-2551 在锦西石化航煤加氢装置的工业应用[J]. 广东化工，2014，41(21)：177-178.

[26] 王丹，郭金涛，张文成. PHF-101 柴油加氢精制催化剂的工业应用[J]. 石油炼制与化工，2014，45(6)：44-47.

[27] 陈凯，温广明，朱建华. PHF-101 柴油加氢精制催化剂在乌石化工业应用[J]. 化工中间体，2012(6)：43-45.

[28] 韩崇仁. 加氢裂化工艺与工程[M]. 北京：中国石化出版社，2001.

[29] 张锐，习远兵，丁石，等. 直馏煤油低压加氢精制生产 3 号喷气燃料技术开发[J]. 石油炼制与化工，2018，49(9)：6-10.

第五章 加氢裂化生产高附加值油品和化工原料技术

当前我国炼油产能过剩，芳烃和烯烃等基础化工原料不足，炼油转型升级是解决供需矛盾、实现我国炼油行业可持续发展的必然选择。加氢裂化技术作为重油深加工的重要手段之一，具有原料适应性强、加工方案灵活、液体产品收率高、产品质量好等诸多优点，特别是重石脑油芳烃潜含量高，是催化重整生产芳烃的优质原料，加氢尾油富含链烷烃，是蒸汽裂解制乙烯装置的优质进料，同时可兼产优质3号喷气燃料。加氢裂化技术是现代炼厂重油轻质化和炼化一体化的关键生产技术，在炼油结构调整、优化降低柴汽比和炼油向化工转型过程中发挥着重要作用。本章将重点从加氢裂化技术国内外现状，中国石油自主开发的PHC-03中间馏分油型加氢裂化催化剂、PHC-05化工原料型加氢裂化催化剂和PHU-211柴油加氢裂化催化剂的工艺技术特点、催化剂设计、催化剂研发及工业应用等方面进行介绍。

第一节 国内外技术发展现状

在加氢裂化工艺及催化剂技术领域，国外主要以UOP公司、Chevron公司为代表[1-9]，国内主要有中国石化大连院、中国石化石科院和中国石油石化院等。

一、蜡油加氢裂化技术

1. UOP公司的蜡油加氢裂化工艺及催化剂

UOP公司的加氢裂化工艺技术主要有HyCycle工艺、APCU(Advanced Partial Conversion Unicracking)工艺、单独加氢处理的加氢裂化工艺、加氢裂化—加氢处理组合工艺等技术。

HyCycle加氢裂化工艺流程如图5-1所示，HyCycle工艺采用倒置反应器排列，加氢裂化反应器放在前面，加氢处理反应器放在后面，新鲜进料进入加氢处理反应器顶部，上游裂化反应器具有高的氢分压及高氢油体积比，更有利于裂化反应发生。

APCU工艺流程如图5-2所示，为了在中压、低转化率下可同时生产优质催化裂化原料和柴油组分，该工艺在传统的加氢裂化流程后部增加一个带有补充精制反应器的高效分离器，补充精制反应器除了处理经高效热分离器闪蒸出来的加氢裂化轻组分外，还可以用来处理外来的轻质煤油、柴油馏分，进行深度脱硫及提供十六烷值。加氢裂化反应器系统仍然进重质减压蜡油进行转化。

单独加氢处理的加氢裂化工艺流程如图5-3所示，原料先进入加氢处理反应器，对原料进行加氢脱硫、脱氮、脱氧和部分芳潜饱和，如果需要还可以继续进入加氢裂化反应器

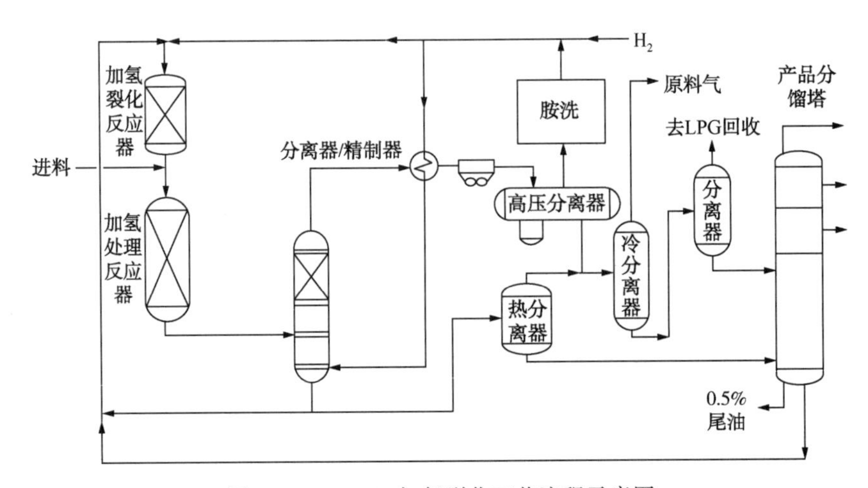

图 5-1 HyCycle 加氢裂化工艺流程示意图

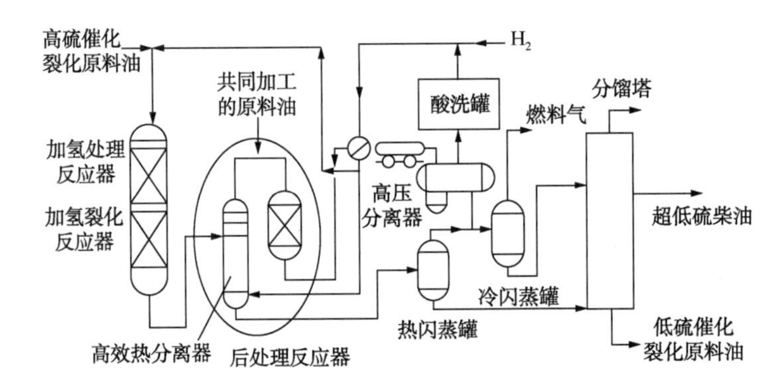

图 5-2 APCU 工艺流程示意图

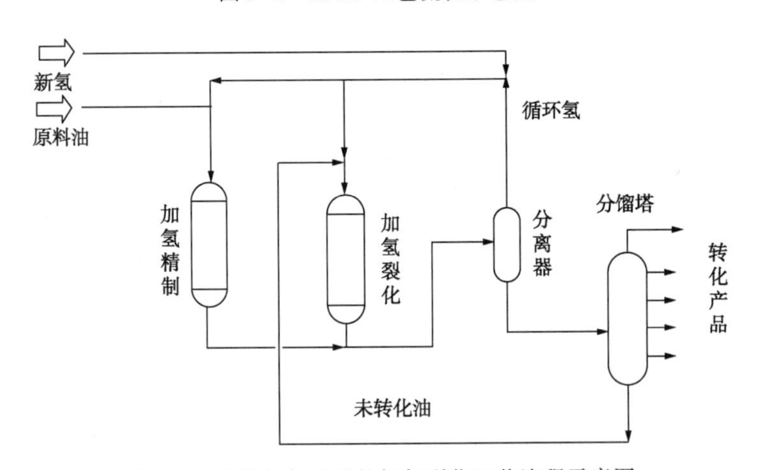

图 5-3 单独加氢处理的加氢裂化工艺流程示意图

适度裂化，产品经过分馏后，未转化油可以循环回加氢裂化反应器继续进行裂化，通过控制单程高裂解率，提高产品质量。

配套加氢裂化工艺，UOP 公司开发的蜡油加氢裂化催化剂分为中间馏分油型、灵活生产石脑油型和最大量生产石脑油型三大类。HC-215、HC-120 和 DHC-8 催化剂主要用于生产中间馏分油；HC-150、HC-140和HC-43LT催化剂主要用于灵活生产石脑油和中间馏分油；HC-190、HC-185、HC-175和HC-24催化剂主要用于最大量生产石脑油。

2. Chevron公司蜡油加氢裂化工艺及催化剂

Chevron公司的加氢裂化工艺技术主要有单段反序串联(SSRS)工艺、优化部分转化(OPC)工艺、分别进料(SFI)工艺和ISOFLEX工艺等技术。

单段反序串联(SSRS)工艺流程如图5-4所示，将第二段裂化反应器放在第一段精制反应器的上游，第二段裂化反应器的产物与新鲜原料油一起进入第一段精制反应器，使第二段裂化反应器中未利用的氢气在第一段精制反应器中再利用，因而减少循环氢的总量；第二段裂化反应器的全部流出物与进入第一段精制反应器的全部原料油直接混合，一方面减少了一、二段间的急冷氢用量，另一方面最大限度地利用了二段的反应热。该工艺有效减少了循环氢压缩机负荷、高压换热器的换热面积和反应加热炉负荷，从而降低了装置投资和操作费用。

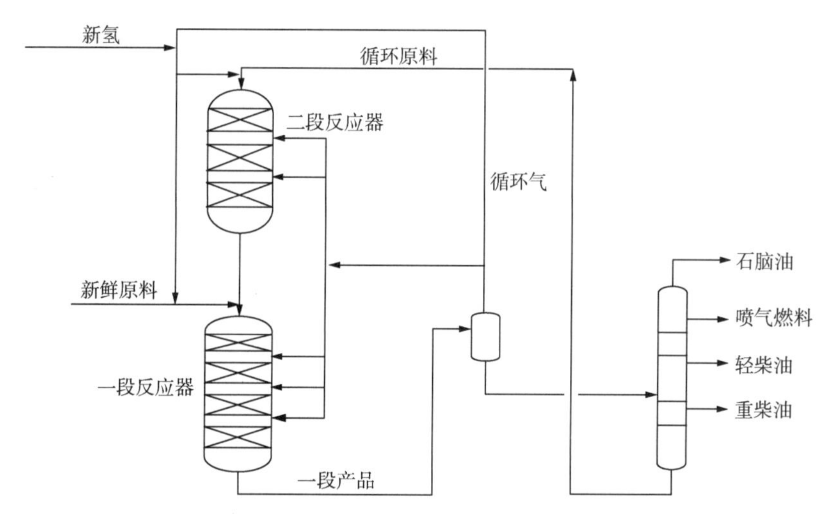

图5-4 单段反序串联(SSRS)工艺流程示意图

优化部分转化(OPC)工艺流程如图5-5所示，用于加工重减压蜡油、轻循环油、重焦化蜡油的劣质混合油。第一个反应器装填精制剂和裂化剂，第二个反应器装填裂化剂。该工艺的优点是通过控制第一个反应器的转化率，减少低质量产品；通过循环未转化油，提高不同馏分产品质量。

分别进料(SFI)工艺流程如图5-6所示，将FCC原料预处理与FCC产物后处理相结合的技术，将FCC进料的预处理和FCC产物(LCO)的后处理过程在同一装置中完成。

配套加氢裂化工艺，Chevron公司开发了多产石脑油型、中间馏分油型等系列蜡油加氢裂化催化剂：在多产石脑油方面，开发了ICR-183，ICR-214，ICR-215、ICR-210等加氢裂化催化剂；在多产喷气燃料方面，开发了ICR-180、ICR-185、ICR-160、ICR-141等加氢裂化催化剂；在多产柴油方面，开发了ICR-250、ICR-255、ICR-240、ICR-188、ICR-245、ICR-177、ICR-120等加氢裂化催化剂。

3. 中国石化大连院蜡油加氢裂化工艺及催化剂

中国石化大连院经过多年的技术攻关，全面实现了加氢裂化催化剂国产化，加氢裂化

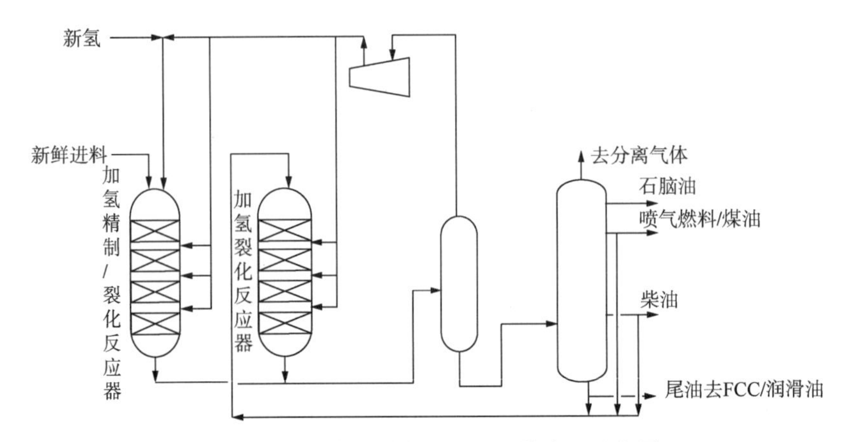

图 5-5　优化部分转化(OPC)工艺流程示意图

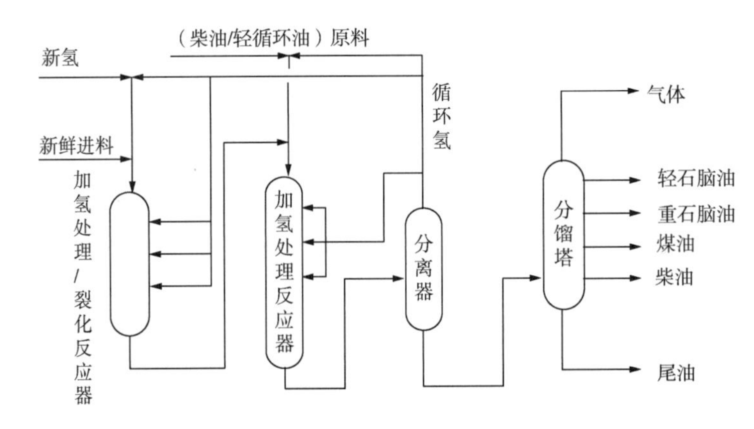

图 5-6　分别进料(SFI)工艺流程示意图

催化剂技术水平达到国际同类催化剂先进水平。先后开发了高压加氢裂化、中压加氢裂化、缓和加氢裂化、中压加氢改质等工艺技术及配套催化剂技术。在蜡油加氢裂化技术领域，开发了轻油型加氢裂化催化剂 FC-24、FC-52 和 FC-82，灵活型加氢裂化催化剂 FC-12、FC-32、FC-46、FC-76 和 FC-86，中间馏分油型加氢裂化催化剂 FC-16、FC-26、FC-40、FC-50、FC-60 和 FC-80，完成多次工业应用。基于 UDRM 催化剂制备新技术，完成了第五代高活性加氢裂化催化剂的创制及推广，催化剂中的活性组分分散均匀，金属与载体间的相互作用得到改善，加氢活性中心与裂化活性中心匹配更加合理，金属利用率得到提高，适用于多产高芳潜重石脑油和低芳烃指数值尾油等优质化工原料。

4. 中国石化石科院蜡油加氢裂化催化剂

中国石化石科院在蜡油加氢裂化领域开发了轻油型加氢裂化催化剂 RHC-5、RHC-210 和 RHC-211，中间馏分油型加氢裂化催化剂 RHC-130、RHC-131、RHC-132、RHC-133、RHC-140 和 RHC-141，灵活型加氢裂化催化剂 RHC-1、RHC-3、RHC-220 和 RHC-224C。RHC-224C 催化剂适用于灵活型加氢裂化流程，与上一代催化剂 RHC-220 相比，堆密度降低了 10%，在相同工艺条件下，尾油产品中链烷烃含量提高，而 BMCI 值降低。RHC-210 催化剂适用于生产石脑油，其与上一代催化剂相比，具有更低的堆密度和更高的反应活性，催化剂在不同工艺流程下加工多种原料均可实现多产重整原料的目的，同时可兼产优质的喷气燃料、柴油和尾油，该催化剂具有活性高、重石脑油选择性好、性价比高的特点。

5. 中国石油石化院蜡油加氢裂化催化剂

中国石油石化院在蜡油加氢裂化催化剂技术领域，开发了适于蜡油馏分适度裂化、深度定向转化的高结晶度、超低钠含量的介孔 Y 分子筛制备技术和高硅 β 分子筛类固相法合成技术，开发出 PHC-03 中间馏分油型加氢裂化催化剂和 PHC-05 化工原料型加氢裂化催化剂，大幅度提高催化剂对蜡油分子目的产品的定向转化能力，分别于 2012 年和 2018 年在大庆石化 120×10^4t/a 加氢裂化装置工业应用。PHC-03 催化剂中间馏分油选择性达到 80%以上，PHC-05 催化剂化工原料总收率在 75%(质量分数)以上，能够兼产航煤，具有柴油十六烷值高、凝点低、重石脑油芳潜高、尾油 BMCI 低等特点。配套开发了 PHT-01 加氢预处理催化剂，具有脱氮性能高、长周期活性稳定性好的特点。

二、柴油加氢裂化技术

作为柴油加氢裂化技术的核心，加氢裂化催化剂的研发工作一直受到国内外各大炼油企业的高度重视，均进行了大量的投入，成功开发了性能优异的加氢裂化催化剂，并实现了工业应用。

1. UOP 公司的柴油加氢裂化技术

UOP 公司开发的另一种柴油加氢改质技术——LCO Unicracking 技术，可同时生产超低硫汽油(ULSG)和超低硫柴油(ULSD)调和组分。使用的是 HC-190™加氢改质催化剂，采用部分转化加氢改质单段一次通过的工艺流程。原料在同一反应器内先进行加氢预处理后进行加氢改质反应，然后进行产品分离。中试评价结果：LCO 原料的硫含量为 2290~7350mg/kg，氮含量为 255~605mg/kg，单环芳烃含量为 12%~21%(质量分数)，多环芳烃含量为 48%~69%(质量分数)。经 HC-190™催化剂处理后石脑油收率为 45.5%~50.5%，硫含量小于 10mg/kg，柴油收率为 46%~51%，十六烷值提高了 6~8，硫含量小于 10mg/kg。

2. 中国石化大连院柴油加氢裂化技术

中国石化大连院基于炼化结合和芳烃综合利用的理念，在现有非贵金属加氢催化剂体系的基础上，开发了一种利用富含芳烃的 LCO 来生产高辛烷值汽油调和组分或轻芳烃的 FD2G 技术。该技术的关键是通过催化剂和工艺条件的组合控制加氢转化反应的反应程度，在目的产品石脑油中尽可能多地保留单环芳烃，避免单环芳烃进一步加氢饱和为环烷烃，最终实现将原料中重质芳烃转化为轻芳烃等高附加值的产品，为高芳烃含量的 LCO 改质提供了一条经济、有效的加工途径。加工劣质 LCO 时，FD2G 技术推荐的体积空速为 0.6~1.0h^{-1}，反应压力为 8.0~10.0MPa。在 FD2G 技术优选的催化剂和工艺条件下，以镇海石化 LCO 为原料，汽油馏分的硫含量小于 10mg/kg，RON 大于 90，是高辛烷值清洁汽油的调和组分；柴油馏分与原料相比改善幅度较大，十六烷值增加 30 左右；同时可生产质量分数为 30%~50%的催化重整进料，芳烃潜含量达到 84.7%，而且其中 BTX 组分含量达到 32.0%，也可以考虑进行芳烃抽提来制取轻芳烃。

3. 中国石化石科院柴油加氢裂化技术

中国石化石科院开发的 LTAG 技术是国内比较典型的催化裂化装置柴油回炼技术。

LTAG 技术主要是通过加氢和催化裂化组合，将 LCO 馏分中的芳烃先选择性加氢饱和后再进行选择性催化裂化，同时优化匹配加氢和催化裂化的工艺参数，实现最大化生产高辛烷值汽油或轻质芳烃。在加氢单元，通过专用催化剂和工艺条件优化，高选择性地将 LCO 中的多环芳烃定向加氢，将其转化为特定结构的环烷基单环芳烃，同时控制其进一步加氢生成非目标产物的副反应。然后，在催化裂化单元，通过工艺、催化材料等方面的协同创新，强化特定结构的环烷基单环芳烃的环烷环开环裂化反应，同时抑制其更容易发生的氢转移反应，最大限度地将 LCO 转化为高辛烷值汽油或轻质芳烃。

针对劣质 LCO 芳烃含量高、十六烷值低的特点，中国石化石科院开发了 LCO 生产高辛烷值汽油或 BTX 原料的加氢裂化 RLG 技术。该技术采用单段一次通过工艺流程，采用加氢精制和加氢裂化组合催化剂。通过优化工艺参数，控制加氢精制段芳烃的适度加氢饱和，同时促进单环芳烃在加氢裂化段的侧链断裂反应，将 LCO 中富含的多环芳烃有效转化为汽油馏分中的芳烃，达到生产高辛烷值汽油或 BTX 的目的，还可兼产低硫柴油调和组分。与常规加氢改质技术相比，该技术降低了反应过程的化学氢耗，有效提高了加氢改质反应过程的经济性。加工劣质 LCO，RLG 技术推荐体积空速为 0.5～1.5h^{-1}，反应压力为 5.0～7.0MPa，反应温度为 360～420℃，氢油体积比为 800～1200。

4. 中国石油石化院柴油加氢裂化技术

中国石油石化院在柴油加氢裂化催化剂技术领域，开发了具有丰富介孔结构和中强酸性的 DHCY 分子筛改性技术，开发出 PHU-211 柴油加氢裂化催化剂，提高了具有空间位阻的芳烃大分子的扩散和选择性裂化反应性能，提高了重石脑油产品的选择性。2019 年，在抚顺石化 120×10^4t/a 柴油加氢裂化装置工业应用，重石脑油收率在35%以上，芳潜 47.8%，是优质重整原料。针对单反应器柴油加氢装置增产石脑油技术需求，中国石油石化院攻克了裂化催化剂湿法硫化及钝化技术，实现一次开车成功；攻克了不同类型催化剂级配技术，裂化床层不使用冷氢，实现了节能降耗；攻克了精制油氮含量监控技术，满足裂化剂入口氮含量要求。2021 年 6 月，PHF-151/PHC-03/DW-1 组合催化剂在大港石化 220×10^4t/a 单反应器柴油加氢装置实现首次工业应用，新增石脑油收率 13.2%，达到压减柴油增产石脑油的目的。

第二节　蜡油加氢裂化生产清洁燃料和化工原料技术

一、工艺技术特点

加氢裂化工艺是炼厂中重要的重质油轻质转化技术，可将常减压蒸馏装置分离出的蜡油和其他焦化、催化等装置的二次加工油转化为汽油、柴油等轻质油。加氢裂化是大分子烃类原料在一定氢分压、较高温度和适宜催化剂的作用下，发生以加氢和裂化为主的一系列平行顺序反应，最终转化成优质轻质油品的工艺过程。加氢裂化工艺可加工常减压蜡油、焦化蜡油、催化裂化柴油等二次加工油，通过改变催化剂类型和工艺条件可以灵活调整生产方案，实现多产中间馏分油或化工原料。加氢裂化工艺生产的航煤冰点低，是优质的喷气燃料；柴油硫、氮含量低，密度低，十六烷值高，凝点低，是优质清洁柴油；润滑油组分是优质的润滑油基础油原料；尾油可作乙烯裂解、催化裂化或生产白油等的原料。

加氢裂化工艺：主要分为单段工艺(反应器间不进行产物分离)和两段工艺(一段和二段间进行产物分离)。

单段加氢裂化工艺：主要分为一次通过工艺流程和尾油循环工艺流程。一次通过工艺流程：原料油经反应进料泵升压后与氢气混合，与反应产物换热后，通过反应进料加热炉加热到反应所需温度，依次进入加氢精制反应器和加氢裂化反应器。加氢精制反应器主要进行脱硫、脱氮、芳烃饱和等反应，为裂化反应器提供低氮进料，防止裂化催化剂氮中毒。加氢裂化后产物经换热、高压分离、低压分离、汽提后再经过分馏塔分离，分离出轻石脑油、重石脑油、航煤、柴油和尾油产品。尾油循环工艺流程：在一次通过工艺流程基础上，将未转化尾油再与新鲜原料一起作为装置进料，进入加氢裂化反应器进行再次反应，提高尾油转化率。

两段加氢裂化工艺：原料油经反应进料泵升压后与氢气混合，与反应产物换热后，通过反应进料加热炉加热到反应所需温度，进入第一段加氢精制和裂化反应器进行反应。第一段裂化产物经换热、冷却后进入高/低压分离器，裂化生成油进入脱气塔脱除 NH_3 和 H_2S 后，进入分馏塔分离出轻石脑油、重石脑油、航煤和未转化尾油。未转化尾油作为第二段加氢裂化的进料，与循环氢混合后，进入第二段加氢裂化反应器内进行反应，第二段裂化产物再与第一段裂化产物一起经过换热、冷却、分离、分馏后，分离出轻石脑油、重石脑油和航煤产品。

二、催化剂

加氢裂化技术的核心是加氢裂化催化剂，根据目的产品不同，中国石油石化院经过十余年研究，先后开发出 PHC-03 中间馏分油型加氢裂化催化剂和 PHC-05 化工原料型加氢裂化催化剂。

1. PHC-03 中间馏分油型加氢裂化催化剂

1) 催化剂设计理念

加氢裂化反应遵循正碳离子反应机理[10]，以正构烷烃为例，其加氢裂化过程如图 5-7 所示。正构烷烃在金属中心(M)上吸附，脱氢变为正构烯烃，正构烯烃从金属(M)中心转移至酸性中心(A)，在酸性中心(A)上获得质子形成仲正碳离子，仲正碳离子发生氢转移变成最稳定的叔正碳离子，发生裂解则生成异构烯烃和新的正碳离子，叔正碳离子脱氢形成异构烯烃，新的正碳离子继续裂化或异构反应，直到生成不能再进行 β-裂解的 C_3 和 C_4。加氢裂化催化剂是兼具加氢功能和裂化功能的双功能催化剂。加氢功能由活性金属组分负载到载体上提供加氢活性中心，裂化功能由无定形硅铝或分子筛晶型硅铝作为酸性载体提供裂化活性中心。加氢裂化催化剂要保持高活性与目的产物选择性的平衡，关键是加氢活性和酸性之间的合理匹配，使一次裂解产物更多地在加氢活性中心上加氢饱和向异构化方向进行，减少裂解产物的二次裂化。

加氢裂化反应属于气液固多相催化反应，整个反应过程由扩散、吸附和反应等步骤组成，扩散过程是整个过程的控制步骤。因此，催化剂需要具有畅通开放的孔道结构，以保证大分子优先发生加氢裂化反应，同时有效提高一次裂化分子脱附和扩散速度，使其及时

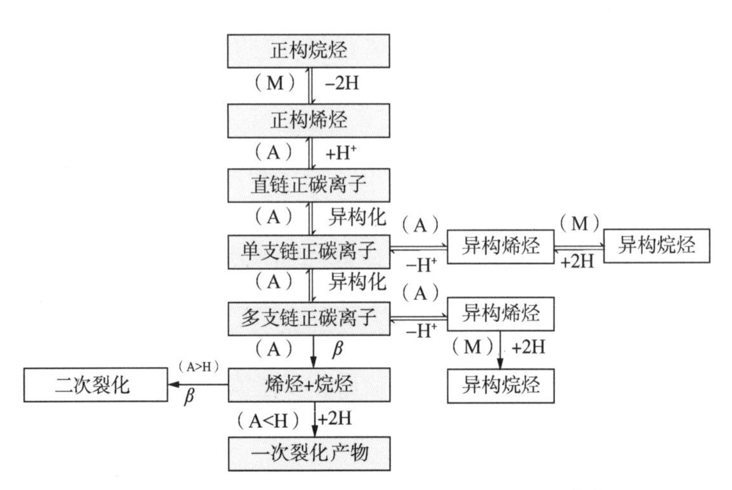

图 5-7　中间馏分油型加氢裂化反应示意图[10]

地从催化剂孔道扩散出来，减少二次裂化反应发生。

加氢裂化催化剂除了需要具有高活性和良好的中间馏分油选择性之外，还必须保证产品质量。加氢裂化原料油主要由烷烃、环烷烃、芳烃及其衍生物组成，馏程范围一般为320~550℃，其中多环化合物含量通常为30%~60%。因此，催化剂应具有优良的开环选择性能，提高催化剂对原料油中富含环状烃重组分的优先转化，从而提高产品中链烷烃含量，获得高十六烷值柴油和低BMCI加氢尾油；另外，催化剂须具有一定的择形异构性能，以提高柴油产品的低温流动性能。

综上所述，若要同时提高催化剂的活性和中间馏分油选择性，并确保产品质量优异，要求加氢裂化催化剂具有适宜酸性的裂化组分与强加氢活性组分合理均匀地相互匹配，且具有大孔口、大孔体积、相对集中的孔分布的畅通孔道结构。

2）催化剂研发

开发了Y分子筛在中强酸体系下有机配位改性技术，解决了Y分子筛改性过程中丰富的二次孔结构和高相对结晶度匹配难的问题，优化了Y分子筛酸分布，与其他方法制备的改性USY分子筛相比，由表5-1可见，该技术开发的USY分子筛具有较高的相对结晶度和丰富的二次孔体积，相对结晶度达到80%，二次孔比例达到55%，大幅度提高了分子筛的结构稳定性和孔道扩散性，降低了二次裂化反应概率，进而提高了催化剂的活性和中间馏分油选择性，同时还有利于提高催化剂对原料油中多环芳烃大分子的选择性开环裂化性能。由表5-2可见，与参比分子筛相比，PHC-03加氢裂化催化剂反应温度降低了3~5℃，中间馏分油选择性提高了2.6~6.4个百分点。

表 5-1　不同路线改性 USY 分子筛产品物性对比

项　目	USY 分子筛	参比分子筛 1	参比分子筛 2
比表面积，m^2/g	基准	基准-14	基准-21
总孔体积，mL/g	基准	基准	基准-0.01
二次孔体积，mL/g	基准	基准-0.05	基准-0.08
二次孔比例,%	基准	基准-14	基准-24
相对结晶度,%	基准	基准-6	基准-10

表 5-2　不同路线的改性 USY 分子筛加氢裂化性能对比

项　目	USY 分子筛	参比分子筛 1	参比分子筛 2
反应温度,℃	375	378	380
中间馏分油选择性,%	82.7	80.1	76.3
柴油十六烷值	基准	基准-4.3	基准-5.2
尾油 BMCI	基准	基准+1.5	基准+2.7

开发了低成本高硅 β 分子筛制备技术，提出了类固相转化机理，晶化初期为液相机理，晶化中后期为固相机理。通过引入复合表面活性剂，降低合成体系中氧化硅颗粒表面张力，极大地改善钠离子、铝离子和模板剂的分散状态，解决了类固相合成体系传质和传热性能、分子筛成核晶化困难等问题，由表 5-3 可见，与常规水热合成技术相比，单釜固含量由 10%～20%提高至 50%～60%，合成效率提高 2 倍以上，合成成本降低 50%。

表 5-3　β 分子筛合成技术对比

项　目	类固相合成技术	常规水热合成技术
单釜固含量,%(质量分数)	50～60	10～20
合成成本	基准×50%	基准
相对结晶度,%	94～96	85～90

β 分子筛可有效提高催化剂孔道择形异构性能，有利于柴油馏分中高凝点正构烷烃分子异构生成低凝点异构烷烃且不发生裂化反应，因此在保证中间馏分油选择性不降低的前提下，可有效改善柴油产品的低温流动性。由表 5-4 可见，采用类固相法合成的 β 分子筛与常规水热法合成的 β 分子筛反应性能相当。

表 5-4　不同方法合成 β 分子筛的加氢裂化性能对比

项　目	类固相合成技术	常规水热合成技术
反应温度,℃	375	375
中间馏分油选择性,%	82.7	82.0
柴油十六烷值	60.6	58.1
柴油凝点,℃	-27.6	-25.3
尾油 BMCI	7.4	7.6

开发了活性金属高效负载制备技术，优选出具有强加氢功能和芳烃饱和功能的钨、镍金属组合，通过对载体表面进行磷元素修饰，降低了载体表面活化能，削弱了金属活性组分与载体之间的强相互作用，提高了催化剂加氢性能，减少了柴油组分二次裂化副反应的发生，中间馏分油选择性提高两个百分点。

与采用常规方法制备的催化剂相比，由表5-5可见，采用该技术制备的加氢裂化催化剂(PHC-03)的反应活性好，反应温度降低2℃；中间馏分油选择性高两个百分点；柴油十六烷值提高2.8；尾油BMCI低2.4。

表5-5 不同方法制备的催化剂加氢裂化性能对比

项 目	PHC-03催化剂	常规方法制备催化剂
反应温度,℃	375	377
C_{5+}液体收率,%(质量分数)	97.9	97.5
柴油收率,%(质量分数)	69.8	68.7
柴油十六烷值	60.6	57.8
尾油收率,%(质量分数)	14.5	14.8
尾油BMCI	7.4	9.8
中间馏分油选择性,%	82.7	80.7

3）工艺条件

对所制备的PHC-05催化剂进行加氢评价，原料油性质见表5-6。原料油密度为0.904g/cm^3，终馏点为555℃，硫含量为7290mg/kg，氮含量为1515mg/kg，环烷烃及芳烃含量较高。

表5-6 评价原料油性质

项 目		中间基原料油	项 目		中间基原料油
密度(20℃)，g/cm^3		0.904	馏程,℃	70%	465
氮含量，mg/kg		1515		90%	545
硫含量，mg/kg		7290		终馏点	555
BMCI		41.3	族组成,%(体积分数)	链烷烃	17.3
碱性氮含量，mg/kg		385.3		环烷烃	44.1
残炭,%(质量分数)		0.18		单环芳烃	15.2
馏程,℃	初馏点	300		双环芳烃	11.3
	10%	388		三环及以上芳烃	6.9
	30%	412		噻吩类	3.6
	50%	434		其他芳烃	1.6

表5-7为工艺评价结果，采用一次通过工艺，165~370℃产品收率为54.66%(质量分数)；采用尾油部分循环工艺，165~370℃产品收率与一次通过工艺相比，提高5.62个百分点；采用尾油全循环工艺，165~370℃产品收率与一次通过工艺相比提高10.51个百分点，与尾油部分循环工艺相比提高4.89个百分点。

表 5-7 工艺评价结果

项目		一次通过	尾油部分循环	尾油全循环
工艺条件	氢分压，MPa	13.2	13.2	13.2
	体积空速(对新鲜料)，h^{-1}	1.0	1.0	0.92
	体积空速(对新鲜料+循环料)，h^{-1}	—	1.29	1.29
	氢油体积比	900	900	900
	反应温度,℃	387	384	385
	C_{5+}液体收率,%（质量分数）	97.9	98.2	97.8
产品收率,%（质量分数）	<65℃	6.77	5.46	6.24
	65~165℃	27.23	24.93	28.59
	165~280℃	27.23	24.93	28.59
	280~370℃	27.43	35.35	36.58
	>370℃	11.34	9.33	—
	165~370℃	54.66	60.28	65.17
主要产品性质	芳潜(65~165℃),%	50.9	52.5	49.7
	十六烷值(165~280℃)	47.8	47.3	47.7
	十六烷值(280~370℃)	62.1	61.9	62.1
	BMCI(>370℃)	18.0	18.3	—

PHC-03 加氢裂化催化剂的关键是开发了在非缓冲体系下有机配位 Y 分子筛改性技术和高硅 β 分子筛类固相合成技术，通过开发二元分子筛合理复配技术，使两种分子筛产生协同催化作用，并采用金属组分高效负载技术，有效地平衡了催化剂酸性和加氢性能，在目的产品选择性提高的基础上，大大改善了产品质量，实现了多产优质中间馏分油，兼产优质重石脑油和加氢尾油等化工原料的目的。催化剂具有以下特点：

(1) 催化剂活性高，中间馏分油选择性好。通过采用特殊技术制备改性 Y 分子筛和高硅 β 分子筛，并进行合理复配，大大提高了催化剂活性，中间馏分油选择性超过 80%。

(2) 原料适应能力强。适于加工常减压直馏蜡油以及焦化蜡油、丙烷脱沥青油、酮苯脱蜡油等重质二次加工油，且可用于一段串联/单段双剂、尾油一次通过/部分循环/全循环等工艺过程，能够满足现有中间馏分油型加氢裂化装置生产需要。

(3) 活性稳定性好。PHC-03 催化剂在中国石油大庆石化 120×10^4t/a 加氢裂化装置进行了工业应用，装置平稳运行 6 年，具有非常好的活性稳定性。

(4) 加氢裂化产品质量优良。PHC-03 加氢裂化催化剂的产品中，柴油硫含量低，十六烷值高，可作为优质柴油调和组分；重石脑油芳潜高，可作为优质催化重整原料；加氢尾油 BMCI 低，可作为优质乙烯裂解原料。

2. PHC-05 化工原料型加氢裂化催化剂

1) 催化剂设计理念

加氢裂化反应遵循正碳离子反应机理[10]，如图 5-8 所示，以正构烷烃为例，实现多产重石脑油的加氢裂化技术的关键在于：如何在一次裂化基础上，尽可能提高二次裂化性能，同时还要抑制过度裂化反应发生。根据加氢裂化反应机理，在反应过程中，随着催化剂反应活性提高，重石脑油选择性逐渐提高，但是 C_{5+} 液体收率相应降低，而且芳潜相应降低。因此，化工原料型加氢裂化催化剂开发的技术难点在于实现反应活性、重石脑油选择性、产品性质和 C_{5+} 液体收率之间的平衡。

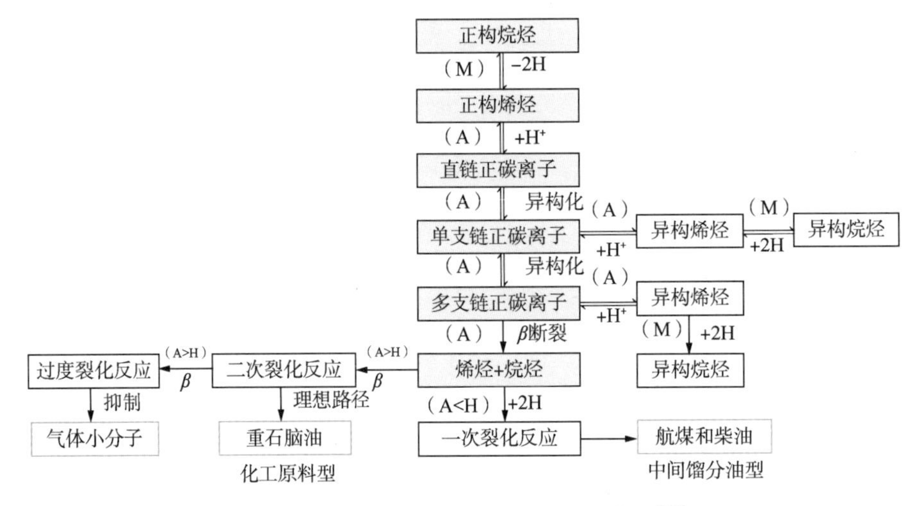

图 5-8　化工原料型加氢裂化反应示意图[10]

由于加氢裂化原料油种类多，包括常减压蜡油、催化柴油、焦化蜡油等劣质原料，典型加氢裂化原料族组成中芳烃和环烷烃总量占 70%，尤其三环及以上大分子芳烃和环烷烃占 28%，空间位阻大，开环和裂化难度大。Y 型分子筛具有三维十二元环超笼的孔道结构，有机分子可以进入超笼进行反应，是加氢裂化催化剂中的主要酸性组分。受常规 Y 型分子筛超笼孔径(0.74nm)限制，三环及以上大分子芳烃及环烷烃尺寸较大，达到 0.78nm 以上，较难进入常规 Y 分子筛孔道进行裂化反应。因此，增加 Y 型分子筛介孔孔道结构，克服芳烃大分子空间位阻效应，提高大分子开环和裂化选择性，是实现催化剂多产化工原料理想反应路径的关键。与中间馏分油型加氢裂化催化剂相比，化工原料型加氢裂化催化剂需要二次裂化反应，需要提高催化剂酸性，满足增产重石脑油需求。

2）催化剂研发

为了开发满足化工原料型加氢裂化催化剂孔结构和酸性要求的 Y 型分子筛，研发出多元酸体系脱铝和流化态水热超稳化组合技术，制备出富含高分散强 B 酸和介孔结构的 MSY 分子筛，大幅度增加 Y 型分子筛介孔孔道结构，优化酸分布与酸类型，提高酸中心可接近性。

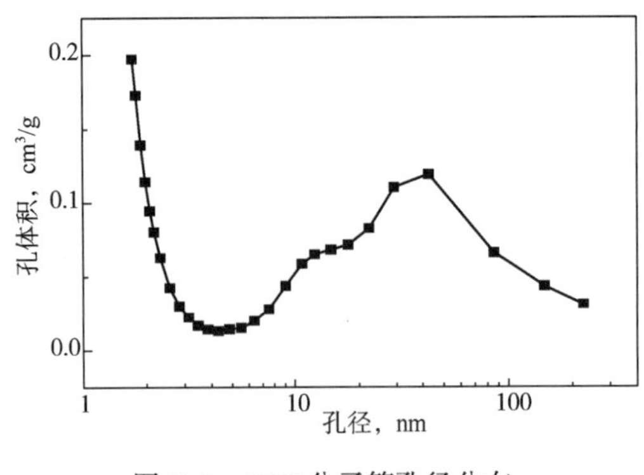

图 5-9　MSY 分子筛孔径分布

开发了流化态水热超稳化改性技术，研究并掌握了适用于蜡油馏分适度裂化、深度定向转化的纳米介孔 MSY 分子筛制备技术，如图 5-9 所示，MSY 分子筛介孔孔径达到 40nm，提高了孔道扩散性能；如图 5-10 所示，

MSY 分子筛富含大量的中强酸和强酸中心，大幅度增强了催化剂对蜡油分子二次裂化定向转化能力，提高了催化剂化工原料选择性。

开发了超浓体系多元酸络合深度脱铝改性技术，大幅度脱除孔道中的非骨架铝和钠离子，研究并获得了纳米 Y 型分子筛介孔孔道构建方法，介孔孔径显著提高，解决了目的产物重石脑油中单环烷烃和尾油中链烷烃不能及时扩散继续裂化的技术难题，在提高化工原料选择性的同时，确保石脑油芳潜不降低。

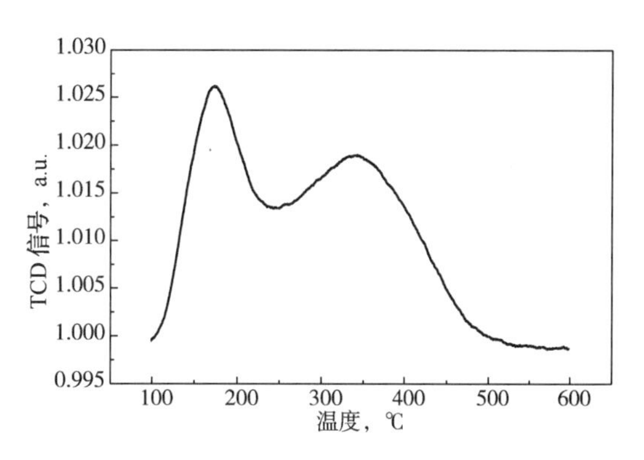

图 5-10　MSY 分子筛酸分布

开发了加氢活性金属与酸性载体络合法组装技术，优化了金属堆垛层数，减小了金属活性相尺寸，实现了催化剂加氢与裂化功能的合理匹配，在大幅度提高二次裂化反应的同时，有效抑制过度裂化反应发生，大幅度降低干气和 LPG 生成，解决液体产品收率低的技术难题，开发出 PHC-05 化工原料型加氢裂化催化剂，由表 5-8 可见，液体产品收率达到 98.59%，化工原料收率达到 70%以上。

表 5-8　PHC-05 催化剂评价结果

项　目		数　值	项　目		数　值
反应温度，℃		378	产品分布，%（质量分数）	煤油（175～245℃）	18.95
C_{5+}液体收率，%（质量分数）		98.59		柴油（245～320℃）	9.11
产品分布，%（质量分数）	轻石脑油（<75℃）	10.93		尾油（>320℃）	14.52
	重石脑油（75～175℃）	45.08	化工原料总收率，%（质量分数）		70.53

注：氢分压为 14.5MPa，裂化氢油体积比为 1100，体积空速为 $1.46h^{-1}$。

3）工艺条件

PHC-05 化工原料型加氢裂化催化剂具有良好的温度敏感性。如图 5-11 所示，反应温度提高 5℃，重石脑油收率提高 6.3 个百分点。

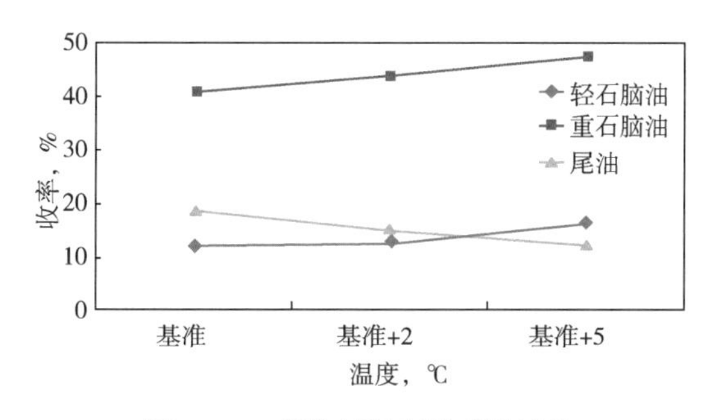

图 5-11　催化剂温度敏感性试验

该催化剂原料适应性好，可加工高硫中间基原料，可掺炼劣质二次加工油，典型原料油性质见表 5-9。在反应压力为 15.0MPa、氢油体积比为 1500、体积空速为 $1.5h^{-1}$条件下，评价结果见表5-10。由表5-10可见，液体收率达到97%以上，重石脑油收率达到45%(质量分数)以上，化工原料总收率为68%~73%(质量分数)。

表5-9 中间基评价原料油主要性质

项目		减压蜡油原料1	减压蜡油原料2
馏程,℃	初馏点	207	326
	10%	352	389
	30%	407	413
	50%	439	434
	90%	467	455
	终馏点	537	517
密度(20℃)，g/cm^3		0.9165	0.8569
凝点,℃		29.2	29.2
硫含量，mg/kg		16000	3301.3
氮含量，mg/kg		1478.8	762.6
残炭,%(质量分数)		0.18	0.045
族组成,%(体积分数)	链烷烃	14.3	28.9
	环烷烃	44.8	51.0
	芳烃	40.9	20.1

表5-10 原料适应性试验评价结果

项目		减压蜡油原料1	减压蜡油原料2
反应温度,℃		388	374
C_{5+}液体收率,%(质量分数)		97.5	97.6
化工原料总收率,%(质量分数)		68.06	72.73
产品分布,%	轻石脑油(<75℃)	11.06	14.79
	重石脑油(75~177℃)	45.50	45.46
	柴油(177~320℃)	29.44	24.87
	尾油(>320℃)	11.51	12.48

注：反应压力为15.0MPa，氢油体积比为1500，体积空速为1.5h^{-1}。

此外，PHC-05催化剂可掺炼酮苯去蜡油、催化柴油、焦化蜡油等劣质二次加工油，典型原料性质见表5-11。在反应压力为14.5MPa、氢油体积比为1100、体积空速为1.46 h^{-1}条件下，评价结果见表5-12。由表5-12可见，化工原料(包含轻石脑油、重石脑油、柴油及尾油)总收率为75.9%~80.1%(质量分数)，C_{5+}液体收率达到98%(质量分数)以上。

表 5-11　典型原料性质

项　目		原料 3①	原料 4②	原料 5③
密度(20℃)，g/cm^3		0. 8659	0. 8667	0. 8849
馏程,℃		260~503	259~505	172~480
硫含量，mg/kg		1040	1060	1160
氮含量，mg/kg		1016	1019	1245
族组成,%(体积分数)	环烷烃	37. 3	34. 9	30. 5
	芳烃	21. 1	25. 4	41. 8

①常三线油、常四线油、减一线油、酮苯去蜡油、催化重柴油、焦化蜡油、减三线油。

②原料 1+减四线油。

③原料 2+35%常三线油+38%催化轻柴油。

表 5-12　最大量重石脑油方案

项　目		原料 3	原料 4	原料 5
反应温度,℃		378	380	383
C_{5+}液体收率,%(质量分数)		98. 59	98. 20	98. 50
产品分布,%(质量分数)	轻石脑油(<75℃)	10. 93	11. 68	12. 73
	重石脑油(75~175℃)	45. 08	45. 59	45. 37
	煤油(175~245℃)	18. 95	17. 07	22. 61
	柴油(245~320℃)	9. 11	9. 25	9. 90
	尾油(>320℃)	14. 52	13. 61	7. 90

3. 兼产化工原料及航煤的加氢裂化催化剂

1) 催化剂设计理念

开发兼产化工原料及航煤的加氢裂化技术，需大幅提高尾油(蒸汽裂解制乙烯原料)收率，即反应转化深度适度降低，这将影响芳烃饱和及开环的性能，使产品尾油 BMCI 和航煤烟点质量变差，同时部分炼厂为降低生产柴汽比，采用加氢裂化装置掺炼催化柴油，这将带入更多芳烃，进一步影响产品的质量。因此，该技术的研发需要重点开发深度加氢精制技术，使芳烃分子在相对缓和条件下进行深度加氢饱和，满足航煤烟点要求；同时开发具有大孔体积、介孔结构的催化剂，有利于多环芳烃大分子与活性中心接触，裂化后长侧链环状烃在孔道中迅速扩散，使其保留在尾油中，降低尾油 BMCI 值；优化催化剂裂化活性，控制裂化反应深度，从而提高尾油收率。

采用纳米片组装技术制备出富含介孔的 Y 型分子筛材料，并对 Y 型分子筛进行改性，开发出大孔体积、微孔—介孔孔道梯级分布贯通并且酸强度适宜的分子筛材料，提高多环环状烃分子与活性中心的可接近性及反应产物扩散速度，从而保证多环环状烃优先定向转化以及链烷烃的有效保留富集，实现加氢裂化尾油性质与收率的同步提升。

以开发的改性 Y 型分子筛为主要酸性组分，并添加氧化铝、硅铝材料等成型材料进行载体制备研究，通过络合负载的形式，提高活性金属分散度，降低载体与金属相互作用，改善活性金属利用率，从而提高芳烃分子加氢饱和性能，在保证航煤产品质量的同时，提高劣质原料适应性。

2）催化剂研发

采用纳米片原位组装技术及复合脱铝—表面修饰改性工艺，开发出具有纳米片层结构的介孔分子筛，介孔比例达到46%，有效脱除孔道中的非骨架铝，适度增加B酸比例，解决了芳烃大分子开环并适度裂化的技术难题，通过控制一次裂化的转化深度，实现最大量生产优质乙烯裂解原料并兼产航煤的技术目标。

与常规Y型分子筛相比，如图5-12所示，该技术合成的纳米片原位组装Y型分子筛，晶粒尺寸由1000nm×1000nm降到100nm×400nm，具有明显的片层结构，且介孔比例提高接近一倍，将晶粒内扩散转换为外扩散，缩短了分子扩散路径。纳米片状Y型分子筛性质见表5-13，介孔比例由常规的23.5%提高至35.7%，平均孔径由常规的2.22nm提高至2.70nm。

（a）NaY-S纳米片状Y型分子筛

（b）NaY-In常规工业Y型分子筛

图5-12　NaY-S纳米片状及NaY-In常规工业Y型分子筛的SEM图

表5-13　纳米片状Y型分子筛性质对比

样　品	比表面积 m^2/g	孔体积，mL/g		介孔比例 %(体积分数)	平均孔径，nm
		总孔体积	介孔孔体积		
纳米片状Y型分子筛	625	基准+0.08	基准+0.07	35.7	2.70
常规工业Y型分子筛	607	基准	基准	23.5	2.22

采用复合脱铝—表面修饰技术，对制备的分子筛进行了不同深度的改性制备，完成了Y型分子筛改性工艺优化。如图5-13所示，SEM表征结果表明，改性后的Y型分子筛有效保留了片层结构。

图5-13　改性后的Y型分子筛SEM图

由表5-14可见，随着改性深度增加，Y型分子筛硅铝比逐渐提高，介孔比例逐渐增加，其中纳米片状介孔分子筛USY-3，介孔比例达到46.30%，提高了孔道扩散性能。

表5-14 不同改性路径纳米片状Y型分子筛性质

项 目	改性工艺1	改性工艺2	改性工艺3
	USY-1	USY-2	USY-3
骨架硅铝比	基准	基准+6	基准+12
相对结晶度,%	93	85	82
比表面积，m^2/g	583	581	554
孔体积，mL/g	0.37	0.38	0.41
介孔孔体积，mL/g	0.14	0.15	0.19
介孔比例,%	37.80	39.40	46.30

由表5-15可见：随着Y型分子筛硅铝比提高，总酸量降低，B/L值逐渐提高；有效脱除非骨架铝，提高B酸比例开发的分子筛具有高B/L值。通过提高B酸比例，可以增加催化剂对芳烃大分子开环、适度裂化的反应性能，满足催化剂多产尾油作为乙烯裂解原料和兼产航煤的技术要求。

表5-15 不同改性路径纳米片状Y型分子筛酸性质

样品	骨架硅铝比	酸，μmol/g							
		200℃				350℃			
		B	L	B+L	B/L	B	L	B+L	B/L
USY-1	基准	113.02	72.21	185.23	1.57	134.58	60.81	195.39	2.21
USY-2	基准+6	48.23	29.87	78.10	1.61	58.18	23.56	81.74	2.47
USY-3	基准+12	38.47	20.76	59.23	1.85	51.18	18.38	69.56	2.79
工业USY	基准+12	48.57	33.22	81.79	1.46	36.59	51.51	88.10	1.41

采用亲水的强电负性有机络合剂，将加氢金属络合粒子引入载体材料羟基活性位，有效缩短酸性中心与加氢中心距离，多尺度梯级层次下优化加氢组分和酸性组分匹配，提高多环芳烃与催化活性中心直接接触的机会，促进多环芳烃深度饱和和选择性开环，实现加氢与裂化功能的合理匹配，成功开发出兼产化工原料及航煤的加氢裂化催化剂。

3）工艺条件

分别采用石蜡基及中间基混合原料油(表5-16)，在中试加氢装置上开展了催化剂评价试验。

表 5-16　原料油性质

项　目		中间基混合原料油	石蜡基混合原料油
密度(20℃)，g/cm³		0.8941	0.8777
馏程,℃	初馏点	212	200
	10%	328	272
	30%	400	417
	50%	428	431
	70%	448	447
	90%	475	469
	终馏点	492	484
残炭,%(质量分数)		0.08	0.01
硫含量，mg/kg		4150	976
氮含量，mg/kg		1499	1111
族组成,%(体积分数)	链烷烃	21.6	33.0
	环烷烃	41.8	69.6
	芳烃	34.6	25.1

评价结果(表 5-17)表明，重石脑油芳潜达到 46.3%以上，是优质的重整原料；航煤收率达到 30%以上，烟点在 30.1mm 以上，冰点低于-54℃，主要性质满足 3 号喷气燃料指标要求；尾油收率达到 35%以上，BMCI 值小于 12，可以作为蒸汽裂解制乙烯原料。重石脑油收率达到 22.3%以上，乙烯裂解原料(轻石脑油+尾油)收率达到 40%以上，化工原料总收率达到 65%以上，同时可以兼产约 30%的 3 号喷气燃料。

表 5-17　催化剂评价结果

项　目			中间基混合蜡油	石蜡基混合蜡油
裂化反应温度,℃			376	374
液体收率,%(质量分数)			98.1	98.2
产品收率及性质	轻石脑油收率,%(质量分数)		5.2	3.8
	重石脑油	收率,%(质量分数)	26.2	22.3
		芳潜,%	47.2	46.3
	航煤	收率,%(质量分数)	31.1	30.1
		烟点，mm	30.1	31.4
		冰点,℃	<-54	<-54
	尾油	收率,%(质量分数)	35.6	41.4
		干点,℃	461	458
		BMCI	11.9	8.2
		芳烃含量,%(质量分数)	1.1	0.8

三、工业应用

1. PHC-03 中间馏分油型加氢裂化催化剂工业应用

PHC-03 中间馏分油型加氢裂化催化剂于 2012 年 5 月在大庆石化 120×10^4t/a 加氢裂化装置实现工业应用，标定结果见表 5-18 至表 5-24。

原料油为常减压蜡油、催化柴油等混合原料，密度为 0.8480g/cm^3，馏程为 204～454℃，环烷烃和芳烃含量为 50.7%(质量分数)。

表 5-18 标定原料油性质

原料油性质		数 值	原料油性质		数 值
密度(20℃)，g/cm^3		0.8480	金属含量，mg/kg	Fe	0.80
馏程,℃	初馏点	204		Ni	0.05
	10%	312		Cu	0.04
	30%	354		Na	0.56
	50%	375	凝点,℃		30
	70%	394	水分,%(质量分数)		痕迹
	90%	420	BMCI		21.9
	终馏点	454	质谱组成,%(体积分数)	链烷烃	48.3
硫含量，mg/kg		735		环烷烃	32.4
氮含量，mg/kg		476		芳烃	18.3
残炭,%(质量分数)		0.011			

在入口压力为 15.1MPa、裂化体积空速为 1.49h^{-1}、入口氢油体积比为 993、裂化平均反应温度为 380.8℃条件下，低凝柴油和柴油总收率达到 60.8%(质量分数)，低凝柴油凝点低于-50℃，十六烷指数为 52.7；柴油产品凝点为-7℃，十六烷值在 65 以上，是优质柴油调和组分。重石脑油芳潜为 43.2%，是优质重整原料，尾油 BMCI 值为 4.7，是优质乙烯裂解原料。

表 5-19 主要工艺条件

工艺条件		数 值	工艺条件			数 值
预处理反应器体积空速，h^{-1}		1.19	R-3102	床层压差，MPa		0.17
裂化反应器体积空速，h^{-1}		1.49		平均反应温度,℃		380.8
R-3101	入口压力，MPa	15.1		床层最高点温度,℃		387.5
	入口氢油体积比	993		冷氢流量，m^3/h	一床	2455
	入口温度,℃	352.6			二床	13372
	平均反应温度,℃	374.4			三床	14905
	床层最高点温度,℃	384.0			四床	10632
	冷氢流量，m^3/h	4182				

表 5-20　重石脑油产品性质

产品性质		数　值	产品性质		数　值
密度(20℃)，g/cm³		0.7263	馏程,℃	90%	135
馏程,℃	初馏点	81		终馏点	171
	10%	94	溴价，g Br/100g		0.09
	30%	101	硫含量，mg/kg		<0.5
	50%	111	氮含量，mg/kg		<0.5
	70%	121	芳潜,%		43.2

表 5-21　低凝柴油产品性质

产品性质		数　值	产品性质		数　值
密度(20℃)，g/cm³		0.7827	馏程,℃	终馏点	279
馏程,℃	初馏点	154	全馏分含量,%(质量分数)		99
	10%	178	十六烷指数		52.7
	30%	189	闪点,℃		54.0
	50%	199	凝点,℃		<-50
	70%	219	硫含量，mg/kg		2
	90%	244	氮含量，mg/kg		<0.5

表 5-22　柴油产品性质

产品性质		数　值	产品性质	数　值
密度(20℃)，g/cm³		0.7989	十六烷指数	77.9
馏程,℃	初馏点	173	十六烷值	>65
	10%	236	闪点,℃	72.5
	30%	275	凝点,℃	-7
	50%	295	冷滤点,℃	-5
	70%	313	运动黏度(20℃)，mm²/s	6.163
	90%	335	硫含量，mg/kg	2
	95%	345	氮含量，mg/kg	<0.5
	终馏点	353	氧化安定性，mg/100mL	0.56
			多环芳烃含量,%(质量分数)	0.7

2. PHC-05 化工原料型加氢裂化催化剂工业应用

2018 年 9 月，PHC-05 化工原料型加氢裂化催化剂在大庆石化 120×10^4t/a 加氢裂化装置成功应用，标定结果见表 5-24 至表 5-30。

原料油为常减压蜡油、催化柴油等混合原料，密度为 0.8607g/cm³，馏程为 246~477℃。

表 5-23 尾油产品性质

产品性质		数 值	产品性质		数 值
密度(20℃), g/cm³		0.8099	凝点,℃		10
馏程,℃	初馏点	204	闪点,℃		157
	10%	327	BMCI		4.7
	30%	350	运动黏度(50℃), mm²/s		6.232
	50%	363	残炭,%(质量分数)		0.009
	70%	379	组成,%(体积分数)	链烷烃	75.7
	90%	400		环烷烃	24.3
	终馏点	436		芳烃	0

表 5-24 标定原料油性质

原料油性质		数 值	原料油性质		数 值
密度(20℃), g/cm³		0.8607	氯含量, mg/kg		0.2
馏程,℃	初馏点	246	金属含量 mg/kg	铁	0.126
	10%	324		镍	0.019
	30%	357		铜	0.062
	50%	380		钠	0.079
	70%	409	凝点,℃		20.0
	90%	448	酸值(以 KOH 计), mg/g		0.032
	95%	459	水分, mg/kg		痕迹
	终馏点	470	碱性氮, mg/kg		81.3
硫含量, mg/kg		841	BMCI		27.0
氮含量, mg/kg		477	折射率		1.4621

在入口压力为 15.1MPa、裂化体积空速为 1.49h⁻¹、入口氢油体积比为 583、裂化平均反应温度为 370℃条件下，重石脑油芳潜为 40.4%，硫、氮含量均小于 0.5mg/kg，是优质重整原料；尾油 BMCI 小于 3.8，是优质乙烯裂解原料。

表 5-25 标定装置工艺条件

工艺条件		数 值	工艺条件		数 值
反应器入口压力, MPa		14.34	R-3102 三床	入口温度,℃	363.3
反应器入口氢油体积比		583		出口温度,℃	378.4
R-3102 一床	入口温度,℃	366.6		冷氢量, m³/h	25617
	出口温度,℃	378.2	R-3102 四床	入口温度,℃	360.9
	冷氢量, m³/h	20857		后精制段温度,℃	377.9
R-3102 二床	入口温度,℃	362.7		冷氢量, m³/h	37959
	出口温度,℃	378.3	反应器出口温度,℃		369.6
	冷氢量, m³/h	23118	平均反应温度,℃		370

表 5-26　物料平衡

项　目		数　值	项　目		数　值
入方,%	原料油	100	出方,%	低凝柴油	26.44
	氢气	1.98		柴油	34.36
	合计	101.98		尾油	15.57
出方,%	低分气	1.06		反冲洗油	0.25
	干气	1.44		合计	101.98
	轻石脑油	7.44	低凝柴油+柴油,%(质量分数)		60.80
	重石脑油	15.41	C_{5+}液体收率,%(质量分数)		99.47

表 5-27　标定重石脑油产品性质

产品性质		数　值	产品性质		数　值
密度(20℃), g/cm^3		0.7331	溴价, g Br/100g		0.14
馏程,℃	初馏点	76.5	硫含量, mg/kg		<0.5
	10%	95.9	氮含量, mg/kg		<0.3
	30%	104.9	族组成,%(体积分数)	链烷烃	57.08
	50%	116.4		环烷烃	41.30
	70%	129.3		芳烃	1.62
	90%	150.2	C_6—C_{10}芳潜,%		40.4
	终馏点	170.7			

表 5-28　标定航煤产品性质

产品性质		数　值	产品性质		数　值
密度(20℃), g/cm^3		0.7766	氮含量, mg/kg		<0.3
闪点,℃		44.5	酸度, mg KOH/g		0.10
馏程,℃	初馏点	152.5	凝点,℃		<-45
	10%	166.9	冷滤点,℃		<-35
	30%	175.9	冰点,℃		-69.6
	50%	185.2	铜片腐蚀(50℃, 3h), 级		1a
	70%	197.0	银片腐蚀(50℃, 4h), 级		0
	90%	215.4	族组成,%(体积分数)	链烷烃	51.8
	终馏点	230.9		环烷烃	45.5
全馏分含量,%(质量分数)		99		芳烃	2.7
十六烷值		49.2	多环芳烃含量,%(质量分数)		0
运动黏度(20℃), mm^2/s		1.509	烟点, mm		37.1
硫含量, mg/kg		0.31			

表 5-29　标定柴油产品性质

产品性质		数　值	产品性质		数　值
密度(20℃)，g/cm^3		0.7824	运动黏度(20℃)，mm^2/s		3.458
闪点,℃		93.5	硫含量，mg/kg		<0.2
馏程,℃	初馏点	216.3	氮含量，mg/kg		<0.3
	10%	237.2	多环芳烃含量,%(质量分数)		0
	30%	246.5	酸度(以 KOH 计)，mg/g		0.28
	50%	252.3	凝点,℃		-27
	70%	260.8	冷滤点,℃		-26
	90%	275.4	铜片腐蚀(50℃，3h)，级		1a
	95%	282.6	族组成,%(体积分数)	链烷烃	80.6
	终馏点	288.7		环烷烃	18.6
十六烷值		>70		芳烃	0.8

表 5-30　标定尾油产品性质

产品性质		数　值	产品性质		数　值
密度(20℃)，g/cm^3		0.8026	凝点,℃		16
馏程,℃	初馏点	278	BMCI		3.8
	10%	325	运动黏度(50℃)，mm^2/s		4.940
	30%	336	硫含量，mg/kg		<0.2
	50%	346	氮含量，mg/kg		0.84
	70%	358	族组成,%(体积分数)	链烷烃	84.5
	90%	379		环烷烃	15.5
	终馏点	408		芳烃	0

标定结果(图 5-14)表明，多产化工原料方案，裂化平均反应温度为 368℃，C_{5+}液体收率为 97.4%，重石脑油收率为 46.6%，化工原料总收率为 75.2%，根据生产需求可以不产柴油，灵活多产化工原料。

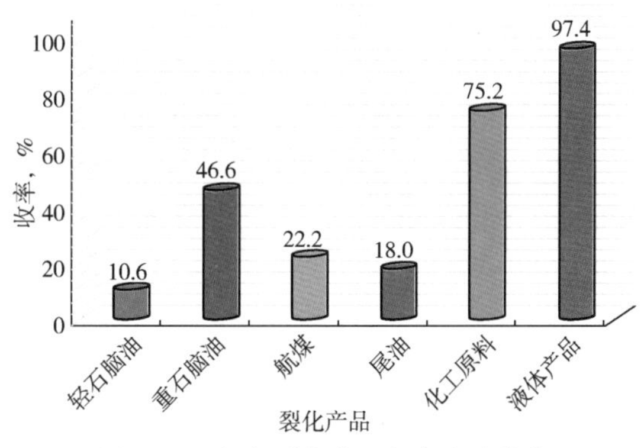

图 5-14　加氢裂化装置标定产品分布

第三节　柴油加氢裂化生产化工原料技术

近年来，我国柴油消费量减少，而芳烃、汽油等高价值产品需求量增加，为应对市场需求变化、提高企业经济效益、促进炼化一体化高度融合发展，中国石油的多套柴油加氢精制/改质装置已更换或计划更换性能优异的柴油加氢裂化催化剂，在将催化柴油、焦化柴油、直馏柴油进行改质的同时，多产石脑油作重整原料或乙烯裂解原料。2019 年，中国石油对炼化业务提出降低柴汽比和炼油向化工转型的战略部署，柴油加氢裂化技术将发挥越来越重要的作用。

一、工艺技术特点

劣质柴油，尤其是富含芳烃的催化裂化柴油(LCO)是生产高芳潜石脑油及乙烯裂解原料重要技术之一。该技术采用单段一次通过工艺流程：加氢裂化原料油经反应进料泵升压后与氢气混合，与反应产物换热后，通过反应进料加热炉加热到反应所需温度，依次进入加氢精制反应器和加氢裂化反应器。加氢精制反应器中的精制催化剂功能是进行脱硫、脱氮，并将双环以上芳烃加氢饱和为单环芳烃，通过脱除有机氮，避免裂化催化剂氮中毒；加氢精制后产物，在裂化反应器中催化剂作用下进一步转化，发生烷基侧链的断链、环烷基侧链的异构开环及断裂等反应，生成石脑油和航煤等产品。

二、催化剂

1. PHU-211 柴油加氢裂化催化剂

1）催化剂设计理念

催化剂设计主要包含加氢功能设计、酸功能设计、加氢功能与酸功能的优化匹配与平衡。

加氢功能设计主要考察以下因素对芳烃加氢饱和性能的影响：(1)不同金属组合及活性组分负载方式考察；(2)不同金属原子比考察；(3)助剂对金属分散及加氢性能的影响；(4)催化剂上金属硫化物活性相状态考察。

酸功能设计分为以下几个方面：(1)不同改性工艺对改性分子筛硅铝比、结晶度、孔结构及选择性开环性能的影响和规律研究；(2)不同晶胞常数分子筛原料对改性分子筛晶胞常数、结晶度、孔结构及环烷烃选择性开环性能的影响和规律研究；(3)不同晶粒大小的分子筛原料对改性分子筛晶胞常数、结晶度、孔结构及选择性开环性能的影响和规律研究。

加氢功能与酸功能的优化匹配与平衡：(1)不同性质改性分子筛、金属组合对催化剂加氢裂化性能的影响因素研究；(2)不同改性分子筛含量、金属含量对催化剂加氢裂化性能的影响因素研究。

2）催化剂研发

采用“无铵水热晶化合成+多元酸交换+流态化水热超稳改性”技术，开发出具有丰富介孔结构和中强酸性的 DHCY 分子筛材料，DHCY 分子筛性质见表 5-31。

表 5-31 DHCY 分子筛性质

样品	比表面积，m^2/g	孔体积，mL/g
DHCY-1	464	0.44
DHCY -2	551	0.47
DHCY -3	675	0.52
DHCY -4	701	0.48
DHCY -5	689	0.47
常规 USY	598	0.42

由表 5-32 可见，改性分子筛孔径增大，B 酸中心增多，有利于原料中具有空间位阻的芳烃大分子扩散和发生选择性裂化反应，可多产高芳潜重石脑油。

表 5-32 改性前后分子筛孔结构及酸性对比

项 目	改性前 USY 分子筛	改性后 DHCY 分子筛
介孔孔体积,%	基准	基准+25%
最可几孔径，nm	2~4	4~8
L 酸(150℃)，mmol/g	基准	基准-0.05
L 酸(350℃)，mmol/g	基准	基准-0.04
B 酸(150℃)，mmol/g	基准	基准+0.11
B 酸(350℃)，mmol/g	基准	基准+0.06

由表 5-31 可见，DHCY-3 分子筛具有较大的孔体积和比表面积，以其为酸性组分开发出柴油加氢裂化催化剂。小试、中试及工业放大的 DHCY 分子筛及催化剂性质见表 5-33 与表 5-34。

表 5-33 DHCY 分子筛性质

样 品	比表面积，m^2/g	孔体积，mL/g	Na_2O 含量,%(质量分数)	相对结晶度,%
小试-1	675	0.52	0.15	79
小试-2	665	0.51	0.13	81
中试-1	671	0.50	0.14	80
中试-2	668	0.51	0.13	78
工业放大-1	671	0.51	0.12	79
工业放大-2	669	0.50	0.13	81

表 5-34 加氢裂化催化剂性质

催化剂	机械强度，N/cm	孔体积，mL/g	比表面积，m^2/g
小试	209.0	0.30	271
中试放大-1	208.5	0.30	272
中试放大-2	206.3	0.31	275
中试放大-3	211.4	0.29	277
工业放大-1	210.5	0.31	283
工业放大-2	202.3	0.29	278
工业放大-3	218.6	0.29	276
工业生产-1	210.5	0.31	283
工业生产-2	202.3	0.29	278
工业生产-3	218.6	0.29	276

由表 5-34 可见，加氢裂化催化剂的主要性质比较稳定，重复性好。

3）工艺条件

加工的原料油是焦化柴油和催化柴油的混合油，氮含量约为 1000mg/kg，碱性氮含量约为 400mg/kg，而氮化物容易使加氢裂化催化剂的酸性中心逐渐失去活性，影响裂化催化剂活性稳定性，因此需要采用加氢脱氮性能较好的柴油加氢精制催化剂与加氢裂化催化剂匹配，在较低氢分压条件下实现深度脱氮功能，促进加氢裂化催化剂活性的有效发挥，并保持长周期稳定性。采用催化剂络合制备平台技术、强化催化剂 NiMoS-Ⅱ类加氢活性中心，开发出具有深度脱氮功能的柴油加氢精制催化剂，精制生成油的氮含量小于 10mg/kg，通过优化精制剂、裂化剂组合匹配，在合理的工艺条件下最大限度发挥精制剂脱氮活性及裂化剂选择性开环活性，形成柴油加氢精制/裂化催化剂组合技术。加氢精制/裂化催化剂工艺评价结果见表 5-35。

表 5-35 加氢裂化催化剂性能

项 目		小 试	工业放大	工业应用
原料油		35%催化柴油与 65%焦化柴油混合油		
工艺条件	反应温度，℃	基准	基准-2	基准-1
	氢分压，MPa	6.4	6.4	5.4
	体积空速，h^{-1}	基准	基准	基准
	氢油体积比	800：1	800：1	858：1
精制油氮含量，mg/kg		<10	<10	<10
产品性质	重石脑油芳潜，%	47.9	47.6	47.8
	柴油十六烷值	60.8	61.5	61.4
	硫含量，mg/kg	4.6	3.4	5.2
技术经济指标	重石脑油收率，%	35.3	35.2	35.2
	C_{5+}液体收率，%	97.8	97.5	97.7

表5-35的结果表明，加氢精制催化剂脱氮性能较好，加氢精制/裂化催化剂技术的性能重复性较好，重石脑油收率可达35%(质量分数)以上，芳潜达到47%，柴油十六烷值可达61，实现了劣质柴油的高效转化。

通过调整裂化催化剂温度，实现了最大量生产重石脑油的目的，结果见表5-36。

表5-36 最大量提高石脑油收率试验

项 目		试验结果	
工艺条件	氢分压，MPa	6.4	6.4
	反应温度(精制/裂化)，℃	355/380	355/385
	体积空速(精制/裂化)，h^{-1}	基准	基准
	氢油体积比	1000	1000
液体收率，%		96.6	95.8
轻石脑油收率(<65℃)，%		8.1	10.1
重石脑油收率(65~180℃)，%		37.3	41.5
煤油收率(180~250℃)，%		26.0	24.1
尾油收率(>250℃)，%		25.2	20.1
柴油收率(>180℃)，%		51.2	44.2
氢耗，%		2.41	2.75

由表5-36可见，通过调整工艺条件，重石脑油收率可提高到37.3%~41.5%，能够满足抚顺石化60×10^4t/a重整装置满负荷运行要求。

三、工业应用

1. PHD-211/PHU-211柴油加氢精制/裂化催化剂工业应用

2019年，柴油加氢精制/裂化组合催化剂(PHD-112/PHU-211)在抚顺石化120×10^4t/a柴油加氢裂化装置进行了工业应用试验。

抚顺石化120×10^4t/a柴油加氢裂化装置，如图5-15所示，采用一次通过的工艺流程，设置加氢精制和加氢裂化两个反应器。主要原料为重催柴油、焦化柴油的混合油，通过加氢裂化多产高芳潜重石脑油作为优质的重整原料，生产的柴油作国Ⅵ标准柴油调和组分。

催化剂性能标定结果见表5-37至表5-41。

图 5-15 抚顺石化 120×10^4t/a 柴油加氢裂化装置

表 5-37 原料油组成及性质

组成及性质		数 值	组成及性质		数 值
密度(20℃), g/cm³		0.8549	馏程,℃	90%	329
馏程,℃	初馏点	168		95%	344
	5%	219		终馏点	362
	10%	231	硫含量, mg/kg		1210
	20%	248	氮含量, mg/kg		972
	30%	257	碱性氮含量, mg/kg		366
	40%	267	BMCI		38.3
	50%	277	闪点,℃		55.5
	60%	287	十六烷值		47.3
	70%	299	十六烷指数		46.5
	80%	312	凝点,℃		-8

表 5-38 主要操作条件

操作条件	数 值	操作条件	数 值
氢分压, MPa	5.4	R101 平均温度,℃	348
氢油体积比	858	R102 平均温度,℃	368

表 5-39 重石脑油性质

性质		数值	性质		数值
密度(20℃), g/cm³		0.7526	馏程,℃	70%	142
馏程,℃	初馏点	67		80%	152
	5%	89		90%	163
	10%	96		95%	171
	20%	103		终馏点	180
	30%	110	芳潜,%		47.8
	40%	118	硫含量, mg/kg		<0.5
	50%	126	氮含量, mg/kg		<0.3
	60%	134			

表 5-40 柴油性质

性质		数值	性质		数值
密度(20℃), g/cm³		0.8064	馏程,℃	90%	299
馏程,℃	初馏点	194		95%	313
	5%	211		终馏点	327
	10%	216	闪点,℃		77.5
	20%	222	凝点,℃		-15
	30%	229	冷滤点,℃		-13
	40%	236	十六烷指数		58.8
	50%	245	十六烷值		61.4
	60%	255	硫含量, mg/kg		5.2
	70%	266	氮含量, mg/kg		0.4
	80%	281			

表 5-41 物料平衡

项目		流量, t/h	比例,%(质量分数)
入方	原料油	86	100.00
	氢气	1.63	1.90
	合计	87.63	101.90
出方	干气	0.89	1.03
	LPG	2.76	3.21
	轻石脑油	5.32	6.19
	重石脑油	30.23	35.15
	煤油	25.89	30.11
	塔底柴油	22.54	26.21
	合计	87.63	101.90

工业应用结果表明，在氢分压为5.4MPa、入口氢油体积比为858、裂化平均反应温度为368℃条件下，重石脑油芳潜为47.8%，硫含量小于0.5mg/kg，氮含量小于0.3mg/kg，是优质重整原料。

2. PHF-151/PHC-03/DW-1 柴油加氢精制/裂化催化剂工业应用

大港石化 220×10⁴t/a 柴油加氢精制装置采用单反应器加氢工艺，大港石化根据“减油增化”需求，2021 年通过对换热系统和分馏系统改造，采用中国石油石化院开发的 PHF-151/PHC-03/DW-1 精制/裂化组合催化剂技术，将该装置由加氢精制方案调整为加氢精制/裂化组合方案，以达到压减柴油增产石脑油的目的。

2021 年进行了装置标定。标定原料油为直馏柴油、焦化汽油、焦化柴油和催化柴油的混合油，具体性质见表 5-42，操作参数见表 5-43，产品性质见表 5-44 和表 5-45。

表 5-42　标定原料油性质

性　质		数　值	性　质		数　值
密度(20℃)，g/cm³		0.8268	馏程,℃	95%	352
馏程,℃	初馏点	100		终馏点	—
	10%	172	硫含量，mg/kg		952
	50%	267	氮含量，mg/kg		428
	90%	330			

表 5-43　装置主要操作参数

操作参数			数　值
原料系统	焦化汽柴油流量，t/h		33.89
	直馏柴油流量，t/h		72.25
	催化柴油流量，t/h		5.94
	冷直馏柴油流量，t/h		23.18
	进料量，t/h		135.26
氢气	循环氢流量，m³/h		181447
	新氢流量，m³/h		17497
反应器 R-101	反应器入口压力，MPa		6.63
	反应器出口压力，MPa		6.40
	第一床层压差，MPa		0.10
	总压差，MPa		0.24
	反应器入口温度,℃		324
	第一床层温度,℃	上部	344
		中部	357
		下部	356
	第二床层温度,℃	上部	357
		中部	363
		下部	378
	反应器出口温度,℃		381
	平均反应温度,℃		358
	急冷氢流量，m³/h		4114
氢油比			898

表 5-44 柴油产品分析

产品性质		数 值	产品性质	数 值
密度(20℃)，g/cm³		0.8217	冷滤点,℃	-13
馏程,℃	初馏点	182	闪点,℃	70
	10%	192	硫含量，mg/kg	<0.5
	50%	255	氮含量，mg/kg	<0.3
	90%	311	多环芳烃含量,%(质量分数)	1.4
	95%	325	十六烷值	53.3
凝点,℃		-16.1		

表 5-45 石脑油产品分析

产品性质		数 值	产品性质		数 值
密度(20℃)，g/cm³		0.7188	馏程,℃	95%	167
馏程,℃	初馏点	39		终馏点	173
	10%	66	硫含量，mg/kg		<0.5
	50%	96	氮含量，mg/kg		<0.3
	90%	134			

标定结果表明：在压力为6.6MPa、精制平均反应温度为345℃、裂化平均温度为368℃、精制空速为1.36h^{-1}、裂化空速为2.91h^{-1}条件下，加工直馏柴油、焦化汽油、焦化柴油和催化柴油的混合油，液体收率为99.5%，石脑油收率增加13.2%，石脑油产品硫含量小于0.5mg/kg，氮含量小于0.3mg/kg，可作为优质重整原料；柴油产品硫含量小于0.5mg/kg，氮含量小于0.3mg/kg，多环芳烃含量为1.4%(质量分数)，可作为国Ⅵ标准柴油调和组分。中国石油石化院开发的PHF-151/PHC-03/DW-1精制/裂化组合催化剂技术，可完全满足大港石化压减柴油增产石脑油的生产需求。

第四节 技术发展趋势

我国柴油需求已经进入峰值平台期，未来需求将逐渐降低，芳烃、重整原料、裂解原料等有机化工原料及航煤的市场需求将逐年上升[11-12]。在压减柴油产量的同时多产航煤及化工原料是加氢裂化技术的发展趋势。加氢裂化面临原料种类多样化、重质化、劣质化，加工难度日益增加。开发高裂化活性、长寿命、高选择性的催化剂和工艺是加氢裂化技术高质量发展的目标。为满足上述需求，加氢裂化技术未来的发展趋势是：开发两段全循环加氢裂化工艺技术，实现最大量生产化工原料及航煤；开发高活性加氢预处理和加氢裂化催化剂，通过采用化学气相沉积法、电化学控制沉积法、液相化学析出法等方法制备具有高金属分散度的新型活性相结构催化剂，提高脱硫、脱氮、脱金属活性，满足加工劣质原料需求，进行不同功能的催化剂级配技术优化，进一步提高化工原料和航煤选择性；开发酸性适宜、孔径分布更集中、大孔体积、高比表面积的超微粒和小晶粒分子筛及介孔分子筛，开发具有晶体孔壁结构的硅铝材料，提高载体材料的热稳定性和抗结焦能力，从而提高催化剂使用寿命；开发柴油加氢裂化与强化混氢耦合技术，通过强化混氢技术使氢气以微小气泡的状态溶解在柴油中，弥补压力低和氢气不足的问题，改善柴油加氢裂化效果。开发催化剂短流程、清洁化制备工艺，降低催化剂生产成本。

参 考 文 献

[1] 郭强，邓云川，段爱军，等．加氢裂化工艺技术及其催化剂研究进展[J]．工业催化，2011，19(11)：21-27.

[2] 郑文兰．中石油采用 UOP 先进重油加工技术[J]．炼油技术与工程，2019，49(12)：10.

[3] 柳广厦，于承祖，杨兴，等．单段反序串联工艺在加氢裂化装置上的工业应用[J]．石油炼制与化工，2010，41(8)：21-24.

[4] 郝文月，刘昶，曹均丰，等．加氢裂化催化剂研发新进展[J]．当代石油石化，2018，26(7)：29-34.

[5] 刘雪玲，刘昶，王继锋，等．加氢裂化催化剂的研究开发与进展[J]．炼油技术与工程，2020，50(8)：30-34.

[6] 李善清，赵广乐，毛以朝．新型石脑油型加氢裂化催化剂 RHC-210 的性能及工业应用[J]．石油炼制与化工，2020，51(5)：26-30.

[7] 杜艳泽，关明华，马艳秋，等．国外加氢裂化催化剂研发新进展[J]．石油炼制与化工，2012，43(4)：93-98.

[8] 曹志涛，高原，任建平．加氢裂化催化剂的技术进展[J]．化工科技市场，2010(12)：28-31.

[9] 赵琰．我国加氢裂化催化剂发展的回顾与展望[J]．工业催化，2001(1)：9-16.

[10] 方向晨．加氢裂化工艺与工程[M]．北京：中国石化出版社，2016.

[11] 何盛宝．关于我国炼化产业结构转型升级的思考[J]．国际石油经济，2018，26(5)：20-26.

[12] 马安．中国炼油行业转型升级趋势[J]．国际石油经济，2019，27(5)：16-22.

第六章　生物燃料技术

生物燃料是基于可再生碳资源制备的重要的替代燃料和基础化学品，在保障能源安全、减少温室气体排放和发展绿色化工等方面都具有重要的积极意义。生物燃料主要包括生物柴油、生物航煤、燃料乙醇等发动机液体燃料。

《油世界》发布的最新报告显示，2019 年全球生物柴油产量已经超过 4500×10^4t。我国从 2010 年开始商业化供应 B5 生物柴油(柴油中添加 5%的生物柴油)。截至 2020 年 12 月，上海已有 226 座加油站供应由地沟油制备的 B5 生物柴油。

因为在减少二氧化碳等温室气体排放方面有积极意义，生物航煤受到政府及石油公司、航空公司的广泛关注。国际民航组织(ICAO)强力推行国际航空碳抵消和减排计划(CORSIA)，计划从 2021 年开始用 15 年时间分 4 个阶段实施，监测并确保 2021—2035 年二氧化碳排放零增长，极大地推动了生物航煤产业发展。据 ICAO 统计，截至 2019 年全球生物航煤订单量累计已达 635×10^4t。

燃料乙醇是世界消费量最大的液体生物燃料，全球有 66 个国家推广使用乙醇汽油。据美国可再生燃料协会统计，2019 年世界燃料乙醇产量约 8672×10^4t，混配出约 6×10^8t 乙醇汽油。我国燃料乙醇也进行了试点推广应用，产量全球位居第三。

近年来，我国原油对外依存度逐年提高，2020 年已经攀升到 73%。2020 年 9 月，我国提出了力争 2030 年前二氧化碳排放达到峰值、2060 年前实现碳中和的目标，并于 2021 年首次将“碳达峰、碳中和”写入《政府工作报告》。生物能源作为非化石能源，在全生命周期内不额外产生碳排放，是助力我国实行“双碳”目标、补充替代传统化石能源的重要能源形式。中国石油始终关注并推动生物能源技术发展，通过开发具有市场竞争力的生物柴油、生物航煤和燃料乙醇等发动机液体燃料制备技术，形成生物炼制技术集群，推动生物化工产业发展，建设低碳经济社会。

第一节　生物柴油技术

生物柴油是指由植物油或动物脂肪与低碳醇(甲醇、乙醇等)反应得到的脂肪酸酯，性质与石化柴油接近，可以用作柴油发动机燃料。生物柴油几乎不含硫和芳烃，十六烷值高，且闪点高，无毒，储运方便安全，降解性能好，润滑性能好。生物柴油与石化柴油调配使用，比如 B5 调和燃料[由 5%(体积分数)生物柴油与 95%(体积分数)石化柴油调和而成]，可满足柴油规格要求，在储存与运输过程中无特殊要求，也无须更换柴油发动机的金属和橡胶部件[1]。作为柴油燃料，可显著降低柴油车尾气中的有害物排放量。生物柴油是典型的“绿色”可再生能源。

一、国内外技术发展现状

1. 生物柴油技术

生物柴油的生产方法主要分为酸催化法、碱催化法、酶催化法和超临界或近临界法。

1）酸催化法

酸催化法常用硫酸、盐酸、对甲基苯磺酸、萘磺酸等无机酸或有机酸为催化剂，原料适应性较强，可适用于高酸值劣质原料。酸催化法可用于游离脂肪酸和水含量较高的原料，国内酸化油、地沟油等劣质原料油多采用该方法生产生物柴油。但酸性催化剂活性低，反应速率较慢，原料油的转化率也比较低，酸性催化剂对设备和管线还存在一定的腐蚀，酸催化工艺生产过程中产生废酸，污染环境。

与均相酸催化法相比，非均相酸催化制备生物柴油，废液少，环境影响小，副产物甘油易分离。对于游离脂肪酸含量较高的油脂，特别是废弃油脂，非均相酸催化法制备生物柴油是较理想的选择。非均相酸催化剂主要包括杂多酸、无机酸盐、金属氧化物及其复合物、沸石分子筛和阳离子交换树脂等。印度国家化学实验室开发了铁锌双金属氰化物(DMC)催化剂，可同时催化酯化反应和酯交换反应。Benefuel 公司开发了 Ensel 工艺，利用该类催化剂催化油脂在一个固定床反应器中连续反应生产生物柴油和甘油。该技术可以加工廉价的、高游离脂肪酸含量的原料，包括废植物油、动物脂肪和来自乙醇炼油厂的玉米油副产品[2]。

2）碱催化法

均相碱催化法采用的碱性催化剂主要是氢氧化钠、氢氧化钾、甲醇钠、甲醇钾、有机胺等。在无水情况下，均相碱性催化剂的催化活性通常比酸性催化剂高。尽管均相碱催化剂在较低的温度下就可以获得较高的生物柴油产率，但存在以下不足：(1)原料质量要求苛刻，严格限制游离脂肪酸和水含量；(2)工艺流程长，通常需要经过两次反应达到足够的转化率；(3)需要中和催化剂，产生低价值副产物盐(如硫酸钠)等；(4)“三废”排放相对较多。欧美国家以优质油脂为原料生产生物柴油时，多采用碱催化工艺，其中 Lurgi 工艺流程如图 6-1 所示[3]。油脂、甲醇与催化剂进入第一级反应器，在搅拌下反应，生成的混合物分离甘油相后进入第二级反应器，补充甲醇和催化剂进行反应，反应产物溢流进入沉降槽分离。分离后的粗甲酯经水洗后脱水得到生物柴油。

与均相碱催化法相比，非均相碱催化法具有产物易于分离、催化剂可重复利用、腐蚀性小等优点。非均相碱催化剂主要包括金属氧化物固体碱、负载型固体碱、阴离子交换树脂等。法国石油研究院开发了 Esterfip-H 工艺，使用具有尖晶石结构的锌铝复合氧化物固体碱催化剂，显著简化了产品后处理，其工艺流程如图 6-2 所示[3]。

该工艺酯交换的温度比均相反应的温度高，加入的甲醇过量。油脂和甲醇经过第一级固定床反应器后，部分闪蒸甲醇，并进行甘油沉降分离，上层粗脂和补充的甲醇一起进入第二级固定床反应器，然后再闪蒸甲醇、沉降和分离甘油，精炼得到生物柴油。

3）酶催化法

酶催化剂具有选择性高、反应条件温和等优点，催化剂也多具有对酯化和酯交换双重催化活性，所以该工艺对原料油脂的酸值要求比较低，但酶催化剂价格昂贵，使用过程中

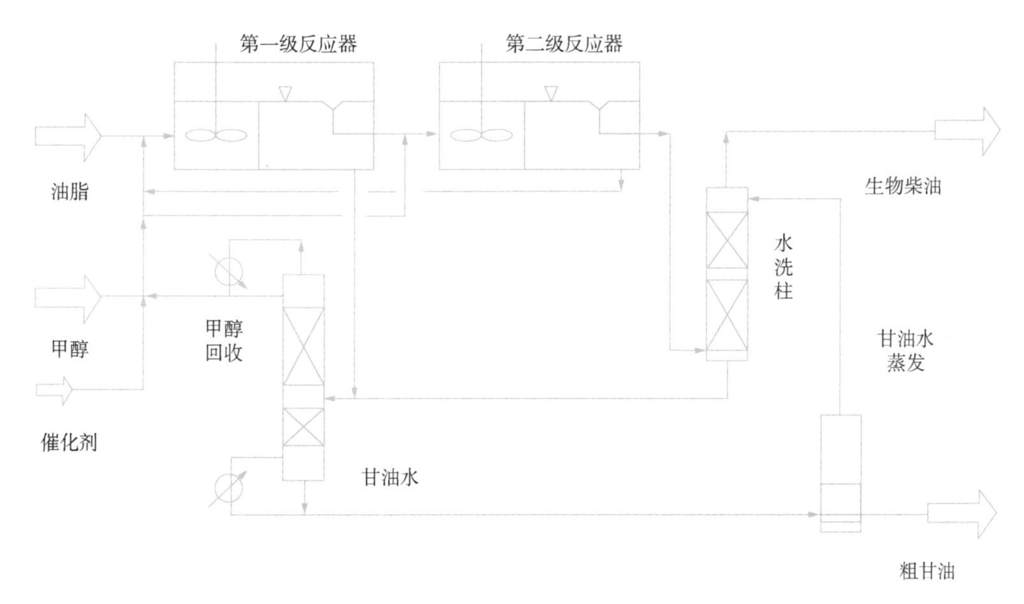

图 6-1 Lurgi 均相碱两级连续醇解工艺流程图

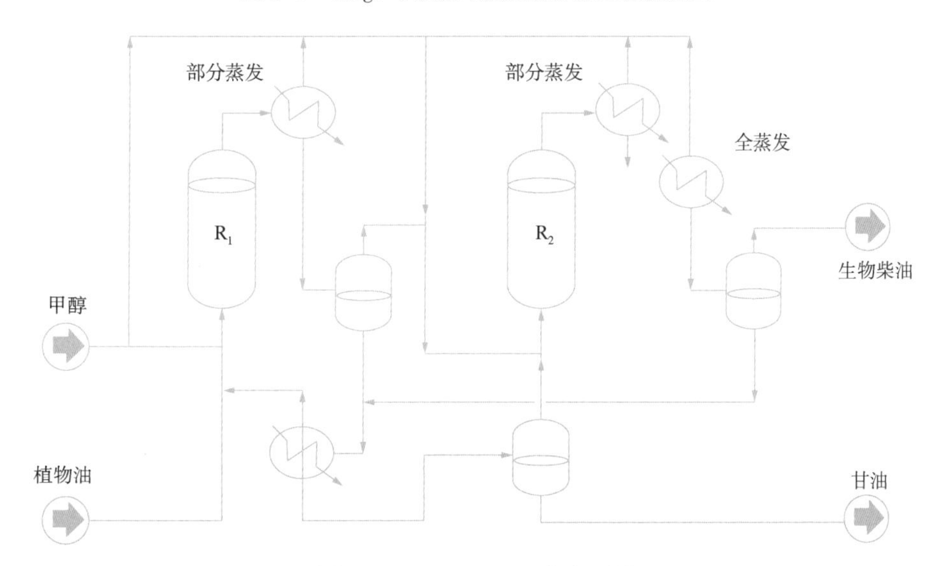

图 6-2 Esterfip-H 工艺流程图

易中毒或失活，限制了该工艺的广泛应用。清华大学基于非水相酶催化理论开发了酶催化转酯化工艺，消除了甲醇和甘油对酶活性及稳定性的抑制，降低了酶成本，不仅可在常温常压下将大豆油脂、菜籽油、棉籽油、餐饮废油等转化为生物柴油，还可将副产物甘油通过发酵法制得高附加值的 1,3-丙二醇，该技术于 2006 年应用于海纳百川公司的 2×10^4t/a 生物柴油生产装置上[4]。

4）超临界或近临界法

超临界或近临界法通常反应条件苛刻，但是油脂与超临界甲醇的相互溶解能力很强，无催化剂条件下，超临界甲醇与油脂反应是通过甲醇在高温条件下的解离作用和质子化作用，分别形成甲氧基离子和质子化甲醇，并与甘油三酯分子上的酰基发生碰撞，反应几乎在均相体系中进行，酯化和酯交换反应速率非常快(反应时间约几分钟)。该工艺原料预处理简单，只需要脱去胶质等不皂化物，游离酸对反应的影响小，原料适应性强，能直接加工脂肪酸含量很高的油料，产品分离相对简单，污水极少。中国石化成功开发了近临界甲醇醇解(SRCA)生物柴油生产工艺，采用该技术设计建设的第一套 6×10^4 t/a 工业装置于2009 年建成投产，采用的原料包括地沟油和酸化油等。SRCA 工艺流程如图 6-3 所示[3]。

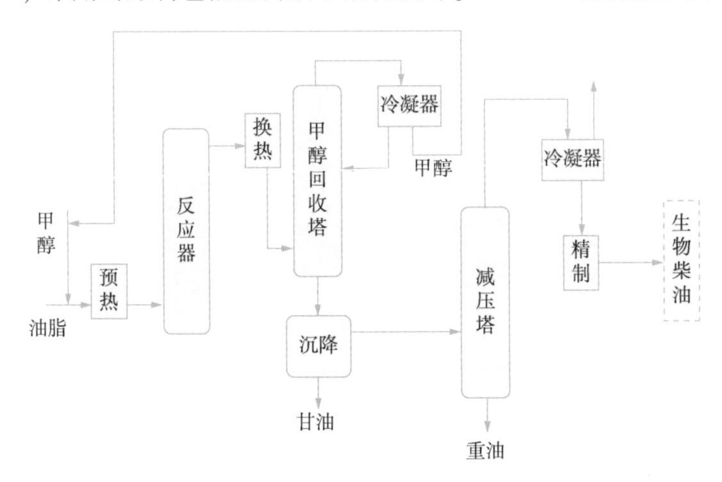

图 6-3　SRCA 工艺流程图

与传统工艺相比，SRCA 工艺在 6.5~8.5MPa 压力下进行反应，对原料适应性强，高酸值油脂能够直接加工，产品收率高，副产甘油的浓度达 90%，降低了甘油精制成本，减少了废渣、废水排放量。

2. 绿色柴油技术

生物质原料经过脱氧后，也可以制备类似于石油基柴油的燃料，被称为绿色柴油、可再生柴油或第 2 代生物柴油。油脂制备绿色柴油主要发生不饱和脂肪烃的加氢饱和、加氢脱氧、加氢脱羰基、加氢脱羧及临氢异构化等反应[5]，其中最主要的化学反应是加氢脱氧反应和加氢异构化反应。绿色柴油生产工艺主要分为独立加氢工艺和共加氢工艺。

1) NExBTL 工艺

NExBTL 工艺如图 6-4 所示。物料经预处理除去 Ca、Mg 磷化物等固体杂质后，先送进加氢处理反应器，使用镍钼类硫化态催化剂在一定温度和压力下使不饱和双键加氢饱和，使原料油中的脂肪酸酯和脂肪酸加氢裂化为 C_6—C_{24}烃类，主要是 C_{12}—C_{24}正构烷烃，而生成的烷烃无法使发动机在寒冷的环境中正常工作，必须异构化改善产品的低温流动性。异构化是该技术的重要组成步骤，用 Pt -SAPO-11-Al_2O_3，或 Pt-ZSM-22-Al_2O_3，或 Pt-ZSM-23-Al_2O_3催化剂进行临氢异构化反应，改善低温流动性能[6-7]。

2) Ecofining 工艺

UOP 公司的 Ecofining 工艺包括油脂加氢脱氧和异构化两个单元，同时具有绿色柴油和生物航煤两种工况，副产物为石脑油、丙烷等产品。图 6-5 是典型的 Ecofining 技术装置工艺流程图[8]。

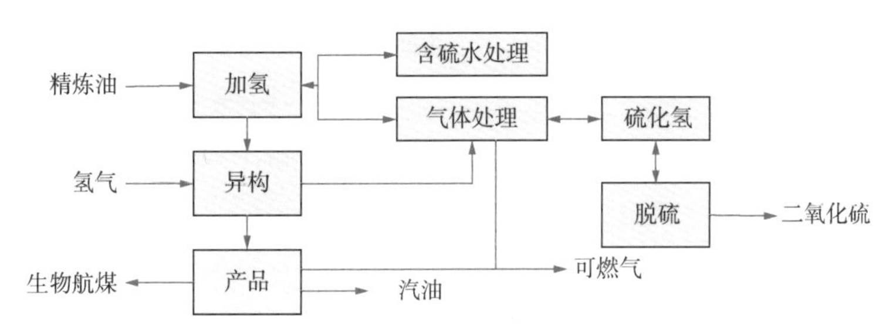

图 6-4　NExBTL 工艺流程简图

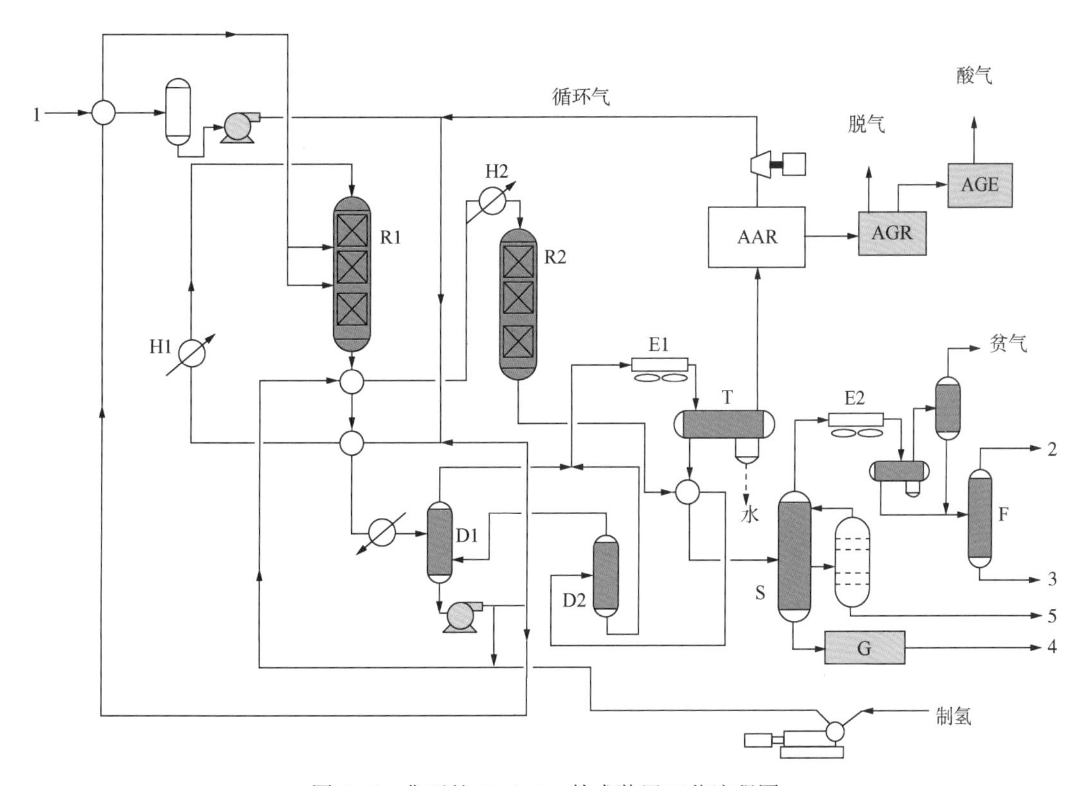

图 6-5　典型的 Ecofining 技术装置工艺流程图

AAR—胺吸收器；AGR—胺再生器；AGE—酸气富集；D1，D2—分离塔；E1，E2—冷凝器；
F—分馏器；G—干燥器；H1，H2—加热炉；R1—脱氧反应器；R2—异构化反应器；S—汽提塔；T—脱凝器；
1—精制后的油脂；2—LPG；3—石脑油；4—绿色柴油；5—生物航煤

3）H-BIO 共加氢工艺

巴西国家石油公司开发了 H-BIO 共加氢工艺（图 6-6），将部分动植物油脂加入化石柴油精制工艺中进行掺炼，既可提高柴油产量，又可提高产品十六烷值，同时还可节省投资。该工艺的核心是在一定的温度、氢分压下催化加氢处理柴油混合组分，包括常压瓦斯油、FCC 轻循环油、焦化瓦斯油和植物油，精制柴油的十六烷值得到提高，硫含量降低。

相比较而言，独立加氢工艺投资较大，但油脂原料适应性更好，产品性能更容易调控；而共加氢工艺只需要对现有装置进行调整，有利于降低能耗、人工、运输及后勤等各项运

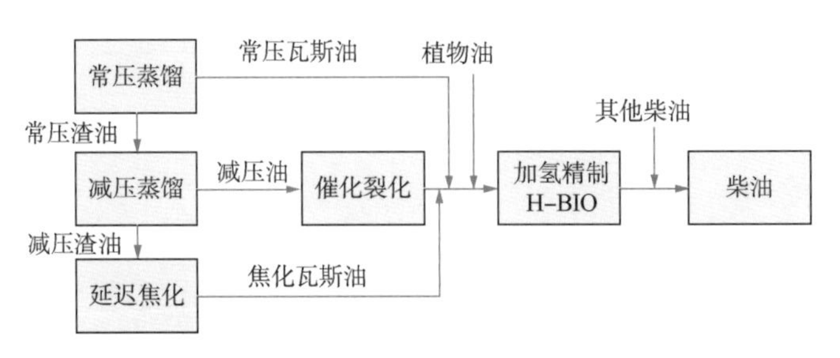

图 6-6　H-BIO 共加氢工艺流程简图

行和投资费用，但是还需要综合考虑油脂与石油两种原料的加工性质，工艺的灵活性受到限制，产品低温性能可能受影响。

加氢法生产的绿色柴油以烃类混合物为主，使用性能与石化柴油基本一致，无须改进发动机，可与石化柴油以任意比例混溶。与生物柴油相比，绿色柴油低温流动性好，氧化安定性好，与石油基柴油相容性更好；但生物柴油对精制油脂的质量收率约 96%，而绿色柴油（HRD）和喷气燃料(HRJ）收率为 73%~81%，耗氢量约 4%，且投资成本通常较高[9]。3 种柴油产品主要指标对比见表 6-1。

表 6-1　3 种柴油产品主要指标对比

柴油类型	沸点,℃	浊点,℃	热值，MJ/kg	密度，g/cm^3	十六烷值	硫含量，mg/kg
化石柴油	200~350	-5	43	0.82~0.85	10~55	<10
生物柴油	344~355	-5~15	38	0.88	50~65	<2
绿色柴油	265~320	-20~0	44	0.78	75~90	<2

3. 其他技术

除了传统的油脂制备柴油燃料技术之外，还有木质纤维素和藻类等原料制备柴油燃料技术。

秸秆类农林废弃物等木质纤维素生物质原料经过气化制备合成气，然后经费托合成，并异构降凝，可以制备绿色柴油[10-11]。由于生物质资源规模收集相对困难，而且热值较低，经过气化的方式制备绿色柴油经济性通常较差。另外，木质纤维素等生物质原料经过热裂解制备生物油，然后再进行加氢提质，也可以制备绿色柴油燃料。由于生物油热稳定性差、氧含量较高，加氢提质相对困难。总之，木质纤维素等生物原料经过气化或热裂解等方式制备绿色柴油，技术经济性是推广应用的重要障碍。

目前，采用生物质气化路线生产柴油燃料的企业主要为国外公司，如美国 KiOR 公司，采用生物质气化、合成气催化路线；美国 S4 Energy Solutions 公司，采用生物质等离子气化、合成气重整路线；美国 ThermoChem Recovery International(TRI)公司，采用生物质 TRI 气化器气化、合成气重整路线；美国 Rentech 和 Solena 公司，采用生物质气化、费托合成路线。农林业废弃物利用该技术制备燃料的商业化过程中需解决收储半径、焦油转化、CO 选择性等技术问题。

藻类能大量吸收 CO_2、生长快、对环境要求低、产油率高，可在贫瘠水域生长，因此，近年来藻类制备柴油燃料成为研究热点之一。藻类生产生物柴油主要是利用其甘油三酯等成分，其生产工艺技术与动植物油脂类似，既可采用酯化反应制备生物柴油，也可采用催化加氢的方式生产绿色柴油。

藻类柴油燃料工艺技术的关键是藻种选育培养及油脂采收。该领域研究较多的产油微藻主要有绿藻中的葡萄藻、小球藻和杜氏藻，以及硅藻中的三角褐指藻等，这些藻类的油脂含量超过其干重的 20%。提高油脂含量可显著降低柴油燃料的成本。

绿藻、硅藻和部分蓝藻等微藻可以大规模培养。微藻培养主要有自养培养、异养培养和混养培养等，自养培养是直接利用太阳光和无机养料（CO_2 等），在开放式池塘或密闭式光反应器中培养微藻；异养培养是利用有机碳等碳源，采用微生物发酵法培养微藻；混养培养是利用光和有机物作为能源，利用有机物和无机物作为碳源培养微藻。除传统培养方式外，基因工程育种也已成为微藻培养的技术手段。

油脂采收包括藻体采收和油脂提取。正常生产中，藻体浓度为 0.1~1.0g/L，主要采取离心、絮凝沉淀、气浮、过滤、固定化和膜分离等方法采收藻体，采收难度较大、成本较高。油脂提取方法主要有索氏抽提法、超临界二氧化碳萃取法、酸解法、研磨法和超声波法等，常用溶剂有正己烷、石油醚、氯仿—甲醇和乙醚—石油醚等。

目前，大规模微藻养殖的生物质日产量约 15g/m^2，折合微藻油约每年 1.2L/m^2。通过技术进步，期望微藻生物质日产量达到 30g/m^2，含油率达 50%，年产量达到 5.4L/m^2[12]。大规模生产微藻油技术可年产微藻约 7t/hm^2。如果预测到 2022 年微藻油露天年产 45t/hm^2，我国现有耕地面积 18 亿亩，若形成 2000 $\times10^4$t 石油替代规模（相当于 920×10^{12}kJ/a），在不考虑其他资源制约因素的情况下，估算不同类型的能源作物需要的土地面积（表 6-2），其中微藻养殖面积将占中国耕地面积的 0.5%~3.0%。

表 6-2　不同类型的能源作物替代 2000×10^4t 石油需要的土地面积[13]

生物质	产能，kJ/(hm^2·a)	所需土地面积，km^2	占中国耕地面积，%
玉米	587×10^4	157×10^4	130
油菜	4140×10^4	22.2×10^4	18
棕榈油	2.08×10^8	4.43×10^4	3.6
微藻	10.8×10^8（乐观）	0.59×10^4	0.5
	2.62×10^8（保守）	3.53×10^4	3.0

藻类油脂生产柴油燃料的成本还较高，需要进一步筛选出生长速度快且含油量高的品种，优化油脂采收工艺，以降低原料供应成本和加工成本，并结合油脂和蛋白质等物质的提取，丰富产品种类以提高综合产值。

二、中国石油技术及应用情况

中国石油石化院在生物柴油技术开发方面做了大量的探索性工作。从原料方面，探索了基于大豆油、小桐籽油、微藻油、餐饮废油等生产生物柴油的方法；从技术路线上，开发了制备生物柴油的反应分离耦合工艺，以及制备绿色柴油的油脂催化加氢脱氧方法[14-19]。

生物柴油是重要的替代燃料和基础化学品，在保障能源安全、减少温室气体排放和发展绿色化工等方面都具有重要的积极意义。由于国情限制，我国主要用地沟油、酸化油等非食用油脂原料。在积累多年工作经验的基础上，中国石油石化院开发了生物柴油反应分离耦合工艺技术，可在同一反应器中实现酯化和酯交换同步反应，同时连续分离甘油和水，具有原料适应性强、不受酸值限制、反应温度和压力相对温和、工艺流程短、原料转化率高等显著优势，有效解决了工业制备技术依然存在工艺流程长、“三废”排放多或反应条件较苛刻等问题。另外，生物柴油制备技术应用于油脂制备生物航煤，可以提高工艺对油脂原料的适应性，降低原料成本，增产甘油、减少氢耗，增加工艺的灵活性，显著改善技术经济性。

绿色柴油方面，开发了高性能的加氢脱氧催化剂，解决了加氢脱氧生产绿色柴油过程载体强度下降技术难题，催化剂对小桐籽油、地沟油、棉籽油及棕榈油均具有较好的适应性能，原料中的氧几乎全部脱除，脱氧油的产率约为82%，经过高选择性临氢异构，可制备高品质的绿色柴油。

第二节　生物航煤技术

生物航煤是以生物质为原料生产的航空煤油，具有与化石航煤组成相似、性能接近、减排贡献大、与发动机和燃油系统兼容性好等优点，是航空业最具应用潜力的可再生能源。

在2016年国际民航组织(ICAO)第39届大会上，包括中国在内的191个成员国和国际组织会员共同通过国际航空碳抵消和减排计划(CORSIA)决议，以实现2021—2035年民航业碳排放零增长、2050年较2005年温室气体减排50%的目标。该计划要求各履约国航空公司须购买经国际民航组织认可的可持续航空燃料或碳指标以完成相应减排任务。据民航系统测算，中国航煤消费量年均增长10%，按碳交易价格10~15美元/t计，自2021年起15年间中国民航业(大陆地区)将累计购买碳减排指标约1000亿人民币。“航空燃料可持续性标准”作为该系列标准的重要组成部分，对航空替代燃料“可持续性”做出明确定义，需满足环境、经济、社会3个方面共12条准则的要求，方可认定其为“可持续航空燃料”，其中碳减排标准(准则1“温室气体”)要求：“与化石喷气燃料相比，可持续替代航空燃料全生命周期内的净温室气体排放量须至少减少10%”，突出了航空替代燃料应具备的碳减排作用。

国际民航组织已于2019年起实施国际航空碳抵消和减排计划，提出2025年国际航班生物航煤使用量达500×10^4t、2050年国际航班使用比例达50%的目标，由于2020年受新冠疫情扩散影响国际航班骤减，因此国际民航组织要求各国以2019年航空碳排放量为基准，2021—2035年保持零增长，超出部分需通过购买碳信用或使用经国际民航组织认证的生物航煤进行抵消。

我国《“十四五”民航绿色发展专项规划》明确提出，到2025年可持续航空燃料消费量达5×10^4t。鉴于生物航煤在航空业碳减排中的重要作用，以及目前国内供应能力严重不足的情况，中国石油作为保障国家能源战略安全和履行节能减排承诺的排头兵，应加快生物航煤产业进程，提升能源供给保障能力。

一、国内外技术发展现状

1. 国外技术发展现状

生物航煤技术发展迅速，自2009年以来，已有7种技术路线通过ASTM认证并完成了中试或工业示范。

1）费托合成制备生物航煤(FT-SPK)

该路线是最早通过ASTM认证的非石油基航煤生产路线(2009年)。FT-SPK产品主要由异构烷烃、正构烷烃和环烷烃组成。

(1) 技术原理。先将木质纤维素等生物质原料转化为合成气，再将合成气转化为费托合成油（长链烷烃），最后经加氢改质得到FT-SPK(图6-7)。

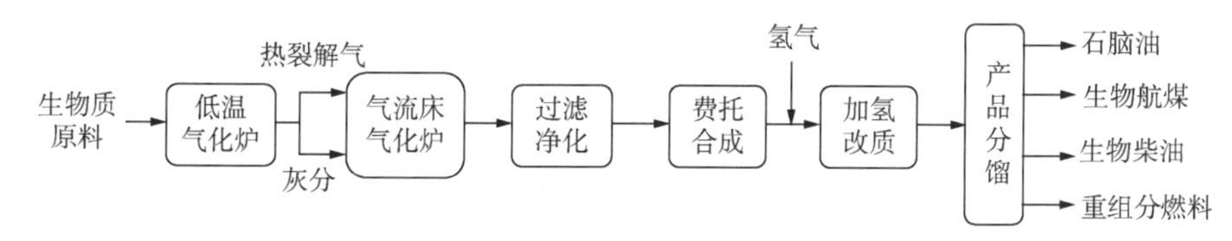

图6-7　FT-SPK技术路线图

(2) 技术特点。适应城市垃圾、林木剩余物等原料，但生物质气化路线的流程较长，能源消耗和原料收集成本高。此外，生物质能量密度低，气化制备合成气技术存在诸多问题，装置的操作稳定性仍有待进一步提高。

(3) 研究现状。FT-SPK路线的技术核心在于生物质制合成气工段，后续的费托合成和加氢改质已是成熟技术，且早已应用于由煤基或天然气基合成气制燃料工业生产中。Dynamotive、Solena、Kior、Rentech、Fulcrum、Licella等公司使用该技术路线。

(4) 技术经济性。据国际能源机构(IEA)生物航煤报告显示，以市场价格为125欧元/t的木屑类生物质为原料，经气化、费托合成、加氢改质制得的生物航煤的价格为1500~1700欧元/t，为同时期石油基航煤价格(高油价时代)的1.9~2.2倍。

2）油脂加氢脱氧制备生物航煤(HEFA)

该路线是第二条通过ASTM认证的非石油基航煤生产路线(2011年)，以非食用动植物油脂为原料，通过两段加氢工艺生产生物航煤。

(1) 技术原理。以油脂为原料制备生物燃料主要包括：加氢脱氧，将油脂转化为长链正构烷烃；临氢异构，将长链正构烷烃异构化改善燃料的低温流动性；通过蒸馏分离得到石脑油、生物航煤、生物柴油及重组分燃料等产品(图6-8)。

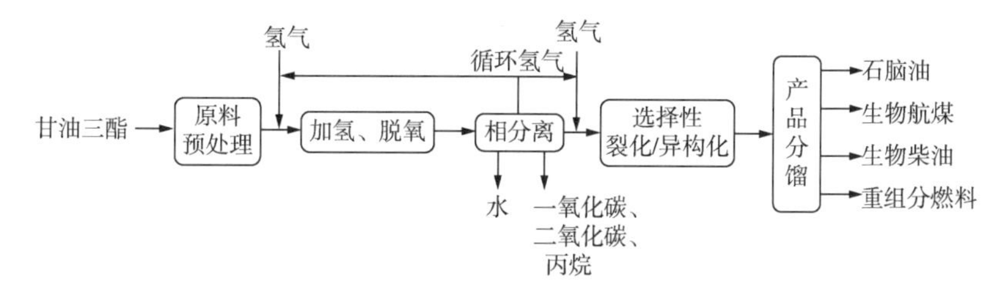

图6-8　HEFA技术路线图

(2) 技术特点。工程经验丰富，技术相对稳定，虽然生产成本较高，但是该技术是工业应用最广泛的生物航煤生产技术(表6-3)。

表6-3 已投产的加氢法生物航煤生产装置

企业/装置	原料处理量，10^4t/a	原料	投产年份
芬兰波尔沃炼厂	17	动植物油脂	2007
芬兰波尔沃炼厂	17	动植物油脂	2009
新加坡炼油中心	80	棕榈油、餐饮废油	2010
荷兰鹿特丹石化	80	菜籽油	2011
中国石化杭州炼油厂	2	棕榈油、餐饮废油	2011
法国 La Mede 炼厂	65	菜籽油	2019

(3) 研究现状。HEFA 路线中，代表性的工艺主要有 UOP 公司开发的 Ecofining 工艺、美国能源与环境研究中心(EERC)开发的两段加氢工艺、美国 Syntroleum 公司开发的 Bio-synfining 工艺、芬兰 Neste Oil 公司开发的 NExBTL 工艺、中国石油石化院开发的两段加氢工艺和中国石化石科院开发的两段加氢工艺。

(4) 技术经济性。原料成本是 HEFA-SPK 生产成本的主要构成因素。椰子油、棕榈油、麻风果油、亚麻油、海藻油、餐饮废油等都能成为生物航煤原料，但原料质量等级直接决定着原料成本。以精炼油脂原料制备生物航煤，原料成本成为制约产业发展的重要因素。以地沟油等劣质油脂为原料，虽然能降低原料成本，但是会对技术提出极大挑战，高效低成本直接加工餐饮废油等劣质油脂原料，将极大地改善生物航煤的技术经济性。

3) 糖发酵加氢制备生物航煤(SIP)

该路线是通过 ASTM 认证的第 3 条非石油基航煤生产路线，其生物航煤产品(Synthesized Iso-Paraffins，SIP)现已列入 ASTM 标准附录。

(1) 技术原理。以生物质糖为原料，先通过专有的发酵技术将糖直接转化为法尼烯，然后再通过加氢工艺将法尼烯转化为法尼烷(2, 6, 10-三甲基十二烷)(图6-9)。该技术路线可通过技术升级和产业链延伸，将初始原料拓展到木质纤维素。

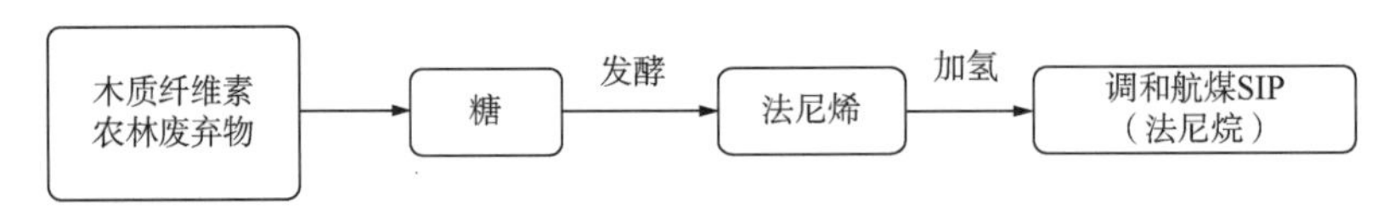

图6-9 SIP 技术路线图

(2) 技术特点。目前，该技术原料仅限于蔗糖，适合于蔗糖等生物质糖资源丰富的地区，如巴西。SIP 产品的组成单一，产品实际上为纯度大于97%(质量分数)的法尼烷。由于航煤对燃料理化性质(特别是黏度)的限制，SIP 产品不能直接用作航煤，必须调和石油基航煤才能满足 ASTM D1655 航空涡轮燃料标准，其最大调和比例为10%(体积分数)。在耗油量相当的单次飞行任务中，只有10%的燃料对碳减排有贡献，其单位原料的减排效果有限(碳减排/吨燃料)。

(3) 研究现状。糖制航煤技术路线是 Armyris 公司在其开发的糖发酵制法尼烯技术基础上提出的。Armyris 公司和 Total 公司合作完成了糖制生物航煤技术的开发，现已在巴西建成一套以蔗糖为原料的 4×10^4t/a 生物燃料生产装置。Armyris 公司生产的 SIP 产品于 2014 年 6 月通过了 ASTM 认证，于 2014 年 9 月完成了燃料试飞。

(4) 技术经济性。美国国防部在 2007—2012 年内共计采购了 130t 直接糖类制烃类(DSHC)生物航煤，总耗资 110.6 万美元，折合生物航煤的售价为 8497 美元/t，约为同时期石油基航煤均价（991 美元/t）的 8.5 倍。

4）轻芳烃烷基化制备生物航煤(FT-SPK/A)

该路线是通过 ASTM 认证的第 4 条非石油基航煤生产路线(2015)，以秸秆、稻壳等农林废弃物为原料，在隔绝空气条件下热解得到的液体产品(俗称热解油)，再经加氢改质工艺生产出生物航煤的技术路线。其生物航煤产品 FT-SPK/A 现已列入 ASTM D7566-15c 标准附录。

(1) 技术原理：FT-SPK/A 路线与 FT-SPK 路线相似，都是将合成气转化为费托合成油，进而得到航煤产品。但是，FT-SPK/A 工艺增加了芳烃烷基化。增加的芳烃是由非化石基轻质芳烃(主要是苯)与费托合成所产的烯烃通过烷基化反应制得。

(2) 技术特点。FT-SPK/A 产品主要由异构烷烃、正构烷烃、环烷烃和芳烃组成，芳烃含量最高为 20%(质量分数)。

(3) 研究现状。该路线由 Sasol 公司开发并应用，采用铁基催化剂经高温费托合成工艺，将合成气转化为含芳烃的航煤产品（FT-SPK/A)。芳烃可以来自热解油。研究发现，当热解温度为 500~600℃、加热速率为 1000~10000℃/s、气体停留时间小于 2s 时，热解油产率可达到 80%以上。然而，由于快速热解工艺没有达到热力学平衡状态，因此生物质热解油的物化性质很不稳定，在储存过程中，其黏度、热值和密度等指标会发生变化。热解油与普通的石油基燃料性质最大的差别在于氧含量高[15%~40%(质量分数)]。此外，热解油的水含量也较高[15%~30%(质量分数)]，这导致热解油的热值较低和燃烧速率较慢。因此，热解油需要进一步加氢提质。由于航煤对芳烃含量的限制，FT-SPK/A 产品可以弥补 FT-SPK 产品芳烃含量不足的问题。

(4) 技术经济性。FT-SPK/A 技术原理及工艺路线均类似于 FT-SPK，甚至技术经济性也比较接近，价格为同时期石油基航煤的 2~3 倍。

5)低碳醇制备生物航煤(ATJ-SPK)

该路线是通过 ASTM 认证的第 5 条非石油基航煤生产路线(2016)，其生物航煤产品 ATJ-SPK 现已列入 ASTM D7566-15c 标准附录。

(1) 技术原理。以木质纤维素作为初始原料，先将生物质原料转化为醇，然后再通过醇脱水（生成烯烃)、聚合生成长链烯烃，最后经加氢改质工艺生产出生物航煤产品(图 6-10)。

(2) 技术特点：ATJ 路线的技术核心在于如何将生物质原料转化为醇中间体，而后续的脱水、聚合和加氢改质工段均可视为常规技术或常规技术的组合。醇中间体的转化途径主要有：①以木质纤维素转化的生物质糖为原料，通过生物发酵法制乙醇、丁醇以及其他的混合醇等；②生物质原料先气化得到合成气，然后通过直接发酵法生产醇中间体；③生物质原料先气化，然后再通过化学法合成醇中间体。

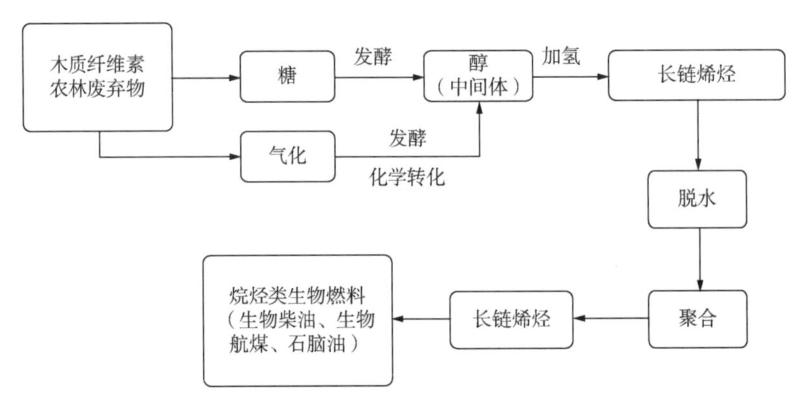

图 6-10　ATJ 技术路线图

（3）研究现状。Gevo 公司对异丁醇发酵菌株进行了合成生物学与代谢工程改造，除了以粮食、甘蔗、甜菜等为原料制得的可发酵性糖为底物外，还可以利用纤维素水解混糖发酵产异丁醇。同时，该技术最大限度地利用了现有乙醇发酵装置及其工艺条件，并且开发了专有的异丁醇连续分离技术，从而解决了异丁醇浓度过高造成的反馈抑制问题。Gevo 公司还与 Los Alamos 国家实验室（LANL）等合作，拟提升现有异丁醇制烃类的工艺催化效率，降低成本，旨在产出含有更多烃种类（如芳烃）、更高能量密度的生物航煤燃料组分，有望比传统化石航煤提供更长的航程，从而可进一步提高在化石航煤中的掺混比例。

（4）技术经济性。由于醇制航煤的工艺流程过长，该路线成本非常高。美国国防部在 2007—2012 年共采购了 282t 的 ATJ-SPK，总耗资 548.7 万美元，折合 ATJ 法生物航煤的售价为 19485 美元/t，为同时期石油基航煤均价（991 美元/t）的 19 倍以上。

6）油脂催化水热解转化为生物航煤（CHJ-SPK）

该路线是通过 ASTM 认证的第 6 条非石油基航煤生产路线（2020），由 ARA 与雪佛龙 Lummus 全球公司（CLG）合作开发。核心是基于 ARA 公司的生物燃料同步转化工艺，利用催化水热分解技术，将油脂转化为喷气燃料。该技术可适用于各种油脂原料，产品包括正构烷烃、异构烷烃、环烷烃和芳烃。ASTM 标准规定，CHJ 燃料在化石航煤中的掺混比例上限为 50%。

7）藻油制备生物航煤（HC-HEFA-SPK）

HC-HEFA-SPK 是通过 ASTM 认证的第 7 条可持续航空燃料技术途径（2020），也是第一个通过 ASTM 快速审查流程的技术路线。该技术由日本 IHI 公司与日本政府机构新能源和工业技术开发组织（NEDO）、神户大学合作开发，基于 HEFA 路线，以超长的葡萄藻（*Botryococcus braunii*）为原料制备生物航煤。该技术的亮点是开发了一种利用微藻生产航空燃料的方法，所培育的葡萄藻具有极快的生长速度和高碳氢油含量，为扩大生物航煤原料范围提供了一种选择。ASTM 标准规定，HC-HEFA-SPK 在化石航煤中的掺混比例上限为 10%。

2. 国内技术发展现状

我国自 2011 年以来已完成 4 次生物航煤验证飞行，其中 2 次为载客飞行。中国石油与 UOP 公司合作，以小桐籽油为原料生产生物航煤产品，于 2011 年 10 月 28 日在中国国际航空公司的波音 747-400 型客机上试飞成功。

2009年，中国石化开展了油脂加氢法生产生物航煤技术的研究。2011年9月，中国石化采用自主研发的油脂两段加氢工艺，在镇海炼化杭州炼油厂改造建成了一套2×10^4t/a的生物航煤工业装置，这是国内首套生物航煤工业装置，每年可生产生物航煤约6000 t。2011年12月和2012年10月，该装置分别以棕榈油和餐饮废油为原料，成功生产出生物航煤产品。2013年4月28日，该装置生产的生物航煤产品在中国东方航空公司的空客A320型客机上试飞成功。2014年2月12日，中国石化获得中国民航局颁发的中国第一张生物航煤适航许可证。2015年3月21日，加注中国石化1号生物航空煤油的海南航空HU7604航班波音737-800型客机，顺利完成了首次商业载客飞行。

二、中国石油生物航煤技术

中国石油石化院从2007年开始进行生物航煤关键技术攻关。2010年5月26日，中国石油与中国国航、波音公司及霍尼韦尔UOP公司联合签署了《关于中国可持续生物航煤验证试飞的合作备忘录》。中国石油石化院承担了生物航煤生产和提供的具体任务，通过6个月的艰苦努力，生产提供了15t满足ASTM D7566标准和适航审定要求的生物航煤（图6-11）。2011年10月28日，在首都国际机场，国家能源局、民航局、美国贸易发展署、美国大使馆在内的中美双方的政府机构和各参加单位共同见证了我国首次生物航煤验证飞行取得圆满成功。试飞成功验证了以小桐籽油为原料制备的生物航煤用于民用航空的可行性，标志着中国积极应对全球气候变化、大力发展航空替代燃料产业序幕的正式拉开。

图6-11 验证飞行所使用的生物航煤

2012年，中国石油启动了"航空生物燃料生产成套技术研究开发与工业应用"重大科技专项，推动小桐籽油、棕榈酸化油、餐饮废油等油脂原料制备生物航煤成套技术开发。中国石油石化院历经多年科研攻关，攻克了毛油精炼、精炼油加氢脱氧、选择性裂化/异构化等核心技术，同时完成了毛油制备、原料油储运、航煤调和、分析检测等配套技术，编制了6×10^4t/a适应不同来源的毛油精炼工艺包和精炼油加氢工艺包，最终形成一套中国石油具有自主知识产权的生物航煤生产成套技术。

1. 毛油精炼技术

天然动植物油脂（毛油）都含有磷、硫、氮及金属等微量杂质，须通过精炼处理以满足加氢脱氧工艺对原料的要求，否则将影响催化剂的使用寿命。中国石油石化院开发出了"络合—转化—吸附"组合毛油精炼工艺技术，完成了反应釜规模为100L的放大研究，小桐籽精炼油各项指标(表6-4)均满足加氢脱氧工艺要求。

表6-4 小桐籽毛油和精炼油理化性质

分析项目	小桐籽毛油	小桐籽精炼油	加氢工艺要求
磷含量，μg/g	111.6	0.85	<3.0
金属含量，μg/g	127.3	3.9	<10
酸度,%	2.38	2.26	<20
硫含量，μg/g	3.7	3.2	<10
氮含量，μg/g	12.4	0.7	<60
氯含量，μg/g	3.7	2.8	<5.0
水含量，μg/g	646.5	288	<1500
不皂化物,%(质量分数)	0.44	0.4	<1.0

2. 油脂加氢技术

油脂加氢制备生物航煤技术，主要采用两段加氢工艺(反应历程及原则流程如图6-12和图6-13所示)，第一段是以精炼后满足加氢脱氧工艺要求的精炼油为原料，在高水热稳定性加氢脱氧催化剂作用下，甘油三酯和脂肪酸发生加氢饱和反应，并进一步加氢脱氧、脱羧基和脱羰基后生成正构烷烃，反应产物主要是C_{12}—C_{20}正构烷烃(以C_{15}—C_{18}居多)，副产物有丙烷、水和少量一氧化碳、二氧化碳；第二段是以第一段的产物脱氧油为原料，在端位选择性临氢异构催化剂作用下，主要发生正构烷烃端位选择性裂化/异构化反应，生成高支链的异构烷烃，以改善油品的低温流动性能。最后，通过蒸馏分离得到C_8—C_{16}航空燃料油组分，即生物航煤[又称加氢石蜡煤油(SPK)]。

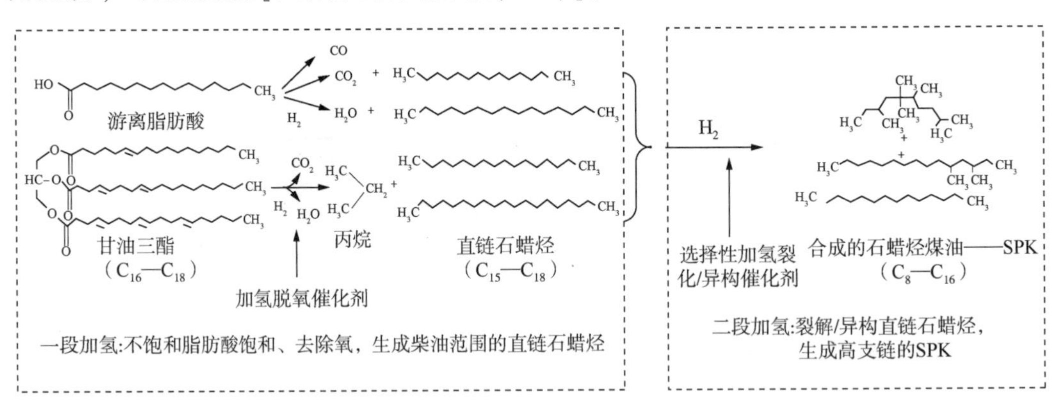

图6-12 油脂两段加氢制备生物航煤的反应历程

中国石油石化院开展了油脂加氢制备生物航煤技术研究，攻克了精炼油加氢脱氧和脱氧油裂化/异构化两项核心技术，并完成了立升级加氢中试放大。

1) 精炼油加氢脱氧技术

油脂的主要成分是甘油三酯，氧含量高达10%，在加氢脱氧过程中会生成大量的水，并放出大量的反应热，这要求加氢脱氧催化剂必须具有良好的水热稳定性。该技术已完成

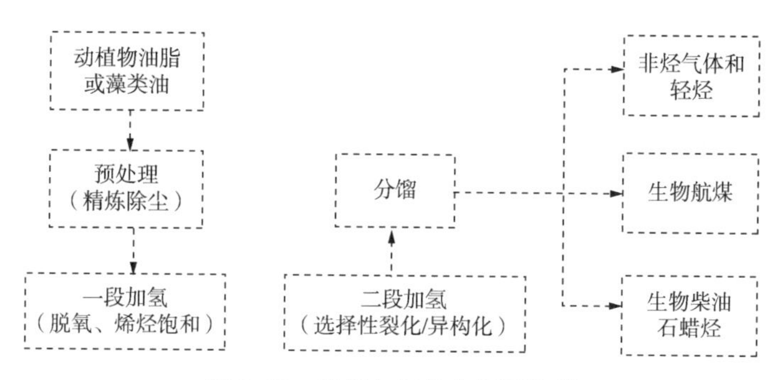

图 6-13　油脂加氢技术原则流程

了催化剂 2000h 活性稳定性评价和 20kg 级放大研究工作，其脱氧油收率可达 80%(质量分数)以上(产物结构组成及含量见表 6-5)，且质谱未检测到含氧物。

表 6-5　小桐籽精炼油加氢脱氧后的产物组成

组　成		含量，%(质量分数)	
$C_{10}H_{22}$—$C_{14}H_{30}$		1.92	
$C_{15}H_{32}$—$C_{18}H_{38}$	n-$C_{15}H_{32}$	8.30	94.15
	i-$C_{15}H_{32}$	0.09	
	n-$C_{16}H_{34}$	9.92	
	i-$C_{16}H_{34}$	0.38	
	n-$C_{17}H_{36}$	40.58	
	i-$C_{17}H_{36}$	1.59	
	n-$C_{18}H_{38}$	31.18	
	i-$C_{18}H_{38}$	2.11	
$C_{19}H_{40}$—$C_{26}H_{54}$		3.93	

2)脱氧油选择性临氢异构化技术

脱氧油组成以 C_{15}—C_{18}直链烷烃为主，而生物航煤的组成主要为 C_9—C_{16}的支链烷烃，二段加氢要求催化剂具有良好的端位裂化性能，同时还能抑制过度裂化反应的发生。该技术已完成了催化剂 2000h 活性稳定性评价和 20kg 级放大研究工作，获得了 90%以上的 n-C_{16}转化率，且裂化产物中 C_9—C_{15}选择性高达 60%。

油脂经加氢脱氧、临氢异构制备得到符合 ASTM 标准要求的生物航煤产品，通过调节工艺参数，生物航煤冰点甚至能降低到-50℃以下。

通过全流程研究开发，开发了 6×10^4t/a 毛油精炼工艺包，攻克了精炼油加氢脱氧、脱氧油选择性加氢裂化/异构制备航空生物燃料关键技术，形成了 6×10^4t/a 精炼油加氢制备航空生物燃料工艺包。通过技术集成，形成了一套具有自主知识产权的航空生物燃料生产成套技术，为中国石油生物航煤工业生产技术开发奠定了坚实的基础。

3. 生物航煤新技术

在开发两步法制备生物航煤技术的同时，中国石油石化院还开展了油脂一步法生产生物航煤技术探索研究，将加氢脱氧和异构化功能复合到同一催化剂上，将两步反应过程整合为一段反应，简化了工艺流程，减少了操作成本，形成了油脂一步法加氢脱氧异构生产生物航煤的工艺。以小桐籽油/棉籽油为原料，在100mL评价装置上完成了催化剂1100h稳定性试验，生物航煤产品收率可达61.9%(质量分数)。

此外，为了进一步改善生物航煤技术经济性，中国石油石化院还探索了劣质油脂高效精炼、非硫化催化剂催化油脂低放热加氢脱氧、低成本异构降凝等生物航煤新技术[20-21]，为中国石油生物航煤产业发展探索低成本技术方案。

第三节　燃料乙醇技术

燃料乙醇与石化汽油燃料理化性质相近、燃烧性能相似，并具有良好的互溶性，可直接用作液体燃料，也可以一定比例与汽油等混溶形成混合燃料，可有效替代不可再生的化石燃料。

燃料乙醇还具有改善汽油辛烷值、提高抗爆性能的优点，作为汽油组分添加，可有效替代四乙基铅、MTBE、乙基叔丁基醚(ETBE)等添加剂，避免对大气和水体的污染。燃料乙醇作为基础增氧剂，可改善发动机燃烧性能，能有效降低汽车尾气中烯烃、芳烃、CO、NO_x、SO_2等有害物质。生物燃料乙醇是太阳能的一种表现形式，在整个生产和消费过程可形成CO_2的闭合循环过程，对维持地球温室气体平衡、减少交通运输行业碳排放将起到积极作用。正因为燃料乙醇所具有的这些特点，它作为一种清洁燃料率先得到了广泛的开发和应用[22-23]。

一、国内外行业发展现状

1. 世界燃料乙醇行业发展概况

随着石油化工的发展，化学法合成燃料乙醇曾一度替代了发酵法[24-25]。进入20世纪70年代，受世界主要产油区政局不稳、新兴经济体能源需求增长旺盛等多种因素影响，国际原油价格波动较大。2008年7月，原油市场价格曾达到147美元/bbl历史最高位，化学法生产乙醇的原料——乙烯的价格也随之上涨。另外，化石燃料的大量使用带来经济繁荣的同时也造成了严重的环境污染、温室效应等全球性气候环境问题，而世界人口不断增加、经济持续发展、能源需求日益旺盛与有限的、不可再生的化石燃料资源日益枯竭不可避免地产生矛盾。面临着能源安全、环境危机、资源危机三大问题的世界各国，越来越重视应用以可再生生物质为原料、以工业生物技术为核心的生物炼制技术，再次将目光投向了以生物燃料乙醇为代表的可再生生物能源，用乙醇部分或全部替代汽油作为车用燃料的模式得到多国政府的支持和鼓励，发酵法产乙醇也再次进入大发展阶段。

2018年，全球约有2000家燃料乙醇工厂处于运行状态，燃料乙醇年产量达到8500×10^4t，同比增长5.28%。根据美国可再生燃料协会(RFA)公布的数据，美国作为燃料乙醇的主要生产国，共有211座燃料乙醇生产厂，分布在27个州，2018年燃料乙醇总产能4950×10^4t/a(165×10^8gal/a)，实际产量约为4830×10^4t(160.6×10^8gal)，分别较2017年增加了1.8%和1.3%，占全球总产量的56%，总产值达到220.9亿美元，同时生产装置规模不断增大，较 1998 年平均单套装置规模增加了约 2.5 倍。巴西是全球第二大乙醇生产国，2018 年乙醇产量达到 $2365×10^4t$，约占全球总产量的 28%；欧盟 1993 年生物燃料乙醇产量仅为 $4.8×10^4t$，经过十余年发展，于 2004 年达到 $42×10^4t$，随后开始大幅增长并于 2006 年达到 $120×10^4t$，2018 年达到 $427×10^4t$(表 6-6)。

美国也是世界最大的燃料乙醇出口国，2018 年出口量为 $17.05×10^8$gal(约 $511×10^4t$)，约占其总产量的 10%，巴西是最大的出口目标国，其次是加拿大。中国 2018 年从美国进口燃料乙醇 $5290×10^4$gal(约 $16×10^4t$)。

表 6-6 2014—2018 年世界燃料乙醇产量

国家/地区	产量，10^4t				
	2014 年	2015 年	2016 年	2017 年	2018 年
美国	4274	4422	4578	4759	4830
巴西	1849	2118	2179	2108	2365
欧盟	432	414	411	423	427
中国	190	243	252	261	314
加拿大	152	130	130	134	143
泰国	93	100	96	118	116
阿根廷	48	63	79	93	99
印度	46	63	67	83	87
其他	258	117	146	139	164
合计	7342	7670	7938	8119	8511

数据来源：美国可再生燃料协会。

2. 我国燃料乙醇行业发展概况

自 2001 年中国启动利用玉米、小麦陈化粮发酵生产燃料乙醇项目以来，陆续建立了 4 个燃料乙醇生产试点项目，一期投资 46.5 亿元，形成生产能力 $102×10^4t/a$，分别是中国石油吉林燃料乙醇有限公司 $30×10^4t/a$、河南天冠燃料乙醇有限公司 $30×10^4t/a$、安徽丰原生化股份公司(现为中粮生物化学安徽股份有限公司)$32×10^4t/a$、黑龙江华润酒精公司(现为中粮生化能源肇东有限公司)$10×10^4t/a$。随着 4 个工厂的陆续投产，先后在黑龙江、吉林、辽宁、河南、安徽全省及湖北、山东、河北、江苏四省的 27 个地市封闭运行使用 E10 乙醇汽油。2008 年，广西中粮生物质能源有限公司在北海建成年产 $20×10^4t$ 木薯燃料乙醇示范装置，是目前国内唯一一套木薯原料燃料乙醇生产装置。从 2008 年 4 月 15 日起，广西全面封闭销售使用 E10 车用乙醇汽油，成为我国首个推广使用非粮原料乙醇汽油的省区。

近年来，一系列国家层面的扶持和推广政策陆续出台，推动了我国燃料乙醇产业的发展步伐。2016 年，国家能源局发布《生物质能发展“十三五”规划》，提出加快生物液体燃料的示范和推广，尤其是推进燃料乙醇的应用。2017 年，我国确定加快发展燃料乙醇的策略，15 个国家部委联合印发《关于扩大生物燃料乙醇生产和推广使用车用生物乙醇汽油的实施方案》，明确了扩大生物燃料乙醇生产和推广使用车用乙醇汽油工作的决议，之后又确定了

《全国生物燃料乙醇产业总体布局方案》。截至2019年底，全国运行、在建和获批燃料乙醇产能已达到695×10^4t/a，2019年实际产量354×10^4t。尽管生物燃料乙醇产业已基本形成了从生产、混配、储运到销售的完整产业体系，但整体发展与美国仍有很大差距。美国和巴西两国产量约占世界总量的84%，中国位列第三。

3. 燃料乙醇主要生产技术概况

目前，生物燃料乙醇仍以玉米、薯类等粮食作物和甘蔗等糖料作物为主要原料，通过发酵工艺生产，以木质纤维素为原料的第2代燃料乙醇技术受到世界各国广泛重视，虽然已经建立或运行多套工业示范装置，但还存在关键工程技术问题需要解决和优化，木质素高值化利用、纤维素酶效率提升和降低使用成本等技术有待进一步突破，整体生产成本较高等问题，要实现大规模商业应用尚需时日。

第一代生物燃料乙醇，一般是指以农作物（玉米、小麦、甘蔗、甘薯等）来源的淀粉或糖质为原料，经糖化水解及发酵生产的乙醇。在燃料乙醇产业发展之前，以淀粉或糖质为原料的食用酒精生产工艺已经相当成熟，因此早期燃料乙醇工厂的生产技术工艺大量借鉴了食用酒精工业的技术。两者最大的区别在于为满足汽油调和的特性和质量要求，在燃料乙醇生产工艺中增加了乙醇脱水设备，而食用酒精对水含量要求并不苛刻。

第二代生物燃料乙醇以木质纤维素为原料，采用生物化学（微生物发酵）或热化学转化技术生产。可以预见，在未来一段时期内（5~10年），粮食或糖料作物原料的第一代生物燃料乙醇仍将发挥重要作用，占据相当的市场份额，但受政策引导和技术进步等因素影响，第二代生物燃料乙醇技术必将逐渐占据主流地位。依照目前的研发基础和工程化经验，以农林废弃物、本草类能源作物中的木质纤维素为原料，经生物化学转化制取乙醇（纤维素乙醇），或利用农林废弃物、城市有机生活垃圾经热化学转化制生物质合成气，包括钢厂废气等合成气原料，经生物化学转化制取乙醇，这两种技术路线将成为第二代生物燃料乙醇主流技术。

采用生物化学方法生产纤维素乙醇有三大关键步骤，也是当前的主要制约瓶颈，即预处理、水解和发酵。其中，预处理技术的发展方向是开发能耗低、半纤维素水解率高、物料损失小并且有利于纤维素酶水解的预处理技术；纤维素水解酶是生产纤维素乙醇的关键因素，开发价格低廉、高效的纤维素水解酶是纤维素乙醇技术能否商业应用的关键；发酵工序的重点是开发全糖转化率高、发酵酒度高的戊糖己糖共发酵菌株。

第三代生物燃料乙醇技术是以合成生物学为技术平台，基因重组构建能够吸收利用大气中CO_2的自养模式微生物，进而生产燃料、化学品等目标产品，以微藻技术路线为代表。

微藻具有远高于陆生植物的光合效率，生产周期短，较传统陆生作物有巨大优势；同时，微藻生长过程中以大气中的CO_2为主要碳源，对减少温室气体排放有极大帮助。目前，研究主要集中在强抗逆、高淀粉优良藻株构建筛选、微藻低成本规模培养、高效采收等技术领域，整体还处于研发起步阶段，远未达到工业化生产水平。

二、中国石油燃料乙醇业务发展现状及技术进展

1. 业务概况

自2001年中国启动利用玉米、小麦陈化粮发酵生产燃料乙醇项目以来，陆续在全国建

立了4个燃料乙醇生产试点项目，中国石油燃料乙醇业务由此发生。2001年9月19日，中国石油与吉林省酒精工业集团公司(现为国投生物吉林有限公司)、中粮集团三方共同出资组建吉林燃料乙醇有限公司，由中国石油控股经营和管理。

该公司自2003年10月投产以来，利用地处东北玉米主产区，有原料充足、运输半径合理、采购渠道多等优势，同时通过不断地探索、挖潜与技术改造，形成了年加工转化玉米200×10^4t能力，可年产燃料乙醇70×10^4t、酒糟蛋白饲料(DDGS)58×10^4t、玉米油1.8×10^4t、乙酸乙酯5×10^4t，同时副产二氧化碳、氢气等产品，规模和技术居于国内领先水平。

该公司所产燃料乙醇主要在吉林、辽宁两省封闭推广使用，并且已逐步拓展到华北、华东地区。项目建设已由当初解决陈化粮问题，逐步发展为替代能源、拉动农业、保护环境，社会效益、经济效益和环保效益显著，成为国内目前唯一一家不依靠政府政策补贴实现盈利的燃料乙醇生产企业。

2. *现有生产工艺概况*

在生产技术方面，相比国内同类企业形成了原料转化率高、装置运行周期长、能耗物耗低的整体优势，使得吉林燃料乙醇有限公司一直保持着行业领先的低成本竞争优势，成为行业领头羊。

在原料预处理工艺环节，相当长的一段时期内公司采用了国内首创的具有自主知识产权的改良湿法。该工艺适用原料含水范围较广，可大量使用玉米潮粮，有效降低了原料成本，填补了国内外技术空白。在液化、糖化、发酵、蒸馏工艺环节，通过引进当时世界先进水平的奥地利AUGENBUSH公司技术，并经摸索与消化吸收，形成了低温蒸煮、大罐顶搅拌连续发酵、六塔差压蒸馏、高效耐堵塔盘的应用以及高比例清液回配、控制系统染菌等创新技术，实现了原料转化率高、装置运行周期长、能耗物耗低、节能效果显著、副产收率高、环保达标的独特竞争优势。其生产工艺流程如图6-14所示。

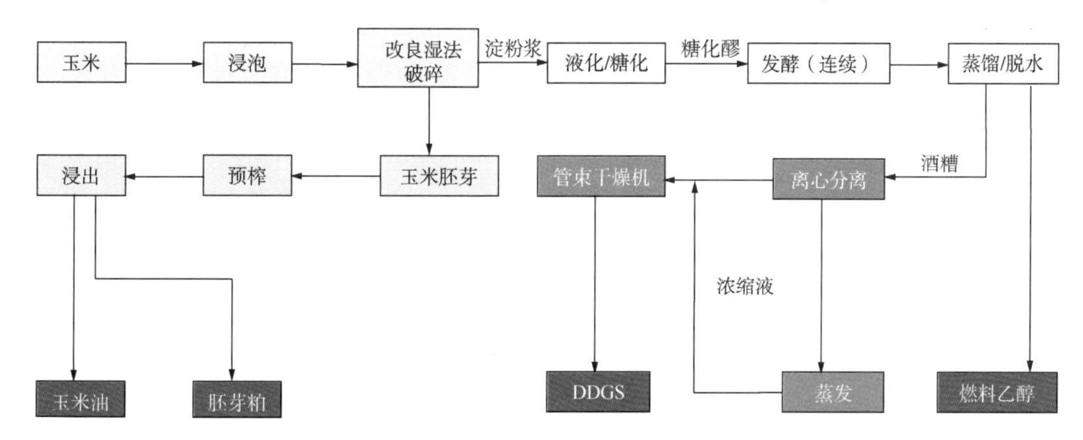

图6-14 吉林燃料乙醇有限公司燃料乙醇生产工艺流程

在关键设备选择上，玉米研磨破碎、离心分离机、干燥机、搅拌器等采用进口设备，同时对一些常规设备也选用国内一流厂家制造的。虽然一次投资相对高，但是由于故障率低、运行稳定、周期长，效率与效益十分显著。

在自控水平上，该公司严格按照石化行业的标准建设并管理，采用国际先进的DCS控制系统，保证了装置参数的精确控制和运行的稳定性，这一点与其他几家传统食用酒精生产企业转型的燃料乙醇公司具有显著区别。

3. 玉米燃料乙醇新技术研发

1）玉米纤维素降解转化技术

该技术的基本思路是针对玉米中部分淀粉（占玉米干重的3%左右，占淀粉总量4%~6%）被纤维和蛋白质基质束缚包裹，淀粉酶难以企及现象，将纤维素降解转化技术引入玉米燃料乙醇生产工艺中，水解部分纤维素（占玉米干重4%~5%），释放包裹淀粉并水解糖化，从而达到提高原料利用率、增加乙醇产量的目标。

该技术实施过程中，由于降低了发酵醪液和酒糟中非淀粉多糖含量，因此可以在增产乙醇的同时提升DDGS品质，降低发酵醪液黏度，从而降低整体综合能耗，减少生产成本，提高整体的经济效益。并且由于对现有工艺和设备几乎不需要做出改动，在没有重大停工或生产中断情况下就可以整合并运行见效，因此也称为即插即用（Bolt-on）技术，这在美国乙醇生产企业实施案例中已得到验证。近两年来在美国兴起后，国内外生产企业以及相关研究机构越来越关注此类技术，研究热度逐年提升。中粮集团和国投生物科技投资有限公司对该项技术有持续关注，并已经开展了相关调研和初步实验。在国外，该技术主要是由一些中小技术公司（D3MAX、Cellerate & Enogen、Edeniq等）掌握并推广，已经建立了示范装置或初步实现了工业应用，单套装置规模为20×10^4t/a。

根据美国业界经验和相关文献报道[26]，这一技术能提高出酒率2%~6%，DDGS蛋白含量从平均30%增加到40%左右，实现节能降耗5%~10%（每吨酒精节约0.1~0.2t蒸汽）。据吉林燃料乙醇有限公司测算，每提高1%的发酵醪乙醇浓度，综合能耗下降3%，吨乙醇新增收益30~40元，年产60×10^4t乙醇工厂可新增盈利1800万元左右。

2）技术研发进展

国内外对即插即用技术的研究应用都是基于玉米燃料乙醇干法工艺。吉林燃料乙醇有限公司由于不再大规模使用新鲜潮粮，同时从节省原料预处理设备投资及后期运维成本角度考虑，原料预处理工艺将改为干法，这一变化利于即插即用技术的实施，但仍存在一些关键技术问题需要解决和验证。

（1）改善DDGS色泽。DDGS色泽较深（棕褐色）在国内生产企业中比较突出，但美国企业不存在这个问题，进口优级DDGS普遍呈浅金黄色，公司DDGS色泽成因需要进行探索。从理论上说，即插即用技术能使DDGS颜色变浅，但需要实践证明，无先例可循。

（2）开发低成本处理工艺。美国即插即用技术应用实例基本都是使用诺维信、杰能科等商用纤维素复合酶，甚至开发专用水解复合酶，而国内应用实施需要降低酶成本，采取以即插即用技术为核心的综合改进措施，开发低成本处理工艺。

（3）即插即用整合效果。针对吉林燃料乙醇有限公司现有原料、工艺和设备，能否开发出相适应的即插即用技术工艺方案，在没有重大停工或生产中断情况下实现整合并运行见效。

中国石油石化院、吉林石化研究院等单位联合南京理工大学、华东理工大学、山东大学等科研单位，针对吉林燃料乙醇有限公司需求，根据该公司生产工艺和装置特点，开展了玉米纤维素降解转化技术的应用研究攻关，目前中国石油石化院已经初步形成以国产纤维素酶源为基础、玉米纤维素在线酶水解技术为核心，辅之以发酵醪上清液助剂和DDGS

生产工艺优化的成套优化技术方案。

该方案针对现有工艺发酵环节，酒糟上清液中固形物含量较高、黏度大，清液回配比无法提高到30%以上的情况，利用筛选复配得到的国产纤维素酶复合制剂等对玉米纤维素在线降解，水解麸皮中的部分纤维素和半纤维素，释放被麸皮和蛋白质基质束缚的包裹淀粉并使之糖化，使淀粉原料得到充分利用，发酵乙醇终浓度为132~133g/L，乙醇甘油比为14.8±0.1，较现有工艺对照组乙醇产量提高3%~3.9%。同时降低副产甘油产量，最多可减少24%，同时发酵液黏度最大能降低60%。

在DDGS制备工艺环节，主要围绕减弱、抑制制备过程中的美拉德反应，进行了酒糟上清液回配比、离心分离、酒糟pH值、酒糟二次酶解发酵、酒糟助剂添加等制备工艺优化试验。综合考虑色泽改善效果、实操难度和对现有工艺的影响等因素，确定了酒糟助剂添加为首选方案，对19种助剂优化复配后以特定方式添加，制得的DDGS色泽改善明显，DDGS亮度较对照组提高2，ΔE^* Hunter值[1]提高23%~26%。

经技术经济性分析初步估算，玉米纤维素在线酶解工艺可以使乙醇增产3%~3.9%，以2021年10月燃料乙醇市场均价6700元/t计算，可以使每吨乙醇毛利增加40元，按60×10^4t燃料乙醇计算，可以增加盈利2400万元左右。酒糟助剂使用后，能将公司现有DDGS色号提高一个等级(2号色产品提高至1号)实现全优出厂，按年产50×10^4t DDGS计算，可增加毛利1100万元。成套优化技术方案放大应用后，还能带来发酵醪液黏度下降、综合能耗减少、清液回配比提升、DDGS色泽更大幅度改善等效益，有望实现燃料乙醇出酒率提高、DDGS品质提升、综合能耗降低的整体效果，从而提高公司燃料乙醇装置的经济效益和市场竞争力。

4. *纤维素燃料乙醇技术研发进展*

中国石油联合该领域国内相关科研机构，先后在纤维素预处理、戊糖己糖共发酵菌株开发、纤维素酶在线生产及水解工艺、木质素利用等关键技术环节进行了探索和应用基础研究。开发了低温稀酸与瞬间汽爆联用预处理技术，构建获得了多株木糖代谢酵母基因工程菌株，通过多拷贝整合木糖代谢关键基因降低了木糖醇含量，成功筛选出能够有效地利用木糖，并且产生较少木糖醇的重组菌株。在小试规模设备上发酵玉米秸秆水解液生产乙醇，总糖利用率达到70%以上，乙醇浓度达到6%(体积分数)以上。

另外，中国石油石化院与清华大学、美国得州农工大学通过国家科技部国际合作项目，联合对低能耗预处理技术、酶与底物作用机制与酶解反应优化、混合糖发酵菌株构建及代谢工程改造、统合生物加工CBP策略等进行了研究。构建得到重组菌株 *Zymomonas mobilis* TSH01，利用甜高粱秸秆水解液发酵72h后，葡萄糖和木糖利用率分别为100%和92.3%，乙醇收率达到91.5%。基于宏转录组学和宏基因组学，人工重组复配优化产纤维素乙醇菌群ISCC和ISCT，相较于原始菌群，乙醇产量提高20%~30%，且ISCC发酵周期缩短1天。基于ISCC和ISCT复配菌群，以甜高粱秸秆为原料，开发了一套CBP法产乙醇工艺，实现了一步法转化甜高粱秸秆为乙醇，半纤维素、纤维素糖化率大于90%，乙醇收率高于理论收率90%。

[1] ΔE^* Hunter值表示Hunter Lab色坐标体系下的色差值，另一个通行色坐标体系是CIE Lab。

吉林燃料乙醇有限公司3000t/a玉米秸秆制燃料乙醇产业化示范项目采用连续汽爆预处理技术(备料、浸渍、汽爆、闪蒸、真空冷却降温)、酶水解、发酵和蒸馏分离工艺路线，利用玉米秸秆为原料，年用量约为18300t，产燃料乙醇3000t，副产品木质素残渣为7000t。此项目的一些关键技术仍处于攻关阶段，项目的运行成本较高，不具备盈利能力，但是对非粮原料生产燃料乙醇技术开发是一次关键探索和重要积累。

5. 其他燃料乙醇技术研发进展

中国石油前期开展了微藻能源化的资源潜力与过程的中试开发，建立了自然界藻类分离筛选、细胞富集培养、分离纯化筛选、转接扩培等一系列自然界藻种分离的完整实验体系，获得了遗传性质稳定的近500株纯培养的单克隆藻种。将得到的藻种用平板法进行短期保存，同时进行了超低温冷冻长期保存，为后续高产油微藻的筛选建立了原料藻种库。

同时，建立了高产油脂藻种的高通量筛选的方法。对前期分离筛选的500多株微藻种质库进行了高通量高产油脂藻种的筛选研究，通过对自然环境水样的藻株进行分离和尼罗红染色方法的筛选，最终得到两株油脂产率较高的藻株——栅藻和小球藻，含油量分别为41%和40.5%。对两株藻种进行了培养条件优化，深入考察了碳源利用能力、氮源适应性、油脂积累和藻株生长的关系。

另外，同步开展了高效光合反应器的开发及制取生物燃料过程产能分析研究，设计了资源综合利用的微藻制取生物柴油工艺路线，建立了连续化培养和采收模型，对该过程的基本物流、能流及其利用率进行了计算模拟分析。

设计了中心安装辅助LED光源环流光生物反应器，使反应器内光量子通量沿深度均匀分布。研究了人工光照的强度和照射时间对海生小球藻培养产率和光能利用率影响，发现光能利用率峰值出现在反应器光通量70~80mol/(m^2·s)范围内，通过增加人工光源，使藻细胞密度和产量提高了9倍。提出了逐步提高光照强度的梯度光照培养法，根据培养过程中藻细胞浓度的变化逐步提高光照强度，在获得相同细胞产量的情况下，使光能利用率提高了10%。

研究了培养方式(批式、半连续以及连续培养)对海生小球藻培养产率和光能利用率影响。结果表明，采取半连续培养和连续培养均能提高光能利用率，采用连续稳态培养的工艺，在较优稀释率下，光能利用率是批式培养的1.7倍，达到5.5%(按产出油脂的燃烧热计量)，比文献报道的平均水平高出1.3倍；采用半连续批式采收工艺，在优化条件下，干细胞产量可达0.45g/(L·d)。

设计了培养—分离一体化的微藻培养采收装置，其采收采用弱碱性絮凝—环流泡沫分离器采取了高度集成的设计，可实现微藻的连续培养和采收，提高了单位体积的效率，减小了占地面积，节约了能耗。

中国石油也持续关注其他燃料乙醇技术，目前主要聚焦于大气二氧化碳捕集后催化转化利用、纤维素直接化学催化转化等研究方向，通过与国内相关顶级科研单位，如与中科院大连化物所签订的长期合作协议，从研究早期阶段就参与介入，为后续工程化做好接续铺垫。

中科院大连化物所发展了一种多功能Mo/Pt/WO_x催化剂，将纤维素"一锅法(One-pot)”高效转化为乙醇(图 6-15)[27]。在纤维素氢解制乙二醇[28-29]，纤维素先氧化酯化、再加氢还原制备乙醇[30]的基础上，结合甘油氢解制 1，3-丙二醇[31]的催化剂研究，提出了一种新的 Mo/Pt/WO_x 多功能催化剂，将纤维素氢解制乙二醇和乙二醇氢解制乙醇巧妙地耦合起来，实现了纤维素直接氢解制乙醇的过程，乙醇碳收率达到 43.2%。

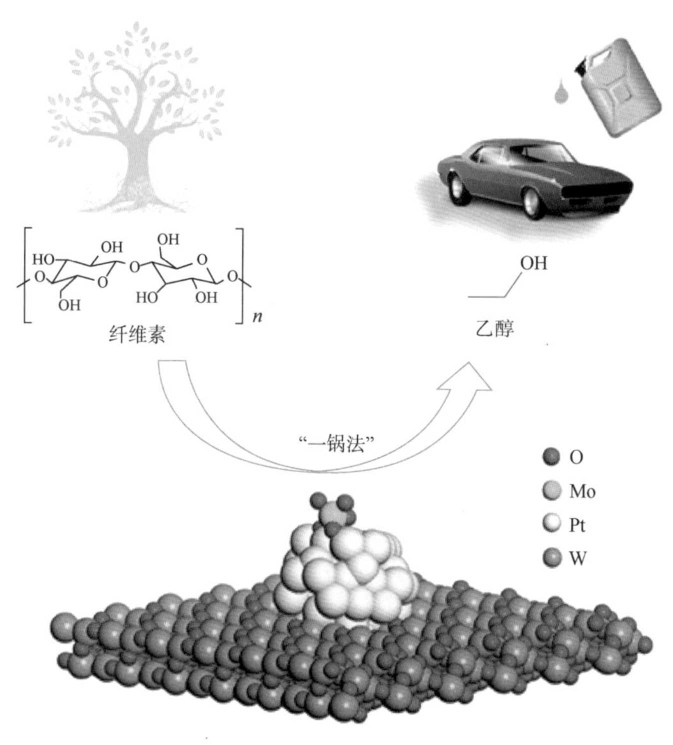

图 6-15　Mo/Pt/WO_x 催化剂作用机理

另外，在合成气制乙醇技术研发方面，中科院大连化物所与浙江大学合作开发了一套新的理论方法，来理解合成气选择性制备乙醇的反应路径和分析产物选择性[32]，将数十种中间体以及过渡态的吸附能简化到两个维度——CO 和 OH 的吸附能，并以此来描述不同催化剂对产物的选择性(图 6-16 的二维反应相图)，进而理解和指导催化剂的设计。

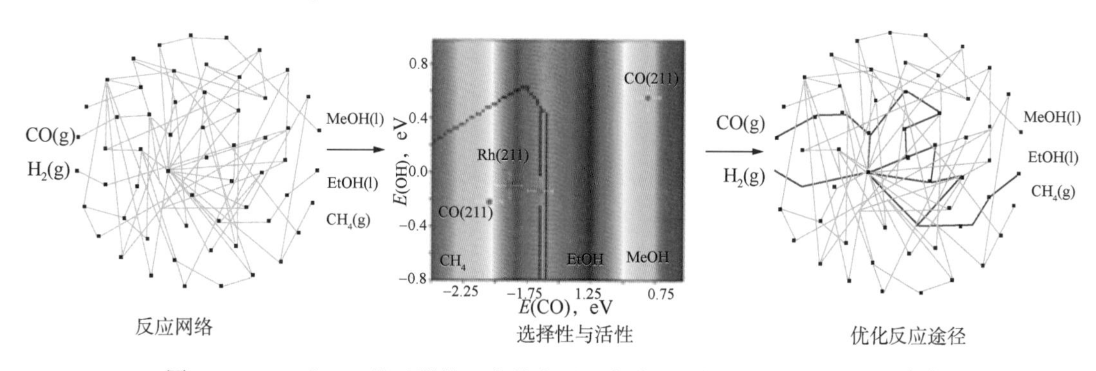

图 6-16　CO 和 OH 的吸附能两个维度下反应路径研究和产物选择性分析[32]

第四节　生物基化学剂技术

随着技术装备的飞速发展以及国家对环境保护重视程度的不断提高，对石油产品的性能要求越来越高，相应的质量指标要求越来越苛刻。生产石油产品的主要途径不仅局限于开发新的燃油加工工艺和技术，还要依赖于新的燃油添加剂技术。燃油添加剂在优化油品质量、改善油品品质、提升产品性能、降低制造成本、节能减排等方面都具有明显的效果[33]。

汽油、柴油添加剂的品种繁多，汽油中的添加剂主要有抗爆剂、抗氧剂、金属钝化剂、清净分散剂、防冰剂等，柴油中的添加剂主要品种有清净分散剂、抗磨剂、低温流动改进剂、十六烷值改进剂等。从生产工艺来分，又分为化学添加剂、物理添加剂和生物基化学剂[34]。其中，生物基化学剂是近几年发展起来的一种新型添加剂。生物基化学剂具有以下特点：(1)以生物质为原料，满足可持续发展的要求；(2)生物质生长过程中吸收的二氧化碳通常大于生物基化学剂使用过程中释放的二氧化碳量，有效实现碳减排；(3)生物基化学剂具有优异的生物可降解性，环境友好；(4)有效提高燃油性质，并降低尾气有害物质排放。随着清洁燃料的发展，对环境保护的日益重视，作为一种新兴的添加剂种类，通过生物基化学剂来提高汽柴油机各项性能的方法受到越来越多的关注[35]。

一、生物基化学剂在汽油中的应用

汽油抗爆剂在汽油中应用广泛，它可以提高汽油辛烷值、阻止或降低爆震，并对提高发动机输出功率、改善发动机性能有显著作用；按应用特性可分为金属有灰型和有机无灰型。其中：金属有灰型抗爆剂虽能有效提高汽油的抗爆性，但由于存在颗粒物的排放问题，欧美等发达国家已不再提倡使用；有机物无灰型抗爆剂包含醚类化合物、酯类化合物、醇类化合物及其他无灰类抗爆剂。本节选取 4 种可作为有机无灰型汽油抗爆剂的生物基化学剂来做介绍。

1. 2，5-二甲基呋喃技术应用情况

2，5-二甲基呋喃(DMF)可以由葡萄糖、果糖、纤维素等生物质原料制备而成，一直被作为溶剂、香料和医药中间体使用，但是，近年来随着新型制备方法的不断开发，DMF 的大规模生产及使用逐渐有了可能。首先，DMF 具有高于乙醇约 40%的能量密度，与汽油接近，具有比乙醇更高的沸点，不易挥发，所以 DMF 被认为是一种非常有前景的可再生液体生物质燃料；除此之外，DMF 还具有较高的辛烷值，抗爆性能好，可作为汽油抗爆剂使用[36]。DMF 与汽油的性质对比见表 6-7。

表 6-7　DMF 和汽油的性质对比

性质	DMF	汽油
分子式	C_6H_8O	C_5—C_{14}
分子量	96. 13	100～105

续表

性质	DMF	汽油
密度(20°C)，kg/m^3	889.7	744.6
相对蒸气密度	3.31	3~4
汽化潜热(20°C)，kJ/mol	31.91	38.51
能量密度，MJ/L	31.5	35
沸点(101kPa)，°C	93	96.3
水溶性(25°C)	不溶	不溶
辛烷值	119	95

DMF 作为一种非常有潜力的汽油抗爆剂，在进行商业利用之前还需要进行多方面的测试。西安交通大学的吴学松等[37]对 DMF 在常规汽油发动机上进行了燃烧测试。结果表明，DMF 的喷雾特性、燃烧速率、发动机适应性和气体排放物等均对发动机没有任何明显的负面效应。此外，Roman-Leshkov 等[38]也对 DMF 进行了毒性测试，测试研究表明毒性完全达标。

由生物质制备 DMF 主要有两种转化途径：第一种是生物质经过预处理后，首先降解为葡萄糖和果糖等单糖，接着这些单糖通过选择性脱水去除 3 个氧原子，生成 5-羟甲基糠醛(HMF)，然后 HMF 通过氢解作用再脱去两个氧原子生成 DMF；第二种是纤维素或葡萄糖首先生成 5-氯甲基糠醛(CMF)，然后 CMF 通过氢解作用生成 DMF（图 6-17）。由于生物质原料易得且价格低廉，以生物质为原料制备 DMF 将成为今后的主要方法[39]。

在早期的研究中，从 HMF 转化到 DMF 通常需要在高压氢气的存在下进行，这一反应过程成本较高，也具有较高的危险性。近年来，氢转移催化在这一反应过程中的应用得到了广泛关注，2007 年，美国科学家 Roman - Leshkov 等[40]在 *Nature* 上发表文章，宣布开发出了一种双相体系转化果糖生成 DMF 的方法，转化率可达到 76%~79%。2010 年，Thananatthanachon 和 Rauchfuss[41]结合前人的研究成果开发出了在甲酸体系中制备 DMF 的方法，他们先以 HMF 为反应起始物，在甲酸、硫酸、Pd/C 和四氢呋喃(THF)存在的条件下，首先生成 2，5-二羟甲基呋喃(BHMF)，然后经 2-羟甲基-5-甲基呋喃(HMMF)生成 DMF，其产率可以达到 95%，效果非常理想。2016 年，美国西北太平洋国家实验室(PNNL) Conrad Zhang 领导的研究小组在 100℃左右的条件下将 90%果糖转化为 HMF，威斯康星大学应用铜钌催化剂将 85%的 HMF 高效转化为 DMF，为 DMF 的工业化生产提供了理论基础。

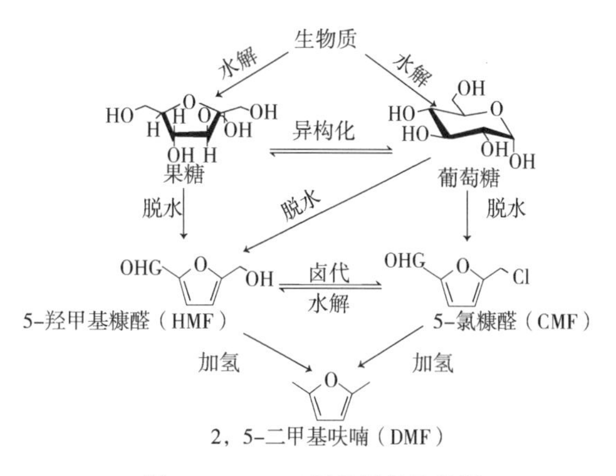

图 6-17 DMF 制备原理示意图

由生物质制备OMF的研究虽然取得了很大的进步，但是距离商业化生产还有相当大的差距，在今后的研究中，应当注重以下几方面：(1)高效强兼容性溶剂体系的开发；(2)高效多功能绿色催化剂的研制；(3)高效低能耗产物分离技术的建立；(4)经济可行环境友好型生产体系的规模化放大；(5)DMF燃烧性能的长期测试[42]。

2. 乙醇技术应用情况

乙醇是一种优质的生物基化学剂，其抗爆原理与醚类有机化合物添加剂十分类似，被作为汽油抗爆剂广泛使用，且能够有效减少温室气体和$PM_{2.5}$排放，对于改善大气环境质量有着积极作用。通常车用汽油的辛烷值为90或93，乙醇的辛烷值可达到111，所以向汽油中加入燃料乙醇可大大提高汽油的辛烷值，且乙醇对烷烃类汽油组分(烷基化油、轻石脑油)辛烷值调和效应好于烯烃类汽油组分(FCC汽油)和芳烃类汽油组分(催化重整汽油)，添加乙醇可以有效提高汽油的抗爆性。据报道，经乙醇调和后的未加铅汽油，其研究法辛烷值为120~130，马达法辛烷值为98~104，雷德蒸气压为138.0kPa，70℃时的馏出物为100%。在汽油中加入体积比为10%的乙醇，可提高辛烷值2~3[43]。同时，加入乙醇后汽车的尾气排放物可大大减少。据2004年国家汽车研究中心对调和了乙醇的汽油所做的发动机台架试验和行车试验，在现有发动机不做任何改动前提下，乙醇汽油具有良好的抗爆性能和低污染物排放性，尽管乙醇的热值比汽油低(为汽油热值的2/3)，但是乙醇分子中含有氧，燃烧过程的抗爆性能好。同时，尾气中的碳氢化合物、NO_x和CO含量降低幅度可达30%~35%[44]。

3. 碳酸二甲酯技术应用情况

碳酸二甲酯(DMC)常温下是一种无色透明、微有甜味的液体，熔点4℃，沸点90.11℃，难溶于水，但可以与醇、醚、酮等几乎所有的有机溶剂混溶。DMC分子结构中含有多种官能团，具有较好的化学反应活性[45]。DMC毒性很低，是一种符合现代清洁工艺要求的环保型有机化工原料，是重要的有机合成中间体。

1992年，DMC产品在欧洲通过了非毒化学品(Non-toxic substance)的注册登记，此后受到人们广泛关注，被称为绿色化学品。DMC传统应用领域主要是涂料、医药、农药、有机化工原料、染料、添加剂、电子化学品等领域；未来潜在市场主要是替代光气合成聚碳酸酯、替代MTBE用于汽油添加剂[46]等。DMC市场前景良好，应用潜力巨大，曾被誉为21世纪有机合成的一个新基石。

DMC是一种很有前途的汽油添加剂，不仅能显著地提高汽油的辛烷值，而且在汽油中有良好的可溶性和低蒸气压，分子含氧量高(DMC为53%，MTBE为18.18%)，因而是生产无铅汽油的极有发展前途的一种汽油添加剂。DMC加入汽油中辛烷值提高效果十分显著。另外，DMC在水中的溶解度小有利于汽油储存。DMC还可以作为柴油的添加剂，在柴油中加入0.5%(体积分数)，可使柴油充分燃烧，降低柴油发动机排出废气烟尘，减少对环境的污染。传统工业化制造碳酸二甲酯一般采用光气合成法，然而合成只能维持小规模工业化生产，而且这些制备的方法需要光气，操作安全要求高，环境污染严重，从而逐渐被甲醇氧化羰基化法所取代。甲醇氧化羰基化法分为液相法和气相法：液相法的反应过程中，甲醇既为原料又为溶剂，反应过程中氧浓度始终保持在爆炸极限以下，不足之处是氯化物的催化剂对设备腐蚀性大；气相法需要固定床反应器，缺点是催化剂活性低。酯交换法，即从一种易得的酯合成较难制取的酯，是有机合成常用的方法之一。该法在碳酸二甲酯的合成中也得以应用。Imre Weisz 曾提出用硫酸二甲酯与碳酸钠在釜式反应器内反应合成碳酸二甲酯，以氯苯为催化剂，于 150~210℃下回流 6h，可获得收率为 44%的碳酸二甲酯[47]，但由于此过程的收率低，氯苯、硫酸二甲酯有剧毒，故该法未得到进一步的发展。因此，仍需要一种能够提高转化率和选择性、原料易得、生产成本低、绿色环保、工艺简单、能耗低的合成方法。

中国科学院青岛生物能源与过程研究所李学兵等人发明了一种生物质基合成气合成碳酸二烷酯的方法[48]。以生物质基的农林废弃物作为初始原料获得的生物质基合成气，进一步催化得到二甲醚，所得二甲醚再进一步催化获得碳酸二甲酯，而后与一元醇或多元醇进行酯交换反应，得到碳酸二烷酯。以廉价的农林废弃物为原料生产碳酸二烷酯，不仅节约了生产成本、减少了环境污染，还为工业化生产碳酸二烷酯和农林废弃物的高效综合利用提供了新途径，具有显著的经济效益和社会效益。

4. 乙基叔丁基醚技术应用情况

乙基叔丁基醚($C_6H_{14}O$，ETBE)是含氧汽油生物燃料组分和醚类，由乙醇[47%（体积分数）]和异丁烯[53%（体积分数）]生产。异丁烯来源可包括来自炼油厂和蒸汽裂解装置的裂解原料，或来自通过脱氢或脱水过程的化学装置。ETBE 同其他醚类一样，可以作为提高汽油辛烷值的抗爆剂。其 RON 和 MON 分别为 119 和 103，饱和蒸气压为 27.56kPa，比 MTBE 低得多。ETBE 的沸点较高，能够与汽油相溶而不生成共沸混合物，因而既可使发动机内的气阻减少，又可使汽油的蒸发损失降低[50]。因此，ETBE 作为抗爆剂的安全性能比 MTBE 好，具有很好的应用前景。但 ETBE 的生产成本较高，价格昂贵是其推广应用的最大障碍。国内尚处于实验室研究阶段，还需进一步加强研究开发力度，尤其是合成 ETBE 的催化剂研究。

同 MTBE 一样，把 ETBE 调入汽油中，相当于在汽油中调入了乙醇。ETBE 不但在提高汽油辛烷值的效果方面比 MTBE 好，而且还可以作为共溶剂使用。ETBE 能被好氧微生物分解，但 MTBE 则不能，在环境友好性方面具有很大的市场应用潜力。几种醚类抗爆剂的性质见表 6-8。

表 6-8　几种醚类抗爆剂的性质比较

性　质	MTBE	ETBE	TAME
混合辛烷值$\left(\frac{RON+MON}{2}\right)$	110	111	105
RON	112~130	120	105~115
MON	97~115	102	95~105
雷德蒸气压，psi	7.8	4.0	2.5
沸点，℃	55	72	88
密度，g/mL	0.742	0.743	0.788
燃烧热，kcal/L	89.3	92.5	98.0
汽化热，kcal/L	0.82	0.79	0.86

续表

性 质	MTBE	ETBE	TAME
溶解度,%(质量分数)	4.3	1.2	1.2
吸水性,%(质量分数)	1.4	0.5	0.6
反应热，kcal/mol	9.4	6.6	11

法国于1994年将ETBE用作汽油调和组分，西班牙和德国分别于2000年和2004年使用ETBE。第一套生产ETBE的生物醚类装置于2004年投产，欧洲将建设多套装置。2006年，ETBE占到欧洲燃油醚类市场的1/3，产量约为194×10^4t/a。2008年，欧洲ETBE产量达到500×10^4t。欧盟(EU)正在迅速转向乙醇型醚类。法国道达尔公司是欧洲领先的生物燃料生产商，该公司开发始于1992年，迄今在欧洲汽车燃料中调入80×10^4t/a生物燃料。该公司发展了两大类第一代生物燃料：由乙醇生产的ETBE和生物柴油。该公司在比利时、德国、法国和西班牙拥有或合作拥有7套ETBE生产装置，并在其位于法国、德国和意大利的炼油厂的柴油中调入生物柴油。利安德巴赛尔公司于2009年开始改造其在美国得克萨斯州Channelview的MTBE装置，使其也能生产生物基ETBE。ETBE于2009年底开始生产，并供应给日本炼制商应用，以符合使用清洁燃料要求，作为日本履行《京都议定书》承诺的组成部分。利安德巴赛尔公司从巴西购买甘蔗基乙醇，该公司已在法国Fos-sur-Mer和荷兰Botlek生产生物基ETBE，生产能力为320×10^4t/a。

日本认定，ETBE与汽油调和作为含氧化合物燃料可使汽油更清洁燃烧。ETBE由乙醇与异丁烯生产，但可解决较多地使用乙醇会增大汽油挥发度问题。

2007年初，日本试销调有生物质乙醇制取的ETBE汽油添加剂。在日本，ETBE现已处于规模推行阶段，日本石油协会的石油炼制者协会于2007年1月27日组建进口ETBE合资企业。该合资企业于2007年3月从法国进口3000×10^4L ETBE，将其调和入日本最大的炼制商日本石油公司Negishi炼油厂(1700×10^4t/a)的汽油中，并于4月17日调和ETBE的汽油在日本东部关东地区(包括大东京地区)的50个加油站出售。到2008年3月的财政年度，该炼油厂出售了14×10^4L含ETBE的汽油。到2009年，在1000个加油站销售含有ETBE的汽油。

由10家日本炼制商组成的合资企业——日本生物燃料供应公司(JBSL)利用日本西部的进口终端加快进口ETBE。JBSL已与美国莱昂得尔化学公司签署长期合约，自2010—2011财年进口ETBE。JBSL自2010—2011年起向汽油中调入8.4×10^8L ETBE。JBSL与利安德化学公司签署协议将在至少5年内可获得$(6\sim7)\times10^8$L/a的ETBE。JBSL与巴西乙醇生产商Copersucar签署协议将在2010—2011财年进口2×10^8L乙醇。JBSL与Copersucar签署协议，使乙醇运送至利安德(现利安德巴赛尔)公司在美国的工厂，生产ETBE后运往日本。

据了解，日本石油公司将Negishi炼油厂的一套MTBE装置改造成ETBE装置，并于2009年投运。该公司2007年开始在某些零售市场开始出售掺有ETBE的汽油，并从2010年起在日本全国范围内销售ETBE掺混汽油。2010年，日本在汽油中掺混ETBE 8.4×10^8L/a(含有3.6×10^8L生物乙醇)[49-50]。

二、生物基化学剂在柴油中的应用

1. 十六烷值改进剂——绿色柴油技术应用情况

十六烷值(Cetane Number，CN)是用来衡量柴油燃烧性和抗爆性能的一项重要指标。在柴油发动机中，空气首先被压缩，然后将柴油喷入燃烧室，此时柴油接触到热空气并被汽化，当温度达到自燃点时开始燃烧。通常将喷油开始到自然燃烧这段时间称为“滞燃期”。柴油的滞燃期长，则使得喷入汽缸中的燃料积累下来。一旦自燃，喷入燃料便同时燃烧，结果产生爆震现象。因此，要求柴油的滞燃期不能太长。

目前，世界各国原油重质化的趋势越来越严重，导致石油产品的性质发生变化，直馏柴油的产量减少，十六烷值不断下降，并且世界各国的炼油厂普遍采用 FCC 二次加工工艺，以提高轻质油的含量。重油 FCC 技术的开发推广，使得二次加工柴油馏分质量有所下降，表现为十六烷值低，稳定性变差。

我国部分柴油的十六烷值较低，只能与直馏柴油调配使用。现行的柴油标准对柴油十六烷值提出了更高的要求，美国和日本规定柴油的十六烷值不小于 50，欧洲规定不小于 51，我国柴油标准规定不低于 45。提高柴油十六烷值是迫切需要解决的问题。

绿色柴油是一种对动植物油脂进行催化加氢处理，从而获得类似于石化柴油组分的烷烃混合物。这种催化加氢制备的绿色柴油的十六烷值很高，可达到 90~100，并且不含氧、硫和芳烃，环保清洁性好，能够与传统的石化柴油以任意比例调和使用，可以作为十六烷值改进剂添加到柴油中[51]。工业化的绿色柴油生产工艺主要有掺炼和加氢脱氧再临氢异构(两步法)工艺，制备原理如图 6-18 所示。

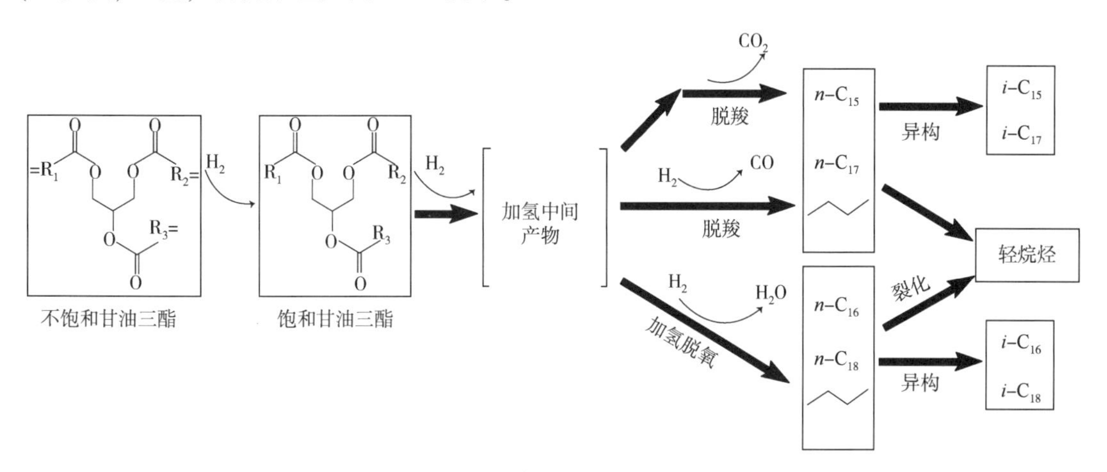

图 6-18　十六烷值改进剂制备原理示意图

2. 抗磨剂——脂肪酸甲酯技术应用情况

柴油在燃料系统中的润滑是高负荷的边界润滑，主要是柴油中的极性组分在金属表面通过物理作用或化学作用形成吸附膜，从而起到润滑的作用。随着环保问题的重视，低硫甚至无硫柴油已成为国际柴油燃料的一种趋势。随之而来的柴油润滑性问题急需解决，通过添加抗磨剂来改善低硫柴油的润滑性能是目前国内外最主要的方法。

人们通过低硫柴油作为燃料来研究柴油机油泵的磨损问题，发现在柴油机中的机件磨损主要为黏着磨损和微动磨损。由于低硫柴油的中极性化合物在脱硫过程中一起脱除，使得柴油在金属摩擦表面形成的油膜非常薄，对摩擦表面起到的保护膜易碎，润滑性能变弱。柴油抗磨添加剂的作用机理是向润滑性差的低硫柴油中添加极少量的抗磨剂，使其可以在摩擦表面通过物理和化学吸附形成有机吸附膜、化学反应膜或沉积膜等保护层，减少了金属面的接触摩擦，进而起到抗磨的作用。当柴油机运转时，其内部机件中的摩擦条件较为苛刻，这就要求添加的柴油抗磨剂具有较高的活性指标，使形成的保护膜具有良好的稳定性，起到有效的保护作用。当抗磨性添加剂加入柴油中时，由于其自身的极性，会在金属表面形成吸附层，含有极性基团的头部吸附在金属的表面，其羟基部则溶于柴油中，抗磨剂分子就固定排列在金属的表面。抗磨剂分子整齐地垂直排列在金属表面，形成抗磨剂分子的多层矩阵，起到了保护的作用，机理如图 6-19 所示。生物基柴油抗磨剂原料以动植物油为主，需要通过添加抗氧剂、化学改性、生物技术改性等工艺，提高其氧化安定性、水解稳定性、低温流动性和与添加剂的配伍性。目前，能够提高柴油润滑性能的添加剂主要有长链的羧酸、酯、酰胺、醚、醇类等类化合物。

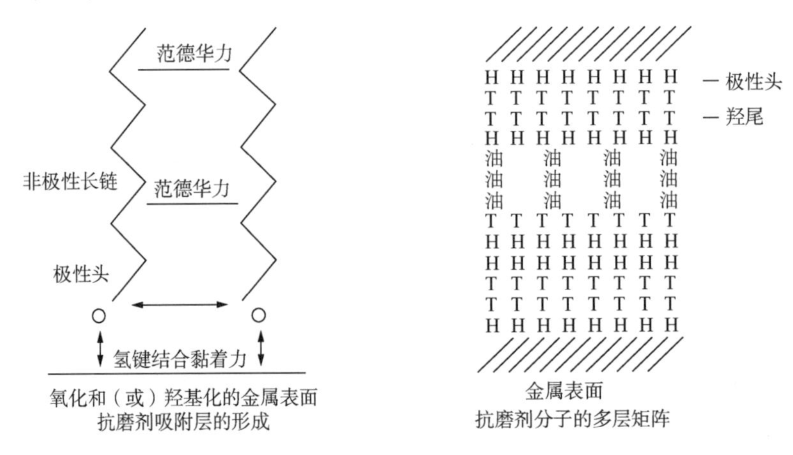

图 6-19　柴油抗磨剂的作用机理示意图

脂肪酸甲酯类生物柴油由于其优异的润滑性能，可作为生物抗磨剂使用。

3. 降凝剂——聚乙烯-醋酸乙烯酯技术应用情况

柴油降凝剂又称低温流动性改进剂，可以改变柴油的低温流动性能，降低柴油凝点和冷滤点，对炼油厂增产柴油、提高生产的灵活性、提高经济效益有着显而易见的作用。对于柴油的贮运和使用者来说，使用降凝剂可明显地改善其低温使用性能。

柴油中含有 15%~30% 的蜡（即正构烷烃），当温度降至冷滤点时，这些蜡会逐渐析出，并形成蜡晶。随着温度的进一步降低，蜡晶会迅速长大，首先形成平面状结晶，这些结晶相互连接，以致形成三维网状结构，把油包在其中，使油失去流动性而呈现凝固状态，阻塞滤清器而影响油路的正常供油，进而影响发动机的正常工作。

柴油中加入降凝剂后，当温度降低，蜡晶刚一形成时，降凝剂就会起到成核剂的作用，与蜡晶共同析出或吸附在蜡晶表面上，阻止了蜡晶间的相互黏结，防止生成连续的结晶网，使蜡晶颗粒更加细微，能很好地通过滤网。降凝剂这种破坏或改变蜡结晶的功能，可降低柴油的冷滤点和凝点。

聚乙烯-醋酸乙烯酯是目前使用最广泛、效果最佳的降凝剂，其在燃油中的添加量一般不超过0.5%，分子量在2000左右，醋酸乙烯的含量为30%~40%时降凝效果最佳[52]。

广西广维化工有限责任公司采取薯类、甘蔗作物—乙醇—乙烯—醋酸乙烯工艺路线，以广西丰富的甘蔗和薯类等生物质资源为原材料，成功实现了醋酸乙烯的工艺路线从煤化工转向生物质化工的发展。巴西布拉斯科公司从甘蔗中提取制备了乙烯-醋酸乙烯酯，并于2018年工业化。

参考文献

[1] 蔺建民，张永光，李率．生物柴油调合燃料(B5)国家标准的编制[J]. 石油商技，2011，29(2)：59-66.

[2] 程薇．美国Duonix合资公司开发新的生物柴油技术[J]. 石油炼制与化工，2013，44(10)：21.

[3] 鹿清华，朱青，何祚云．国内外生物柴油生产技术及成本分析研究[J]. 当代石油石化，2011(5)：8-13.

[4] 刘德华，杜伟，刘宏娟，等．生物法联产生物柴油和1，3-丙二醇及其产业化前景[C]. 南宁：第三届全国化学工程与生物化工年会，2006.

[5] Simacek P，Kubicka D，Sebor G，et al. Hydroprocessed rapeseed oil as a source of hydrocarbon-based biodiesel [J]. Fuel，2009，88(3)：456-460.

[6] 加库拉J，阿尔托P，尼米V，等. 通过脂肪酸加氢和分解制得的含有基于生物原料的组分的柴油组合物：CN1688673 A[P]. 2005-10-26.

[7] Myllyoja J，Aalto P，Savolainen P，et al. Process for the manufacture of diesel range hydrocarbons：US 20070010682Al[P]. 2007-01-11.

[8] 施翔星，宋洪川，黄瑛，等．大型石化公司发展加氢生物燃料的现状及对策[J]. 生物质化学工程，2019，53(4)：59-66.

[9] 崔文康，杨冰冰，冯云，等．第二代生物柴油技术研究进展[J]. 化工时刊，2015，29(2)：42-46，58.

[10] 陈冠益，高文学，颜蓓蓓，等．生物质气化技术研究现状与发展[J]. 煤气与热，2006，26(7)：20-26.

[11] 李俊妮．第三代生物柴油研究进展[J]. 精细与专用化学品，2012，20(1)：33-35.

[12] Hariskos I，Posten C. Biorefinery of icroalgae-opportunities and constraints for different production scenarios [J]. Biotechnology Journal，2014，9(6)：739-752.

[13] 马国杰，常春，孙绍辉．能源微藻规模化培养影响因素的研究进展[J]. 化工进展，2019，38(12)：5323-5329.

[14] 张智亮，计建炳．生物柴油原料资源开发及深加工技术研究进展[J]. 化工进展，2014，33(11)：2909-2915.

[15] 张家仁，雪晶，孙洪磊．生物柴油新反应器及其应用[J]. 化工进展，2015，34(4)：911-920.

[16] 刘海超，张家仁．一种生物柴油的制备方法及其专用反应器：CN102824881A[P]. 2012-12-19.

[17] Sun L，Li M，Ma X，et al. Study on obtaining high performance diesel/biodiesel fuel by using heterogeneous catalysts[J]. Petroleum Science and Technology，2019，37(12)：1471-1477.

[18] Sun L，Li M，Ma C，et al. Preparation and evaluation of lubricity additives for low-sulfur diesel fuel[J]. Energy & Fuels，2016，30(7)：5672-5676.

[19] Sun L，Li M，Ma C，et al. Preparation and evaluation of jatropha curcas based catalyst and functionalized

blend components for low sulfur diesel fuel[J]. Fuel, 2017, 206: 27-33.
[20] 张家仁，李建忠，齐泮仑，等. 一种油脂催化脱氧制备生物柴油的方法：CN105778976B[P]. 2018-01-05.
[21] 张家仁，李建忠，师为炬，等. 油脂分步脱氧制备液体燃料的方法：CN107987868A[P]. 2018-05-04.
[22] 利斯贝思·奥尔森. 生物燃料[M]. 曲音波，等译. 北京：化学工业出版社，2009.
[23] 波吉特·卡姆，帕特里克·R格鲁勃，迈克·卡姆. 生物炼制——工业过程与产品[M]. 马延和，主译. 北京：化学工业出版社，2007.
[24] 安吉斯·李斯，卡斯滕·希尔贝克，克里斯汀·温椎. 工业生物转化过程[M]. 2版，欧阳平凯，林章凛，主译. 北京：化学工业出版社，2008.
[25] 马旭建，李洪亮，刘利平，等. 燃料乙醇生产与应用技术[M]. 北京：化学工业出版社，2007.
[26] 刘广青，董仁杰，李秀金，等. 生物质能源转化技术[M]. 北京：化学工业出版社，2009.
[27] Yang Man, Qi Haifeng, Liu Fei , et al. One-pot production of cellulosic ethanol via tandem catalysis over a multifunctional Mo/Pt/WOx catalyst[J]. Joule, 2019, 3(8): 1937-1948.
[28] Ji Na, Zhang Tao, Zheng Mingyuan, et al. Direct catalytic conversion of cellulose into ethylene glycol using nickel - promoted tungsten carbide catalysts[J]. Angewandte Chemie Znternational Edition, 2008, 47(44): 8510-8513.
[29] Wang Aiqin, Zhang Tao. One-pot conversion of cellulose to ethylene glycol with multifunctional tungsten-based catalysts[J]. Accounts of Chemical Research, 2013, 46(7): 1377-1386.
[30] Xu Gang, Wang Aiqin, Pang Jifeng, et al. Chemocatalytic conversion of cellulosic biomass to methyl glycolate, ethylene glycol, and ethanol[J]. ChemSusChem, 2017, 10(7): 1390-1394.
[31] Zhao Xiaochen, Wang Jia, Yang Man, et al. Selective hydrogenolysis of glycerol to 1, 3-propanediol: Manipulating the frustrated lewis pairs by introducing gold to Pt/WOx[J]. ChemSusChem, 2017, 10(5): 819-824.
[32] Wang Chengtao, Zhang Jian, Qin Gangqiang, et al. Direct conversion of syngas to ethanol within zeolite crystals[J]. Chem, 2020, 6(3): 646-657.
[33] 吴冠京. 车用清洁燃料[M]. 北京：石油工业出版社，2004.
[34] 姚春德，卢艳彬，刘增勇，等. 生物基汽油添加剂对我国93号汽油适应性的研究[J]. 石油炼制与化工，2004，35(8)：64-66.
[35] Meng Xiangyu, Zhou Yihui , Yang Tianhao, et al. An experimental investigation of a dual-fuel engine by using bio-fuel as the additive[J]. Renewable Energy, 2020, 147(1): 2238-2249.
[36] Tong Xinli, Ma Yang, Li Yongdan . Biomass into chemicals: conversion of sugars to furan derivatives by catalytic processes[J]. Applied Catalysis A: General, 2010, 385(1-2): 1-13.
[37] 吴学松，黄佐华，金春，等. 2，5-二甲基呋喃-空气混合气层流燃烧速率的测定[J]. 工程热物理学报，2010，31(6)：1073-1076.
[38] Dumesic J A, Roman-Leshkov Y , Chheda J N. Catalytic process for producing furan derivatives from carbohydrates in a biphasic reactor: WO/2007/146636[P]. 2007-06-04.
[39] 胡磊，孙勇，林鹿. 生物质转化为液体燃料2，5-二甲基呋喃的途径与机理[J]. 化学进展，2011，23(10)：2079-2084.
[40] Yuriy R L, Christopher J B, Zhen Y L , et al. Production of dimethylfuran for liquid fuels from biomass-derived carbohydrates[J]. Nature, 2007, 447(7147): 982-985.
[41] Thananatthanachon T, Rauchfuss T. Efficient production of the liquid fuel 2, 5 - dimethylfuran from

fructose using formic acid as a reagent[J]. Angewandte Chemie, 2010, 122(37): 6766-6768.
[42] 杨越，刘琪英，蔡炽柳，等．木质纤维素催化转化制备 DMF 和 C_5/C_6 烷烃[J]. 化学进展，2016，28(2/3)：363-374.
[43] 韩雪梅，张宏伟，王孝研．醇醚类抗爆剂的现状及发展趋势[J]. 化学工程师，2008(1)：42-44.
[44] Rasskazchikova T V, Kapustin V M, Karpov S A. Ethanol as high-octane additive to automotive gasolines. Production and use in Russia and abroad[J]. Chemistry and Technology of Fuels and Oils, 2004, 40(4): 203-210.
[45] 王红太. 碳酸二甲酯的下游产品及其应用[J]. 科技情报开发与经济，2006，16(13)：129.
[46] 陈红，岳艳玲，刘义祥．浅析油品调和方案[J]. 内蒙古石油化工，2006(9)：146-147.
[47] Daniele D, Franco R, Ugo R. Developments in the production and application of dimethyl carbonate [J]. Applied Catalysis A: General, 2001, 221(1-2): 241- 251.
[48] 李学兵，王忠，李青洋．一种生物质基合成气合成碳酸二烷酯的方法：CN108727194B[P]. 2018-05-18.
[49] 吉庆．生物基汽油添加剂对我国油品的适应性研究[D]. 天津：天津大学，2004.
[50] 钱伯章．甲基叔丁基醚与乙基叔丁基醚的生产应用与发展趋势(下)[J]. 上海化工，2011(4)：31-33.
[51] 杨紫浓．第二代生物柴油催化加氢催化剂及其应用[J]. 广东化工，2018，45(14)：178-180.
[52] 姚春德，卢艳彬．柴油机燃油添加剂研究发展综述[J]. 柴油机，2003(5)：12-15，36.

第七章　其他清洁油品生产技术

LPG是炼化重要产品之一。硫的脱除是LPG生产的关键环节，脱硫产生的废碱渣属于危险废弃物，开发LPG深度脱硫技术，减少碱渣排放量是炼化企业的重要需求。船用燃料油是船舶航行的主要燃料，2020年1月1日起全球船舶燃料硫含量要求低于0.5%(质量分数)，进入国际排放控制区域(ECA)时，燃料油的硫含量要求低于0.1%(质量分数)。应对新标准，开发低硫船燃生产技术，对炼厂调整产品结构、提升竞争力意义重大。智能工厂是未来发展趋势，准确、快速分析是实现智能化的必备手段，近红外检测、重油快速分析等先进分析方法在未来炼厂的作用会越来越凸显。本章将重点介绍LPG深度脱硫技术、船用燃料油生产技术、近红外油品调和技术及成品油分析表征技术。

第一节　LPG深度脱硫技术

LPG的主要成分是C_3—C_4的烷烃和烯烃，广泛用于民用燃料和工业原料。LPG主要来自催化裂化、延迟焦化、加氢裂化、常减压蒸馏、轻烃回收等装置，距离油田较近的炼厂还常常接收油田伴生气或天然气分离出来的LPG。其中，FCC装置产出的LPG量最大，比如原油加工量为1000×10^4t/a的炼厂，配备的300×10^4t/a的FCC装置的LPG产量一般可达到$(70\sim80)\times10^4$t/a。

LPG由于富含可供化工利用的烯烃组分(主要是丙烯、异丁烯和1-丁烯)，常用于生产高附加值的化工产品[1]。比如，LPG精制后经气体分馏分离出丙烯作为下游聚丙烯原料，其他部分可作为MTBE、烷基化、甲乙酮等装置的原料和民用LPG，其中聚丙烯和甲乙酮是重要的石油化工产品，而MTBE和烷基化油是重要的高辛烷值汽油调和组分。

LPG进行深加工化工利用之前必须对其进行脱硫净化。LPG除了含有硫化氢之外，还含有硫醇(如甲硫醇、乙硫醇等)、羰基硫及硫醚等有机硫化物。硫醇具有恶臭和弱酸性，反应活性也较强，会腐蚀金属，燃烧生成二氧化硫会造成环境污染。LPG作为化工原料时，这些硫化物也容易使下游工艺中的催化剂中毒失活。

LPG精制一般采用胺洗法脱硫化氢和碱洗法脱硫醇，脱硫醇是LPG实现深度脱硫的关键，传统Merox液液抽提工艺和纤维膜碱洗工艺是脱硫醇的主流技术[2]。LPG脱硫醇碱渣是具有恶臭气味、强腐蚀性的废液，在我国属危险废物。LPG脱硫醇碱渣含有大量的有机硫化物，生物毒性大，无法直接进入污水系统处理。一般需要先经过高温高压的湿式氧化和高盐废水蒸发结晶两个处理过程，才能排入污水系统，而处理LPG脱硫醇碱渣的湿式氧化技术的投资和运行成本也较高[3]。LPG脱硫醇碱渣处理已成为行业性环保难题之一[4-6]。开发环境友好的LPG深度脱硫技术，尤其是从源头上减少碱渣的工艺技术，对于推动炼油行业的绿色低碳发展具有重要意义。

一、国内外技术进展

传统 Merox 液液抽提工艺和纤维膜碱洗工艺是 LPG 碱洗法脱硫醇的经典工艺，这两种技术的缺点是在实现 LPG 深度脱硫的同时无法避免碱渣的大量排放，二者互为矛盾。这两种技术生产的 LPG 因为硫含量超标的问题，导致以其为原料(气分混合碳四)的下游 MTBE 产品往往达不到国Ⅴ/Ⅵ标准汽油池调和的要求，已成为众多炼油企业汽油质量升级的瓶颈之一[7]。

脱硫醇碱液的高效再生是实现 LPG 深度脱硫和减少碱渣排放的关键，为此国内外一些研究机构对传统 Merox 液液抽提工艺和纤维膜碱洗工艺进行改进，但仍然无法彻底解决碱渣大量排放的问题。这些技术的现状见表 7-1。相比于传统 Merox 液液抽提工艺(图 7-1)和纤维膜碱洗工艺，目前市场应用的 A 工艺在碱液再生单元用三相混合氧化塔(反抽提油、氧化风、待生碱液同时进料)取代常规氧化塔，提高了二硫化物的分离效果，虽然可以将产品 LPG 中硫醇硫与二硫化物降低到不高于 10mg/kg，但碱渣排放量却仍不小于 500t/a。B 工艺采用特殊设计的氧化塔(延长碱液停留时间，改善气液分布)和补充汽提分离二硫化物，其产品 LPG 中的硫醇硫与二硫化物含量与 A 工艺相当，但碱渣排放量仍然不能小于 300t/a。

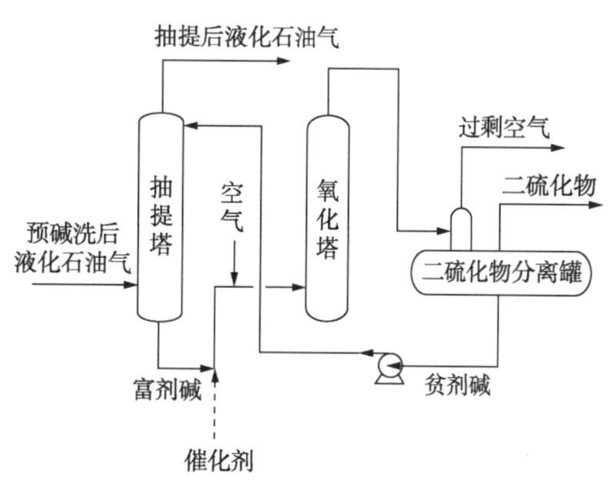

图 7-1　传统 Merox 液液抽提工艺流程示意图

表 7-1　30×10^4t/a LPG 脱硫醇装置国内外技术对比

项　目		传统 Merox 液液抽提工艺	纤维膜碱洗工艺	A 工艺	B 工艺
碱洗抽提设备		填料塔	纤维膜接触器	静态混合器	纤维膜接触器
碱液再生设备		常规氧化塔	常规氧化塔	三相混合氧化塔	改进氧化塔
二硫化物分离工艺		重力沉降	溶剂油反抽提	溶剂油反抽提	汽提分离
产品 LPG 指标	硫醇硫+二硫化物含量 mg/kg	≤ 20	≤ 10	≤ 10	≤ 10
	碱渣排放量，t/a	≥ 800	≥300	≥ 500	≥ 300

二、LDS 技术

1. 技术原理

LPG 碱洗脱硫醇过程一般包括碱洗抽提、碱液再生和二硫化物分离 3 个步骤，分别涉及如下化学反应[8]：

$$RSH + NaOH \rightleftharpoons NaSR + H_2O \quad (7-1)$$

$$4NaSR + O_2 + 2H_2O \longrightarrow 2RSSR + 4NaOH \quad (7-2)$$

反应(7-1)发生在碱洗抽提阶段，为酸碱中和快反应，受传质的影响较小；反应(7-2)主要发生在碱液再生阶段，是典型的气液相快反应，反应速率受氧分子扩散速率的影响。传统的碱液再生在塔式反应器中进行，由于空气与碱液的接触效率不高，导致反应(7-2)的转化率较低，进而造成再生碱液中 NaOH 的浓度持续降低。此再生碱液返回碱洗抽提阶段进行循环利用时，由于游离 OH^- 的浓度过低而导致脱硫醇能力下降。反应(7-2)的产物二硫化物(RSSR)在常温常压下为挥发性油相液体，常以乳化状态存在于再生碱液中，在重力沉降分离的条件下二硫化物与碱液的分离效果较差，大量未分离出来的二硫化物随再生碱液进入反抽提塔，并被反抽提至 LPG 中，使得 LPG 中的硫醇硫经过碱洗抽提和碱液再生后，一部分又以二硫化物的形式重新回到了 LPG 中，导致碱洗工艺的脱硫效率下降。虽然用溶剂油(加氢石脑油、重整汽油等)对再生碱液进行洗涤可以有效去除碱液中的二硫化物，但并没有促进硫醇钠的转化，因而也只能起到部分减排碱渣的作用，而且使用后的溶剂油需要进一步严格脱 Na^+ 才能去后续加氢装置进行处理，否则残留的 Na^+ 会导致加氢催化剂中毒失活[9]。提高碱液再生阶段的气液传质效率是实现碱液高效再生的关键，这一方面可以通过提高氧分子的利用效率来提高硫醇钠氧化反应的转化率，另一方面可以利用产物二硫化物的挥发性将二硫化物扩散至气相中，减少其在碱液中的存留。

中国石油石化院开发的环保型超重力 LPG 深度脱硫成套技术(LPG Deep deSulfurization)，采用与北京化工大学合作研制的专利设备——旋转填充床(Rotating Packed Bed，RPB)[10]替代氧化塔作为碱液再生的反应器(图 7-2)，利用超重力场下高速旋转形成的离心力去克服液体表面张力，使碱液沿径向甩出后被拉成液丝、液膜和极小液滴，气液两相在更大比表面上完成接触、传质，且具有界面快速更新的优势，强化了硫醇钠的气液相分子级氧化反应，提高了转化率和产物分离率，并实现了反应与分离过程的耦合(图 7-3)[11-12]。

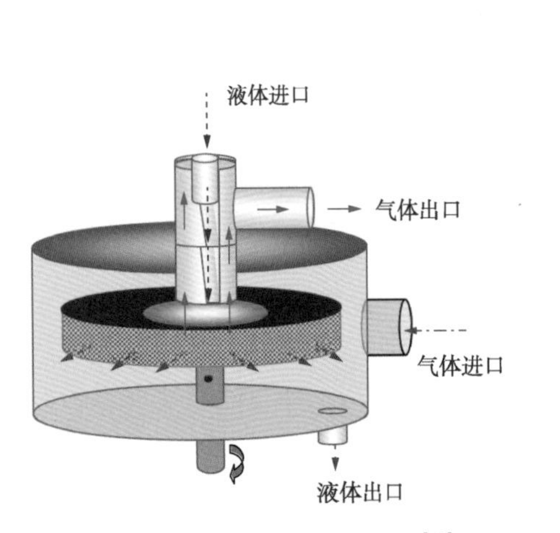

图 7-2 超重力反应器示意图[10]

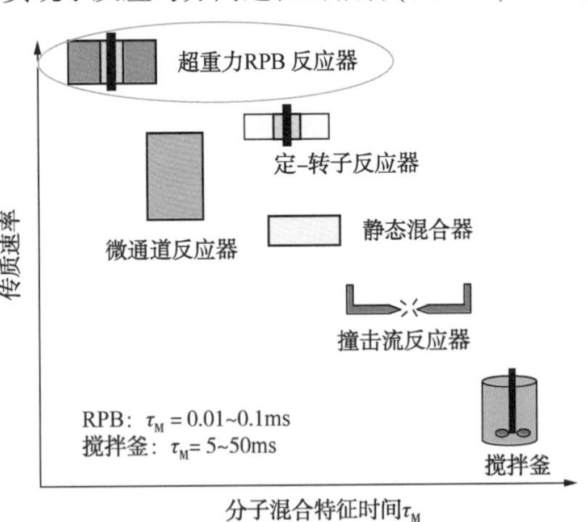

图 7-3 强化传质能力的对比[10]

2. 工艺流程

如图 7-4 所示，典型的 LDS 技术包括水洗脱胺、纤维膜脱硫醇、碱液超重力再生、尾气处理四部分。

(1) 水洗脱胺：来自上游胺洗的原料 LPG 经水洗脱除夹带的胺液，富含胺液的水返至胺液再生装置补水。

（2）纤维膜脱硫醇：脱除夹带胺液后的 LPG 经过二级纤维膜碱洗脱硫醇，然后经过水洗后去下游气分装置。

（3）碱液超重力再生：从一级纤维膜抽提出的富碱液先经过闪蒸脱除残留的轻烃，经换热后从轴向进入超重力反应器，与从径向吹入的净化风在旋转填充床的填料层界面上发生快速的氧化反应，生成的产物二硫化物迅速扩散至气相中，再生后的贫碱液经过脱氧处理后返回二级纤维膜抽提。

（4）尾气处理：富含二硫化物的尾气离开超重力反应器，经过气液分离脱除夹带的碱液后，出界区进入 FCC 余热锅炉进行无害化处理。

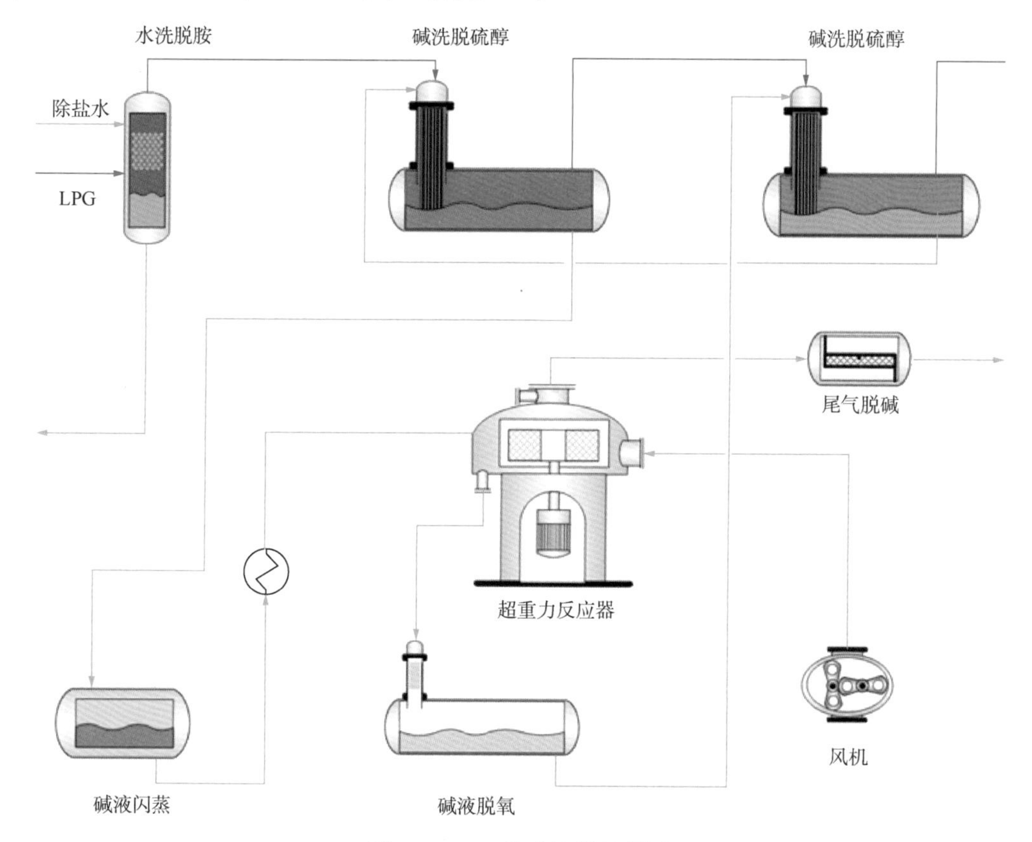

图 7-4　LDS 技术流程示意图

与传统 Merox 液液抽提工艺和纤维膜碱洗工艺相比，LDS 技术用超重力反应器取代了氧化塔和重力沉降分离或溶剂油反抽提，硫醇钠的氧化反应和二硫化物的分离过程耦合在一个反应器内一步完成，同时取消了预碱洗和溶剂油反抽提，流程上大幅简化。含硫尾气处理利用了现有的 FCC 余热锅炉装置，无须增加额外的装置即可实现达标排放。有条件的炼油厂还可以将尾气送入硫酸烷基化的废酸再生装置，利用其酸性气处理单元直接将尾气中的二硫化物转化为硫酸，实现其资源化处理。

3. 技术特点

LDS 技术首创了将超重力技术用于脱硫醇碱液的再生新方法，实现了微尺度上强化气液传质反应分离效果，解决了 LPG 脱硫醇碱渣源头减排的技术难题，其主要技术特点如下：

（1）超重力法脱硫醇碱液再生工艺大幅提高了循环碱液的再生效率，硫醇钠转化率提高到 95%以上，再生碱液中残余硫醇钠含量极低，再生碱液抽提脱硫醇功能得到有效恢复，进而提高了 LPG 中硫醇的脱除率。

（2）与反应耦合的分离工艺大幅提高了副产物二硫化物的分离脱除效率，二硫化物分离率提高到 99%以上，循环碱液中只残余痕量的二硫化物，消除了有机硫化物在 LPG 抽提环节重回 LPG 的弊端。

（3）与现有 FCC 烟气处理技术相结合的含硫尾气无害化处理新工艺，避免了恶臭尾气直接排放大气造成的污染，实现尾气达标排放。

（4）碱液梯级利用组合工艺，大幅提升碱液综合利用效率。既减少了全厂的胺液损耗，又降低了碱液 COD 值，持久实现了碱液在 LPG 脱硫与催化烟气脱硫系统的梯级利用和工业规模碱渣近零排放的生产运行目标。

（5）准确快速的形态硫分析检测技术，实现精细化的质量管控。配套的专用色谱分析方法，有效排除了进样方式和各化合物之间分离度不足对定量结果的干扰，实现了 LPG 全馏程含硫化合物的分子级有效分离，操作更简便，定性和定量分析结果更可靠。

4. 技术经济指标

LDS 技术的优势在于低成本实现 LPG 脱硫的同时又能实现碱渣近零排放，与国内外主流 LPG 脱硫醇技术相对比，产品指标、运行成本、安全环保等优势明显，30×10^4t/a LPG 脱硫醇装置环境污染物排放对比见表 7-2。

（1）工艺流程上，LDS 技术取消了同类技术必备的预碱洗、氧化塔、重力沉降和溶剂油反抽提，碱液再生只需要在一个反应器内一步实现硫醇钠的转化和二硫化物的分离，工艺流程更简单，设备更少。

（2）碱液再生效果上，LDS 技术循环碱液中硫醇钠含量不大于 500mg/kg，二硫化物含量不大于 20mg/kg，大幅优于同类技术的指标（硫醇钠含量不小于 5000mg/kg，二硫化物含量不小于 200mg/kg）。

（3）产品质量上，LDS 技术碱洗后液化石油气总硫含量不大于 10mg/m^3，产品质量优于同类技术一倍。

（4）脱硫醇过程助剂使用上，LDS 技术只需要使用常规的碱液和磺化酞菁钴催化剂，无须使用各种助溶剂、有机溶剂和反抽提油，操作成本更低。

（5）安全环保指标上，同类技术的含硫尾气由于有溶剂油挥发出来的轻烃，后续排放时有爆炸的隐患，LDS 技术不使用溶剂油，尾气中只含有二硫化物，通过余热锅炉高温段处理后转化为二氧化硫，再经烟气脱硫处理实现达标排放，无安全环保隐患。

（6）碱渣减排效果上，LDS 技术是近零排放，同类技术排放 500～1000t/a（30×10^4t/a LPG 脱硫醇装置）。整体技术经济指标大幅领先同类技术，投资和操作成本大幅节约，技术优势明显。

（7）降低下游装置加工成本上，LDS 技术为下游高辛烷值汽油组分生产装置提供了更低硫的原料。无须增加 MTBE 精馏脱硫装置，即可解决 MTBE 直接进汽油池的硫含量超标问题。低硫 LPG 间接降低了硫酸烷基化装置的酸耗。

(8) 全厂的环保效益上，LDS 技术使碱洗脱硫醇产生的环境污染物实现近零排放。从源头上消灭了碱渣，无须后续配套的碱渣处理装置(比如湿式氧化)，减轻了污水系统的处理负荷，减少了固废处理的环保压力，根本解决了碱渣后处理工艺的碳排放增量。

表 7-2　环境污染物排放对比($30×10^4$t/a LPG 脱硫醇装置)

项目	常规技术	LDS 技术
水环境污染物(碱渣)，t/a	300～1000	约为 0
大气环境污染物(恶臭尾气)，m^3/h	50～100	0
固体废弃物①(碱渣处理过程间接产生)，t/a	＞1000	0

①碱渣如果不作为水环境污染物直接排放，就必须采用“湿式氧化+蒸发结晶”的方式进行无害化处理，将产生固体废弃物。

LDS 技术共获得授权中国发明专利 10 项，颁布企业标准 2 项，登记软件著作权 1 项，注册商标 1 项，并获得省部级奖励 2 项，行业协会奖励 3 项。LDS 技术在实现低成本 LPG 脱硫的同时又能实现碱渣近零排放，技术经济和环保指标先进[13-14]。

三、典型应用

中国石油石化院于 2009 年立项对 LPG 脱硫醇和 MTBE 脱硫进行研究，共历时 7 年，经过艰苦攻关完成了环保型超重力 LPG 深度脱硫技术(LDS)的开发和工业示范。

2011—2012 年进行了超重力法脱硫醇碱液再生小试试验。试验结果表明，超重力法循环碱液再生效率远好于现有塔式反应工艺，硫醇钠转化率和二硫化物分离率大幅提高。2013 年进行了超重力法脱硫醇废碱液再生中试试验，验证了反应器结构的放大效应和新工艺对恶劣原料的适应性。2013 年 9 月，中国石油炼油与化工分公司论证后决定由中国石油石化院、中国石油庆阳石化、中国石油东北炼化工程公司葫芦岛设计院等单位联合攻关进行 $30×10^4$t/a LPG 脱硫醇工业试验，2014 年 12 月圆满完成工业试验，实现了 LPG 和 MTBE 深度脱硫同时碱渣大幅减排的双重目标。2016—2020 年，先后在中国石油下属企业和民营企业推广 6 套，并于 2016 年通过了中国石油科技管理部组织的成果鉴定。2018 年 12 月，中国石油华北石化 $80×10^4$t/a LDS 装置顺利投产，标志着 LDS 技术达到了千万吨级炼厂配套技术的规模。

截至 2021 年 4 月，LDS 技术已在 6 家炼厂的 7 套工业装置实现规模化推广应用，累计新增经济效益近 8000 余万元，累计减排碱渣近 2 万余吨。主要业绩见表 7-3。

表 7-3　LDS 技术应用情况（截至 2021 年 4 月）

序　号	用户	原料	规模，10^4t/a	应用阶段
1	中国石油庆阳石化	催化 LPG	30	2014 年投产
2	河南丰利石化	催化 LPG	25	2016 年投产
3	中国石油锦州石化(Ⅰ)	催化 LPG	60	2017 年投产
4	中国石油辽阳石化	催化 LPG	40	2018 年投产

续表

序　号	用户	原料	规模，10^4t/a	应用阶段
5	中国石油华北石化	催化 LPG	80	2018 年投产
6	中国石油锦州石化(Ⅱ)	焦化 LPG	5	2019 年投产
7	中国石油大庆石化	催化 LPG	70	2020 年投产

典型装置应用情况如下。

1. 中国石油庆阳石化 30×10^4t/a LPG 脱硫醇 LDS 装置

LDS 技术于 2014 年在中国石油庆阳石化 30×10^4t/a LPG 脱硫醇装置上首次实现工业应用，MTBE 产品硫含量满足国Ⅴ/Ⅵ标准汽油调和要求，实现了碱渣大幅减排。碱渣排放由改造前的近 750t/a 降低至不大于 60t/a，改造前碱渣全部委托外部处理，处理费为 5000 元/t，改造后所排碱渣主要成分为碳酸盐，COD 低，用于 FCC 烟气脱硫注碱使用，环保效益显著。此外，LDS 技术的实施还大幅降低了庆阳石化 FCC 汽油加氢脱硫装置的操作苛刻度，有效延长了该装置催化剂运行周期，降低了国Ⅴ/Ⅵ标准汽油生产的综合加工成本。庆阳石化的 LDS 装置投资约 1500 万元，节约新碱约 360t/a，年费用节省 177 万元。碱渣减排 690t/a，碱渣年减排效益为 413 万元，MTBE 产品年增值 640 万元，公用工程年新增消耗 56 万元，年总经济效益为 1105 万元。庆阳石化 LDS 装置标定结果见表 7-4，该工业装置已连续 7 年平稳运行，证明了该技术安全环保、成熟可靠。

表 7-4　庆阳石化 LDS 装置标定结果

项　目	设计值	标定值
原料 LPG 硫醇含量，mg/kg	≤90.0	80.0
产品 LPG 硫醇+二硫化物含量，mg/kg	≤5.0	3.0
产品 LPG 总硫含量，mg/kg	≤10.0	6.0
循环碱液硫醇钠含量，mg/kg	≤500.0	≤100.0
循环碱液二硫化物含量，mg/kg	≤30.0	4.0
碱渣，t/a	≤100.0	≤60.0
装置能耗，MJ/t	90.7	68.1

注：所有硫化物的质量分数均以硫元素计。

2. 中国石油华北石化 80×10^4t/a LPG 脱硫醇 LDS 装置

中国石油华北石化 LDS 装置是其年千万吨炼油质量升级项目的配套项目，加工来自两套 FCC 装置和一套轻烃回收装置的总计为 80×10^4t/a 的 LPG。LDS 装置于 2018 年 12 月装置建成投产，一次开车成功，全面达到设计要求。技术投用前，原碱液再生系统再生效果差，导致硫醇钠及二硫化物在碱液系统累积，精制 LPG 硫含量不合格，碱度下降快，只能通过频繁排放碱渣、补充新碱满足 LPG 脱硫指标；碱液中二硫化物通过抽余油进行反抽提，流程复杂且能耗较高。此外，再生过程产生的含硫尾气也难以处理。投用 LDS 技术后，待生碱液硫醇钠转化率从不足50%大幅提高至90%左右，克服了硫醇钠在碱液系统中的累积，实现了碱液的高效再生，碱渣减排1300t/a，累计增加经济效益1.58亿元；再生碱液中二硫化物由不小于2000mg/kg降低至不大于10mg/kg，MTBE原料硫含量从10mg/kg降低到5mg/kg以下，MTBE产品硫含量从50mg/kg降低到10mg/kg以下；含硫尾气送至催化裂化余热锅炉，二硫化物经高温氧化分解为二氧化硫，最后经烟气脱硫吸收实现无害化处理，华北石化LDS装置工艺流程如图7-5所示，LDS技术应用效果见表7-5。

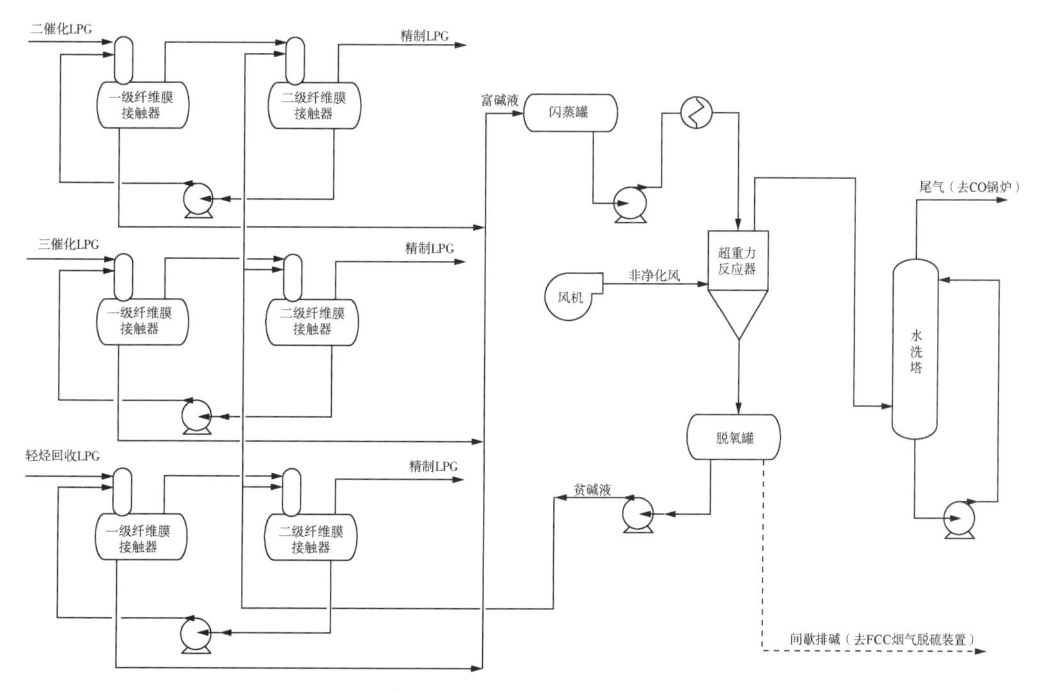

图7-5　华北石化LDS装置工艺流程示意图

表7-5　华北石化LDS技术应用效果

项　目	改造前	改造后
产品LPG总硫含量，mg/kg	≤10.0	≤5.0
MTBE总硫含量，mg/kg	≤50.0	≤10.0
循环碱液硫醇钠含量，mg/kg	≥8000.0	≤100.0
循环碱液二硫化物含量，mg/kg	≥2000.0	≤10.0
碱渣，t/a	≥1300.0	0
置换碱液①，t/a	0	≤100.0
装置能耗，MJ/t	94.2	62.8

①置换碱液用于FCC烟气脱硫注碱使用。

3. 中国石油锦州石化 5×10^4t/a 焦化LPG脱硫醇LDS装置

中国石油锦州石化焦化LPG加工量为 5×10^4t/a，原有的加工流程是焦化LPG脱硫化氢后，与 FCC LPG 混合后脱硫醇。由于焦化 LPG 具有硫含量高(接近 800mg/m^3)、硫形态复杂、富含焦粉等特点，加工混合 LPG 的脱硫醇装置经常出现纤维膜接触器压降增加，脱硫效果波动，产品 LPG 硫含量高(接近 100mg/m^3)，难以满足下游装置对低硫 LPG 原料的指标要求。

2018 年，中国石油锦州石化决定采用 LDS 技术对其焦化 LPG 脱硫醇单元进行改造(新建装置)，由原有的混合 LPG 脱硫醇改为焦化 LPG 单独脱硫醇，脱硫醇后的焦化 LPG 进气体分馏装置提取丙烯。该装置于 2019 年 5 月建成投产，一次开车成功，全面达到设计要求。投用 LDS 技术后，焦化 LPG 脱硫效果明显提升，产品 LPG 总硫含量不大于 36mg/kg，其中硫醇硫含量不大于 3mg/kg。碱液再生系统实现长周期稳定运行，避免了焦化 LPG 脱硫醇系统常出现的频繁更换碱液的弊端(一般 2~4 周更换)。循环碱液中的硫醇钠和二硫化物含量处于较低的水平，硫醇钠含量平均值为 345mg/kg(设计值不大于500mg/kg)，二硫化物含量平均值为 21mg/kg(设计值不大于 100mg/kg)。同时，尾气无害化处理设计和碱渣的近零排放实现焦化 LPG 脱硫醇单元的清洁生产，降低了全厂的综合脱硫成本，锦州石化 LDS 技术应用效果见表 7-6。

表 7-6　锦州石化 LDS 技术应用效果

项　目	设计值	实际值
产品 LPG 硫醇+二硫化物含量，mg/kg	≤ 10.0	≤ 5.0
产品 LPG 总硫含量，mg/kg	≤ 50.0	≤ 36.0
循环碱液硫醇钠含量，mg/kg	≤ 500.0	345.0①
循环碱液二硫化物含量，mg/kg	≤ 100.0	21.0①
置换碱液②，t/a	≤ 300.0	≤ 50.0
装置能耗，MJ/t	80.0	71.3

①装置开车一年内平均值。

②置换碱液用于 FCC 烟气脱硫注碱使用。

四、技术发展趋势

LDS 技术是典型的工艺技术开发成果，是将过程强化技术与特定传统工艺过程相结合，经过学科交叉和集成创新实现了经济节约和环境友好的再创造。该技术的成功开发同时也大幅推进了超重力技术大型化和规模化在炼油行业的应用，反过来也大幅推动了以超重力技术为代表的过程强化技术在炼化多领域的应用。LDS 技术颠覆了沿用 60 年的传统 Merox 液液抽提工艺，真正做到了工业规模碱液再生循环利用和梯级利用，实现了脱硫不排渣的清洁生产。不仅面向当前油品质量升级，而且在炼化绿色低碳转型和提质增效中，低成本消化 LPG 增产所附带的环境问题都将具有非常重要的意义，是实现“天蓝山绿水清”生态愿景的又一重要技术利器。

第二节 船用燃料油技术

国际海事组织(IMO)制定的《国际防止船舶造成污染公约》规定，自 2020 年 1 月 1 日起，全球船舶使用的燃料油硫含量不能高于 0.5%(质量分数)，在国际排放控制区域航行时，燃料油的硫含量不能高于 0.1%(质量分数)。新标准的实施和监管力度的加大，促使低硫船用燃料油生产、销售模式发生变化，由低门槛、零散化向批量、规模化模式转变。市场格局重构，各大石油公司争先布局，抢抓低硫船用油市场机遇[15-16]。

我国保税船用燃料油由于受到国内原油加工特点、生产装置结构、消费税政策等多方面因素制约，企业盈利空间不足，主要依靠进口；内贸船用燃料油依靠贸易商库内调和为主，很少通过炼厂直接生产。2020 年 2 月 1 日起，国际航行的船舶加注燃料油出口退税政策施行，使国内炼厂生产低硫船用燃料油并供应至保税燃料油市场成为可能，中国保税船用燃料油较周边国家的价格优势或将凸显，可能会使得世界航运的燃油需求由新加坡、马来西亚等国家转移到中国港口。对我国船用燃料油生产企业来说，生产出合格的低硫船用燃料油，既是落实国家政策要求，践行国家绿色低碳发展战略，也是满足国际航运市场需求的举措。

一、船用燃料油的分类及标准

船用燃料油一般由重油和轻质馏分油调和而成，是大功率、中低速船舶柴油机最经济理想的燃料。船用燃料油按照船舶航线分为内贸油和保税油，按照油品性质分为馏分型和残渣型。按照密度和十六烷值等质量指标，馏分型燃料油分为 DMX、DMA、DMZ 和 DMB 4 种；按照质量和运动黏度等质量指标，残渣型燃料油分为 6 档 11 个品种，分别为 RMA10、RMB30、RMD80、RME180、RMG180、RMG380、RMG500、RMG700、RMK380、RMK500、RMK700。

除了硫含量指标外，我国船用燃料油标准 GB 17411—2015 还对运动黏度、密度、十六烷指数、碳芳香度指数(CCAI)、闪点、硫化氢、酸值、总沉积物、氧化安定性、残炭、冷滤点、浊点、倾点、外观、水分、灰分、钒含量、钠含量、铝+硅含量、净热值、润滑性、使用过的润滑油等指标进行了规定，不同牌号燃料油对各个项目指标要求不同，RMG180、RMG380 船用燃料油质量标准见表 7-7。

表 7-7 RMG180 和 RMG380 船用燃料油国家标准

项 目	指标	
	RMG 180	RMG 380
运动黏度(50℃)，mm^2/s	≤180	≤380
密度(15℃)，kg/m^3	≤991	
碳芳香度指数(CCAI)	≤870	

续表

项　目		指标	
		RMG 180	RMG 380
硫含量,%(质量分数)	Ⅰ	≤3.5	
	Ⅱ	0.5	
闪点(闭口),℃		≥60	
硫化氢含量，mg/kg		≤2	
酸值(以 KOH 计)，mg/g		≤2.5	
总沉积物(老化法),%(质量分数)		≤0.1	
残炭,%(质量分数)		≤18	
钒含量，mg/kg		≤350	
钠含量，mg/kg		≤100	
铝+硅含量，mg/kg		≤60	
倾点,℃		≤30	
净热值，MJ/kg		≥39.8	
水分,%(体积分数)		≤0.5	
灰分,%(质量分数)		≤0.1	

注：燃料油应不含使用过的润滑油(ULO)，但当钙含量大于 30mg/kg 且锌含量大于 15mg/kg，或钙含量大于 30mg/kg 且磷含量大于 15mg/kg 时，认为燃料油含有 ULO。

燃料油应具有良好的雾化性能和低腐蚀性，并含有较少的胶质和沥青质，以实现充分燃烧，减少结焦。运动黏度是燃料油的重要指标，运动黏度大，则雾化性能差，喷出的油滴大，燃烧不完全，热效率会下降。运动黏度与燃料油化学组成有关，石蜡基燃料油蜡含量高、胶质含量低，加热到倾点以上温度时，其流动性一般较好，运动黏度较小；中间基、环烷基原油生产的燃料油，一般胶质含量高，运动黏度也较高。倾点是衡量燃料油低温性能的指标，一般与其含蜡量有关，对于低运动黏度燃料油，通常要求其倾点不能太高，以保证储存和使用过程流动性。高运动黏度燃料油一般是采用减压渣油调和生产，在渣油热加工过程其化学结构、物理组成发生改变，储存使用过程中容易发生沉淀、分层现象，影响输油及传热效率，一般要求燃料油有较好的热安定性和储存安定性。密度可以作为燃料油品质的依据。闪点是评价燃料油形成火灾危险性的有效指标，轻质油馏分的闪点会直接影响调和燃料油产品的闪点。水分的存在会降低燃料油热值，影响燃料燃烧性能。灰分是指规定条件下燃料油被炭化后经煅烧所得的无机物，影响传热效率。“铝+硅”主要来自残渣油中的催化剂粉末，会对燃烧设备产生磨损。钠和钒含量高会导致“热腐蚀”而损坏机械部件以及增加总灰分量，产生沉积问题。

二、低硫船用燃料油生产技术

低硫船用燃料油生产技术是在《中华人民共和国环境保护法》实施后形成的新技术，主要包括脱硫、调和及降黏/降凝等技术，调和是生产低硫船用燃料油的主要工艺过程。

1. 燃料油脱硫技术

燃料油中硫的形式主要为噻吩及其衍生物，主要存在于胶质中，随着馏分变重，噻吩硫的含量不断增加，非噻吩硫的含量不断减少，并且噻吩的环数也随着馏分变重而增加，燃料油中噻吩硫的脱除是难点。燃料油脱硫技术可分为加氢脱硫和非加氢脱硫两大类。

1）燃料油加氢脱硫

加氢脱硫是工业上比较常用的燃料油脱硫方法，主流技术是固定床渣油加氢技术，在Co-Mo/Al_2O_3、Ni-Mo/Al_2O_3等组合催化剂作用下，通过高温、高压催化加氢将油品中的有机硫转化成硫化氢脱除，脱硫率可达90%，脱硫后渣油的硫含量小于0.5%，可以与其他低硫组分，如重柴油、蜡油、催化油浆等进行调和，生产满足标准的低硫船用燃料油。固定床渣油加氢技术已经成熟，全世界投产的装置约100套，总加工能力达到2×10^8t/a。主要技术有Chevron公司的RDS/VRDS技术、UOP公司的RCD Unionfining技术、ExxonMobil公司的Residfining技术、Shell公司的HDS技术、Axens公司的Hyvahl技术、中国石化大连院(FRIPP)的S-RHT技术、中国石化石科院(RIPP)的RHT技术以及中国石油石化院的PHR渣油加氢脱硫技术等。

通过渣油加氢脱硫生产残渣型船用燃料油是炼厂的可选路径，但是减压渣油一般残炭高、运动黏度大，需要掺稀进料，渣油加氢脱硫过程需要高温、高压环境和高活性的催化剂，氢气的消耗量大，能耗高，操作成本高，且装置投资高，建设周期长，很难实现低成本脱硫。因此，炼厂一般采用现有渣油加氢装置的余量或提高负荷来多产低硫渣油作为低硫船用燃料油调和组分，如中国石化的金陵石化、镇海炼化等。

2）燃料油非加氢脱硫

燃料油脱硫的难易程度取决于油品中硫化物类型，加氢对二硫化物和硫醇、硫醚等有很好的脱除效果，对于噻吩类含硫化合物脱除效果不理想。因此，仅依靠加氢技术实现船用燃料油低成本脱硫的难度越来越大，迫切需要开发非加氢脱硫技术。非加氢脱硫技术包括吸附脱硫、萃取脱硫、氧化脱硫和生物脱硫等技术[17]。几种脱硫技术对比见表7-8。

表7-8　各种脱硫技术对比[17]

技　术	技术特点	优　点	缺　点
吸附脱硫	利用有机硫化合物与吸附剂表面过渡金属原子间弱化学作用脱硫，关键在于脱硫剂开发，常用的脱硫吸附剂有分子筛、碳材料及金属氧化物等，代表技术有S-Zorb、IRVAD技术等	操作简单，投资少，适合深度脱硫，无污染	对烷烃类的吸附最弱
萃取脱硫	依靠萃取剂对硫化物与燃料油溶解度的不同脱硫，包括离子液体萃取法、酸碱洗涤法、有机溶剂萃取法、膜萃取技术等	反应条件温和	能耗大，油品收率低
生物脱硫	利用微生物或生物代谢过程将有机硫氧化为含硫氧化物或还原为硫化氢，再经后续分离操作实现燃料油脱硫，菌种复杂，还未形成一定规模的工业应用	彻底脱除噻吩硫，操作条件温和	反应时间长
氧化脱硫	依靠氧化作用，使硫化物变成高价态亚砜或砜类，常用的氧化剂有过氧化氢、过氧酸、硝酸、臭氧和氧气等，代表技术包括FlexUp技术等	选择性好，反应条件温和，对原料适应能力强	脱硫剂再生困难

以上几种非加氢脱硫技术均处于研究阶段，尚未见到工业应用报道，其中重质油氧化脱硫技术研究活跃。氧化脱硫过程一般包含两个步骤：第一步是有机硫化物的氧化；第二步是有机硫氧化物的移除。有机硫氧化产物的脱除通常利用其极性变化，采用萃取的方式实现与油品的分离。氧化脱硫对加氢法难以脱除的噻吩类硫化物（如苯并噻吩、二苯并噻吩及衍生物）有较高的脱除效率，能达到超深度脱硫的目的。氧化脱硫可以与加氢脱硫互为补充，且氧化脱硫无须氢源，工艺流程简单，设备投资和操作费用低，从而降低了操作成本，具有广阔的发展前景。具有代表性的 Auterra 公司的 FlexUp 重质油脱硫技术，以空气为氧化剂可有效处理各种运动黏度的高含硫重质油。以加拿大和委内瑞拉的油砂等重质含硫原油为原料，脱硫率为 75%～80%，投资和操作费用低，特别适合直接生产硫含量低于 0.5%（质量分数）的残渣型船用燃料油或其调和组分。

2. 低硫船用燃料油调和技术

调和是生产低硫船用燃料油的关键步骤，油品调和技术是分子扩散作用、湍流扩散作用和主体对流扩散作用 3 种扩散过程的综合作用。在船用燃料油调和中，由于各组分油运动黏度较高、差异较大，在机械能传递给物料时，不是形成涡流扩散为主，而是在剪切力作用下把被调和的物料撕拉成很薄的薄层，再通过分子扩散实现均匀混合，与轻质油品调和相比，调和难度更大，需要更优异的调和设备和技术。常用的油品调和工艺分为油罐批量调和和管道连续调和[18-19]。

1）油罐批量调和技术

油罐批量调和工艺为传统的油品调和技术，国内炼厂主要采用这种工艺生产残渣型船用燃料油，以间歇式罐式批量调和为主，单次定量生产，通过泵循环、电动搅拌等方法，把待调和的组分按规定的调和比例混合，间歇操作。优点是操作简单，不受组分油质量波动影响；缺点是组分罐多，调和周期长，易氧化，比例不精确等，油品质量稳定性、混合均匀性有待提高，也不符合大规模、连续生产的要求。

2）管道连续调和技术

利用自动化仪表控制各个被调和组分流量，并将各组分与添加剂等按预定比例送入总管和管道混合器，通过在线分析仪表连续控制调和指标，使各组分混合均匀，调和成船用燃料油产品。油品在线调和技术在汽油、煤油、柴油等成品油调和方面已经成熟并得到广泛应用，但在船用燃料油调和方面存在许多技术难题：一是调和原料以低价值劣质油品为主，品种众多，变化频繁，性质差异大；二是油品运动黏度、倾点等关键性质与组成比例呈非线性关系，预测模型不完善，不同批次油样需要大量实验数据进行预测模型修正；三是常用的近红外、核磁等轻质油品性质快速检测技术不适用于渣油等重质燃料油。因此，开发重油调和计算软件、非线性指标预测模型和性质快速检测技术，实现船用燃料油的一次性自动调和，可以避免重复调和、批量调和带来的资源浪费，还可以通过对关键指标的卡边控制，降低硫含量、运动黏度等指标的富余度，降低低硫组分和低黏组分的使用量，降低成本。

3. 船用燃料油调和组分改质与添加剂技术

减少柴油、蜡油等轻组分调和比例是降低船用燃料油生产成本的关键，调和组分的相容性、油品的稳定性是提高产品竞争力的重要因素，渣油降黏、添加助剂是实现上述目标的重要手段。

1）调和组分改质技术

减压渣油、沥青等重调和组分，运动黏度大、倾点高，直接用于调和。柴油等轻组分用量大，配方不经济，通过减黏裂化可以对渣油进行改质，降低渣油运动黏度和倾点。

中国石油石化院与中国石油大学(华东)共同开发的供氢热裂化技术，根据原料的组成特点，通过评价窄馏分供氢能力确定最佳的供氢馏分，与渣油原料一起进行减黏改质。该技术不需要加入催化剂和氢气，操作压力较低，温度较低，供氢体来自自有馏分，仅需要利用上游的常减压蒸馏装置，工艺简单，供氢减黏效果好，在保证改质油具有较高稳定性的同时，实现降黏率95%以上，供氢热裂化装置液体收率为96.5%~97.4%(质量分数)，工业试验结果见表7-9。

表7-9　供氢热裂化改质降黏原料及产品数据

分析项目		分析结果
原料	密度(20℃)，kg/m^3	1029.7
	运动黏度(80℃)，mm^2/s	14380
	运动黏度(100℃)，mm^2/s	3327
改质油	运动黏度(50℃)，mm^2/s	1296
	稳定性(可分离性值①)	2.3
	斑点试验，级	1
	甲苯不溶物,%(质量分数)	0.09

①按照NB/SH/T 0902—2015《含沥青质量质燃料油正庚烷诱导相可分离性值的测定光学扫描法》标准方法分析，可分离性值在0~5之间，认为油品具有高储存稳定性，沥青质不容易絮凝。

2）添加剂技术

船用燃料油调和技术通过液—液相分子混合扩散机理，使多种液体燃料相互溶解形成热力学稳定的均相或动力学稳定的分散相，长时间稳定，并使其运动黏度、闪点等各种特性参数达到燃料油使用、运输的要求。由于船用燃料油调和组分复杂，在调和及掺混时，混合油品组成的变化，导致沥青质的溶剂层受到破坏，失去对沥青质的保护作用，沥青质在其较强分子作用力下，相互聚集、堆积，直至絮凝、沉淀，相容性变差，使其热稳定性和储存安定性低，析出的沥青质造成船上燃油系统沉渣和油泥堵塞，严重影响船舶的安全运行，需要添加燃油稳定剂增强组分间的相容性，以提高燃料油的稳定性。另外，乙烯裂解焦油、催化油浆是潜在的优质船用燃料油调和组分，但其芳烃含量高，会带来启燃温度增高、燃烧特性不佳问题；金属含量高，会形成金属氧化物或硫酸盐，发生高温腐蚀等问题。

通过应用添加剂可以改善使用性能，提高油品稳定性，改善燃烧状况及腐蚀磨损。添加剂主要包括三大类[20]：

(1) 燃烧前添加剂：主要是分散稳定剂，改善储存稳定性，阻止沥青质聚沉，提高燃烧效率。

(2) 燃烧促进添加剂：燃烧催化剂，分散沥青质并催化炭燃烧，解决芳烃化合物含量过高带来的滞燃期过长问题，提高燃烧效率。

(3) 燃烧后添加剂：提高燃料中灰分的熔点，抑制钒、钠、硅、铝、镍、钙的沉积，减少高温腐蚀。

低硫船用燃料油添加剂的研究随着环保法规的实施表现得异常活跃，适合不同应用场景的稳定剂均得到深入研究，但实际应用的比较少，主要原因是添加剂用量偏大、成本偏高，在低硫船用燃料油市场价格偏低的情况下，限制了使用范围。随着低硫船用燃料油价格趋于合理，低用量和低成本添加剂技术将是未来发展趋势。

4. 中国石油低硫船用燃料油生产技术

2020年是船用燃料油市场开启低硫元年，我国船用燃料油供应企业主要集中在中国石油、中国石化、中国中化和中海油。中国石油拥有完善的船用燃料油服务体系，加工的原油硫含量较低，更易获得低硫燃料油资源，能够采用直接调和技术生产低硫船用燃料油，拥有成本优势。

中国石油长期致力于劣质重油加工技术研发，在高黏重油改质方面积累了丰富的经验，形成了高黏重油供氢热裂化降黏和高蜡原油裂化降凝技术。2019年，结合低硫船用燃料油市场需求，利用中国石油低硫资源优势，构建合适的船用燃料油调和池，对调和池各个原料进行综合性质评价，综合比较高黏重油单组分改质和混合多组分改质效果，优选合适的热改质原料，通过小试优化和中试验证，确定了最优工艺条件，开发形成了化学改质—原位调和(MIB)生产低硫船用燃料油工艺技术。该技术通过改质解决直接调和法生产船用燃料油倾点高、掺稀轻油用量大的问题，并通过调和技术保证产品性质稳定，实现船用燃料油的低成本清洁化生产。

1) 技术原理

船用低硫燃料油调和原料分为重油和轻油，主要包括渣油、减线油、蜡油、加氢尾油、页岩油等。减压渣油、脱油沥青等高黏重油作为船用燃料油调和组分，流动性是主要限制指标，需要采取技术措施降低运动黏度和倾点，从而有效减少轻馏分油用量和生产低硫船用燃料油的成本。

减黏裂化是成熟的不生焦热加工技术，是以常压重油或减压渣油为原料进行浅度热裂化反应的热加工过程。主要目的是降低高黏燃料油的运动黏度和倾点，工艺简单，运行成本低，是一种高效的改质技术。减黏裂化的主要反应是热裂化，一般认为服从自由基反应机理，渣油四组分自由基链反应历程大致如下[21]：

链引发：

$$\text{S, A, R, As} \longrightarrow \text{Ra}\cdot$$

链延续：

$$\text{(S, A, R, As)} \longrightarrow \text{RaH} + (\text{S}\cdot, \text{A}\cdot, \text{R}\cdot, \text{As}\cdot)$$

脱烷基：

$$\text{A}\cdot, \text{R}\cdot, \text{As}\cdot \longrightarrow \text{S}\cdot + (\text{A, R, As})$$

烷基裂解：

$$\text{S}\cdot \longrightarrow \text{S}_1 + \text{S}_2\cdot$$

缩聚反应：

$$A\cdot，R\cdot，As\cdot \longrightarrow R_{A1}—R_{A2}$$

式中　S——饱和分或链烯烃；

A——芳香分；

R——胶质；

As——沥青质；

Ra·——自由基。

渣油的热反应过程并不是完全的随机反应过程，通过控制一定的反应条件，可以使反应有选择地进行。在渣油的热改质过程中，裂化反应和缩合反应是主要的反应形式，前者为吸热反应，后者为放热反应，二者同时存在和相互联系。渣油热改质的根本目的是通过裂化反应使平均分子量和胶团的直径变小，表现在物理性质上是其运动黏度变小和凝点降低，同时得到少量裂化轻质油和裂化气。缩合反应的存在则使部分小分子变成大分子，沥青质芳香环侧链断裂使其芳香性增强，沥青质聚合性增强，沥青质在胶体体系中的溶解性下降，生成新的胶核，甚至焦炭，使油品的安定性变差。随着裂解深度的提高，热失重不断增加，并存在一个突变温度，在这个温度以上渣油热失重率直线上升，出现明显的放热峰和吸热峰，这个温度就是开始结焦的温度，简称初始结焦温度。初始结焦温度以下以裂解反应为主，在初始结焦温度以上，随着反应温度提高，缩合反应转化为主导反应。因此，选择合适的反应条件，使反应向有利于裂化反应的方向进行，降低缩合反应速率。减黏热裂化反应主要有两个关键影响因素，即温度和反应时间。低温长时间工况下，裂化缓和，轻质化程度低，生成油运动黏度得到改善，油品稳定性较好；高温短时间工况下，裂化加剧，轻质化程度高，生成油稳定性较差。

液体的黏度随着压力的增高而增大、随着温度的升高而减小，液体的[动力]黏度 η 与温度 T 的关系可用 $\eta=A\,e^{\Delta E_{vis}/(RT)}$ 表示，其中 A 为 Arrhenius 常数，R 为摩尔气体常数，ΔE_{vis} 为流动的活化能，即开始流动前在分子旁形成足够大的空穴以供该分子移动所必须克服的能垒，分子越大，它们之间的相互作用力就越大，流动所需的能量也越大。此外，分子间的氢键等也会使液体的黏度增大。重油中超分子结构的形成是电荷转移作用、偶极相互作用和氢键作用的共同贡献，与分子芳香性和杂原子含量有关，杂原子决定了分子的极性和形成氢键的能力。重油中的胶质和沥青质均是含有较强芳香性和较多杂原子的大分子，导致分子间或分子内以多种方式缔合形成各个层次的超分子结构。在船用燃料油调和中，由于各组分油运动黏度较高、差异性较大，在机械能传递给物料时，通过剪切作用把被调和的物料撕拉成很薄的薄层，通过分子扩散实现均匀混合。此外，随着热效应的增强，氢键、π—π 键作用减弱，调和油的超分子结构被破坏，运动黏度随之下降。

综上所述，通过精准调控减黏裂化的反应温度和时间，降低调和组分运动黏度，能有效提高改质过程经济性，进而降低生产成本，通过优化调和过程，在保持改质效果及产品稳定性的前提下，最大限度降低掺稀轻油用量，实现低硫船用燃料油的低成本生产。

2）中试试验效果

中国石油以减压渣油、催化柴油和第三组分为原料，采用减黏裂化技术处理减压渣油及减压渣油与优选第三组分的混合原料，大幅降低了原料的运动黏度和倾点。主要原料性质、改质油性质和产品性质见表7-10至表7-12。研究表明，通过化学改质—原位调和技术，以减压渣油为原料，改质油收率在98%以上，与直接调和生产低硫船用燃料油产品相比，调和柴油用量可以减少50%以上，配方经济性得到提高，配方见表7-13。

表7-10 低硫船用燃料油生产原料性质

项　目	减压渣油	第三组分	催化柴油
运动黏度(100℃)，mm^2/s	1430.57	—	—
运动黏度(50℃)，mm^2/s	—	269.375	1.628
密度(20℃)，kg/m^3	988	985.9	886.4
硫含量,%(质量分数)	0.711	0.137	0.036
倾点,℃	63	28	-6
灰分,%(质量分数)	0.0046	0.0132	

表7-11 热改质油性质

项　目	减压渣油改质油	混合组分改质油
甲苯不溶物,%(质量分数)	0.1	0.06
运动黏度(50℃)，mm^2/s	3106.72	882.35
密度(20℃)，kg/m^3	966.8	976
残炭,%(质量分数)	18.72	15.68
倾点,℃	31	25

表7-12 低硫船用燃料油产品性质

项　目	指标	混380	单380
运动黏度(50℃)，mm^2/s	≤380	273.9	218.2
总沉积物(老化法),%(质量分数)	≤0.1	0.0077	0.004
倾点,℃	≤30	8	11
密度(15℃)，kg/m^3	≤991	964.8	959.7
闪点(闭口),℃	≥60	合格	合格
钒含量，mg/kg	≤350	1.50	1.77
钠含量，mg/kg	≤100	4.53	4.86
铝+硅含量，mg/kg	≤60	2.43	8.40
使用过的润滑油(ULO)，mg/kg		不含	不含
灰分,%(质量分数)	≤0.1	0.0079	0.0173

续表

项　目	指标	混 380	单 380
硫含量,%(质量分数)	≤0.5	0.381	0.446
残炭,%(质量分数)	≤18	15.19	14.73
碳芳香度指数(CCAI)	≤870	793.93	791.35
酸值(以 KOH 计), mg/g	≤2.5	0.95	1.37
水分,%(体积分数)	≤0.5	合格	合格
硫化氢含量, mg/kg	≤2	合格	合格
净热值, MJ/kg	≥39.8	合格	合格

表 7-13　低硫船燃产品配方

产品方案	改质方案	产品配方,%			柴油节约比例,%
		减压渣油或改质油	第三组分	催化柴油	
RMG180	直接调和	基准	基准	36.8	基准
RMG380	减压渣油改质	23.1	0.6	13.1	64.4
RMG180	减压渣油改质	20	-0.7	18.4	50

3）化学改质—原位调和技术特点

以降低船用燃料油生产成本为目标，开发了化学改质—原位调和船用燃料油生产技术，实现了船用燃料油的低成本生产，显著降低了轻调和资源的用量，该技术具有如下特点：

（1）工艺简单，设备投资少，操作成本低，对原料适应性广。

（2）热改质采用两段上流式反应器，操作灵活，热强度低，反应温度和反应时间匹配合理，生产周期长。

（3）以化学改质手段，优选合适的工艺条件，降低了劣质重油的倾点和运动黏度，优化了产品配方，降低了产品成本，并维持产品稳定性。

（4）对全流程能量进行综合利用，设备占地面积小，能耗低。

三、技术发展趋势

IMO 2020 限硫令的实施，推动了船用燃料油质量升级，急需低硫船用燃料油生产技术，满足船用燃料油清洁化需求。同时，对炼厂高硫渣油出路带来了困难，既是挑战又是机遇，要抓住机遇，重点开发低硫重质船用燃料油生产技术。

炼油行业产能过剩，中国汽柴油表观消费量从 2019 年开始同比持续下滑，而中国与新加坡相比，单位港口吞吐量对应的低硫船用燃料油消费量严重滞后，随着保税船用燃料油出口退税政策落地，将释放国内低硫船用燃料油产能近 2000×10^4t/a，应借此机会加快炼厂转型升级，加大低成本低硫船用燃料油生产技术开发，抢占国际市场。

低硫船用燃料油生产技术竞争的核心是成本，重点开发低成本生产技术，包括高硫渣油低成本加氢及非加氢高效脱硫技术、在线高效自动调和技术及设备、用量低适应性好的添加剂技术和高黏劣质渣油降黏降酸改质技术等。

第三节　油品快速检测技术

在油品生产与调和过程中，性质分析与质量控制至关重要。随着炼油技术的发展以及市场对于清洁油品质量的要求日趋严格，准确、及时、样品量少、自动化程度高的分析技术成为油品稳定生产、控制质量的重要技术支撑。传统的油品分析技术，如汽油辛烷值的测定、柴油和喷气燃料润滑性的测定、重油四组分的测定(柱色谱法)等，往往需要较昂贵的仪器设备、较长的数据反馈周期以及密集的人员劳动，已经难以满足当下清洁油品的生产和使用需求。在此背景下，近红外、核磁等快速分析手段发展起来，不仅解决了分析过程时间长、任务重与成本高的问题，还可以将分析实验室前移至生产装置现场，以在线分析的方式为生产提供实时准确的组成与物性数据，为生产装置的平稳运行和产品质量控制提供技术支持。本节总结了清洁油品质量控制过程中所涉及的近红外快速分析技术和重油四组分快速分析技术的特点、发展及应用情况。

一、近红外快速分析技术

早在 18 世纪，近红外光谱就被学者注意到。由于近红外谱图重叠严重，特征峰之间相互重叠，很长一段时间因为没有合适的解析手段而未能被广泛应用[22]。直到 20 世纪 50 年代，Norris 等首先把近红外光谱应用于农产品的水含量、蛋白质、脂肪等含量的检测[23]。20 世纪 80—90 年代，随着化学计量学方法和计算机技术的发展，近红外光谱逐渐在石油石化、农业食品、制药、纺织等领域应用起来。

近红外分析技术应用于石油化工行业最早始于 20 世纪 90 年代，其最为成熟的应用场景是汽柴油在线调和。1994 年，BP 公司的 Lavara 炼厂就实现了通过在线近红外光谱仪，实时检测 16 种调和组分及 3 种成品汽油的 RON、MON、密度、蒸气压和馏程等指标，实现了质量指标“卡边操作”，成品汽油的 MON 富余量从 0.6 下降至 0.3，每年带来经济效益约 200 万美元[24]。进入 21 世纪以来，采用近红外技术进行汽柴油在线调和已经成为发达国家炼化企业的通用做法，技术十分成熟。2006 年，中国石化开发了用于汽油在线调和的近红外快速检测系统，可以实时测定 10 路物流(包括 8 路调和组分和 2 路成品油)的组成和性质[25]。2008 年，中国石油石化院开发了基于近红外技术的石油产品多项性质快速测定技术，在大大提高分析检测效率的同时，降低了人员消耗、设备消耗与试剂消耗。

1. 近红外快速检测技术原理

近红外光谱主要由分子共价键振动基态振动的合频、倍频吸收产生，其波长范围为 780~2526nm，近红外吸收与浓度的关系与其他分子光谱相同，均满足朗伯比尔定律。受跃迁选律限制，这种吸收的强度往往比基频的吸收弱 1~2 个数量级，因此，近红外光谱往往具有较长的光程以及较宽的峰形。与中红外光谱相比，近红外信号可以通过石英材质的光纤，这就为其应用于在线检测创造了条件。在石油石化产品中，近红外光谱的吸收主要由含氢基团的合频、倍频振动贡献，如 C—H、N—H、O—H、S—H 键等，这些含氢基团吸收频率特征性强，光谱特性稳定。

近红外光谱对于石化产品有机物结构非常敏感，但大部分产生的有机基团在近红外区域内的吸收均有重叠，难以通过一般的手段解析。有关特征基团吸收的具体归属可以参考Workman Jr. 的著作[26]。要从这样肉眼无法辨识的近红外光谱中挖掘所需要的信息，如样品中特定组分的浓度、样品整体的某些性质等，就需要建立光谱到性质的映射关系。当映射关系合理时，针对未知样品，只需要测定其光谱，就可以预测其性质。这样的映射关系就是所谓的快速检测模型。严衍禄先生[27]认为，近红外光谱分析的核心就是从复杂的背景下提取弱信息，这其中包含3个步骤：

（1）信息压缩，即从海量的信息中心提取与待测性质相关的有效变量，降低数据量以便进行处理。

（2）信息恢复，即通过信号处理的手段，降低在光谱测试过程中的随机噪声、误差等，从而提高预测效果。

（3）信息关联，即在处理过的光谱信息与待测性质信息间建立数学关联，常采用多元线性回归、人工神经网络等方法。

采用上述步骤建立的快速检测模型通过合理的验证测试与适用性判据，即可应用于样品性质的快速检测。由于近红外快速检测技术属于通过数学关系建立的间接分析，在使用中需考虑以下因素：

（1）确定模型的适用性。近红外快速检测模型主要针对样品中含量为0.1%及以上组分建立的光谱模型，对于微量组分目前尚难以建立近红外光谱与组分、性质间的联系，即使建立了数学关系，在实际使用中也会存在较大误差。

（2）确定判据的合理性。模型应用的效果取决于建模所用的样品集，建模时所选用样品的组成和性质应覆盖未来需要检测的样品范围，如果未知样品的组成或待测性质超出了建模样品集的范围，预测结果将得不到保证。

（3）模型定期维护与校正。随着模型的使用，光谱仪会发生一定的漂移，待测样品组成可能会超出建模样品集的范围，此时需要及时校正光谱仪，或把超出范围的未知样品及时添加到建模样品集中，从而保证模型准确有效。

2. 中国石油近红外光谱成套分析技术

中国石油石化院开发的中国石油近红外光谱成套分析技术由在线近红外分析系统、化学计量学软件和近红外光谱数据库三部分构成。

1）在线近红外分析系统

在线近红外分析系统由光谱测量辅助系统和在线光谱采集系统两部分组成。该系统的运行方式一般是将各路待测物料引入快速回路，经预处理后进入流通池进行光谱分析，分析完成后将物料返回原管路或进入回收罐；也可将测量探头插入带有被测物流的管路中直接测量。

光谱测量辅助系统包括分析小屋、防爆空调、样品预处理系统等。以应用于蜡油加氢中试的在线近红外分析为例，在低分罐和产品储存罐之间引出旁路，在其上安装在线流通池，流通池安装保持一定倾角，避免气泡停留其中。旁路末端设样品收集罐，位于低分罐水平下方，依靠重力保持液体流动。从低分罐到流通池出口之间做保温处理，保证进入流通池的样品温度与反应装置内部一致。

在线光谱采集系统由近红外光谱仪、多路光纤耦合器、光纤、光纤耦合法兰、流通池、参比池、计算机、控制板、恒温空调、电源、电控盒箱体等单元组成。近红外光谱仪通过光纤与流通池连接，通过多路光纤耦合器实现分时多路在线检测和参比能量检测。光源发出的光经过干涉仪后，耦合进入光纤，再进入多路光纤耦合器。根据时序控制，首先将光谱切换到参比池(空气或参比物质)，采集参比信号；然后将光耦合进入其中一路光纤，通过光纤将光引入流通池，与样品作用产生光谱吸收，以透射形式传播，流通池另一端的光纤收集透射光，并将其再次送入多路光纤耦合器，最后汇聚到近红外光谱仪，获得物料的光谱。同理，根据时序控制，分时切换至其他被测通道，实现多路(即不同测量点)物料的光谱采集。

在线近红外分析系统工作流程包括标样光谱采集和在线检测。前者是在积累了一定数量的标准样品后，现场在线集中采集光谱，用于建立模型。后者是在线分析仪正常工作流程，通过流通检测池在线采集流动状态样品的光谱，将其输入预先建立的多元定量校正模型，计算样品性质，通过网线接口将性质分析结果输送至中控室的计算机。整套系统采用自动化控制，实现被测物料性质自动化在线分析。

2）化学计量学软件

近红外光谱快速检测技术需要采用化学计量学软件处理样品光谱数据，将其与样品的物理化学性质进行关联。目前，市售或仪器配备的化学计量学软件功能不够齐全，不能按标准方法要求设置模型参数，且由于涉及大量实验数据，模型的安全性无法保障。为确保中国石油企业数据安全，保证近红外快速检测方法预测结果的准确性，中国石油石化院按照 GB/T 29858—2013《分子光谱多元校正定量分析通则》开发了具有自主知识产权的化学计量学软件，该软件可用于样品光谱与其物性的关联，建立、完善和优化光谱分析方法。

中国石油石化院的化学计量学软件包括样品集编辑、光谱预处理、建模与优化、性质预测等模块。

(1) 样品集编辑：新建或从数据库中下载需要处理的样品集，包含样品信息与光谱信息，同时剔除异常样品。

(2) 光谱预处理：通过一系列信号处理，实现降噪声、去除随机涨落、提取有效片段的目的。

(3) 建模与优化：通过数据降维，将 2000~5000 个光谱数据进行组合，提取为 5~15 个组合变量，再采用定量校正算法寻找组合变量与样品信息间的关系，建立并输出模型。

(4) 性质预测：使用输出的模型，根据未知样品的光谱，预测其样品信息。

3）近红外光谱数据库

中国石油石化院通过积累多种样品，采集近红外谱图，建立了近红外光谱数据库，样品种类涵盖汽油、柴油、润滑油、渣油、原油、合成树脂等，为先进算法研究和应用开发奠定了基础。至 2020 年底，数据库包含 290 个汽油光谱，310 个柴油光谱，479 个润滑油原料及产品光谱，56 个渣油光谱，以及 174 个合成树脂光谱数据。此外，通过嵌入 INTERTEK 原油光谱数据库，囊括了原油光谱数据 1100 个，结合原油快速评价系统，可以在 30min 内完成原油多项性质快速评价，为原油性质实时监控、原油采购及原油调和提供数据支撑，为企业生产和决策经营提供重要参考。

3. 中国石油近红外快速检测技术应用

1）在油品检测中的应用

中国石油石化院开发的利用近红外光谱测定石油产品多项性质的快速检测技术，已在庆阳石化、玉门油田炼化总厂等生产企业的质量检测部门得到应用，替代了大多数日常样品的重复分析工作，使原来需要数小时获得的分析数据可以在几分钟内获得，降低了人员消耗、设备消耗与试剂消耗。

在庆阳石化，技术应用团队建立了包含石脑油、汽油、柴油等 17 种物料在内的总计 173 个数据模型，采集谱图 1336 个，收集数据 8366 个，涉及的应用场景见表 7-14。

表 7-14 庆阳石化近红外离线应用场景

物 料	性 质
常压石脑油	密度、馏程
常一线油	密度、馏程、闪点、冰点
常三线油	密度、馏程
加氢航煤	密度、馏程、闪点、冰点
催化柴油	密度、馏程
混合石脑油	密度、馏程、族组成
加氢混合汽油	密度、馏程、族组成、辛烷值、蒸气压
加氢柴油	密度、馏程、闪点、冷滤点、凝点
重整汽油	密度、馏程、族组成、辛烷值、蒸气压、苯含量

中国石油石化院还针对蜡油加氢精制中试装置，开发了在线近红外分析系统，可在线测定蜡油精制样品的黏度、黏度指数等关键性质指标，单次采谱时间仅需 2.5min。

2）在原油快速评价中的应用

原油的采购成本占到原油加工总成本的 90%以上。因此，快速、实时地获取原油的性质，并预测其加工性能，对于原油的加工利用具有重要意义。中国石油石化院在近红外原油快速评价技术和原油光谱数据库的基础上，结合 H/CAMS 软件，添加炼厂经常加工的一些原油品种，采用拓扑算法，建立了原油实沸点收率快速预测模型，并以此为基础实现了常减压侧线收率的预测。该技术已应用于广西石化的常减压蒸馏装置。

炼厂应用结果表明，近红外分析方法预测的原油实沸点蒸馏收率与常减压蒸馏装置的实际侧线收率吻合较好，二者的数据对比如图 7-6 所示。从图 7-6 可以看出，各个侧线预测收率与实际生产的侧线收率的变化趋势基本一致，数据的平均误差小于收率绝对值的 0.2%。通过该项技术的应用，广西石化可以根据生产需求灵活地优化原油调和比例，并参照原油快速评价数据与常减压蒸馏装置侧线预测数据，优化常减压蒸馏装置工艺条件。

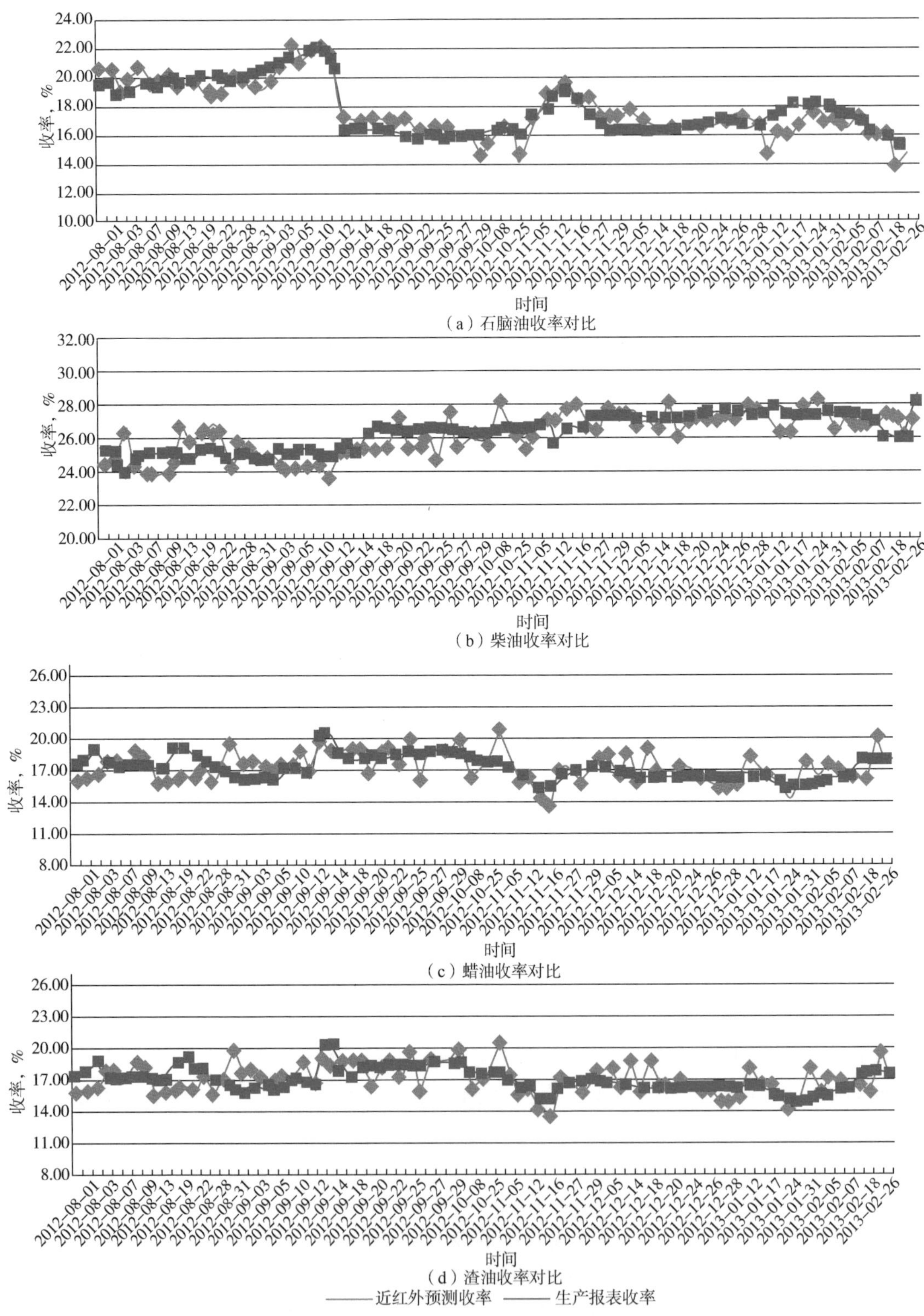

图 7-6　通过近红外快速分析技术预测的常减压蒸馏装置侧线收率与实际收率的比对

二、重油四组分快速分析技术

1. 重油四组分快速分析技术开发背景

重油四组分，又称渣油四组分，指按照极性和溶解度不同分离出的饱和分、芳香分、胶质和沥青质四种组分的质量分数。重油四组分是石化行业中重要的物料性质指标，对于常减压渣油、FCC 原料、渣油加氢原料及产品、延迟焦化原料等多种原料和中间产品的性质评价具有重要意义，也是原料选择、工艺条件优化以及判断生产装置运行情况的重要参考[28]。

现行的重油四组分测定法一般采用 NB/SH/T 0509—2010《石油沥青四组分测定法》，该方法是基于传统的柱色谱来实现重油组分分离，操作步骤烦琐、耗时长，对操作人员要求高。多年来，为了寻找重油四组分分析的替代方法，行业内也先后开发出一些新技术，如薄层液相色谱—火焰离子化检测器法(TLC-FID)、光谱快速评价法等[29-33]，这些方法虽然解决了原方法分析速度慢的问题，但是由于受到样品适用性的局限，往往只能用于固定生产条件下的重油四组分的快速检测与筛查，无法形成具有客观意义的绝对指标。

2019 年，中国石油石化院开发了重油四组分快速分析技术，该技术利用中压液相色谱[34]实现重油四组分的有效分离，不仅结果的准确性和重复性较原标准方法有了一定改善，而且大大缩短了分析测试时间。该技术已在大连石化、兰州石化等企业得到应用。

2. 中国石油重油四组分快速检测设备

1）重油四组分快速检测设备

中国石油石化院基于重油四组分快速分析技术开发了重油四组分快速检测设备，如图 7-7 所示。该设备由流动相控制单元、分离单元、接收与溶剂蒸发单元 3 个模块组成，如图 7-8 所示，其中色谱柱前后的流路切换阀起到了可将色谱柱切入和切出流路的作用。

2）重油四组分快速检测方法

称取一定量的重油样品，用正庚烷分散。分散后的重油试样用过滤膜过滤后，注入可

图 7-7　重油四组分快速检测设备

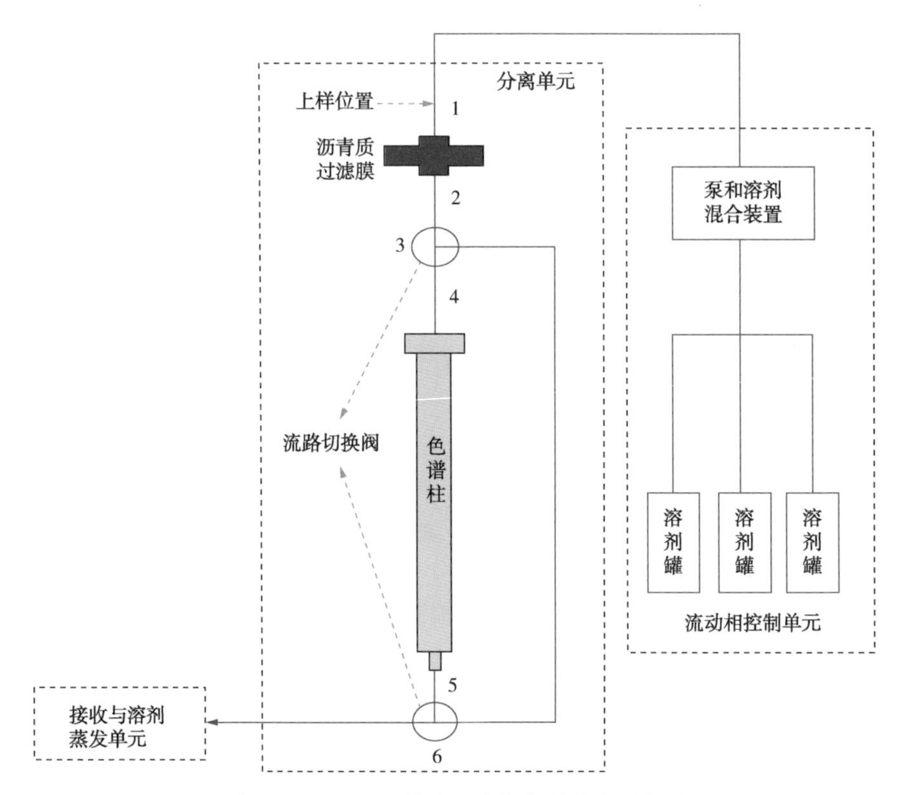

图 7-8　重油四组分中压液相色谱分离示意图

1—将试样分散于正庚烷中；2—上样，过滤分离为沥青质和脱沥青质部分；3—用正庚烷洗脱饱和分；4—用甲苯溶解收集沥青质；5—用甲苯洗脱得到芳香分；6—用 1∶1 甲苯∶乙醇洗脱得到胀质。

控温的色谱柱中，实现沥青质与其余三组分的分离。依次用正庚烷、甲苯、甲苯—乙醇洗脱色谱柱，分别得到饱和分、芳香分和胶质。其间在完成饱和分洗脱后，通过流路切换阀将色谱柱切出流路，使用甲苯将过滤膜上的沥青质单独溶解收集。洗脱下来的各组分将自动流入不同的样品接收盒中，在 100℃条件下进行溶剂蒸发，最终得到重油样品的饱和分、芳香分、胶质和沥青质，通过称重计算可得到每个组分的质量分数。

该方法的分析时间为 4~6h，除样品分散和组分称量环节外，其他工作均由仪器自动完成。方法的精密度要求见表 7-15。

表 7-15　重油四组分快速分析方法精密度

性　质	质量分数,%	重复性,%	再现性,%
饱和分	22.2~82.2	2.7	3.4
芳香分	12.8~37.3	1.5	2.7
胶质	5.1~39.4	$0.064m+0.558$	$0.120m+0.821$
沥青质	0.6~13.5	$0.415m^{0.410}$	$1.114m^{0.302}$

注：m 为两次测量的平均值。

3. 中国石油重油四组分快速分析技术应用

中国石油石化院开发的重油四组分快速分析技术将分析时间从 NB/SH/T 0509—2010

《石油沥青四组分测定法》需要的48h缩减至4~6h，溶剂消耗量较原标准减少了70%，常压渣油、减压渣油、油浆、VGO等13种典型样品的精密度试验结果均满足甚至优于原标准精密度要求。

2020年，重油四组分快速分析技术在大连石化的分析质检实验室得到应用。在调试期间，针对生产企业的实际样品采用新方法和原标准进行了数据对比，比对结果见表7-16，两种方法结果的误差满足原标准再现性要求，表明两种方法在统计上的一致性。该技术应用后，迅速取代了传统重油四组分分析，成为实验室的日常分析手段。

表7-16　重油四组分快速测定方法与NB/SH/T 0509—2010标准的对比

样品类型	成分	新方法	NB/SH/T 0509—2010	NB/SH/T 0509—2010再现性要求	差值百分点
常压渣油	饱和分,%	68.3	68.3	4.0	0
	芳香分,%	17.0	17.8	2.4	0.8
	胶质①,%	14.8	13.8	4.3	1.0
	沥青质,%	0.1	0.2	1.2	0.1
重油催化原料	饱和分,%	68.2	68.2	4.0	0
	芳香分,%	16.9	17.8	2.4	0.9
	胶质①,%	14.8	14.6	4.3	0.2
	沥青质,%	0.1	0.2	1.2	0.1
减压渣油	饱和分,%	27.7	31.2	4.0	3.5
	芳香分,%	45.6	44.5	2.4	1.1
	胶质①,%	16.9	14.9	4.3	2.0
	沥青质,%	9.8	9.4	1.2	0.4

①本次试验中胶质为100%差减得到。

三、油品快速检测技术发展趋势

近年来，国内大力发展智能制造，石化企业逐步向智能工厂转型。石油化工是典型的复杂精密的流程工业，其生产流程的安全、稳定与优化，依赖于对流程中包含温度、压力与物料性质等各个参数详细、准确、实时的感知。快速分析技术提供了一种低成本、实时准确的过程控制手段，特别是近红外等在线检测技术的应用，可以为石化企业提供及时可靠的原料和产品信息，为企业带来可观的经济效益，其成熟应用已成为衡量现代炼化企业技术水平的一个重要标志。

尽管快速分析技术及过程分析技术在油品的生产、调和、质检中已经有了广泛应用，但其技术依然处于发展的上升期，其发展方向主要体现为光谱快速分析网络数字化、手动分析方法自动化和快速分析方法标准化三方面。

（1）光谱快速分析网络数字化。未来的炼化企业油品检测体系，很大程度上依赖在线、实时、网络化的快速分析设备，并佐以少量手动验证分析。对于拥有多家生产企业的大型综合能源企业，决策者可以实时地看到每一家生产企业、每一个关键流程中物料的组成、性质变化，做到“眼明心亮，如臂使指”。这种及时、准确、全面、便捷的分析数据，是炼化流程智能化的坚实数据基础。

（2）手动分析方法自动化。现行的石油产品分析方法中，相当一部分，如博士试验、油品氧化安定性、实际胶质、原油胶质、沥青质和蜡含量等，自动化程度依然不高，且操作时间长、操作难度较大。这些方法的改进将是油品分析领域的重要任务。中国石油石化院在重油四组分分析技术上的革新是手动分析方法自动化的一次成功实践，未来还会有更多方法的自动化革新技术投入使用。

（3）快速分析方法标准化。快速分析方法，无论是基于光谱的建模快速测定，还是以自动化为目标的方法改进，均不可能在不修订原方法标准的情况下脱离其替代分析方法的窠臼。快速分析方法开发与应用的使命始终是以更低的人员物料成本，为炼化智能化提供及时、准确、全面的分析检测数据。为达到此目的，则必须将技术革新体现于标准的制修订中，使之不仅可以用于过程控制的中控分析，也可直接用于产品出厂检验。

第四节　成品油分析表征技术

随着国家对环境保护工作越来越重视，对发动机排放法规不断加严，对与之相适应的油品质量也提出了越来越高的要求。伴随着油品质量升级的同时，相关油品质量标准和分析表征技术也在不断发展，一些生物燃料标准的建立又进一步推动了油品清洁化、低碳化的进程[35-37]。本节就油品质量标准中涉及的重要技术指标和分析表征技术进行介绍。

一、车用汽油、车用柴油、喷气燃料和生物燃料的重要指标及分析表征技术

车用汽油、车用柴油、喷气燃料和生物燃料的质量指标，是为了满足发动机燃烧性能、发动机排放、油品储存等需求，与之相关的主要性能包括抗爆性/燃烧性、挥发性、安全性、安定性、腐蚀性、清洁性和流动性等。主要指标及分析方法见表7-17。

1. 抗爆性/燃烧性

抗爆性或燃烧性是成品油重要的质量指标之一，用来衡量油品在发动机中的燃烧性能。

我国车用汽油和车用乙醇汽油标准中规定，汽油的抗爆性用研究法辛烷值或抗爆指数表示，抗爆指数由研究法辛烷值和马达法辛烷值计算而得。

柴油在压燃式发动机中的着火性能用十六烷值或十六烷指数来表示，前者通过发动机试验得到，后者通过计算获取。

喷气燃料的燃烧性能良好是指热值高、燃烧连续、稳定且燃烧完全，与喷气燃料燃烧性密切相关的指标有净热值、烟点和萘系烃含量。

2. 挥发性/蒸发性

由于含有较轻组分，汽油、柴油或喷气燃料在储运过程中以及汽车油箱内会挥发或蒸发。油品的挥发性或蒸发性也是油品质量的关键性质，主要由蒸气压和馏程等关键指标控制。

蒸气压是表示汽油挥发性的指标，可使用雷德法和微量法进行测定，雷德法是测定汽油蒸气压的仲裁方法。

表 7-17　车用汽柴油、喷气燃料及生物燃料分析方法标准汇总

指标类型	项目名称		仲裁标准		可替代标准①	适用产品①
			标准名称	标准号（含年号）		
抗爆性 燃烧性	辛烷值	RON	《汽油辛烷值的测定　研究法》	GB/T 5487		车用汽油、乙醇汽油 E10、乙醇汽油调和组分油
		MON	《汽油辛烷值的测定　马达法》	GB/T 503		
	抗爆指数（ROM+MON）/2					
	十六烷值		《柴油十六烷值测定法》	GB/T 386		车用柴油、普通柴油、B5 柴油、
	十六烷指数		《中间馏分燃料十六烷指数计算法（四变量公式法）》	SH/T 0694	GB/T 11139	车用柴油、普通柴油
	净热值		《石油产品热值测定法》	GB/T 384	GB/T 2429 ASTM D3338	喷气燃料
	烟点		《煤油和喷气燃料烟点测定法》	GB/T 382		
	萘系烃含量		《喷气燃料中萘系烃含量测定法（紫外分光光度法）》	SH/T 0181		
挥发性	蒸气压		《石油产品蒸气压的测定　雷德法》	GB/T 8017	SH/T 0794	车用汽油、乙醇汽油 E10、乙醇汽油调和组分油
	馏程		《石油产品常压蒸馏特性测定法》	GB/T 6536		车用汽油、车用柴油、普通柴油、喷气燃料、乙醇汽油 E10、乙醇汽油调和组分油、B5 柴油
安定性	诱导期		《汽油氧化安定性的测定　诱导期法》	GB/T 8018		车用汽油、乙醇汽油 E10、乙醇汽油调和组分油
	胶质含量		《燃料胶质含量的测定　喷射蒸发法》	GB/T 8019		车用汽油、喷气燃料、乙醇汽油 E10、乙醇汽油调和组分油
	热安定性		《喷气燃料热氧化安定性的测定　JFTOT 法》	GB/T 9169		喷气燃料
	氧化安定性		《馏分燃料油氧化安定性测定法（加速法）》	SH/T 0175		车用柴油、普通柴油、B5 柴油
	10%蒸余物残炭		《石油产品残炭测定法（微量法）》	GB/T 17144	GB/T 268	
	色度		《石油产品颜色测定法》	GB/T 6540		普通柴油、B5 柴油
	颜色		《石油产品赛波特颜色测定法（赛波特比色计法）》	GB/T 3555		喷气燃料

续表

指标类型	项目名称	仲裁标准		可替代标准①	适用产品①
		标准名称	标准号(含年号)		
安全性	闪点	《闪点的测定　宾斯基-马丁闭口杯法》	GB/T 261		车用柴油、普通柴油、B5 柴油
		《石油产品和其他液体闪点的测定　阿贝尔闭口杯法》	GB/T 21789	GB/T 5208 GB/T 21929	喷气燃料
腐蚀性	铜片腐蚀	《石油产品铜片腐蚀试验法》	GB/T 5096		车用汽油、车用柴油、普通柴油、乙醇汽油 E10、乙醇汽油调和组分油、B5 柴油
	银片腐蚀	《喷气燃料银片腐蚀试验法》	SH/T 0023		喷气燃料
	水溶性酸或碱	《石油产品水溶性酸及碱测定法》	GB/T 259		车用汽油、乙醇汽油 E10、乙醇汽油调和组分油
	酸度	《轻质石油产品酸度测定法》	GB/T 258		车用柴油、普通柴油
	酸值	《喷气燃料总酸值测定法》	GB/T 12574		喷气燃料、B5 柴油
	硫含量	《轻质烃及发动机燃料和其他油品中总硫含量的测定　紫外荧光法》	GB/T 34100	GB/T 11140 SH/T 0689 SH/T 0253 ASTM D7039	车用汽油、车用柴油、普通柴油、喷气燃料、乙醇汽油 E10、乙醇汽油调和组分油、B5 柴油
	硫醇	《石油产品和烃类溶剂中硫醇和其他硫化物的检验　博士试验法》	SH/T 0174	GB/T 1792	车用汽油、喷气燃料、乙醇汽油 E10、乙醇汽油调和组分油
洁净性	机械杂质	《石油和石油产品及添加剂机械杂质测定法》	GB/T 511		车用汽油、普通柴油
	总污染物	《中间馏分油、柴油及脂肪酸甲酯中总污染物含量测定法》	GB/T 33400		车用柴油、B5 柴油
	灰分	《石油产品灰分测定法》	GB/T 508		车用柴油、普通柴油、B5 柴油
	水含量	《石油产品水含量的测定　蒸馏法》	GB/T 260	GB/T 11133 SH/T 0246	车用汽油、车用柴油、普通柴油、乙醇汽油调和组分油
		《轻质石油产品中水含量测定法(电量法)》	SH/T 0246		乙醇汽油 E10、B5 柴油
	固体污染物	《喷气燃料固体颗粒污染物测定法》	SH/T 0093		喷气燃料
	水反应	《航空燃料水反应试验法》	GB/T 1793		
	水分离指数	《喷气燃料水分离指数测定法(手提式分离仪法)》	SH/T 0616		

续表

指标类型	项目名称	仲裁标准		可替代标准[①]	适用产品[①]
		标准名称	标准号(含年号)		
流动性	凝点	《石油产品凝点测定法》	GB/T 510		车用柴油、普通柴油、B5 柴油
	冷滤点	《柴油和民用取暖冷滤点测定法》	SH/T 0248		车用柴油、普通柴油、B5 柴油
	冰点	《航空燃料冰点测定法》	GB/T 2430	SH/T 0770	喷气燃料
	运动黏度	《石油产品运动黏度测定法和动力黏度计算法》	GB/T 265	GB/T 30515	车用柴油、普通柴油、B5 柴油、喷气燃料
润滑性	润滑性	《柴油润滑性评定法(高频往复试验机法)》	SH/T 0765		车用柴油、普通柴油、B5 柴油
		《航空涡轮燃料润滑性测定法(球柱润滑性评定仪法)》	SH/T 0687		喷气燃料
导电性	导电率	《航空燃料与馏分燃料电导率测定法》	GB/T 6539		喷气燃料
元素组成	铅含量	《汽油中铅含量的测定　原子吸收光谱法》	GB/T 8020		车用汽油、乙醇汽油 E10、乙醇汽油调和组分油
	锰含量	《汽油中锰含量测定法(原子吸收光谱法)》	SH/T 0711		
	铁含量	《汽油中铁含量测定法(原子吸收光谱法)》	SH/T 0712		
	氧含量	《汽油中醇类和醚类含量的测定　气相色谱法》	SH/T 0663	SH/T 0720	
烃类组成	烯烃含量	《轻质石油馏分和产品中烃族组成和苯的测定　多维气相色谱法》	GB/T 30519	GB/T11132 GB/T 28768	车用汽油、喷气燃料/乙醇汽油 E10、乙醇汽油调和组分油
	芳烃含量	《轻质石油馏分和产品中烃族组成和苯的测定　多维气相色谱法》	GB/T 30519	GB/T 11132 GB/T 28768	
	苯含量	《汽油中芳烃含量测定法 气相色谱法》	SH/T 0693	SH/T 0713 GB/T 28768 GB/T 30519	乙醇汽油 E10
		《车用汽油和航空汽油中苯和甲苯含量测定法(气相色谱法)》	SH/T 0713	GB/T 28768 GB/T 30519 SH/T 0693	车用汽油、乙醇汽油调和组分油
	甲醇含量	《汽油中醇类和醚类含量的测定　气相色谱法》	SH/T 0663		车用汽油

续表

指标类型	项目名称	仲裁标准		可替代标准①	适用产品①
		标准名称	标准号(含年号)		
烃类组成	多环芳烃含量	《中间馏分芳烃含量的测定　示差折光检测器高效液相色谱法》	SH/T 0806	SH/T 0606	车用柴油、B5 柴油
	脂肪酸甲酯含量	《柴油燃料中生物柴油(脂肪酸甲酯)含量的测定　红外光谱法》	SH/T 0916	GB/T 23801	车用柴油、普通柴油、B5 柴油
非法添加物	硅含量	《车用汽油中硅含量的测定　电感耦合等离子体发射光谱法》	GB/T 33647	GB/T 33465	车用汽油、乙醇汽油 E10、乙醇汽油调和组分油
	氯含量	《电感耦合等离子体发射光谱法测定汽油中的氯和硅》	GB/T 33465	SH/T 1757	
	磷含量	《润滑油及添加剂中添加元素含量测定法(电感耦合等离子体发射光谱法)》	SH/T 0749	GB/T 17476	
	甲缩醛	《汽油中含氧和含氮添加物的分离和测定　固相萃取气相色谱-质谱法》	SH/T 0994		
	苯胺	《汽油中苯胺类化合物的测定　气相色谱-氮化学发光检测法》	SH/T 0991	GB/T 33649	
其他性质	密度	《原油和液体石油产品密度实验室测定法　密度计法石油计量表》	GB/T 1884 GB/T 1885	SH/T 0604	车用汽油、车用柴油、普通柴油、喷气燃料、乙醇汽油 E10、乙醇汽油调和组分油、B5 柴油

①以 GB 17930—2016《车用汽油》、GB 19147—2016《车用柴油》、GB 252—2015《普通柴油》、GB 6537—2018《3 号喷气燃料》、GB 18351—2017《车用乙醇汽油 E10》, GB 22230—2017《乙醇汽油调和组分油》和 GB 25199—2017《B5 柴油》为依据。

馏程是汽油、柴油或喷气燃料的通用技术指标，可以从整体水平反映油品的挥发性。

3. 安定性

油品在储存、运输和使用过程中保持其性能不发生变化的能力称为安定性，不同种类的成品油表征安定性的指标有所区别。

汽油安定性的评价指标有实际胶质和诱导期。

柴油安定性指标用氧化安定性和10%蒸余物残炭表示，10%蒸余物残炭简称残炭，可在一定程度上反映柴油在喷油嘴和汽缸零件上形成积炭的倾向；同时，色度的大小及变化也可以反映出柴油安定性的好坏。

喷气燃料的安定性用实际胶质、安定性及颜色评定。实际胶质的检测方法标准与车用汽油相同，而安定性及颜色的检测方法在GB 6537《3号喷气燃料》中进行了单独规定。

4. 安全性

闪点是油品储存、运输及使用过程中安全防护的重要指标，闪点越低，油品越易燃烧，火灾危险性越大。

5. 腐蚀性

石油产品在储存、运输和使用过程中，对所接触的机械设备、金属材料、塑料及橡胶制品等引起破坏的能力，称为腐蚀性。油品中的腐蚀性组分主要有活性硫化物和有机酸性物质，还有少量的无机酸和碱性物质。

汽油或柴油腐蚀性评价指标有硫含量及硫醇、酸度、水溶性酸碱和铜片腐蚀等，民用喷气燃料评价指标为酸值和铜片腐蚀。军用喷气燃料对腐蚀性要求更为严格，增加了银片腐蚀指标。

6. 洁净性

发动机对油品的洁净程度要求十分严格，影响油品洁净度的物质主要是机械杂质、灰分和水分。

车用汽油标准中对于机械杂质和水分的检测可采用目测方式，而车用柴油使用总污染物指标替代机械杂质，相应的检测方法也有所变化。油品燃烧后残留的无机物称为灰分，可造成发动机汽缸内无机物的沉积和活塞磨损，因此柴油标准规定了其限值和检测方法。车用柴油、车用乙醇汽油和生物柴油调和燃料B5都对水含量有所要求，检测方法分别为GB/T 260《石油产品水含量的测定　蒸馏法》和SH/T 0246《轻质石油产品中水含量测定法电量法》。喷气燃料对洁净度要求较为苛刻，除使用喷气燃料固体颗粒污染物检测方法以外，还有水反应试验法和水分离指数测定法，国外有些标准对于喷气燃料中固体颗粒物粒径的大小也有明确规定。

7. 流动性

流动性，尤其低温流动性是评估油品在低温环境下流动性能的指标。

柴油流动性主要由运动黏度、凝点和冷滤点表示，并规定按地区和季节选用。

飞机对喷气燃料的低温流动性要求更高，除运动黏度以外，还增加了冰点的指标要求。

8. 润滑性与导电性

柴油和喷气燃料的润滑性可以减少发动机相关部件的磨损，增加其使用寿命，因此我国的柴油和喷气燃料标准都对润滑性有一定要求，采用的指标是磨斑直径，但检测方法不同。两种方法均为观测规定条件下钢球的磨斑直径大小。柴油采用 SH/T 0765《柴油润滑性评定法(高频往复试验机法)》，通过钢球在钢片上的往复运动获得磨斑；喷气燃料采用 SH/T 0687《航空涡轮燃料润滑性测定法(球柱润滑性评定仪法)》，通过转动的钢环与固定钢球持续摩擦得到磨斑。

喷气燃料在剧烈晃动、喷雾、加注等情况下，易产生静电荷。当静电聚集到一定程度，可能因火花放电而发生火灾和爆炸，因此，导电性成为喷气燃料标准中必须检测的指标，一般以电导率来表示喷气燃料的导电性能。

9. 元素组成

由于使用含有铅、铁和锰元素的汽油添加剂会对汽车催化器性能和环境产生不良影响，因此车用汽油标准对铅、铁和锰元素含量进行了严格限制。

汽油中加入含氧化合物可提高辛烷值、减少尾气中一氧化碳的排放。但含氧化合物单位体积热值比汽油低，需要控制其总含量。因此，汽油标准引入氧含量指标，用来控制含氧化合物的加入量，检测方法通常使用气相色谱法。

10. 烃组成

成品油是复杂烃类化合物的混合物，车用汽油中烯烃、芳烃和苯与排放污染密切相关。国家对于上述指标限值的要求越来越严格，相应检测方法的精密度要求也越来越高。因此，在 2016 版《车用汽油》标准中，检测烯烃和芳烃的仲裁方法已由 GB/T 11132《液体石油产品烃类的测定　荧光指示剂吸附法》变更为准确性和精密度更高的 GB/T 30519《轻质石油馏分和产品中烃族组成和苯的测定　多维气相色谱法》方法。

柴油中多环芳烃与排放污染物 $PM_{2.5}$的产生密切相关，因此在柴油标准中限定了多环芳烃的含量。2016 版《车用柴油》标准中多环芳烃含量上限已降低至 7%(质量分数)，可用液相色谱法和质谱法进行检测，液相色谱法为仲裁方法。

随着生物柴油的使用，在车用柴油和生物柴油的质量标准中增加了脂肪酸甲酯的含量限值和检测方法。

11. 非常规添加物

成品油的非常规添加物中可能含有一些对汽车发动机、燃油系统或后处理排放系统造成损害的化合物，例如甲缩醛、苯胺类、卤素以及含磷、含硅等化合物。

甲缩醛是一种无色澄清易挥发的可燃溶剂，加入汽油后会使燃料效率降低，二氧化碳排放增加，还会挥发出有害气体。苯胺类物质通常作为辛烷值改进剂加入汽油，会在发动机内部形成胶质，导致积炭增加。车用汽油中的含硅化合物，经燃烧后生成二氧化硅，在发动机和催化转化器内形成沉积物，致使汽车发动机发生故障。含氯化合物在燃烧过程中会形成高腐蚀性酸，对金属造成严重腐蚀，引起汽车故障。含磷化合物会降低汽车尾气催化剂活性，进而增加尾气排放造成环境污染。因此，车用汽油和车用乙醇汽油国家标准均规定不得人为加入甲缩醛、苯胺类、卤素以及含磷、含硅等化合物。

12. 其他性质

密度是油品性能的一个通用性指标，不仅关系到油品储运过程的计量，也与油品组成和燃油经济性密切相关。在车用汽油、车用柴油国家标准中规定密度在 20℃标准温度下测量，检测方法为密度计法和 U 形振动管法。

二、我国清洁油品质量标准和分析表征技术发展趋势

油品质量升级是绿色环保、低碳节能发展的必然趋势[38-39]。2020 年 9 月，我国做出力争 2030 年前实现碳达峰、2060 年前实现碳中和的庄严承诺，这将进一步促进油品质量向低碳化、清洁化发展。未来，油品质量标准将更加科学，更加系统，与环保相关的指标控制也会更加细化、更加严格。随着燃料油的多元化发展，生物质燃料油的种类会越来越丰富，在燃料油中的占比会大幅增加，与此相关的标准研究工作和标准体系建设会更加完善。

油品中影响发动机性能和排放的一些指标，如车用汽油的硫含量、烯烃含量，车用柴油的多环芳烃等虽然下降趋势放缓，但依然是油品质量关注的重点。此外，各种油品添加剂的使用对油品质量控制提出了新的要求。因此，在今后的油品质量标准中对添加剂的使用会有更加严格的规定和限制。

分析表征技术的发展是燃料油产品标准发展的重要组成部分。样品用量更少、准确度更高、分析速度更快、检测成本更低的分析技术将广泛应用。同时，随着在分子层面对油品组成的研究越来越深入，对油品组成与排放关系的认识越来越清晰，未来或许可能形成更为合理的、能够满足排放要求的油品分子组成性质指标。

参 考 文 献

[1] 石亚华 . 石油加工过程中的脱硫[M]. 北京：中国石化出版社，2008：73-80.

[2] 周建华，王新军 . 液化气脱硫醇工艺完善及节能减排要素分析[J]. 石油炼制与化工，2008，39(3)：51-57.

[3] 程俊梅 . 石油炼制污水重大污染源分析与控制对策[J]. 安全、健康和环境，2014(7)：34-37.

[4] Mara T，Carlos S，Maugans C B. Wet air oxidation of refinery spent caustic：A refinery case study[C]. NPRA Conference Technical Report No. 427，2000.

[5] 徐斌，徐洁冰，张凌，等 . 高压湿式氧化法处理炼油碱渣[J]. 中国给排水，2016，32(12)：123-127.

[6] 郭宏山 . 炼化污水深度提标及近零排放关键技术[C]. 东营：第三届全国石油化工企业水处理与零排放新技术研讨会，2019.

[7] 胡雪生，高飞，范明，等 . 环保型液化石油气深度脱硫 LDS 技术的开发与应用[J]. 石油炼制与化工，2018，49(9)：11-15.

[8] Basu B，Satapathy S，Bhatnagar A K . Merox and related metal phthalocyanine catalyzed oxidation processes[J]. Catalysis Reviews，1993，35(4)：571- 609.

[9] 朱亚东 . 液化石油气脱硫醇装置抽提碱液失效原因及工艺改进[J]. 炼油技术与工程，2008，38(10)：20-24.

[10] 陈建峰 . 化工反应强化——理论挑战与工业实践[C]//中国化工学会 . 2015 年中国化工学会年会论文集，2015：2547-2591.

[11] 郭正东，苏梦军，刘含笑，等 . 旋转填充床基础研究及工业应用进展[J]. 化工进展，2018，37(4)：1335-1346.

[12] 邹海魁，初广文，向阳，等 . 超重力反应强化技术最新进展[J]. 化工学报，2015，66(8)：2805-2809.

[13] 贺震 . 一次具有探索意义的审判——江苏省人民政府诉海德公司生态环境损害赔偿案亲历者说[J]. 中国环境监察，2018(9)：54-56.

[14] 申洪涛. 江苏省人民政府诉安徽海德公司生态环境损害赔偿案[J]. 环境，2019(9)：54-55.
[15] 项晓敏，龙化骊. GB 17411—2015《船用燃料油》标准解读[J]. 石油商技，2016，34(3)：57.
[16] 孟宪玲，胡忞旻，宋永一，等. 第22届欧洲炼油年会情况综述[J]. 当代石油石化，2018，26(4)：19-23.
[17] 薛倩，王晓霖，李遵照，等. 低硫船用燃料油脱硫技术展望[J]. 炼油技术与工程，2018，48(10)：1-4.
[17] 蔡智，黄维秋，李伟民，等. 油品调和技术[M]. 北京：中国石化出版社，2011：64-65.
[19] 魏海军，尹峰，王吉喆，等. 船用燃料油的使用与管理[M]. 大连：大连海事大学出版社，2011：64-65.
[20] 王学宏，蒋斌世，董凤，等. 船用燃料油添加剂应用进展[J]. 交通节能与环保，2014(2)：93-96.
[21] Le Page J F, Chatila S G, Davidson M. Resid and heavy oil processing [M]. Paris: Editions Technip, 1992.
[22] Wheeler Owen H. Near infrared spectra: A neglected field of spectral study[J]. Journal of Chemical Education, 1960, 37(5): 234.
[23] Birth G S, Norris K H, Yeatman J N. Non-destructive measurement of internal color of tomatoes by spectral transmission[J]. Food Technology, 1957, 11(11): 552-557.
[24] Espinosa A, Sanchez M, Osta S, et al. On-line NIR analysis and advanced control improve gasoline blending[J]. Oil and Gas Journal, 1994, 92: 42.
[25] 褚小立，袁洪福，陆婉珍. 近年来我国近红外光谱分析技术的研究与应用进展[J]. 分析仪器，2006(2)：1-1.
[26]杰尔·沃克曼，洛伊斯·文依. 近红外光谱解析实用指南[M]. 北京：化学工业出版社，2009.
[27] 严衍禄. 近红外光谱分析基础与应用[M]. 北京：中国轻工业出版社，2005.
[28] 刘四斌，田松柏，刘颖荣，等. 渣油四组分含量预测研究[J]. 石油学报(石油加工)，2008，24(1)：95-100.
[29] Karlsen D A, Larter S R. Analysis of petroleum fractions by TLC-FID: Applications to petroleum reservoir description[J]. Organic Geochemistry, 1991, 17(5): 603-617.
[30] Jiang C, Larter S R, Noke K J, et al. TLC - FID (Iatroscan) analysis of heavy oil and tar sand samples[J]. Organic Geochemistry, 2008, 39(8): 1210-1214.
[31] 褚小立. UV快速测定渣油SARA四组分的方法研究[D]. 北京：中国石油化工科学研究院，1999.
[32] Li H. Determination of SARA composition for hydrogenated residues using attenuated total reflectance infrared spectroscopy[J]. Modern Instruments, 2004, 10(6): 13-17, 9.
[33] Aske N, Kallevik H, Sjöblom J. Determination of saturate, aromatic, resin, and asphaltenic (SARA) components in crude oils by means of infrared and near-infrared spectroscopy[J]. Energy & Fuels, 2001, 15(5): 1304-1312.
[34] 袁黎明. 制备色谱技术及应用[M]. 北京：化学工业出版社，2005.
[35] 全国石油产品和润滑剂标准化技术委员会. 车用柴油：GB 19147—2016 [S]. 北京：中国标准出版社，2016.
[36] 袁洪福，褚小立，陆婉珍. 发展适合我国炼油厂的汽油自动调和成套工艺技术[J]. 炼油技术与工程，2004，34(7)：1-5.
[37] 褚小立，陆婉珍. 近红外光谱分析技术在石化领域中的应用[J]. 仪器仪表用户，2013，20(2)：11-13.
[38] 栾郭宏，贺凯迅，程辉，等. 基于神经网络的近红外光谱辛烷值模型的研究及应用[J]. 计算机与应用化学，2014(1)：65-70.
[39] 刘慧颖，戴百龄. 近红外光谱分析技术用于石油燃料质量检测的探讨[C]. 济南：中国石油学会石油炼制分会第三届年会，1997.

第八章　清洁油品生产与消费趋势及技术展望

我国作为最大的发展中国家，提出了力争2030年前实现碳达峰、2060年前实现碳中和的战略目标。实现碳达峰和碳中和目标，要求进一步加快能源结构调整优化进程，推进绿色低碳可持续发展。未来我国的能源结构中，可再生能源占比大幅提升，化石能源占比进一步下降将是必然趋势，但无论如何，预计在未来20~30年内，石油仍将是交通运输燃料的主要来源。

随着我国国民经济的高质量发展和能源消费结构的变化，替代能源加快发展，交通领域用能日趋电动化，加之汽车发动机燃油效率提升，清洁油品生产面临巨大挑战，其总体消费需求增速放缓，但基础化工原料和高端化学品的需求增长潜力巨大，因此，炼厂在生产满足更加严格排放标准的清洁油品（汽油、柴油、航煤、船用燃料等）基础上，提高化工原料和炼油特色产品产量，"减油增化""减油增特"，并逐步引入更多的可再生原料（如绿氢、生物燃料）推动降碳减排，将是未来炼厂转型升级和清洁油品技术发展的总体方向。

一、油品生产与消费趋势

在"双碳"目标下，炼油行业面临复杂多变的市场环境，国内油品消费总体上将呈现以下5个方面的发展特征。

（1）"双碳"进程加速演进，能源结构低碳化趋势明显，石油及油品消费受到极大挑战。

在"双碳"目标下，降煤增气，减少CO_2排放，提高新能源消费比例，是今后我国能源行业发展的主要方向。在未来能源消费结构调整的进程中，特别是在2030年碳达峰之前，石油仍将是主体能源之一，但在碳达峰后石油消费将会逐渐下降，2060年碳中和前化石能源占比只有25%左右（主要消费天然气，其次是石油，煤炭消费甚微），非化石能源约占到75%，届时石油作为能源的功能显著下降，但作为化工原料的功能将显著提升，推动石油消费的清洁化、低碳化发展，并提升其化工原料功能属性，将是未来炼油行业的共同目标。

在我国碳达峰和碳中和的进程中，石油消费量变化呈现先升后降的趋势。2020年我国石油消费量为7.1×10^8t，随着我国碳达峰、碳中和战略举措的加快实施，对石油消费产生极大挑战，根据中国石油石化院研究预测，我国石油消费将于2025年提前达峰，峰值为7.64×10^8t，之后消费量缓慢下降，2035年将降至6.59×10^8t，2050年继续下降到4.5×10^8t。

"双碳"目标下，由于其低碳甚至零碳能源属性，光伏、风能、氢能、地热、生物质能等新能源迎来快速发展的"风口"，成为未来油品替代的优先选项，特别是随着电动汽车和氢能产业的发展，未来交通运输领域用能电气化趋势凸显，油品消费无疑将进一步减速，传统炼厂特别是以生产清洁油品为主的燃料型炼厂将面临更大挑战，但也面临向炼化一体化转型、炼油与新能源、新材料融合发展带来的诸多机遇[1]。

（2）交通领域用能电动化提速，油品需求增速总体放缓，油品消费结构发生显著变化。

交通运输油品需求将呈缓慢达峰然后下降的趋势。短期内，燃油效率提高在降低油品需求增速方面将发挥主要作用。中国汽车工程学会2020年发布的《节能与新能源汽车技术路线图2.0》预计，2030年乘用车新车油耗将从2020年的接近5L/100km降到3.2L/100km。中长期内，随着技术成熟、配套设施完善、成本下降，电动汽车和替代燃料对油品市场的渗透率会逐步增加，从开始时替代油品增量需求，逐渐发展为在长期内替代存量需求。但是，由于液体运输燃料(汽油、柴油、煤油)具有相对更高的能量密度，汽油能量密度为12~17MJ/kg，而电池的能量密度，如锂离子电池为0.46~0.72MJ/kg，目前最高的特斯拉电池车的能量密度仅为1.08MJ/kg；此外，由于液体燃料运输方便和易于车载储存，且已经建立了完整而庞大的生产、储存和销售体系，不太可能实现所有运输方式全面电气化。在重型货运和海运、航运中，液体燃料的能量密度是一个根本优势，难以被替代。因此，交通运输能源低碳路径不太可能有唯一方案，而是需要根据不同运输方式的特点和燃料要求，在低碳强度的石油基燃料、电能、氢能、生物燃料等多种燃料中进行综合考量[2]。

2020年，我国炼油能力达到8.73×10^8t/a，原油加工量为6.57×10^8t，估计2021年炼油能力突破9×10^8t/a，整体上炼油能力已经过剩。未来20年，随着我国经济发展进入新常态、产业结构转型升级和资源环境的制约，成品油需求增速趋缓，同时由于替代燃料迅速发展，预计我国成品油消费将进入中低速增长阶段，2025年左右会进入平台期[3]。分品种来看，汽煤柴油需求呈现分化特征[4]：一是汽油需求维持低速增长，预计2026年左右达峰，峰值为每年1.6×10^8t左右；二是柴油需求已经进入峰值平台期，未来将稳中趋降，预计2025年约为1.7×10^8t；三是居民选择航空交通出行频次增加，带动航煤需求保持较快增长，预计2025年增加到5200×10^4t。此外，随着国际海事组织限硫措施的实施，低硫船用燃料油需求将保持增长态势。

(3) 炼厂转型升级步伐加快，“减油增特”“减油增化”成为炼厂实现转型发展的必然选择。

近几年来，国内炼厂转型升级步伐加快，其总体方向是燃料型炼厂向炼化一体化转型、向产品特色化转型。炼厂从以往主要生产清洁燃料转向生产“清洁燃料+基础化工原料+化工新材料”。未来尽管油品需求放缓，但市场对高端沥青、石蜡、高档润滑油基础油、高等级碳材料(如针状焦、负极焦)等炼油特色产品需求保持增长，同时由于新能源、新材料等新兴产业快速发展，带动乙烯原料(石脑油)、基础化工原料(如乙烯、丙烯、芳烃、乙二醇、α-烯烃等)以及下游高端合成树脂、特种合成橡胶、功能纤维、特种工程材料、可生物降解材料需求旺盛，因此推进“减油增特”“减油增化”，将油品更多地转化成“三烯”“三苯”等基础化工原料和增产乙烯急需的轻质原料是炼厂转型发展的必然选择。

根据中国石油石化院研究预测，受乙烯高端衍生物及化工新材料需求增长驱动，2020年我国乙烯产能增至3408×10^4t/a。保守估计，到2025年我国乙烯产能将达到6000×10^4t/a以上，到2035年将达到9000×10^4t/a以上，届时分别需要1.8×10^8t/a、2.7×10^8t/a乙烯原料(石脑油)，化工用油缺口巨大。

(4) 未来油品向更清洁、能量密度更高方向发展，油品质量标准持续提升。

我国油品质量升级经历了无铅化、降低硫含量以及降低烯烃、芳烃含量等发展阶段，目前在实施国ⅥA汽油标准的基础上，2023年起将全面实施国ⅥB汽油标准，其中烯烃含量限值从18%(体积分数)进一步降至15%(体积分数)[5]。

2021年7月，北京市发布《车用汽油环保技术要求》和《车用柴油环保技术要求》两项强制性地方标准(简称“京6B”油品标准)，将于2021年12月1日起实施[6]。预计使用“京6B”油品后，汽油车颗粒物排放可下降20%~30%，碳氢化合物下降10%~15%，一氧化碳下降6%~10%；柴油车颗粒物排放可下降20%，氮氧化物下降10%。“京6B”油品标准的实施，将为改善空气质量、实现细颗粒物($PM_{2.5}$)和臭氧协同减排发挥重要作用。

除了应对未来更加严格的油品标准之外，炼油企业可以探索研究“配方燃油”，生产能量密度更高、燃油效率更高的油品，与发动机制造企业一起努力，使得百千米油耗比3.2L更低、更节能。从全生命周期碳排放看，这将比氢燃料电池车碳排放更有竞争力，社会成本更低，安全性更高，可避免花巨资建设更多的充电站、加氢站，充分利用现有遍布全国的加油站，将加油站升级为能量及生活用品补充中心。

(5) 分子炼油与智能炼厂日趋成熟，生产效率与效益显著提高。

传统炼油技术基于集总模型和虚拟组分模型，只能得到各馏分的整体物理性质、平均结构参数和族组成，制约了炼油技术的进步和石油资源更加合理地利用。分子炼油则是从分子水平来认识石油加工过程，准确预测产品性质，优化工艺和加工流程，提升每个分子的价值。分子炼油技术遵循“物尽其用、各尽其能”的理念，按照“宜油则油、宜芳则芳、宜烯则烯、宜润则润、宜化则化”的原则，做到“吃干榨净”，充分、有效利用石油资源。“减油增特”“减油增化”是炼厂践行“分子炼油”实现转型发展的重要途径，通过调整炼油生产工艺过程增产适销对路的炼油特色产品，如增产高等级沥青、特种石蜡、高档润滑油基础油及高端碳材料等，提高炼厂效益。

目前，全球炼油行业对分子炼油技术的研究方兴未艾，部分技术已经工业化应用。随着科技的发展，特别是现代分析技术、计算机技术、大数据、云计算等技术的飞速发展，分子炼油技术正在逐步走向成熟，是未来炼油技术进步的主要方向[7]。炼化企业走向“分子炼油+智能工厂”，将分子炼油的理念通过智能炼厂的实施在实际生产中得到实现，油品生产结构将结合市场需求变化及时优化，实现企业效益的最大化。

二、清洁油品技术展望

1. 清洁汽油技术

我国汽油质量升级的总趋势是更低的硫、苯、芳烃和烯烃含量及馏程更轻质(控制大分子C_{9+}芳烃含量)。汽油清洁化发展将由以往单纯的FCC汽油脱硫逐渐过渡到汽油池调和组分的清洁化，主要实现途径包括FCC汽油的脱硫、降烯烃以及削减FCC汽油比例，增加无硫、无烯烃、无芳烃高辛烷值汽油调和组分(烷基化、异构化油)的汽油池优化。汽油加氢技术的研发重点主要是通过催化材料、催化剂制备技术和工艺技术的创新，实现更高选择性的加氢脱硫和烯烃定向转化组合，实现FCC汽油超深度脱硫、降低烯烃含量并保持辛烷值不损失。此外，随着渣油加氢技术、FCC原料预处理技术和多产异戊烷烃的催化裂化工艺技术的大量应用，FCC汽油的硫和烯烃含量将大幅降低，短流程、低能耗物耗、低成本的FCC汽油全馏分直接选择性加氢脱硫生产国ⅥB标准甚至更高要求的清洁汽油调和组分成为可能，有必要布局催化材料和催化剂制备技术研发和工艺开发。

催化轻汽油醚化技术需着力解决催化剂使用周期较短的问题，延长换剂周期，与3年或4年一修的装置检修周期相匹配，进一步优化工艺流程，降低装置能耗，开发更高效、使用周期更长的催化剂，减少催化剂用量，降低装置投资。醚化技术作为低成本增加催化汽油氧含量提高汽油辛烷值的优势技术，理应有好的应用推广前景，如果进一步限制氧含量，会对该技术的使用产生影响，但充分利用醚化技术的思路，将催化汽油中的C_4、C_5烯烃利用甲醇或与其他的反应单体进行化学反应，生产更有价值的各种化合物，也是一条很有价值的降烯烃、“减油增化”的技术路径，值得深入探索研究。

作为生产无烯烃汽油调和组分的碳四烷基化技术仍然有进一步发展的空间。氢氟酸烷基化由于行业对其挥发性、腐蚀性和毒性的担心，已经没有发展空间，硫酸烷基化目前仍然是主流技术。与氢氟酸和硫酸烷基化工艺相比，离子液体烷基化产品辛烷值更高，而二者的雷德蒸气压(RVP)相当[8]，离子液体对生产设备几乎无腐蚀，但仍需进一步解决其长周期生产中催化剂及废物处理的问题。采用固体酸催化剂来代替液体酸催化剂，未来仍然需要进一步研究催化剂的活性稳定性、更廉价的催化剂体系以及节能降耗的反应—再生系统。超重力烷基化由于其操作简单、投资省、运行费用低，未来会成为烷基化技术发展的重要方向之一。从烷基化技术总的发展趋势看，工业上仍将以传统的液体酸烷基化技术为主，新建装置应选择新型烷基化技术，但是为数众多的存量装置仍将以改进传统液体酸烷基化技术为主，一方面不断完善烷基化工艺技术，弥补自身技术的缺点；另一方面加强对新型烷基化技术的开发和改进，加快新型烷基化技术推广。

2. 清洁柴油技术

柴油的硫、氮含量与SO_x和NO_x排放密切相关，而芳烃尤其是多环芳烃含量与颗粒物排放密切相关，我国柴油质量升级的总趋势是逐步向低硫、低芳烃尤其是低多环芳烃方向发展。清洁柴油技术的发展重点是高活性加氢催化剂的开发，如非负载型柴油加氢精制催化剂，因其高的芳烃加氢活性，应用范围越来越广泛。随着柴油需求量持续下降，针对“控油增化”及“双碳”背景下更高油品质量标准的烃类高效转化问题，从分子水平实现炼化增效，需要基于对柴油馏分中烷烃、环烷烃和芳烃分子定向转化研究，尤其是多环芳烃及关键中间产物分子在加氢饱和、选择性开环裂化、缩合生成碳材料等反应过程的深入认识，形成适用于柴油馏分中芳烃、环烷烃转化制化学品、碳材料、特种油品等技术，解决直馏柴油、催化柴油等的转化利用问题。

在柴油加氢精制领域，一是开发更加高效的柴油加氢精制催化剂技术，根据企业装置的具体特点和技术需求提供有针对性的技术解决方案，这要求柴油加氢精制催化剂具有多样性和系列化，能够为企业提供“一厂一策”的技术解决方案，同时需要深入开展不同类型催化剂在反应器内组合级配研究。二是开发低成本的柴油加氢工艺技术。加氢过程仍是未来生产清洁燃料的核心技术，“双碳”背景下如何降低过程的碳排放将是炼油企业面临的严峻挑战，其中高效、低成本的炼油加氢技术是支撑绿色低碳发展的关键。未来需重视柴油加氢工艺和工程技术的开发，进一步发展优化柴油液相加氢技术等，降低过程的能耗、氢耗、操作成本等，助力企业实现碳减排和降本增效。

在柴油加氢改质领域，由于劣质的催化裂化柴油占我国柴油调和组分的1/3以上，而且随着重油催化裂化装置掺渣量的增加及对多产低碳烯烃的需求，催化柴油的质量将变得